U0384808

WANG HUA YUN

WODE ZHIHE SHIJIAN

我的治河实践

王化云 著

黄河水利出版社

内容提要

作者王化云(1908~1992)，河北省馆陶县人，1935年毕业于北京大学法律系，1938年加入中国共产党，1946年任冀鲁豫黄河水利委员会主任。中华人民共和国成立后，任国家流域机构黄河水利委员会主任。“文化大革命”期间受到冲击。1978年复出，任黄河水利委员会主任。1979年任水利部副部长兼黄河水利委员会主任。1983年任河南省第五届政协主席。1992年2月18日在北京逝世。作者从1946年参加国共关于黄河归故谈判开始，亲身实践并主持治理黄河工作40年。走遍大河上下，调查研究，探索黄河规律，提出了“宽河固堤”、“除害兴利 蓄水拦沙”、“上拦下排”等一系列治黄方略，研究和分析了古今各家治黄思想，提出了今后治黄的战略设想。书中回顾了治黄历程中许多重大决策的诞生、重大历史事件的经过，材料翔实，文笔流畅，并采用第一人称的写作方法，倍觉亲切感人。因此，本书不仅是一本治理黄河的专著，又是一本传记体治理黄河的史书，可谓治理黄河工作者和关心黄河的人们必读之书。

图书在版编目（CIP）数据

我的治河实践/王化云著.—郑州：黄河水利出版社，2017.12
ISBN 978-7-5509-1921-1

Ⅰ.①我… Ⅱ.①王… Ⅲ.①黄河-河道整治-研究
Ⅳ.①TV882.1

中国版本图书馆CIP数据核字（2017）第311131号

出 版 社：黄河水利出版社　　网址：www.yrcp.com
地址：河南省郑州市顺河路黄委会综合楼14层　　邮编：450003
发行单位：黄河水利出版社
发行部电话：0371-66026940、66020550、66028024、66022620（传真）
E-mail：hhslcbs@126.com
承印单位：河南日报报业集团彩印厂
开本：787 mm×1 092 mm 1/16
印张：22
字数：383千字　　印数：1—1 500
版次：2017年12月第1版　　印次：2017年12月第1次印刷

定价：80.00元

1947年王化云在冀鲁豫黄河水利委员会山东莘县北寨驻地

1950 年 1 月出席中华人民共和国成立后第一次治黄工作会议的黄河水利委员会委员合影。前排左起：钱正英、王化云、张慧僧，后排左起：袁隆、赵明甫、江衍坤、张方

20 世纪 50 年代初期，王化云在黄河水利委员会开封驻地办公室

按照“宽河固堤”的治河方略，20 世纪 50 年代初在黄河下游开展了第一次大修堤

民工们在打硪修堤

中华人民共和国成立后，经过大规模建设，黄河下游初步建成由堤防工程、干支流工程、河道整治工程、分滞洪区组成的“上拦下排，两岸分滞”防洪工程体系。依靠这一工程体系与非工程措施及军民防守，取得了黄河岁岁安澜的巨大成就。“上拦下排，两岸分滞”防洪方针的确立，蕴含着王化云治河思想的结晶

1958 年黄河下游出现有实测资料以来的最大洪水，王化云经过对水情、工情等综合研判，果断提出“不分洪，靠防守战胜洪水”的建议。在党中央、国务院统一部署下，下游 200 万抗洪军民英勇奋战，终使洪水安全入海，避免了使用分洪区的巨大损失。图为抗洪军民在加修堤顶子埝

1958 年，中共中央书记处派出以刘子厚为团长，王化云为副团长的三门峡工程代表团赴苏联访问，进一步商谈技术设计任务书的有关问题。图为中苏专家合影，前排左三为王化云，左四为三门峡工程局局长、党委书记刘子厚

1982 年，王化云在小浪底坝址听取黄河水利委员会副主任龚时旸（左一）、黄河水利委员会设计院副院长陶育霖（右一）关于小浪底工程规划设计的汇报

1985年是党和国家决策兴建黄河三门峡工程30周年，1955年一届全国人大二次会议审议通过《关于根治黄河水害和开发黄河水利综合规划的决议》，将三门峡工程作为第一期工程开工建设。图为1985年王化云在三门峡枢纽局举行的纪念三门峡工程兴建30年大会上讲话

自1954年起，王化云连续当选一至六届全国人大代表。图为1983年王化云出席六届全国人大会议期间在北京人民大会堂前留影

1985 年王化云在位于西安市的黄河中游治理局作回顾黄土高原水土保持工作的报告

1985 年 7 月，王化云到南小河沟考察水土保持。他望着满目葱绿的沟坡风趣地说：“这么多植物在南小河沟安家落户，这里快变成植物园了。”

再版前言

2017年10月，中国共产党召开了具有里程碑意义的十九大，以“不忘初心，牢记使命，高举中国特色社会主义伟大旗帜，决胜全面建成小康社会，夺取新时代中国特色社会主义伟大胜利，为实现中华民族伟大复兴的中国梦不懈奋斗”为主题，从新的历史起点和新的历史条件出发，对党和国家事业做出了纲领性规划和战略部署。

从1946年开始，中国共产党领导的人民治理黄河事业至今已经走过了72年的光辉历程。72年来，特别是中华人民共和国成立以来，在中国共产党领导下，彻底扭转了历史上黄河频繁决口改道的险恶局面，黄河岁岁安澜，水利水电资源得到有效开发利用，黄河治理开发取得了举世瞩目的巨大成就。

作为人民治理黄河事业的开拓者，黄河水利委员会首任主任王化云从参加国共两党关于黄河归故谈判斗争，战争环境中冒着枪林弹雨艰苦创业，组织解放区人民修复堤防、防洪抢险，到中华人民共和国成立后战胜历年洪水，确保黄河安澜，推动黄河治理开发不断向前发展，为人民治理黄河事业奋斗了一生，做出了卓越贡献，也为后人留下了宝贵的精神财富。其晚年著述的《我的治河实践》，研究分析古今各家治理黄河方略，回顾梳理波澜壮阔的人民治理黄河历程，全面记述中华人民共和国成立后治理黄河的重大决策,系统总结当代治河方略的发展,并提出了今后黄河治理的战略设想,被称为反映中华人民共和国黄河治理开发的一部文献性专著。

2018 年 1 月 7 日,是王化云先生诞辰 110 周年,逝世 26 年。黄河水利委员会以出版基金的形式再版《我的治河实践》一书,充分体现了黄河水利委员会党组"不忘初心,牢记使命"的事业传承理念和对治黄先贤的不尽缅怀之情。

本书原由河南科学技术出版社于 1989 年首次出版。近 30 年来,随着需求量逐年递增,初版早已发行告罄。许多社会人士和一大批青年治黄职工非常渴望读到这部著作。为满足新时期广大读者的迫切要求,根据国家著作权法有关规定,经征求作者亲属同意,现由黄河水利出版社依据原书稿再版。

本书再版,除版式进行全面调整、统计数字改用新规定表示外,个别图片有所增删。再版工作过程中,黄河水利作家协会主席侯全亮同志对全书进行了审阅,提出了图片增删意见,并撰写了再版后记,谨表示衷心感谢。

黄河水利出版社

2017 年 12 月

自 序

我在治理黄河的战线上工作,已经40余年,可以说是个老战士了,这是我读书时期和参加革命以后根本没有想到的事。

一

1908年1月,我出生在山东省馆陶县南馆陶镇一个书香门第,父亲是个老秀才,幼年时教我读孔孟,后来送我上学堂,1935年在北京大学法学院法律系毕业。这时,日本帝国主义侵占全中国的面目已经完全暴露,国民党实行"攘外必先安内"的政策,对日节节退让,北平形势已经很紧张。1936年秋我回到山东聊城,参加了我的朋友张维翰(中共党员)组织的"倒何"(山东省教育厅长何思源)活动,目标是驱逐聊城第三师范学校校长冯谦光(CC),占学校地盘,以便组织力量准备在这个地区抗日打游击。1937年春彭雪枫同志到了聊城,与赵伊坪同志接上了党的关系,并告诉张维翰、赵伊坪,中央已与国民党搞统一战线,共同抗日。这样就停止了"倒何"活动,转向做范筑先的工作。张维翰和我去劝说范筑先留在敌后抗日打游击,范筑先表示同意。1937年7月7日卢沟桥事变,爆发了全面的抗日战争,我经赵伊坪介绍,到第三集团军总政训处工作,不久调回聊城第六区保安司令部政训处任总务干事。1938 年 6 月经张维翰、赵伊坪同志介绍加入了中国共产党,从此我的生命进入了新阶段。

抗日战争胜利后,蒋介石要独吞胜利果实,密谋策划向解放区进攻。在内战阴云密布的时候,国民党政府突然要堵复 1938 年由他们扒开的花园口黄河大堤口门,使黄河回归故道。可是,当时黄河故道大部分已属于冀鲁豫和渤海解放区。蒋介石提出堵口,名义上是要拯救黄泛区的人民,实质上是以水代兵,阴谋淹没、分割解放区,以配合其打内战的罪恶勾当。我党中央为了解救豫皖苏黄泛区的人民,表示同意堵口,但主张必须先修复故道已被破坏的堤防,迁移河道中的居民,这样就开始了黄河归故的谈判。参加谈判的除了我们与国民党的代表以外,还有联合国救济总署的美国人。谈判是在周恩来同志和董必武老先生(董老)的领导下进行的,我冀鲁豫和渤海解放区均派出代表参加了这场谈判斗争。与此同时,冀鲁豫区党委遵照中央指示的精神,决定成立冀鲁豫解放区黄河水利委员会(简称黄委会、黄委)。当时的主要任务是组织群众修复故道堤防,编制修堤经费、所需物资和迁移河床居民的计划,为谈判提供材料。这时,我任行署民教处长。行署主任段君毅同志找我谈话,要我担任冀鲁豫黄河水利委员会主任,并立即组建黄委会。虽说我对黄河并不陌生,我的家乡就在黄河故道旁,抗日战争时期又在黄河两岸度春秋。但是,我在学校是学法律的,参加革命后打游击,对治理黄河一窍不通,担心不能胜任。段君毅同志鼓励我说:“外行没关系,有党的领导,你干吧!”最后我服从了组织的决定。1946 年春,冀鲁豫黄河水利委员会在山东鄄城临濮集正式成立,沿黄各专区、县先后成立修防处、段,从此开始了中国共产党领导下的人民治黄事业。

二

黄河是中华民族的摇篮,是我们伟大祖国的象征。它发源于青藏高原巴颜喀拉山北麓的约古宗列盆地,由西向东流经青海、四川、甘肃、宁夏、内蒙古、陕西、山西、河南、山东九省(自治区),在山东垦利县注入渤海。全长 5464 公里,流域面积 75.2 万平方公里(之后更新为 79.5 万平方公里,含内流区面积 4.2 万平方公里),包括与下游密切相关的沿黄地区,共有 2.7 亿亩耕地,1.3 亿人口,是我国第二大河。

黄河流域自然资源丰富,上游草原辽阔,有许多繁茂的天然牧场,是我国羊毛、皮革和其他畜产品的主要产地。中下游有广大的黄土高原和黄河冲积平原,土地肥沃,是我国的农业发源地之一。黄河入海口的滨海地带和浅海区,盛产多种珍贵的水产品。黄河流域煤的蕴藏量占全国第一位,其他如石油、铁、铝、铅、锌、金、银、稀土等资源也很丰富。黄河花园口站天然年径流量560亿立方米,是我国西北、华北地区的重要水源。全河可能开发的水电装机容量达2800万千瓦,年发电量1170亿度,在全国七大江河中居第二位。

陕西省蓝田县发现的猿人化石证明,远在80万年以前黄河流域就有了人类活动。从已经发现的2000多处原始村落的遗址可以看出,在进入新石器时代,中华民族的祖先就在这富饶的土地上过着定居的农业生活了。3500年前位于黄河流域的商王朝,已成为和古埃及、古巴比伦齐名的世界三大文明中心。古都西安、洛阳、开封等城市,都坐落在黄河两岸。

黄河对于中华民族的繁荣和发展有过很大的贡献。但是,在漫长的历史时期内,由于得不到有效的治理,也曾经给我国人民带来深重的灾难。黄河中游流经世界上最大的黄土高原,这里土质疏松,植被稀少,每遇暴雨,水土大量流失。一方面使当地的可耕地面积减少,土壤肥力减退,旱灾加重。另一方面大量泥沙进入黄河,成为世界上输沙量最大的河流,多年平均高达16亿吨。黄河出峡谷进入下游平原后,由于坡度平缓,水流散乱,泥沙大量淤积,年复一年,使下游河道成为高出地面的"悬河",洪水全靠两岸大堤约束。因此,历史上黄河下游洪水灾害十分剧烈,平均三年两决口,百年一次大改道,北抵天津,南达江淮,洪水波及范围达25万平方公里;每次决口改道都给人民生命财产造成惨重损失。我国人民曾为此做过长期的、伟大的斗争,但由于社会制度和科学技术的限制,都没有从根本上改变黄河为害的历史。

1946年人民治黄开始后,在党中央、国务院的亲切关怀下,经过流域内广大干部、群众和全体治黄职工的团结奋斗,治黄事业有了很大发展,取得巨大成就。连续夺取了40多年伏秋大汛不决口的伟大胜利,使黄淮海大平原的人民安居乐业,国家社会主义建设顺利进行;建成大中型水库170多座,发展水电装机250多万千瓦,为沿河城镇、工矿企业和7000多万亩农田灌溉提供了水源;在上中游开展了大规模的群众性的水土保持工作,建成3万多座淤地坝,修成5000多万亩梯田、条田、坝地,种植了9000多万亩林草,使10万多平方公里的水土流失面积得到治理。40多年来,古老黄河发生了历史性的重大变化,已由一条被称为"中国之忧患"的害河,开始变为造福人民的利河。

三

回顾40余年人民治黄的历程,我对黄河的认识经历了实践—认识—再实践—再认识的反复过程。

解放战争期间,冀鲁豫区党委提出的治黄方针是:确保临黄,固守金堤,不准决口,以配合解放战争,保卫解放区,保卫人民的生命财产。根据这个方针,我们提出了"战胜蒋黄"的口号,动员和组织解放区的人民,一手拿枪,一手拿锨,进行英勇的斗争。同时,我和干部、工程师(当时仅有3人)一道徒手走遍了下游沿河工地,边检查指导工作,边进行调查访问。经过两年的调查研究,特别是通过战胜1949年洪水的实践,使我认识到历史上黄河决口之所以那样频繁,并不是洪水特别大,主要是大堤质量太差,隐患甚多,险工埽坝都是用秸料和土筑成,容易腐烂生险,加上洪水到来时防守不力等原因造成的。我们还发现,河床中历史上遗留下来的民埝,严重地缩窄了河道,影响排洪。由于长期淤槽不淤滩,滩面横比降很大,往往民埝溃决后,洪水直冲大堤,造成决口。1949年洪水向下游推进时,北岸枣包楼和南岸大陆庄民埝开口分洪,河道水位显著下降,大大减轻了堤防的负担,对我的启发也很大。在此基础上,中华人民共和国成立初期提出了在下游实行"宽河固堤"的方针。确定集中力量加高加固大堤,将秸料埽坝改为石坝,废除滩区民埝,并开辟北金堤滞洪区等。通过这些措施,初步改变了下游的防洪形势,为保证伏、秋大汛不决口,特别是战胜1958年大洪水奠定了基础。

中华人民共和国成立前夕,我开始考虑黄河的全面治理问题。1949年8月在给当时华北人民政府主席董必武同志的报告中,第一次提出了"变害河为利河"的初步设想。中华人民共和国成立以后,通过向专家学习,向群众学习,总结历代治河经验教训,特别是通过大河上下广泛的调查研究和对国内江河治理的实地考察,使我对黄河的情况有了进一步的了解,思想也大为开阔。认为人民治黄不能再走历史上把水和泥沙送到海里的治河老路,而应该实行"蓄水拦沙"的方针,达到"除害兴利"的目的。首先要在黄土高原大搞水土保持,除水土流失之害,兴农林牧生产之利,这是解决黄河泥沙为害的主要措施。同时还要在干支流修建一系列大大小小的水库,用以蓄水拦沙,调节径流,进行综合开发。我曾向毛泽东主席、周恩来总理和刘少奇委员长等党和国家领导人汇报以上治黄意见,并得到他们的鼓励。1954年在苏联专家组的帮助下,编制了黄河规划。1955 年 7 月第一届全国人民代表大会二次会议通过了《关于根治黄河水害和开发黄河水利的综合规划的决议》,标志着黄河进入了全面治理、综合开发的历史新阶段。

修建三门峡水利枢纽,是规划选定的第一期重点工程,也是治理黄河的一次重大实践。1960 年建成并投入蓄水运用。1961 年汛期,三门峡以上连降暴雨,黄河、渭河并涨,沙量也较大,渭河口形成拦门沙,回水淹没范围扩大,库区生产遭受一定损失。根据这个情况,1962 年 2 月决定三门峡水库由"蓄水拦沙"运用改为"滞洪排沙"运用,库区淤积翘尾巴稍有缓和,但未能解决问题。1964 年 12 月周总理在北京召开治黄会议,决定增建两条隧洞和改建四根发电引水钢管以增加泄量。1969 年又进行第二次改建,挖开八个底孔,进一步增加泄洪排沙能力。经过两期改建,并实行"蓄清排浑"的运用方式,三门峡工程仍然发挥了防洪、防凌、灌溉、供水、发电等巨大综合效益。三门峡工程所以没有全部达到原来设计的效益指标,其失误的原因,我认为集中表现在依靠淹没大量耕地的办法来达到蓄水拦沙的目的,违背了我国人多地少的国情,对水土保持减沙效益的估计过于乐观。但是,经过三门峡水库的实践,使我们取得了在多沙河流上修建水库能长期运用而又不致淤废的极为宝贵的经验。

实践表明,"蓄水拦沙"的方针也有片面性,主要是过分强调了"拦",对"排"注意不够。在总结经验教训的基础上,1964 年我又提出"上拦下排",即上中游拦水拦沙、下游排洪排沙的治黄方针,继续进行新的探索。1975 年淮河发生特大暴雨,造成巨大灾害,这对黄河防洪再次敲响了警钟。经过综合分析,认为花园口站有可能发生 46000 立方米每秒的特大洪水,这对黄河下游是一个严重的威胁。为此,豫鲁两省和水电部联合向国务院提出报告,拟采取"上拦下排,两岸分滞"的方针。1976 年 5 月 3 日国务院批复,原则上同意这个报告。这里所说的"上拦下排"虽然主要是针对下游防洪提出来的,但我认为它与 1964 年提出的"上拦下排"治河方针的基本思想都是一致的,这对于治黄事业是一个有力的推动。

通过修建干支流水库,特别是三门峡水库的运用实践,发现在黄河上修水库,既能调节径流,还能调节泥沙。黄河的关键是水少沙多,水沙不平衡。黄河下游河道比降陡,排洪、排沙能力大。在大家分析、研究和总结实践经验的基础上,后来又提出了通过修建干支流水库(主要是干流七大水库),调水调沙,变水沙不平衡为水沙相适应,更好地排洪、排沙入海,同时充分利用黄河水资源,为

“四化”建设的总目标做贡献的治河设想。因此,我积极主张尽快修建小浪底水库。经过大量工作,1987 年 1 月国务院批准了小浪底水利枢纽工程设计任务书,治黄工作又向前推进了一步。调水调沙治河思想虽然还处于发展过程之中,已有的实践经验也不完全,但我总认为这种思想更科学,更符合黄河的实际情况,未来黄河的治理与开发,很可能由此而有所突破。

实践使我对黄河的认识有了很大提高,同时也转变了许多观念。

一方面,自古以来总有人希望黄河能变清,现在看来水土保持减沙作用是缓慢的,有一定限度的,由于自然力量的破坏而进入黄河的泥沙,也是人力难以制止的,因此黄河不可能变清。另一方面,黄河下游排洪、排沙能力大;洪水、泥沙也是一种资源,用得好可以变害为利,从处理和利用泥沙的角度来说,黄河也不需要变清。未来黄河的治理与开发,我认为应该建立在黄河不清的基础之上。

对于黄河洪水、泥沙,过去看它们为害的一面较多,而看其可以利用的一面较少,实际上洪水、泥沙也是一种宝贵的资源,我们应该立足于充分利用。用洪用沙的潜力很大,是治理黄河的一条重要途径。

治理黄河是一项复杂的系统工程,应该运用系统工程的方法,通过多种途径和综合措施来解决问题,这也是治黄指导思想上的重要发展。

总之,经过 40 余年实践,对黄河的认识有了很大发展,我自己也从一窍不通的“外行”,逐步变为知之较多的“内行”。

四

治理黄河是一项长期的、伟大的事业,需要一代又一代人为之奋斗。对于今后黄河的治理与开发,我概括地提出几点意见。

“根治黄河水害,开发黄河水利”,这是党中央、国务院在总结历代治河经验教训的基础上提出来的总方针,在这个方针指引下,黄河有了历史性的转折。今后仍应坚定不移地继续贯彻执行这个总方针,为社会主义现代化建设提供安全保证,为实现国家经济发展的总目标做出积极贡献。

解决黄河下游河道泥沙淤积问题,需要相当长的时间,由于种种条件的限制,通过修建水库控制洪水也是有一定限度的,因此黄河下游将长期是排洪、排沙的河道,下游防洪是一项长期任务。今后要不断充实、完善防洪工程体系,永远发扬人民防汛的优良传统,确保防洪安全。将来不管治黄事业取得多大进展，对于下游防洪这个事关大局的问题，都要始终保持清醒的认识。有人提出下游人工改道的主张，我看这不是可靠的好办法，根据现在对黄河的认识水平，我认为黄河下游不需要改道，今后应在现行河道基础上，保证防洪安全。

水土保持工作是治黄事业的重要组成部分，也是改造黄土高原的必由之路。积累的实践经验已很丰富，各种类型区都涌现出一批综合治理的先进典型，今后只要发动群众沿着正确的道路扎扎实实地长期干下去，就一定能显见成效。陕北、晋西北以及内蒙古自治区东南部约 10 万平方公里的地区，是黄河泥沙特别是粗泥沙的集中来源区，下游河道泥沙淤积量的一半就是粗泥沙，这一地区又有国家准备开发的大煤田。因此，今后应将该地区作为水土保持的重点，与煤炭等有关部门通力合作，集中力量，综合治理，以加速改变这一地区贫困落后的面貌，支持煤田建设，同时也为黄河减沙。

从黄河的特点出发，我看今后治理黄河主要还得靠干流。拟建的小浪底、碛口、龙门、大柳树水库，连同已建和在建的三门峡、刘家峡、龙羊峡水库共七大水库，是黄河干流上对水沙调节有重要作用的骨干工程，总库容 800 多亿立方米。其中龙羊峡水库位于黄河干流最上首，总库容 247 亿立方米，是“龙头”工程；小浪底水库位于黄河最后一段峡谷的出口段，接近下游，总库容 127 亿立方米，是“龙尾”工程；其他五座水库分布也比较合理。七大水库建成后，连同伊、洛、沁河支流水库，全河即可形成比较完整的、综合利用的工程体系，实行统一调度，调水调沙，充分利用黄河水沙资源，发挥最大综合效益。

支流治理的重点，是多沙、粗沙区的支流和三门峡以下的伊、洛、沁河。过去由于过分强调“先清后浑”，使得多沙、粗沙区支流的水资源未能得到充分利用。譬如准格尔、神府等煤田的供水问题，应该首先考虑与窟野河、黄甫川等粗沙区的支流综合治理结合起来解决，不仅可以就近取水，又能为黄河减沙，是一举两得的办法。伊、洛、沁河是黄河的清水来源区之一，虽然水量不大，但接近下游，对于防洪和调水调沙减轻下游河道淤积都能起很好的作用。故县水库建成后，应按原定规划修建沁河河口村水库。

总起来说，我的治黄设想就是要把整个黄河看成一个大系统，运用系统工程的方法，通过拦水拦沙、用洪用沙、调水调沙、排洪排沙等多种途径和综合措施，主要依靠黄河自身的力量来治理黄河。当然，从长远考虑，黄河水源不足，还要进行南水北调。到那时，黄河将发生根本性的变化，真正成为一条利河了。

治理与开发黄河，是一门综合性的学科，黄河又有很强的特殊性，因此1983年我曾提出大家都来研究“黄学”的建议，得到许多专家、学者的赞同。我相信，经过长期坚持不懈的努力，“黄学”这门新起的学科，一定会结出丰硕的果实，必将大大推动治理黄河的进程。

回顾40余年治理黄河的历程，展望黄河美好的前景，我更加信心满怀。

还需要说明的是，本书并不是我个人的创作，而是全体治黄工作者40余年艰苦奋斗和长期实践的成果。它不是治理黄河的终点，而是认识黄河、改造黄河的新起点。本书仅供现在和今后从事治黄工作的同志们和研究黄河、关心黄河的广大读者参考，并请批评指教。

对于本书的编写和出版，仝琳琅、任德存、侯全亮三位同志做了大量工作，在此表示感谢。

王化云

1987年7月于青岛

目　录

第一章

黄河归故与谈判斗争

1946年在战火纷飞的年代里，开始了中国共产党领导下的人民治黄事业。当时抗日战争刚刚结束，国民党政府为了反革命内战的需要，在黄河回归故道的幌子下，策划了一个“以水代兵，水淹解放区”的阴谋，妄图制造第二个“黄泛区”。我党为了保护人民利益，一方面同国民党进行了黄河谈判，另一方面领导解放区人民，一手拿枪，一手拿锹，胜利地开展了轰轰烈烈的“反蒋治黄”斗争，为人民治理黄河谱写了光辉的序曲。

第一节　人民治理黄河的开端

1946年2月22日，在中国人民治理黄河历史上是一个划时代的日子。这一天，中国共产党冀鲁豫区党委和冀鲁豫行署决定成立治河机构，并在沿河各专区、县分别设立相应的治河部门，作为解放区治理黄河的专门机构，从此拉开了人民治黄的序幕。

解放区的治河机关，开始叫黄河故道治理委员会，不久即改为冀鲁豫解放区黄河水利委员会。这时，冀鲁豫行署主任是段君毅同志，他找我谈话，要我担任黄河水利委员会主任，并立即抽调干部组建治理黄河的机构。我说，在学校我学的是法律，参加革命后打游击，对治理黄河一窍不通，担心不能胜任，可否另行选派。段君毅同志鼓励我说：“外行没关系，有党的领导，你干吧！”从此，我开始了治黄生涯，在治理黄河的领导岗位上度过了40多个春秋。

当时，我是冀鲁豫行署的民教处长，黄河回归故道首先要迁移安置和救济故道河床居民，此项工作按照分工由民教处负责，同时，在抗日战争时期我一直在黄河两岸工作，大概就是这个原因，我被任命为黄河水利委员会主任。

当时形势很严峻。1月中旬，国民党政府黄河水利委员会派人和美籍顾问塔德[1]查勘黄河故道，解放区才知道国民党计划在花园口堵口。2月，国民党政府即成立了黄河堵口复堤工程局，由赵守钰[2]任局长，李鸣钟[3]、潘镒芬任副局

---

[1] 塔德：美国人，联合国善后救济总署中国分署工程顾问并兼国民党政府黄河水利委员会顾问。
[2] 赵守钰：国民党政府黄河水利委员会委员长。
[3] 李鸣钟：国民党河南省政府委员。

长,全力筹划和推进堵口工程,并声言汛前合龙,使黄河回归故道。解放区军民闻讯十分愤慨。1月31日,冀鲁豫行署通令所属沿黄各县,要求立即调查黄河故道耕地、林地及所建村庄、房屋、人口材料,堤坝破坏情形等,并动员群众,反对国民党利用黄河归故水淹解放区的阴谋。但是,党中央从全国大局出发,于2月中旬指示:"黄河归故,华北、华中利弊各异,但归故意见在全国占优势,我们无法反对,此事关系我解放区极大,我们拟提出参加水利委员会、黄委会[1]、治河工程局,以便了解真相,保护人民利益。"根据这一指示精神,冀鲁豫区党委和行署除积极准备同国民党进行黄河问题谈判外,决定成立黄河水利委员会,具体地组织和领导修堤防汛工作,一旦黄河回归故道,可减少损失,保证安全。人民治黄一开始就同中国人民的解放事业紧紧地联系在一起了。

黄委会确定设在鄄城临濮集。临濮集是个水旱码头,有"小濮州"之称,北临黄河,西南距菏泽20多公里,位置比较适中,又便于筹措房舍。当时民教处管干部,我首先在民教处的干部中挑选了一位科员,名字叫张国维,他过去做过这方面的工作,就委任他为总务科长。派他到临濮集筹办住房,我在行署招兵买马。当时最缺的是技术干部,我从干部登记表中发现一位叫马静庭的,是清华大学土木工程系毕业生,在湖西专署烈士陵园工作,赶快下令调来。这是黄委会的第一位工程技术人员。后来从晋冀鲁豫边区又来了一位大学毕业生曲万里,是工程处长。以后又从国民党统治区通过地下党介绍来一位工程师蒲亚林,这是当时黄委会仅有的三名技术骨干,在三年"反蒋治黄"期间起了很大作用。

关于沿河治黄机构的设置,原则上打破国民党时期设总段、分段的办法。我们规定专区设修防处,县设修防段,建制属黄委会,实行双重领导,即业务以黄委为主,党的领导归地方,干部由各级党委调配。不久,沿河各级治黄机构均建立起来了。

当时,我们的主要工作是:了解故道工程破坏情况,制订修复方案;统计故道村庄、人口,制订搬迁和救济计划,为黄河谈判代表提供资料;接着组织了轰轰烈烈的大修堤工程,展开了三年艰苦的"反蒋治黄"斗争。

---

[1] 国民党政府黄河水利委员会。

第二节 黄河归故的由来

花园口扒口经过

黄河是中华民族的摇篮,对我国的繁荣和发展有过伟大的贡献。但它又是一条世界闻名的害河,历史上频繁的决口改道,给广大地区的人民带来深重的灾难。1938年国民党政府扒开郑州北花园口黄河大堤,造成黄河大改道,是中国近代史上最严重的一次人为水患。这次花园口扒堤的经过,在当时任国民党第一战区司令长官部参谋长晏勋甫的回忆录中,有较为详细的记载。

1938年5月豫东战役后,国民党军队向西溃退,开封沦陷,郑州危急,平汉线南段已暴露在敌人面前。为了延缓日本侵略军的进攻,蒋介石下令在郑州到中牟间扒开黄河大堤。据晏勋甫回忆:

“当我在武汉行营任职时,曾经拟过两个腹案:(1)必要时,将郑州完全付之一炬,使敌人到郑后无可利用。(2)挖掘黄河堤。最后认定掘堤有两利:第一,可以将敌人隔绝在豫东;第二,掘堤后,郑州可以保全。我和副参谋长张谞行以此计划向程潜请示。商量结果,认为只有掘堤,才可渡过此种难关。”

“我们商定后,正拟向武汉军委会请示,适蒋介石侍从室主任林蔚来电话问我:‘以后你们预备怎么办?’撤退前后敌我一般情况,我们和林蔚不时有电话往来,一切他们都是知道的。我将刚才商定的计划告诉他。他又问我:‘你们计划在哪里掘?’我说:‘预备在郑州北面花园口附近,请你马上报告委员长,如果同意,请你再来电话告诉我。’不到一个钟头,林蔚来电话说:‘委员长和我们研究了,委员长同意。’我们于是一面做准备工作,一面以电报做建议方式向蒋介石请示,他回电批准了我们的建议。”

其实,提出掘黄河堤建议的不只晏勋甫,陈果夫、陈诚等国民党军政要员,都先后提出过类似建议。他们不是动员民众全民抗战,而是祈灵于黄河,置千百万人民生死于不顾,酿成了抗日战争史上惨痛的一幕。决口地点开始选择在中牟县赵口,赵口放水失败后又在花园口扒口。据商震部幕僚魏汝霖的日记记载:

“6月5日,赵口放水,因决口工程未完成,未能如期施行。正午商总司令奉委座电话，严厉督促实行。启公（商震，字启公）遂携汝霖赴赵口视察，并令工兵营营长蒋桂楷携带大量黄色炸药与地雷，准备做爆破河堤之用。到赵口后，见担任工作之53军一团因昼夜未得休息，官兵极度疲劳，又加派39军一团协助之，并悬赏千元，期于当夜工程完成，实行放水。下午8时许，用炸药炸开堤内斜面石基，开始放水，仅流丈余，即因决口两岸内斜面过于急峻，遂致倾颓，水道阻塞不通，委座及商总司令闻之，均甚焦灼，仍令各部加紧工作。是日39军公秉藩师，亦在柳园口与敌接触，而141师之守开封与敌血战益为激烈，情势危急。”

“6月6日……担任杨桥、黄河铁桥间河防新八师蒋师长在珍，每日均到决口地带参观，伊深虑决口不成功，迭与余商议，拟在该师防区内郑县属花园口另作第三道之决口，余转报启公后，当蒙采纳，并悬赏二千元奖励之。蒋师长于本（六）日晚召集所部，在花园口开始工作。”

至6月9日花园口掘堤工程完成，上午9时开始放水。这次决堤虽然暂时阻止了敌人继续西进，却给人民生命财产造成了无法估量的严重损失。

空前的浩劫

6月，正是麦收季节，农民正在忙碌着收割小麦。突然黄河由花园口奔腾而出，沿贾鲁河直奔东南，漫过了豫东、皖北、苏北大片平原，有些地方，如中牟、扶沟，夜间水到，猝不及防，河水犹如从天而降，房倒屋塌，人员大量死亡，有的全村随水漂流。《时报》6月14日报道：“中牟以北，水深四丈，逃难民众成千上万，号啕痛哭惨不忍睹。”

6月28日《大公报》报道：“本报特派员22日午后与行政院参事曹仲植君、郑州专员罗震君同往黄河决口处之花园口视察水势，其地在东北40里，因道路已毁，乃绕道广武县，沿大堤行。当离决口处三四百公尺时，已闻吼吼之水声，奔腾澎湃，夺口而出，口门宽约一百公尺。南流五六百公尺即汪洋一片，直冲至十余里之京水镇，向东南流，以达中牟，而与赵口之水相合，其间水面宽度有二三十里或十五六里或四五里不等，深八九公尺或二三公尺，最浅处尚有过膝者；查赵口属中牟县，起初水量甚小，继而猛涨将决口冲刷二三百公尺，分四股，流十余里又合为一，再向花园口之水合流，水势益汹涌，致全县三分之二陆沉。现其西北之沙窝地方，集有难民三千余人，多数系于开封沦陷时逃来者，镇小而存粮又不多，此十数日来树皮草根已食之将罄。幸派出三人求救，否则再有二三日恐全饿毙矣……判断目前水势殆将入淮，若再涨，则将舍淮而入江。目前最急者，须将被水围困于各村庄中之难民救出，设法移入可以安居乐业之地，如此方免大汛来时悉数葬身水中。至难民数目，据现在所知计，郑州两万，中牟十二万，尉氏等县尚无法统计。”

洪水一股经中牟、开封、太康沿涡河于安徽怀远入淮河。另一股沿贾鲁河经西华、淮阳由周家口入颍河，经商水、项城、沈丘，在安徽正阳关入淮河。这年黄河水量偏丰，汛期花园口站洪峰流量最大达 1.1 万立方米每秒，洪水泛滥范围愈益扩大，黄淮之间出现了一个巨大的黄泛区。根据国民党行政院关于黄泛区的损害与善后救济的不完全统计，洪水直接波及及受其影响的计有 44 县市，5.4万平方公里，淹死 89 万人，逃离 390 多万人，1250 万人受灾。泛区腹地鄢陵、扶沟、西华、太康等县受灾尤为惨重。鄢陵县房屋半数倒塌，人口死绝 1450 多户，扶沟县被淹村庄 896 个，因遭灾死亡者达 25 万多人，西华几乎全部被淹，700 多个村庄房屋倒塌殆尽。泛区灾民逃往大西北各地。

对这次洪水灾害，《河南省黄泛区灾况纪实》中有这样一段记载：洪水所至，“人畜无由逃避，尽逐波臣；财物田庐，悉付流水。当时澎湃动地，呼号震天，其悲骇惨痛之状，实有未忍溯想。间多攀树登屋，浮木乘舟，以侥幸不死，因而保全余生，大都缺衣乏食，魄荡魂惊。其辗转外徙者，又以饥馁煎迫，疾病侵寻，往往横尸道路，亦皆九死一生。艰辛备历，不为溺鬼，尽成流民。”

罪恶的阴谋

花园口扒口后，黄河一直泛滥于黄淮之间广大地区，泛区两岸虽然修筑了防范新堤，但泛区几百万人仍颠沛流离，无家可归；新修防范堤标准较低，遇较大洪水常常决堤成灾，扩大泛滥范围。

1940 年是大水大沙年，年径流量 669.9 亿立方米，年输沙量 23.1 亿吨。尉氏县新堤先后在寺前张、十里铺、后张铁、南曹等处决口，黄水泛滥于洧川、鄢陵一带，双洎河下游为黄水所夺。1941 年凌汛期间，防范新堤在尉氏城南决口，河走鄢陵、扶沟两县间，使扶沟县仅剩一条半岛形狭长地带。

1942 年陕县最大洪峰流量 1.7 万多立方米每秒，西华新堤道陵岗决口。以后由于河床淤积，主溜迁徙频繁，新堤年年决口，已失去防范作用。泛区群众多方呼吁束水归槽，防治河患。而蒋介石政府却以“军事第一，胜利第一”为理由，“维持泛区现有形势，分流入涡颍，并泛滥于涡颍之间，不得束水归槽”，使黄河毫无约束地泛滥于豫皖苏平原。

1945 年抗日战争胜利后，蒋介石集团积极策动内战，这时又打了黄河的主意,以黄河回归故道为名,妄图“以水代兵”淹没和分割冀鲁豫和山东解放区。

黄河改道后的8年,正是中国人民抗日战争的艰苦年代,我党领导人民在黄河故道两岸开展了广泛的游击战争,郑州以下,除开封、济南等少数几个城市及其附近外,均为解放区。一方面,这里沃野千里,为产粮屯兵之所,战略地位十分重要,因此是蒋介石急于抢夺的重点。另一方面,黄河改道后,故道断流,沿岸群众在故道里开辟田园,建筑村庄,居民已达40多万人;同时故道堤防8年失修,堤身残破不堪,险工毁坏殆尽,已无抗御洪水的能力。蒋介石集团以为,黄河故道将变成一个新的泛区,刘邓大军在该区自然难以立足,而山东、豫东、苏中、苏北和冀鲁豫解放区亦将被黄河切割分开。即使刘邓大军滞留于冀鲁豫解放区,也将处于背水作战的不利地位。若北渡黄河,天险阻隔,黄河以南地区将为蒋介石军队所有。正如1947年7月8日周恩来副主席严正声明中指出的,蒋介石堵复花园口,表面上打着“复兴中华人民共和国成立”的幌子,实质上“自始至终都想以黄河归故来加害解放区的人民和部队,以寻求其军事的目的。”

第三节　谈判斗争

为了拯救饱受黄水泛滥之苦的黄泛区人民,又不致造成灾害搬家,酿成第二次人为的水患,我党一方面以大局为重,同意堵口,让黄河回归故道,另一方面又提出了先复堤、迁移河床居民而后堵口的合理主张,并积极进行了大复堤的准备工作。但是,国民党政府并不与我方协商,即于1946年3月1日在花园口开始打桩,动工堵口。全国各界对此深表不满,在全国人民的压力下,3月3日国民党政府黄河水利委员会委员长赵守钰前往新乡,会晤了正在举行军事调解的周恩来、马歇尔、张治中,商洽了有关黄河堵口复堤问题,决定各方面派出代表谈判,以求得合理解决。

1946年3月23日,晋冀鲁豫边区政府派出晁哲甫、贾心斋、赵明甫等为代表,自冀鲁豫解放区首途赴汴。从此开始了一年零三个月的谈判斗争。

开封协议和菏泽协议

晁哲甫等到达开封后,同国民党黄河水利委员会、联合国善后救济总署(简称联总)中国分署、国民党政府行政院善后救济总署(简称行总)河南分署的代表进行了接触和协商,阐述了我党的合理主张,经过多次商谈,于4月7日达成了初步协议。主要内容是:

1.堵口复堤程序:堵口复堤同时并进,但花园口合龙日期须俟会勘下游河道堤防淤垫破坏情形及估修复堤工程大小而定。

2.施工机构:直接主办堵口复堤工程之施工机构应本统一合作原则,由双方参加人员管理。具体办法为:(1)仍维持原有堵口复堤工程局系统。(2)中共区域工段得由中共方面推荐人员参加办理。

3.河床村庄迁移救济问题:河床内居民之迁移救济原则上自属必要,应一面由黄河水利委员会拟具整个河床内居民迁移费预算专案呈请中央[1]核拨,一面由马署长[2]及范海宁先生分向行总、联总申请救济。其在中共管辖区内河段并由中共代表转知当地政府筹拟救济。所有具体办法,仍俟实地履勘后视必须情形再行商定之。

同时,对工程进行办法,以及招工、购料、运输、工粮发放等问题,也做了初步协商和规定。

这个协议对花园口堵口虽有所制约,但没能实现先复堤、整险、迁移河床居民,而后堵口的主张,所谓"视下游河道堤防淤垫破坏情形及估修复堤工程大小而定",系活动语言,回旋余地很大。在施工机构和救济物资分配问题上,由于缺乏谈判经验,没有争取派代表参加堵复局的工作,救济物资也应明确解放区部分由我方直接发放。这些问题在菏泽协议中才得到明确。

开封协议后,国民党方面赵守钰和美籍顾问塔德等多人,在我方代表赵明甫、成润陪同下,对黄河故道进行了查勘,从菏泽直达河口,历时8天,行经17个县,15日返抵菏泽,在冀鲁豫行署菏泽交际处又举行了黄河问题会议。由于国民党代表目睹了堤防工程破坏的情况,所到之处地方政府和民众代表又纷纷请愿,要求先复堤后堵口,因此这次会商对我方比较有利。参加会谈的,国民党方面有赵守钰、陶述曾、左起彭、孔令瑢、许瑞鳌,我方有冀鲁豫行署主任段君毅,副主任贾心斋,秘书长罗士高及赵明甫、华夫、成润,渤海区代表刘季清等。经过协商达成了如下协议:

---

[1] 指国民党中央政府。

[2] 即行总河南分署署长马杰。

1. 复堤浚河堵口问题：

甲　复堤、浚河、裁弯取直、整理险工等工程完竣后再行合龙放水。

乙　豫冀两省仍修旧大堤，鲁省北岸寿张以上，南岸十里铺以上先修临黄民堤，次再整修两岸旧大堤，十里堡下仍修旧大堤，有需要局部裁弯取直部分俟测量后决定之。

2. 河床内村庄救济问题：

甲　新建村由黄委会[1]呈请行政院每人发给10万元迁移费。

乙　救济问题由黄委会[1]代请联总、行总救济。

丙　解放区政府负责募集组织互助，并设法安置及组织转业。

3. 施工机构问题：

甲　冀鲁两省修防处设正副主任，正主任由黄委会[1]派，副主任由解放区派，仍由双方电呈请示后再确定。所有测量施工工作一面先行推进。豫省复堤工程处组织时，仍以冀鲁两省组织原则办理。

乙　各级参加之解放区政府方面工作人员仍本开封会议商定原则办理。

4. 交通问题：为施工方便，亟需恢复之交通，应根据施工情形逐步修复，但不得用于军事，并由当地政府维持秩序。

5. 币制问题：由黄委会[1]派会计审计人员与解放区政府会商后确定。

谈判转移到南京

菏泽协议比开封协议前进了一步，在一定程度上反映了沿黄人民的愿望，也说明包括国民党政府黄河水利委员会的大部分工程技术人员，是不愿意灾害搬家的。

但是，菏泽协议签订不久，国民党政府即信手撕毁了这个协议。4月17日国民党方面发出了“黄河堵口复堤决定两月内同时完成”的消息。接着于4月20日一则消息中又宣称：“倘黄河汛前不克全部完成堵口工程，政府方面实不能负其全责。”这两则消息透露出国民党政府不顾菏泽协议，坚持汛前堵口的决心。

关于堵口的时机问题，国民党政府黄河水利委员会的工程技术人员，同联总的工程技术人员和政府之间也有不同争议。堵口工程所需投资材料甚巨，据说最初计划需石料15万立方米，秸料和柳枝2500万公斤，采运需相当时间。

---

[1] 国民党政府黄河水利委员会。

当时石料主要由黄河北岸的潞王坟石场供给，火车运输受黄河铁桥的行车限制，每天至多只能运1200立方米，全部石料需运半年。而下游复堤工程短期内也的确无法完成，因此主张堵口工程延迟到汛后进行。这个主张首先遭到联总顾问塔德的极力反对。塔德是个美国人，抗日战争前在中国从事水利工作多年，20世纪20年代就曾参加华洋义赈会，参加了修筑河南贯孟堤工程和山东宫家堵口工程。此人十分蛮横，他一开始就极力主张汛前堵口，声称这个工程做与不做，与我个人实无丝毫关系，联总所协助之物资，如这里不能做工程，也可以拿到另一个地方去办理救济，有东西还能找不到地方给人吗？推迟堵口的计划提出后，塔德坚决反对，并前往上海向联总中国分署汇报，说工程完成无问题，同国民党政府相呼应。国民党政府行政院院长宋子文立即电令"堵复工程应依原计划积极进行未可展缓"。电报中指出："黄河花园口堵口工程前经决定于本年间枯水时期修复，兹闻黄河水利委员会[1]据豫鲁两省河工局报告，以下游工程未能赶筑，已定堵口工程缓至秋后举办，此事关系重要，未宜遽定缓修，且国际视听所系，仍应积极兴修。已电饬交通部迅速修筑未完工之铁路，准备列车，赶运潞王坟之石方前至工地，希速饬依照原定计划积极提前堵口，如有实际不能完成堵口时，届时可再延缓，此时未宜决定从缓也。"与此同时，国民党的高级将领白崇禧、刘峙等到花园口视察，堵复工程加快了步伐。

为了揭露其阴谋，5月5日新华社发表了晋冀鲁豫边区政府负责人的谈话，指出国民党政府决心汛前堵口，"显系包含军事企图，有意指挥黄委会[1]放水，水淹冀豫两省沿河人民"，"要求国民党当局立即停止花园口堵口工程，坚决反对两个月内完成堵口计划"，声明"如当局不顾民命，则老百姓势必起而自卫，因此引起之严重后果，应由国民党当局负完全责任"。5月10日我党中央发言人就黄河问题发表"重要谈话"，重申我党关于先修复下游堤防、后实行花园口堵口的合理主张，并指出若坚持片面堵口，一切后果当由国民党当局负全责。"要求国内外人士主持正义，制止花园口堵口工程，彻底实行菏泽协议。"

堵口谈判在开封已无解决的可能，5月中旬赵明甫、王笑一同联总河南区主任范海宁共同前往南京，以期在更高层解决问题。赵明甫、王笑一到南京后，首先向中共代表周恩来副主席做了汇报。后来在周副主席的直接领导下进行了谈判，先后达成了"南京协议"、周恩来同塔德的"六点口头协议"，以及马歇尔、薛笃弼、周恩来三人对执行协议的"保证"。明确规定"在6月15日以前花园口

---

[1] 国民党政府黄河水利委员会。

以下故道不挖引河，汴新铁路及公路不得拆除，至 6 月 15 日视下游工程进行情形，经双方协议后始得改变之”，“所说下游工程进行情形，以不使下游发生水害为原则”。“关于工程所需要之一切器材、工粮，由联总、行总负责供给，不受任何军事政治影响。”这一协议，使国民党当局在黄河问题上的行动，进一步受到道义的制约和舆论的监督。

解放区的复堤工程

我党进行黄河谈判的主要目的，是揭露国民党当局花园口堵口的阴谋，争取时间，但不完全依靠谈判。因此，在谈判的同时积极进行了复堤的准备工作。南京协议后，虽然正值麦收的大忙季节，冀鲁豫和渤海解放区还是先后开始了复堤工程。5 月底冀鲁豫行署召开由沿黄专员、县长、修防处主任和修防段段长参加的会议，行署主任段君毅同志做了政治动员，我讲了修堤的要求。当时对大堤要修成什么标准，如何修，并不懂，我只是说修堤任务十分紧迫和重要，各专区、县务必动员群众全力以赴，在麦收前或麦收后就要开工，把大堤修复到 1938 年国民党扒开花园口以前的那个样子。每个民工每天给 1 公斤小米，工程粮先由各县垫支。修堤工具、篷子等由民工自带。各县要组成复堤指挥部，修防处、段参加领导和指挥修堤，具体问题由各专区讨论解决。这次会议决定动员 20 多万人全线开展大修堤。6 月 8 日山东渤海解放区行署也发布布告，动员全区人民积极修堤浚河，规定“沿黄各县之男子凡年在十八岁以上五十岁以下者，均有受调修治河工之义务”。同时，为加强治河工程的领导，渤海解放区成立了河务局，局长江衍坤，副局长王宜之。沿河各县治河办事处改为常设机构，县长兼办事处主任，相当于县长或区长级干部任副主任。两区先后动员 40 多万民工投入了施工。

当时是义务工，补助粮仅够民工吃的，但广大群众为了保家自卫，修堤治河积极性很高。各县修堤任务下达后，广大群众纷纷报名参加，上堤前各村即自动开展了竞赛，保证按标准、按规定时间完工。各村还组织了生产互助组或代耕组，保证了上堤民工按时收麦和秋种。当时夯实工具不够，各地就地取材改造了一批石硪。为了修堤，人们把石磙、条石甚至庙宇中的石香案也献了出来。事实总是这样，当人们把握不住自己的命运时，总是膜拜历史，祈求神明，一旦他们成为社会的主人，就把命运紧紧掌握在自己手里。广大干部和群众表现了高度的革命热情和主人翁的责任感。远离黄河的内黄等县，也动员大批民工自带工具，支援沿黄人民修堤。

经过一个多月的努力，黄河大堤已经初步得到恢复。塔德、范铭德及张季春等到解放区查勘时，也不得不对“解放区政府忠实执行南京协议及群众紧张工作之精神，表示赞佩”。张季春说：“此次修堤规模宏大，为黄河有史以来所未有。”并说：“解放区百分之百执行了南京协议。联总因客观之阻碍，执行了百分之五十，至国民党政府则等于零。”

解放区的复堤工程，受到国民党多方破坏。按照协议由国民党政府向解放区提供的修堤工款、器材、料物及河床居民迁移费等，迟迟不予拨付；并且不断派部队袭击修堤工地，杀害治河员工，烧毁和抢走治河料物。据不完全统计，遭到国民党破坏的治河物资价值达20多亿元。

为了揭露敌人，争取救济物资，周恩来副主席在致马歇尔的备忘录中指出：至6月27日解放区仅收到面粉500吨；国民党在其统治区只修南岸，不修北岸，显然企图淹没北岸解放区。请转告政府，供应款项应尽早送达解放区，花园口以下工程未完成前不能挖引河，拆汴新铁路，堵口工程应暂为停止，黄河暂不归故。接着又亲自参加同行总署长蒋廷黻、水利委员会主任薛笃弼、联总代表福兰克芮等举行了上海会谈。由于我方代表据理力争，最后终于达成协议。协议规定：河床迁移费150亿元，分4个月付清，第一期工程用款应速自国民党国库支款偿还我解放区，用以偿付工料之款项，除已有40亿元汇至开封移交外，余20亿元存入上海银行，购买善后救济物资；行总供给面粉8600吨，1/3左右经烟台运渤海解放区，其余均运菏泽。后来我们利用这笔款项在上海采购了一批医药、医疗器械、汽油、布匹等解放区短缺的物资。

第一次堵口失败

1946年夏天，蒋介石加快了策动内战的步伐。6月26日国民党军以十万之众，向我中原军区司令部所在地宣化店地区发动进攻。7月4日国民党方面决定于本年11月12日召开国民党代表大会。同时，不顾历次黄河谈判协议，单方决定于6月23日花园口堵口工程抛石合龙。

花园口违约堵口，除了遭到解放区人民的强烈反对外，还有技术上的困难。花园口是全河夺溜的口门，由于故道淤积和口门上游的冲刷，口门上游河底比故道低近5米，必须把水面抬高4米，才能全河回归故道。据说，当时曾有两个方案，一是“捆厢进占”立堵法，即从口门两端下埽，逐渐收窄口门，直至合龙闭气。这是黄河传统的技术，有成熟的经验，用料可就地取材，但工款所需甚巨。另一个方案是“打桩抛石”平堵法，其中浅滩部分采取捆厢进占，深水部分打桩架桥，由上往下抛大块石，堆成拦河石坝。石坝抛到相当高度，改用柳枝包石捆成大枕抛下，层层加高，避免坝顶过流太急，冲走石块。这个方案较为节省，但需石料较多。最后确定采取打桩抛石平堵法。在堵口时间上，国民党当局和联总主张汛前合龙，水利委员会和堵复局的中国技术人员主张汛后合龙。因此，在执行堵口计划时，我国工程技术人员只担负了浅水部分的工程和东西两坝头的盘筑，深水部分由联总工程师负责。

开始栈桥进行得很顺利，近500米的栈桥只用了20多天就完成了，但运到的石料很少，只有原计划的1/10，根本不够抛筑石坝用。结果6月底黄河涨水，东头桥桩就有4排被冲走。虽经抛石抢护仍无济于事，到7月上旬，东半部180多米长的45排桩全部被冲走了。第一次堵口以失败而告终。

这次堵口的过程，反映了国民党当局急于放水的焦灼心情，也说明塔德等不从黄河的实际出发，难免不被冲毁。但堵口的失败，却为解放区的复堤工程赢得了时间。

周恩来副主席到开封

国民党政府从来不信守协议。南京协议后，国民党当局答应拨给的施工粮款和河床迁移费用，均未如期拨付。为了解决这一问题，7月中旬在周恩来同志的亲自参加下，于上海同国民党代表再次举行了会谈。参加这次谈判的有行总署长蒋廷黻、代表陈广利、水利委员会主任薛笃弼、黄河堵口工程局代表张季春、联总代表福兰克芮、毕范理、塔德等。我方代表除周恩来外，还有伍云甫、成润、王笑一和章文晋。会上首先讨论了复堤工款，各方代表虽然都同意“口门以下修堤所需工资与材料费用完全由国民党政府供给”的原则，薛笃弼却不保证如期支付，提出“获得国民党国库款项可能较迟”和“款数可能被行政院核减”两条保留意见。周恩来当即指出：“如既往同意付款之工程今已完成，国民党政府应立即履行其协定中之责任而付款。”并且要求在记录中明白表示：“对工程师们核定工程的正当费用之核减可能性不能同意”，“如不能偿付金额，即系政府及其代表之失信行为”。

复堤工程所用工款我们提出需要100亿元，塔德、张季春经过实地查勘解放区复堤工程，也承认已用和将用工款需100亿元。因此，周恩来副主席这里特别强调“工程师们核定的正当费用”。

接着讨论了河床居民救济问题，对费用数额做了更为激烈的辩论。我方代表提出，河床居民救济费最低限度应为304亿元。这个数字是我们在解放区的同志根据河床居民和财产统计数计算好的。蒋廷黻认为"这个数额实属过巨，远非行总之财力所及"，只同意于8月中旬请求拨款30亿元，9月请拨30亿元，10月请拨20亿元，然后看所需情况再定。周恩来指出：我方"代表自始即坚持此一问题之重要。如无照顾受害人民之保证，渠等最初即不能同意黄河之改归故道。"周恩来还指出："解放区人民对此问题曾详加研究而得出此304亿之数字。吾人在此会谈既远离该区，又未熟悉当地实情，不宜将其数字进行削减。"蒋廷黻看到中共态度比较强硬，又提出在8、9、10三个月付给80亿元外，"愿进一步提供70亿元"，总共150亿元，"其中包含现款及行总捐赠之物资"。周恩来接着指出：他"不信地方政府（指解放区政府）能接受此种办法"，"拟亲至各地与地方政府在当地商谈此事"。为了通报谈判情况，统一认识，7月19日正午周副主席偕王笑一、成润等飞抵开封。

周副主席抵开封后，即派管大同同志赴菏泽把冀鲁豫区党委书记张玺、行署主任段君毅和我接到开封红洋楼住地。这是我第一次见到周恩来同志，并立刻被他那和蔼、坚毅、乐观的态度所感染。他详细听取了解放区复堤情况的汇报。当听到国民党派兵驱散和杀害复堤干部群众时，周副主席十分愤慨。他还仔细询问了第一期复堤工程完成情况，解放区应得工款、工粮和运交情况，并详细记下了经过和具体数字。最后周副主席通报了上海会谈情况，一一征询了对谈判条件的意见，告诫我们要研究斗争策略，也可以利用敌人营垒的矛盾，争取最有利的结果。特别强调指出：千万不要寄希望于一纸协议，国民党反动派是什么坏事都干得出来的。他一再提出：一定要抓紧时间修堤，及早做好河床居民迁移，时刻提防国民党反动派堵口放水，千万不敢有丝毫麻痹。周副主席的这些指示和策略思想，一直是我们"反蒋治黄"斗争的纲领。

周副主席这次还专程巡视了花园口堵口工地，会见了联总、行总的代表，参加了在开封由国民党黄委会举行的座谈会。周副主席十分注意斗争策略，他在会见联总外籍工程技术人员时指出：联总向来以善后救济工作为方针，但你们把分配给黄河堵复工程上的各种设备和运输器材，绝大部分都用在花园口堵口工程上，而担负整个堵复任务2/3以上的解放区什么也没有。假如联总真正遵守"没有政治歧视"和"公平分配"的原则，就应该采取公正而明确的态度，立即制止蒋介石政府堵口放水的阴谋，立即拨付解放区应得的全部工款、工粮、机器设备、运输器材和河道居民的迁移费，并保证故道复堤、险工修复和裁弯取直工程全部完成后，才能堵口放水。在座谈会上，周副主席做了长篇谈话，从黄河悠久的历史谈到黄河改道，从国共谈判讲到中国的前途，列举大量事实，揭露了国民党当局破坏修堤，拖延拨付施工粮款和杀害修堤员工的罪行，有理有据，有礼有节，得到与会工程技术界人士的同情。

第四节　黄河回归故道

花园口第二次堵口

1946年6月底，国民党政府花园口第一次堵口失败，水淹解放区的阴谋受挫后，立即加紧了军事进攻。7月下旬，白崇禧在新乡召开军事会议，宣布由刘峙任指挥，计划兵分三路进攻冀鲁豫解放区。为了减轻国民党军对我中原和华东解放区的压力，阻止对冀鲁豫解放区的进犯，刘邓大军乘国民党调动兵力之际，于8月10日开始在陇海路上以迅雷不及掩耳之势发动了反击，解放陇海路沿线5个县、12个车站，控制铁路300多公里，切断了郑州与徐州间的联系，打乱了国民党反动派的军事计划。但是，国民党军接着又调集30多万兵力，以整编第三师和第五军为主力向我猛扑。陈诚、白崇禧分别在郑州、开封坐镇，范汉杰和刘峙亲自到前线督战。刘邓大军执行在运动中歼敌有生力量的作战方针，在大踏步前进之后立即大踏步后退，利用熟悉地形，诱敌深入，在迂回中将侵入我菏泽西南大杨湖一带的国民党军第三师一举歼灭，生俘其师长赵锡田。9月下旬我军主动撤出冀鲁豫行署所在地菏泽，冀鲁豫解放区一时成了全国的中心战场。

为了配合其军事进攻，国民党当局于10月5日恢复花园口堵口，并限期12月底水归故道。11月29日蒋介石电令工程局“昼夜赶工，并将实施情形具报”。但是，当时在技术上遇到了困难。补打桥桩的地段水深一般七八米，最深十六七米，打桩困难，需石量也太大，需半年多才能运完，12月底根本无法完成。后水利委员会指示另建新的栈桥，但塔德不同意移用旧桥材料和工具，还要保留5万方石料，于是工程局决定用柳枝包石捆枕，把口门东部最深一段填平再进行平堵。这次进展比较快，只用了15天的时间，5000多立方米石料就填平了，桥桩也在柳枕坝的保护下补打完毕。12 月 27 日国民党当局悍然挖开引河向解放区放水。29 日蒋介石又电令“各有关部队协助运石”。1947 年 1 月 2 日，蒋介石再次电令“堵口工程务须按照原拟进度表所定元月五日完工，不可拖延”，加快了堵口步伐。但这时我刘邓大军已运动到黄河故道以北，解放区军民亦基本上抢修起黄河故道的大堤。

我党的严正立场

为了最大限度地保护人民利益，在这期间我党又同国民党先后举行了张秋会谈、邯郸会谈和上海会谈。这三次会谈除了争取延缓堵口合龙时间外，重点是政治上揭露国民党当局的罪恶阴谋，并争取物资。

我参加了张秋谈判。那是 1946 年的 12 月中旬，联总顾问塔德、堵复局副局长齐寿安、工程处长阎振兴等到达黄河北岸的张秋镇，这时冀鲁豫黄委会正住在这里，冀鲁豫行署负责人段君毅、贾心斋、罗士高，解放区驻开封代表赵明甫，冀鲁豫区黄委会副主任张方和我会见了塔德等，并于他们到达的当天晚上举行了会谈。我代表解放区首先发言，用大量事实揭露了国民党当局破坏谈判协议和修堤工程的罪行，主张花园口堵口工程推迟到下一年 5 月进行，复堤整险工款器材立即拨付，物资器材应由联总直接拨付解放区，以免国民党当局故意阻碍，按堤线长度分配工款，解放区应分 200 亿元，由堵复局与解放区结算。塔德及齐寿安、阎振兴等口头同意尽快拨给工款、物资，塔德甚至同意联总器材直接付交解放区和推迟 5 个月堵口的意见，但语词含糊，最终未签订协议。

邯郸会谈是黄河故道引河过水后举行的。当时花园口合龙在即，中共中央特派人员会同联总驻北平执行部代表蓝士英、塔德等前往邯郸，举行了会谈。我方参加的有晋冀鲁豫边区负责人滕代远、戎伍胜，冀鲁豫驻开封代表赵政一等。在这次会议上，联总驻华办事处河南区代表韦士德同塔德发生了冲突。塔德声言引河过水“只占全河水量百分之二，不会造成大的损害”。韦士德认为塔德是单纯工程观点，他提出“工作应以两个基本协定为基础：第一，根据联合国与中国政府协定，参与中国工作必须公正。第二，根据去春南京协议，堵口复堤必须付款。”

在邯郸会谈的同日，中共代表董必武在上海致函联总署长艾格顿及行总署长霍宝树、水利委员会主任薛笃弼，严正申明了我党的立场。1947 年 1 月 9 日中共中央负责人周恩来在延安也发表了严正声明，号召“全国同胞、国际正义人士站在人道主义立场上，一致起来反对，紧急制止国民党政府这一狠毒的堵口放水行动”，并要求联总“在黄河堵复问题上采取公正而正确的态度，立即制止国民党政府目前堵口放水的行动”，“要求国民党政府和行总依照过去协定，立即拨付解放区应得的全部工粮、机器、工具、工款、运输器材及河道居民的全部救济费，并必须在复堤、整理险工、裁弯取直全部工程完成之后，才能堵口放水。国民党政府如不服制止，不接受上述要求，联总有权停止对国民党政府的一切救济，而首先就应将花园口堵口工程所用的机器、工具、船只及运输器材等全部撤走”。

董必武和周恩来的严正声明，使联总中国分署不得不表示一下自己的态度，从而导致了上海的再次会谈。上海会谈进行了两次，一次在元月中旬，一次在2月上旬。这两次会谈，由于国民党政府早日合龙的方针已定，没能达成全面协议，但促进了工程粮款的解决。上海会谈后，国民党政府将拖欠的40亿元工款及150亿元河床居民救济费陆续拨出。

黄河回归故道

对于花园口堵口工程，国民党政府不顾解放区人民强烈反对，于12月15日开始大量抛石。但随着石坝升高，桥前水位抬高，流速增大，至17日部分桥桩倾斜，加上运石跟不上，抛护不及，20日晨4排桥桩又被冲倒，栈桥也第二次被冲断。经昼夜抢护，虽石坝缺口得以恢复，但此时已至严冬季节，全河淌凌，大量凌块阻塞桥前，部分桥桩折断。此后接连出险，1947年1月15日夜部分石坝陡然下陷4米，大溜由此冲出，邻近桥桩相继折断，3天共毁桥桩7排，石坝缺口扩宽至32米。架桥平堵第三次失败。

第三次断桥后，水利委员会主任薛笃弼赶抵花园口，工程局连日召集技术人员开会，检讨了接连出事的原因。决定在平堵的基础上采用进占堵合的办法，并采取增挖引河、接长及增修挑水坝、加强大坝、盘固坝头等措施。调集6万多民工全面施工，至3月7日大坝加镶工作和引河开挖全部完成，3月8日开始进堵，据陶述曾[1]的记述：“传统的合龙办法是在两边金门占上拉一排大绳，编成软网，网上堆放一层秫秸，一层土袋，层层相压，做到三四丈高，然后猛然将绳

---

[1] 陶述曾1947年曾任花园口堵口复堤工程局总工程师和湖北省人民代表大会常务委员会副主任。

放下,像闸板一样闸住水流,这个立体的闸板叫作‘合龙埽’或‘萝卜埽’。做法很快,但非常危险,从二十二年冯楼堵口以后,这样做法在大工上已经不用了,此次是采用柳枕合龙。”

“从两金门占相对推下柳枕,预计七天可以接头——合龙。当时有两个问题:第一,合龙工作时,柳枕坝上下游水面高由三尺抬高到一丈二尺,柳枕要多少丈,所做的坝才不被冲翻?第二,柳枕坝下游水如瀑布,水头由三尺升到一丈二尺,悬冲七天之久,下面跌塘深阔,可能使柳枕坝本身和金门占都下蛰出险。为解决这两个问题,合龙初期,采用三道柳枕坝同时并进,进展互相配合,以上下两道各抬一半水头为原则,就是使甲乙两点的水面高差和乙丙两点的高差大致相等,乙点水深至少三丈六尺,底下不致冲成跌塘,丙点可能冲成跌塘,使第三道柳枕坝下蛰,如果发生这样情形,还不致影响第二道柳枕坝的工作。”

据说,经紧张抛填至仅余四五米宽时,上下水面差超出2米,水流甚急,致使西坝上下口和东坝下口所抛之柳石枕又见吊蛰入水。为应付这种危急局面,将两坝工程队各分三组,于两坝上口用大铁丝石笼拼力抛填,使口门进一步缩窄,同时在口门之后,修筑边坝,同时进堵,使上下2米的水位差分为两级,以减轻口门水压力。同时在正口门中部赶抛25米长大柳石枕,出口水量大为减少,最后在边坝用合龙埽堵合闭气,主溜趋于引河,至15日全部抛填出水,水归故道。

花园口堵口工程,自1946年3月1日开始打桩,至1947年3月15日合龙,历时1年零15天。按照国民党当局的愿望,1946年汛前即行完成,然而事与愿违,一方面由于全国人民的压力,使国民党当局不能不有所顾忌,另一方面技术上迭次发生问题,造成三次断桥,合龙日期不得不一再推迟。

这一年多的时间,冀鲁豫和渤海解放区的人民先后进行了两期复堤工程,共完成土方近3000万立方米,并且初步修复了险工,为保障解放区的安全打下了基础。这期间,解放战争的形势也发生了重大变化。蒋介石的全面进攻以失败告终,改为对山东和陕甘宁解放区实行“重点进攻”。在冀鲁豫战场,1947年春天我军乘花园口将堵而又未堵成之际,又穿越故道第二次大踏步前进,先后进行了巨野、金乡、鱼台战役和对陇海路的第二次大破击,牢牢拖住了国民党王敬久、王仲廉两个集团军,使其既不能打通平汉线,又不能开赴鲁南战场。待黄河归故时,我刘邓大军已集中黄河北岸从容休整。

花园口合龙后,国民党当局迫不及待地于4月中旬下令,让黄河水利委员会[1]断绝与解放区的电报联系,5月17日驱逐了我方驻开封代表。虽然六七月间各方曾一度同意组织复堤工程委员会,并在菏泽、东明分别召开了三次座谈会,但终因国民党当局坚持内战、缺乏诚意而破裂。此后,内战愈益扩大,黄河谈判遂完全终止。

第五节　战胜“蒋、黄”

一上太行

黄河回归故道后,“反蒋治黄”斗争进入了一个新的更加艰苦的阶段。为了迎接这场斗争,冀鲁豫黄河水利委员会和渤海区修治黄河工程总指挥部、山东省河务局接连发出紧急通知,要求普遍检查填垫大堤水沟浪窝,赶修险工,抓紧备料和造船工作。冀鲁豫和渤海行署也先后发出指示,要求沿河地、县把治理黄河的工作,作为经常的重要的中心工作之一,加强各级治黄机构,做好滩区群众的迁安救济、修补大堤、整理险工、筹集料物等工作,并发布布告,号召全区人民“立即行动起来修堤自救”,“一手拿枪,一手拿锨,用血汗粉碎‘蒋、黄’的进攻”。

从1946年5月开始,冀鲁豫解放区即开始了大规模的修堤工程,先后上堤民工达数十万人,这对只有一千多万人口的冀鲁豫解放区来说,无论人力、物力、财力都是一个巨大负担。按协议由国民党供应的工粮、工款及所需器材迟迟不予运交,国民党军队还接连进犯沿河村庄,阻挠复堤工程,杀害我修堤员工。为此,行署决定:一面揭露国民党当局蓄意破坏协议的行径,争取联总和行总救济物资,同时派我向晋冀鲁豫中央局和边区政府汇报,求得上级的支持。

这是1947年的春天,当时边区政府在河北武安县冶陶村,我坐上黄委会仅有的一辆中吉普车,由驻地出发,经濮阳、清丰,向武安行进。这时,解放战争的形势继续向对我有利方向变化,为了策应陕北和山东战场我军作战,粉碎国民党反动派的重点进攻,我解放区军民正积极备战。沿途多处看到敲锣打鼓欢送

---

[1] 国民党政府黄河水利委员会。

子弟参军和部队调动的情形，预感到又一场大战就要到来了。

我们到达冶陶村时，晋冀鲁豫中央局正在开会，恰巧在门口碰到了薄一波同志，他已知道我去，并看到了冀鲁豫区党委的报告，他说："化云同志要钱要的云天雾地。"我一听知道嫌要的太多，赶紧说："我把情况汇报汇报。"听汇报的，除薄一波同志外，还有滕代远、杨立三等。薄一波同志很认真地听取了我的汇报，还仔细询问了修堤和堵口的情形，当即决定召开冀南、冀鲁豫、太行、太岳四个行署主任会议。会上薄一波同志讲了话，他说，治河历来是国家的大事，现在没有中央政府，所需工程经费和用粮由晋冀鲁豫边区统筹。大家一致赞成。当时还考虑到冀鲁豫解放区人力紧张，决定由冀南支援一部分民工，为便于工作，冀南行署主任还确定给黄委会派一位副主任，是建设处长，叫刘季兴。后来刘季兴骑了一头毛驴来了，在一次动员修堤的会议上他做了长篇讲话，引经据典主张修八字坝。因为路途较远，后来冀南民工没有来，光是实行了工粮、工款统筹，大大减轻了冀鲁豫解放区的负担。

第一个治黄方针的提出

冀鲁豫解放区黄委会于 1947 年 3 月在东阿县郭万庄召开了治黄工作会议，这次会议着重研究和部署黄河归故后的治黄工作，会上第一次明确提出了"确保临黄，固守金堤，不准决口"的方针。这个方针完全是从当时解放战争的需要出发的，不是依据对黄河洪水和防洪工程的分析提出的，因为当时也不知道黄河可能出现多大的洪水和堤防工程已达到的防洪能力，可以说是一个政治方针。但是，它极大地鼓舞了解放区人民"反蒋治黄"斗争的热情，广大干部和群众，从上到下都憋着一口气，拼死拼活也要保住黄河的安全。在三年的"反蒋治黄"斗争中，它对于鼓舞人民、团结人民起到了巨大的作用。

郭万庄会议以前，我向行署和区党委汇报了治黄工作，段君毅同志提出，治黄任务很重，要办的事情也很多，应当有一个明确的方针。我想了想说，是否提"少花钱，少决口"。因为当时想，一是战争环境，财政困难，要节约，另一方面知道黄河历史上决溢频繁，因此要少花钱，少决口。段君毅同志认为此种提法不妥。他说，黄河决口不论次数多少，都将给人民造成巨大灾害，影响解放战争的胜利进行，这正是国民党当局所希望的，我们要不惜一切努力，千方百计保证黄河安全，不准决口。区党委对这个问题已经商讨了，治河的方针应该是："确保临黄（指临黄河的大堤），固守金堤，不准决口，以配合解放战争，保卫解放区，保卫人民的生命财产。"你要坚决执行。我听了后，认为自己原来的想法实在不周,表示一定要遵照区党委制定的治河方针,坚决搞好治黄工作。

为了完成“不准决口”的任务,冀鲁豫和渤海解放区抓紧大汛前的时机,开展了一个新的大规模修堤整险活动。冀鲁豫解放区动员了30万民工上堤,开展了热烈的劳动竞赛。筑先县修堤英雄高法成,一天挑土12立方米,他和另外两个民工一起一天曾挖运土42立方米,平均每人14立方米,是当时的最高纪录。滑县有个农民,为了修堤用5斗麦子买了1辆土车,1车能推350多公斤,4车多合1立方米,人们送他个外号叫“火车头”。西起长垣大车集,东至齐河水牛赵,300多公里的堤线上,到处都是你追我赶热烈竞赛的场面。这年大汛期前共完成修堤土方500多万立方米,大堤普遍加高2米,加宽3米。当时修堤标准是按超出1935年最高洪水位0.5米,顶宽7米,临背河堤坡1∶2确定的。这个标准究竟能防多大洪水并不清楚。那时技术干部很少,从主任到修防段段长都是由党政部门抽调的,有的是专员、县长、分区司令员、公安处长、武装部长,连大堤怎么修也不懂,更不要说防洪标准了。但是,这批干部都是在长期革命斗争中成长起来的,有强烈的事业心和责任感,作风深入,勤于学习,后来不少人成了治黄的专家,在治理和开发黄河的事业中做出了很大贡献。

老河工在这期间发挥了很大作用。因为大家都不懂,从建立治河机构开始,我们就很注意广揽治河人才。听说东明县有位叫贺泮藻的老先生,是老河工出身,做过国民党黄委会河北分局的局长,在埽工和堵口上很有一套,就派人专程把他请来作为我们的技术顾问。当时生活很艰苦,大家都是供给制,只有对他特殊照顾,请他吃小灶,按月发一部分零用钱。他还带着一个佣人,叫赵锡田,都称他为老赵,专门照顾他,给他做饭,我们将他两人全包起来了,后来赵锡田在黄河上干了一辈子。贺泮藻不讲治河理论,但他经历的抢险堵口很多,经常请他讲埽工和堵口的经验。1946年秋天国民党进攻冀鲁豫解放区时,他告假回家,一去不返。后来跑到了开封。开封解放后他很有些不好意思,又找到我,表示认错,我向他解释了党的政策,告诉他,过去你是我会的顾问,现在还是顾问,并没有免你的职。可惜不久他就谢世了。

各修防处、段也都招聘了一些老河工,成为我们组建工程队的技术骨干。国民党统治时期,黄河工人很苦,不少人娶不上媳妇。共产党领导治黄以后,宣布黄河工人为革命职工,家属享受工属待遇,老工人都很乐意参加治黄工作。当时山东渤海区发生了这样一件事情:一位老工人死了,江衍坤局长亲自安排买棺材,开追悼会,十分隆重,其他工人很受感动,决意把技术贡献给人民治黄事业。我们就是靠着这批工人在技术上指导修堤、整险,摸索着治河。

献砖献石

解放区治河是在敌人封锁和军事进攻的极端困难条件下进行的。当时物资匮乏,特别缺少石料。解放区没有石场,在战争环境下远途采运也不可能。为了解决石料困难,冀鲁豫和渤海解放区都先后开展了献砖献石活动。发动群众把废弃砖石、无用碑块、封建牌坊、破庙基石等,自动贡献出来。

献砖献石的号召得到了解放区人民热烈响应。在战争年代里,人民群众为了革命的胜利,乐意奉献一切,不少乡、村建立了收集砖石小组,把村里村外废砖废石统统收集起来,肩挑人抬,小车推,大车拉,自动送到大堤险工上。为了河防的需要,有的群众把多年积攒的盖新房的砖石,老太太的捶布石也献了出来。他们说,水火无情,黄河决了口连命都保不住,家产房子有啥用。“多献一块石,多救一条命。”仅冀鲁豫解放区一年就献砖石 15 万立方米。同时还筹集各种秸料 1500 万公斤。正是利用这些材料,整修了残破不堪的险工埽坝 479 道,砖石护岸 559 段,并保证了防汛抢险用料。

1947 年汛期是黄河归故后第一个大汛期,修堤没有经验,防汛更没有经验,加上蒋介石军队的破坏,会出现什么险情很难预料。7 月上旬冀鲁豫解放区党委发出紧急通知,要求沿河党政军民立即行动起来,完成治黄工程,安渡黄河汛期。冀鲁豫黄委会发出训令,要求各处、段增加不脱产的工程队员,并令在险工修盖房屋,以便工程队守险和住宿。接着冀鲁豫行署和黄委会又召开了紧急防汛会议,决定进一步动员干部群众,高度警惕国民党当局破坏堤坝工程,制造灾害的阴谋,充分估计防汛的困难。要求沿河县、区、村普遍建立防汛指挥部,划分防汛责任区,分段负责。沿河 7.5 公里以内的村庄划为护堤村,一旦出险全体群众上堤抢救。每 200 米搭一防汛窝棚,每窝棚两人,负责巡逻,送情报,修补水沟浪窝,并规定上堤群众要携带铁锹、箩筐、布袋、门板、铁锤、榔头等工具,每人 15 公斤高粱秆、草类等抢险软料。渤海解放区则明确规定,沿河 5 公里以内村庄,16 至 55 岁男子一律编为防汛队,平时轮流驻堤防护,遇险立即集合全队抢险,各办事处所有干部一律驻工不得擅离,随时监视水情、工情变化,遇有变化即刻组织抢修整理。

这些规定和要求,对于动员群众,加强堤线防守,起了重要作用。黄河防汛的人民防汛体制,从此确立,并在实践中逐步完善。

这年汛期我们还根据老河工提供的经验,制订了守堤堵漏的办法。要求认真巡堤查水,水偎堤就查,切忌轻视小水,固定查水人员,避免间断;分清堤段,明确责任;查水人员要无眼病,机灵负责;来回走背河堤坦,不走临河和堤顶;背河堤坦上的高秆作物、杂草要清除,以便查看。还提出对大堤出现漏洞的抢护方法,如发现背河堤坦冒浑水,临河水面有漩涡,抢堵时首先要摸清漏洞进水口的位置、大小,速用锅扣,或用土袋、被褥、草捆塞堵,如临河找不到洞口,速在背河修筑圈堤,以期平衡临背河的水压力。这些虽然是简单的方法,但是当时大家却感到很新鲜、很实用。

那时我们的治黄队伍虽然刚组建不久,但有一个很好的作风,就是办事认真,令行禁止,群众的觉悟也比较高。那年 8 月濮县史王庄背河堤坡出现漏洞,妇女委员史秀娥发现后立即大声疾呼,村里群众和正在巡堤的副段长廖玉璞闻讯赶来,附近 20 余村千余群众纷纷闻警赶来冒雨抢堵,经过一天多的抢护终于将漏洞堵住。后来查明这个漏洞是由过去群众所挖的藏物洞引起的。由此我们专门发了通知,要求各处段组织力量,发动和依靠群众,清查抗战时期在堤上挖的各种军沟、洞穴,翻修屯堵。这是黄河上第一次消灭隐患的活动。

刘邓大军过黄河

1947 年 6 月,解放战争已进行了整整一年。在这一年的时间里,中国人民解放军先后歼灭了国民党正规军 97 个半旅,连同非正规军共 110 余万人,解放军战略进攻的时机已经到来。按照党中央和毛主席的英明决策,刘邓大军于 6 月 30 日晚横渡黄河,开始了千里跃进大别山的壮举,揭开了战略反攻的序幕。刘邓大军这次渡河作战,在“反蒋治黄”斗争中也是一个重大历史事件。

1947 年 3 月黄河回归故道后,区党委和行署就命令造船,由我负责设厂。我和罗士高同志做了研究,并主持召开了沿河各地的专员、县长和黄河修防处主任会议,具体部署了建厂、筹料等造船事宜。开始决定设 4 个造船厂,一个在濮阳县,归黄委会第二修防处领导,由李玉峰同志任厂长;一个在濮县[1],由胡玉屏同志任厂长;一个在范县,由李廷君同志任厂长;还有一个设在河西县[2],由汪雨亭同志任厂长,都是属所在地修防处领导,干部由修防处抽调。

会后不久,船厂即先后建立起来,并开始造船。造船工人,都是由沿河各县动员召集的。造船所需的物料由行署通知沿河各县征购,当时麻料是由东阿、平阴、河西等 11 个县每县征购 1.5 万 ~2.5 万公斤,木材也是采取分派的办法,

---

[1] 濮县,原属山东省,1956 年撤销并入范县,1964 年范县划归河南省。

[2] 河西县,长清县河西部分。

凡5把粗的杨树一律封购。船钉买不到，就动员群众献铁，还组织一些民兵到敌占区扒铁轨和道钉，组织农村的铁匠设炉打钉。解放区缺桐油，要派部队掩护到边缘地区和敌占区去采购。有一次李玉峰骑上骡子到外地买油，半路上骡子不听话跑开了，把鞍子也摔掉了，结果背上鞍子赶骡子。

这时敌人在黄河南岸设置了河防工事，经常隔河打枪打炮，还有飞机封锁黄河，轰炸扫射。为了迷惑敌人，船厂一般都有两个船坞，一明一暗，明的放上小船，是让敌人看的。如濮阳县在南小堤设立的假船坞，敌人看到后，立即在河对岸布设了一个团的兵力防守。而我们的真船坞大都隐蔽得很好。开始造的船小，可载运四五十人，后来造的大了，能载一个连，还能载三四辆汽车。由于当地党委、政府的支持，船厂同志的努力，只用了三个多月的时间就建造了140多只船，保证了大军渡河的需要。

为了做好大军渡河前的准备，3月成立了黄河河防指挥部，我被任命为兼职司令员，赵迎春为兼职参谋长，郭英任政委，刘茂斋任副司令员。司令部的任务是组织水兵，动员过去撑过船的人参军入伍，共组织了5个大队，2000多人，每个大队下设4个中队，每个中队配五六只大船，若干小船。按上级规定，这支部队享受地方兵团待遇，所有水兵和工作人员都算参军入伍了。队伍组成后立即进行了驾驶帆船的训练。

大军渡河的前两天，野战军司令部要我们连夜选好渡口，建立临时码头。当时大军渡河的行动是严格保密的，我们都不知道确切的消息，但猜想要有大的行动，所有准备工作都严格按命令执行了。渡口共选了六七处，有位山、张堂、林楼、孙口、李桥、于庄、大张村等，从濮阳到东阿，上下150多公里。临时码头都选在边岸土质较好的地方，辅道上先铺上高粱秆再压上土，岸边打上桩。6月30日接到命令，所有船只当晚一律下水。运船下水非常困难，特别有些大船隐蔽处距河较远，都是白天选好道路，做好拉运的准备，傍晚开始行动。有的把船架在两辆太平车上拉运，有的在路上垫上木棍或高粱秆和麦秸，套上牲口拉，还不能吆喝，只能用鞭打，以免对岸敌人听到声音。每个渡口都设立了黄河指挥部，由当地军分区司令员、专员、县长、县委书记负责指挥，黄河修防处的负责人配合工作。每个渡河点都组织了突击部队，一般10~20只小船，每只船一个班，有两名水手，都是从有经验的老水手中挑选的，大部分是土改中的积极分子，有不少是党员，觉悟较高，有的同志上船时把身上仅有的钱拿出来缴了党费。

1947年6月30日深夜，我刘邓大军出其不意强行渡河，150多公里长的黄河线上，滚滚浊流，载浮着大小船只，犹如万箭齐发，驶向对岸。南岸蒋介石军队原以为有湍急的河水，宽阔的河面作天然屏障，加之有空军配合防御，黄河天险万无一失。可是，没有想到一夜之间就全线崩溃了。在渡河作战中被俘的敌七十师师长赵颐鼎哀叹道；“刘伯承将军真是天下奇才，他的一些打法，自古以来兵书战策上从未有过。”

刘邓首长对黄河各渡口员工进行了嘉奖。嘉奖令指出：“由于你们不顾敌人的炮火和蒋机的骚扰，不顾日夜的疲劳，积极协助我军渡过了大反攻的第一个大阻障，完成了具有历史意义的渡河任务，使我军胜利地达到黄河南岸，以歼灭蒋伪军收复失地，解放同胞，这是你们为祖国的独立和人民的解放，立了大功。”并犒劳每人猪肉 0.5 市斤。

大军渡河之后，我还同杨公素一起完成了一件特殊的政治任务。一天接到野战军司令部的通知，让我立即到司令部去。邓小平政委接见了我，让我和杨公素过黄河到东明县去，和国民党方面进行一次谈判。为什么进行谈判？因为这时国民党部队为遏制我大军南下，一面仓皇从豫北战场和豫皖苏战场调兵增援，一面又借黄河归故谈判大做文章。过去谈判中，曾有双方在黄河沿岸不得以任何军事行动妨碍修堤治河工程的协议，这时他们便提出要召开黄河复堤工程混合委员会会议，企图在政治上捞取一点资本。为戳穿他们的阴谋，我方研究决定同意与国民党方面再次会谈。在司令部，邓小平政委指示我们，要彻底揭露国民党的阴谋，揭露他们破坏黄河谈判，破坏修堤整险，杀害修堤员工的罪行，决不能让他们得到任何便宜。并鼓励我们说：“不要害怕，有刘司令员给你们撑腰。”

7 月 7 日我们过河到了东明县城。谈判在东街的福音堂进行。国民党方面参加的有国防部中将参议叶南、行总代表丁致中、水利委员会代表阎振兴，联总方面有韩森等，此外，国民党黄委会及山东、河南修防处的负责人孔令瑢、齐寿安、张森堂等也列席参加了会谈。谈判开始，国民党代表抢先发言，对我大军 6 月 30 日渡河行动大加责难。对此，我列举大量事实，予以驳斥。我说，我们为会谈黄河复堤工程而来，如果谈及军事行动，国民党军队在黄河下游两岸不断采取军事行动，制造事端，扫射炮击我治黄员工，轰炸修堤工程，还派出特务进行骚扰，抓捕、杀害我们的人员，罪证确凿。据不完全统计，被杀害的治河员工达 300 多人。我严正指出：是国民党政府一手破坏了黄河谈判历次协定，造成的一切后果都应由国民党方面负责。并强烈要求他们立即停止破坏复堤整险的罪恶行动。谈判从上午 8 点持续到下午 2 点，在事实面前，国民党方面的代表眼看占不到什么便宜,便提出以后再谈,我们表示同意。当晚回到黄河北岸,到司令部做了汇报,首长们十分满意。

抢修南岸大堤

黄河归故后,南岸大部分堤段为蒋介石军队所控制。国民党当局不仅不组织修堤,而且大肆抢劫焚烧治黄物资,破坏堤防工程。仅鄄城、郓城、濮县、崑山、寿张、范县六县被蒋介石军队烧毁的秸料即达70多万公斤,麻和麻绳9万多公斤,以及大批木桩、土车、铁锨、麻袋、桐油等物资。在大堤上挖战壕,修碉堡,更增加了决口的危险。刘邓大军渡河后,为我们赢得了一个短暂的修整黄河大堤的时间。当时段君毅同志告诉我们,刘邓大军要在黄河南岸休整一个短时期,要求行署把黄河南岸郓城、鄄城、菏泽、梁山等县的工作抓起来。我们随着地方工作的展开,抽调一批干部组织动员群众,在上起临濮集下至东阿的250公里临黄堤和金堤上,进行了一次大规模的修堤整险工程。

这次修堤,先后动员民工7万多人,一方面加修大堤,另一方面发动群众献砖献石,筹集软料,整修险工。当时斗争十分残酷。刘邓大军渡河后立即展开鲁西南战役,接连歼敌刘汝明、王敬久两个集团军的九个半旅5万余人,国民党当局惊慌失措,妄图决黄河堤以制我军,更加疯狂地破坏复堤工程,天上飞机轰炸扫射,地面武装进攻。崑山工地一天敌机轰炸达9次之多,仅那里险工即死伤民工20多人。往往在我紧急抢险的时候,敌机飞来狂轰滥炸,7月底寿张段杨集险工出险,修防工人和民工正在奋力抢护时,两架敌机轮番扫射;郓城仲(堌)堆险工,也是紧张抢险时,敌机又是轰炸,又是扫射。敌人还公然派特务破坏江苏坝险工。江苏坝位于鄄城县,是黄河南岸重要险工之一,江苏坝决口黄河直扑鲁西南,苏北广大地区也将受灾。1855年黄河改走现行河道后,这里经常决口,苏北不断受灾,江苏人集资在这里修了这处工程,故名江苏坝。当时如果这里决口,我渡河部队首受其害。江苏坝险工遭破坏后,蒋军刘汝明部又袭击鄄城临濮集,强行掘堤,被我河防部队击退,未酿成巨灾。对此,我晋冀鲁豫野战军司令部发言人曾发表严正声明,警告蒋介石及刘汝明等,今后如因彼等继续破坏河堤或阻挠修堤而引起黄河决口之惨祸,不论主犯蒋介石及执行破堤之负责军官,必将交给人民审判,严加惩办,即令逃至天涯海角,亦必通缉归案。

对国民党的决堤阴谋,我们做了针锋相对的斗争。在250公里的黄河堤防线上,不顾敌人的袭击破坏,坚持施工。一个多月的时间里,筹集秸料700万公斤，石料4万立方米，木桩25万根，麻15万公斤，完成土方500多万立方米，整修险工7处，提高了堤防工程的抗洪能力。在同敌人争夺的地区，采取“敌来我避，敌走我修”的办法，抓紧一切时机抢修。不少同志为此献出了宝贵的生命，崑山县工程师戚万钧被敌人逮去丢在黄河里淹死。在这一个多月里，死伤治河员工和修堤群众共100多人。8月7日刘邓大军挥师南进挺进大别山时，南岸工程已基本完成。

这期间还闹过一场虚惊。一天，我和冀鲁豫军区司令员赵健民接到野战军司令部的通知，让立即去见刘邓首长。我们赶到后，刘邓首长和副政委兼政治部主任张际春、参谋长李达接见了我们，刘司令员和邓政委说：现正在黄河大汛期间，有个情报，敌人有一支部队在东明、菏泽黄河附近活动，有可能扒开黄河，水淹我南岸军民，我第七纵队在那里活动，你们到七纵队去，协助七纵队相机消灭敌军，防止敌人扒口。并要赵健民同志负责动员地方部队和民兵，配合野战部队消灭敌人。给我的任务是指挥黄河修防处、段干部，随时了解黄河洪水情况，分析敌人可能在什么地方扒口，及时报告七纵队司令部。我们到七纵见到了政委张霖之，共同研究了活动方案，我立即给南岸修防处、段布置了任务。在这以前，听说一天夜里刘司令员下床，突然发现屋子里有水，群众由于惊慌，也都传说黄河决了口，刘司令员、邓政委和参谋长马上点着灯，在地图上找高地，准备部队迁移。不久查明，因雨下得大，村里村外到处都是积水，原来是一场虚惊。20世纪60年代初，小平同志来河南时，还给我们谈起这件事。可见当时的形势是如何的严峻。我们在七纵队住了两三天，接到司令部的电报，说任务已经完成可以回去了。回到行署，段君毅同志告诉我，大军今天晚上就要行动，后方机关要转移到黄河北岸去，我赶忙回到机关部署了机关人员转移和南岸修防工作。

蒋军贯台扒口

刘邓大军南进后，黄河南岸大部又被蒋介石军队侵占，成了游击区，黄河北岸成为我们防守和国民党破坏的重点。

当时黄委会设五个修防处18个修防段。第一修防处，辖东垣、东明、南华三段，归五专署领导；第二修防处，辖曲河、长垣、濮阳、昆吾三段，归四专署领导；第三修防处，辖鄄城、郓北、寿南、崑山四段，受二专署领导；第四修防处，辖徐翼、东阿、河西、齐禹四段，受六专署领导；第五修防处辖濮县、范县、寿北、张秋四段，受八专署领导。原为四个修防处，因三修防处跨黄河南北两岸，黄河归故后工作不方便，北岸的四个段由三修防处划出来成立了五修防处。调整后第一、第三修防处在黄河南岸，第二、第四、第五修防处管理黄河北岸。

当时黄河北岸一部分是蒋介石政府占区。在蒋介石军队控制的堤段，不仅不准群众修堤，而且横加破坏，挖了大量交通沟、大炮和机枪掩体，还不断派部队配合还乡团袭击我修堤工地。7 月 15 日我长垣修防段驻地突然被蒋介石军队包围，16 日段长王汉才等 3 人惨遭杀害。8 月 17 日开封蒋介石军队赵振廷部过河在贯台扒开贯孟堤，60 余个村庄被淹，经曲河、滑县等四县群众奋力抢堵，未成巨灾。

贯孟堤是 20 世纪 20 年代由华洋义赈会资助修建的。据说原计划由贯台一直修到孟岗，把这里上下大堤之间的缺口全堵起来，防止黄河倒灌，故名贯孟堤。后来还是因为天然文岩渠在这里入黄河，别无出路，只修到茅芦店就停工了。蒋介石军队从这里扒口，目的是使黄河水直冲大车集一带临黄大堤，造成黄河决口，水淹冀鲁豫解放区腹地。即使守住临黄大堤，洪水沿天然文岩渠倒灌上去，长垣、封丘、滑县大片解放区也将被淹。

由于当时通信条件极差，直至决口后的第三天，我会才接到四分区的电报。当即根据历史上贯台决口情况判断，长垣、南乐、滑县、昆吾、濮阳、濮县、范县、寿张等 8 县均有受灾可能，除报告行署采取措施组织堵口外，通知有关处、段与当地政府联系，抓紧进行抢堵，尽力避免和减少损失。

后来查明，决口地点在贯台东北贯孟堤上，是国民党地方部队赵振廷部所为。决口后长垣、曲河等地群众几次前往抢堵，均遭蒋介石军队武力镇压，请愿堵口代表二人被杀。封丘蒋介石军队王绪武、梁代之等部及长垣大车集等地地主武装，趁水打劫，群众大批外逃。为此，四专署派武装部队，消灭了国民党地方武装，赶跑了来自长垣等地的蒋介石军队，组织了曲河、卫南、滑县、长垣四县群众，一面抢修太行堤和临黄大堤，一面堵口。我们派副主任张方等同志现场指挥，经一个多月的努力，堵住了决口。

群英聚会首庆安澜

经过解放区军民艰苦斗争，我们取得了黄河归故后第一个伏秋大汛的胜利。为了总结经验，鼓舞斗志，从 1947 年 10 月上旬起沿河各县普遍召开了安澜大会，总结了一年来的治黄工作，表彰了英雄模范。

11 月 20 日冀鲁豫区黄河安澜大会在观城县百寨召开，这是三年“反蒋治黄”斗争当中一次具有重要意义的会议。会议分了两个阶段，第一阶段庆功表模,第二阶段总结工作,部署任务,带有研究工作的性质,历时较长,先后开了32天。

各专区、县代表,处、段负责同志和修堤、整险、防汛英雄模范共300多人参加了会议。晋冀鲁豫边区政府、太岳行署、太行区党委送了贺词。边区政府的贺词是:"群策群力,打退洪水猛兽,赢得一片干净土";太岳行署的贺词是:"打垮了蒋介石'四十万大军',拯救出冀鲁豫千百万人民";太行区党委的贺词是:"钢铁的人民,英雄的勋绩"。冀鲁豫行署副主任贾心斋、韩哲一,冀鲁豫军区和华东野战军的代表,都出席了会议并讲了话。我在会上作了《一年来的黄河斗争》的报告。那时的报告比较实在,有什么成绩,有哪些经验,存在什么问题,今后怎么办?套话很少。特别对检讨缺点、错误十分认真,认为这是提高工作的重要环节。当时很严肃地批评了形式主义、强迫命令和不注意质量。因为发现有的县修堤时,搞献粮运动,即多推土少要粮,当时本来工程粮很少,一般只够吃,推得多,付出的劳动量大,应该多得。有的干部看民工多少有点节余,就搞献粮活动,推得多落不多,群众有意见。还有的在工粮上搞大计划,大预算,修堤多要人,运输多要车,不精心组织,上堤后人多工具少,六七个人一辆车子,造成浪费。那时对工作的要求也比较具体,如修堤土工每工要做到2.5立方米;硪工要配到土工的20%,每坯土都要打3遍;整险尽量采用柳石坝,少用乱石坝;运输上要求木轮车3车拉1立方米石头;冬季要为明年的工作做好准备,如集运所需砖石秸柳料等。

当然这次会议主要是表彰,我们请英雄模范上主席台,戴大红花,介绍英雄模范事迹,有些突出的人物还把他们的事迹登在报纸上,造成治黄光荣、先进光荣的气氛。为了开好这次大会,我们还抽了一批机关工作人员为会议服务,虽然物质条件差,睡的是麦秸摊成的通铺,吃的是大锅饭菜,但大家的服务态度很好,千方百计调剂好生活,为会议服务好,使大家感到很温暖。

通过这次会议,不仅总结安排了工作,而且是一次深入的思想发动,300多位来自沿河地、县、治黄部门和群众中的代表,会后通过各种渠道把会议的精神贯彻到广大干部和群众中去,组织起浩浩荡荡的治黄大军,夺取新的胜利。这也是一个开端,以后每年都召开一次安澜大会,一直延续到20世纪50年代初期。

高村抢险

1948年解放战争的形势发生了历史性的变化,国民党反动派面临着全面覆灭的命运。蒋介石军队垂死挣扎,对黄河的破坏愈加疯狂,妄图造成新的泛滥,迟滞我解放大军的全面进攻。惊心动魄的高村抢险,正是在这一背景下进行的。

高村,位于黄河南岸东明县境,正处在“豆腐腰”河段,是黄河下游著名的险工之一。1855 年黄河改走现行河道后,由于在这里来了个急转弯,大河经常靠堤生险,1880 年秋天高村决口,洪水泛滥于菏泽、郓城、巨野、嘉祥、济宁等地,朝廷派大名总镇徐道奎,大顺广道刘盛藻会同练军营长张桂芳堵口,合龙后根据当时河势情况,修挑水坝 3 道,厢埽数段,又修筑了月堤、圈堤、套堤、后戗等,从此高村险工初具规模。1881 年高村设立黄河厅汛,1913 年改设东明河务局及河防营,均驻高村,后又改东明河务局为南岸河务分局、南岸办事处等,均有河防重兵驻守。但由于那时治河经费寥寥无几,且多被河官贪污自肥,修做工程极少,加上管理不善,迭次决口。1938 年黄河改道后,原有工程 9 年失修,加上自然侵蚀破坏,已不能抗御洪水的袭击。人民治黄后,虽修复了堤防残缺,整理了险工,但蒋介石军队重占高村时,堤坝工程又遭受破坏,直至 1948 年东明解放,才又对高村险工进行了整修。

1948 年是黄河回归故道后的第二个汛期,大河流路尚未规顺,因此一入汛期,高村就连续出险,8 月初抢险进入紧张阶段。当时东明县城刚刚解放,国民党还以重兵控制菏泽城。高村以东 10 多公里处还有敌军据点,敌人不时前来骚扰破坏,更给抢险增加了困难。

这次出险是由 6 月中旬开始的。由于黄河在北岸青庄与柿园村之间坐弯,大溜直冲高村 7 坝。当时高村险工共有 16 道坝,都是砖和秸柳料筑成的,又无稳固基础,一靠大溜即行下蛰。刚出险时我就到了现场,查勘了上下河势,研究了抢护的措施,要求第一修防处集中力量组织好抢险,保证黄河安全。黄委会派工务处长马静庭带领测量队协助,并抽调昆吾工程队支援。东明县委、县政府全力领导了这场斗争,梁子庠县长坐镇工地,组织动员群众,筹集料物,经过 10 余天的抢护,抢修了 8 道坝,险情暂趋缓和。但不久,主溜下移至 14 坝,厢护埽全部冲垮,大溜淘刷坝基,险情严重恶化。冀鲁豫黄委会接到报告后,确定调回正在参加区党委整党学习的第一修防处主任韩培诚,立即赶到工地组织抢险,并增调南华、鄄城两个工程队参加。当时最困难的是料物不足,柳枝、秸料、桩、绳等大多从北岸运来,困难很多,特别石料缺乏,把东明县城墙、县城里的牌坊都拆了。

正当我广大干部和群众日夜抢护时,国民党飞机乘机肆虐,从 7 月 7 日到

17日,每天数次骚扰,7月9日夜飞机轰炸达13次之多,死伤群众10多人。后来驻菏泽的蒋介石军队,又奔袭高村抢险工地,我抢险员工被迫撤离工地。韩培诚同志和警卫员李广成,为了掩护同志们安全转移,不顾个人安危,在敌人攻占大堤后才跳进黄河,泅水北渡,被冲往下游5公里多,遇到一只大船才被救上岸,上岸后发现裤子被洪水冲跑了,只好躲在附近的一个瓜庵里,修防处接到信赶快派人送去裤子,才回到机关。18日晚蒋介石军队退走后,19日我们又过河抢了一整天的险。20日蒋介石军队再次占领高村,我们才被迫停止抢险。

蒋介石军队占领高村后,险情进一步恶化。为了保卫险工,军区派崔子明率领基干旅赶跑了敌人,重新组织抢险。7月31日我和冀鲁豫行署副主任韩哲一同志赶到工地的时候,大溜已滑到16坝,出现了临堤抢险的危急局面。这时,五地委副书记逯昆玉和专署郭心斋副专员、第一修防处主任韩培诚、副主任张建斗、东明县长梁子庠以及冀鲁豫黄委会袁隆、马静庭等同志都在抢险工地,大家当即进行了研究。决定在原计划100万公斤柳料的基础上再增加秸柳料300万公斤,除东明、昆吾、南华、鄄城4段的工程队以外,再增调郓城、寿南、崑山、寿张、范县、濮阳、长垣、滑县等8个县段的工程队参加抢险,并以马静庭、袁隆、李仲才3位同志组成技术指挥小组,采取临堤下埽、挂柳头等多种措施,日夜抢护。当时正是霪雨天气,道路泥泞,运输困难,确定由我的警卫员梁英志负责现钱买土压埽,张绍林负责北岸料物的卸船转运,大家都是日夜工作,常常几天几夜不能睡觉。有一次,张绍林在柳枝上睡着了,恰巧河滩坍塌,差一点掉到河里。敌人飞机来了,大家赶忙躲进沟壕内,里面积了脚脖子深的水,飞机一走赶忙上来继续抢险,可是,朱占喜却蹲着不动,仔细一看,原来他在水里蹲着睡着了,可见当时大家困乏到何种程度。在工地上指挥抢险的领导干部,也是经常几天不下堤坝,饿了啃个馍,或让人捎点饭来,困了就倒在秸料或柳枝上休息一会儿。我们少数负责人有一件雨衣和一件救生衣就很不错了。所谓雨衣,是棉布蘸桐油制成的,救生衣内装的也不是海绵,而是柳絮之类的代用物。一般干部就是一条麻袋下雨顶在头上,睡觉铺在地上。郭国才同志的被褥和衣物在敌人进攻时全部丢失,就靠一条麻袋过了一个多月。但是,无论生活如何艰苦,敌人如何疯狂,气候如何恶劣,大家都是忘我的工作。那种坚定的信念和英勇奋斗的精神,至今回想起来仍然令人激动不已。

这也是一场同洪水争时间、抢速度、拼毅力的战斗,主流顶到哪里我们就抢到哪里,埽冲走了再修,坝塌陷了再填。由于大水溜急,淘刷猛烈,往往几段坝接连坍塌掉蛰。8月12日,15坝到16坝间大堤塌去1/3,险情发展到万分危急的时刻,五地委副书记逯昆玉、五专署兵站司令员王子平赶来工地指挥抢险,并带来了地委、专署、军分区的慰问信。经研究,做出了如下紧急决定:

第一,除了由北岸的长垣、昆吾两县紧急突运秸料支援外,当即从险工附近村庄,火速砍伐青高粱秆,贴堤修做护沿埽,长400余米,保护大堤安全。

第二,同时在这段大堤的背河进行培厚,赶修后戗。

第三,大堤外,突击补修从白店至后杨的围堤,做二道防线,以防万一。

第四,在对岸柿园村挖引河,以改善河势。

在这危急的时刻,行署韩哲一副主任冒雨渡过河来,指挥抢险。沿河各县动员大批运输车辆赶运料物,北岸长垣、寿张、范县每天出动大车200多辆抢运秸柳料和麻绳,南岸菏泽、齐宾、考城、东明等县出动大车1000多辆,赶运砖石、本桩和秸柳料,南北两岸,条条大道都是运料的车队,各种抢险物资源源运到工地。经过几十个昼夜的激烈战斗,终于战胜了洪水,高村险工转危为安。

这次抢险,历时2个月,动用民工30多万工日,秸柳料450多万公斤,青砖200多万块,石料500余立方米,麻料20余万公斤,先后抢修了12道坝,21段护岸埽,终于保住了险工的安全。这是在党的领导下,解放区人民建造的一块丰碑。正如参加抢险的老河工们所说的,要在过去八个口子也开了。许多同志都说,这是人民治河的重大胜利,过去认为不能完成的抢险任务,依靠人民群众的力量竟然完成了。区党委、行署和五地委、五专署对这次抢险的胜利都有很高的评价,在五地委、专署和分区的慰问信中写道:

"你们为保护河南(岸)几百万人民的生命财产,为保护我中原大军与后方联系的通道,几个月来忍受着日晒雨打,忍受着饥渴,经受着蒋介石飞机轰炸的危险,不分白天黑夜,担负着沉重的工作,你们辛苦了,你们中间,且有人为这一神圣工作而牺牲了。"

"抢险工作是伟大的,这不仅是对黄河水作战,也是对蒋介石反动派作战。你们的工作,不仅为河南(岸)几百万群众所重视,并且为全国群众及党中央、毛主席所关心。我们为了支援你们,已从齐宾、考城、菏泽动员了几百辆大车、三千名民工,并调剂几百万斤麦子,赶赴高村险工,如工程需要,还可动员更大力量支援你们。希望你们继续发扬艰苦奋斗精神,再接再厉,为完成这一神圣工程而奋斗。我们相信人民的力量是无穷的,只要大家团结一致,奋斗不懈,无论是黄河,还是蒋介石的阴谋,都是可以战胜的。"

第六节　在胜利中前进

1948 年秋天,济南、开封、郑州等地相继解放,华北、河南、山东三解放区连成一片,分区治理的局面即将结束,一个新的治黄时期即将开始。为了迎接这个新时期的到来,从 1948 年冬天起,我们做了大量的准备工作。

开封办事处的建立

国民党政府的治河机构,开始称为黄河水利委员会,1947 年改为黄河水利工程总局,驻开封,下设河南、山东修防处,处下设总段、分段等。1948 年 9 月济南解放,由渤海区山东河务局接收了山东修防处。10 月开封解放,第二野战军总部当即给我们发电报,让我们派人接收开封国民党治黄机构。

我们请示行署后,派副主任赵明甫带了十几个人去开封接收。到开封后首先向军管会汇报,吴芝圃政委同意由我们接收郑汴一切水利机关。后中原局正式明确,同意由我们接收,接收的人员、物资,报告中央听候处理。并说黄河由我们负责管治,中原在人力物力上全力支持。按照这个意见,对郑汴治黄机构进行了接收。这次共接收总局及附属单位 1062 人,经过整编保留了 655 人,其中约有一半是各类技术人才,这是治黄队伍中增加技术人员较多的一次。1949 年南京解放后,我们又从那里请回了一批高级技术人才,并吸收了一批河南大学的学生参加工作。这样就组成了中华人民共和国成立初期治黄队伍的技术骨干,在长期治黄工作中发挥了很大作用。

按照当时的行政区划,冀鲁豫行署归华北人民政府领导,冀鲁豫区黄河水利委员会已于 1948 年正式改为华北人民政府黄河水利委员会,由华北水利委员会和冀鲁豫行署双重领导。当时华北水利委员会的主任是邢肇棠,我是副主任。那时河南省归中原区领导,虽然中原区明确治黄工作由华北政府黄委会负责,但必须有相应的机构负责河南的治黄工作。因此,确定在开封设立黄河水利委员会驻汴办事处,赵明甫兼主任,下设秘书、工务、供给三个科。1949 年三区统一时,成为黄河水利委员会的基础。

为了适应解放战争胜利发展的形势,1949 年初,黄委会的组织机构做了相应调整。河南所辖堤段设第一修防处,直接受驻汴办事处的领导,主任是邢宣理，辖广郑、中牟、开封、陈兰四个段；冀鲁豫原第一、第二修防处合并为第二修防处，主任是张慧僧，副主任仪顺江，辖东明、南华、曲河，长垣、昆吾五个段；原第三、第五修防处，合并为第三修防处，主任是刘传朋，辖鄄城、郓北、崑山、濮县、范县、寿张六个段；原第四修防处不变，主任是韩培诚，副主任孔简涛，辖徐翼、东阿、河西、齐禹四段；设第五修防处，负责豫北黄、沁河的修防管理，主任原拟由太行配备，后因调韩培诚同志负责大樊堵口，改任韩培诚为第五修防处主任，所辖段待修防处组建完成后另定。为了同行政区划相一致，一般一个县设一个段，因此原东明第一、第二段合并为东明修防段，郓北第一、第二段合并为郓北段，长垣第一、第二段合并为长垣段，寿北、张秋段合并为寿张段。

同时，普遍进行了一次整编。这次整编的目的是精减人员，减少行政费开支。当时规定，为了保证治黄工程的需要，行政经费不得超过工程费的1/10。按照这个要求自上而下普遍地进行了精简。这次精简同干部队伍的调整同时进行。随着解放区的扩大，除了新组建第一、第五两个修防处外，还接收了材料厂、砖石厂、水文站等单位，也需要干部，可以说这次整编为干部的大调整准备了条件。

平山会议

华北人民政府于1948年9月下旬建立，政府主席是董必武同志。1948年12月，华北人民政府水利委员会在河北省平山县西柏坡村附近的一个小山村里，召开了一次会议，中心议题是研究建立统一治河机构问题。会议由邢肇棠主持，我和郝执斋、江衍坤、张方、马静庭、宁祥瑞、徐福龄、周保祺等同志参加了会议。各区代表分别汇报了治黄工作，研究了统一机构的名称和组织办法。关于机构名称，华北水利委员会曾有个意见，将冀鲁豫黄河水利委员会改为黄河河务总局，并已写入华北水利委员会组织规程草案，故这次会议上曾提出两个方案，一是叫河务总局，一是叫黄河水利委员会。后来大家认为，河务总局局限性较大，以黄河水利委员会为好。确定委员会由9名委员组成，华北、中南、华东三解放区各推荐3名委员。实行会、处、段三级管理体制，对下统一，经费由三区分摊。并确定由我和江衍坤、赵明甫负责筹备工作。

会上还审查了1949年黄河岁修计划。根据1947年、1948年两年防汛抢险的情况，我们认为大堤和险工虽然经过两三年的培修，但隐患很多，要保证不决口，还要修很多工程，因此要钱比较多。华北政府副主席杨秀峰嫌太多，我说少了不行，黄河要决口，杨秀峰同志说，决了口杀你的头。我说杀头也保证不了。

杨秀峰同志作风很民主,吵了一通,增加了一些,可巧1949年来了大水,岁修工程起了大作用。

会后向区党委做了汇报,潘复生和韩哲一同志同意平山会议意见,并确定我和张方、袁隆为冀鲁豫区代表。不久赵明甫来信,说中原区同意统一,提出派彭笑千为委员,其余委员由黄委会确定,我们商量由赵明甫、张慧僧充任。我在1949年3月初给董老和杨副主席发了电报,汇报了两区委员人选,并建议3月在北平开会,4月以后岁修防汛,负责干部不便离开。当时董老是华北人民政府主席,他一直关心黄河的事情。不久我们就接到了他的回电,大意是会议在北平由中财部主持召开,时间在6月22日左右,华北委员人选同意,中原区委员由中原批准。我向赵明甫通报了董老的意见,并提议由他用我们两人的名义电请董、杨,时间以5月份为妥。

后经华北政府同华东、中南两区商定,黄河水利委员会成立会议于1949年6月15日在济南召开。参加的委员有我、张方、江衍坤、钱正英、周保祺、彭笑千、赵明甫,袁隆、张慧僧二人因事缺席。中央派中财部黄剑拓、华北政府邢肇棠到会指导。会议由山东省政府副主席郭子化主持,黄剑拓同志传达了董老的指示。会议推定我为主任,江衍坤、赵明甫为副主任。这是由分区治理走上统一的第一步,虽然还是联合的性质,但有了统一的机构,统一的工作方针和计划。

会议确定,鉴于解放战争尚在进行,人力、物力仍很困难,加上组织不充实,技术人员和设备不足,下游河防工程距安全程度尚远,因此治河方针仍应以防洪为重点,研究治本放在次要地位,但需积极进行搜集治本资料及一切研究治本的准备工作。并确定迅速建立委员会办事机构,建立电讯电话线路,拟定1950年防洪计划,继续搜集治河资料,出版《新黄河》不定期刊物等。委员会设在开封,由华北政府领导,经费三区分担,7月1日正式开始办公。

大樊堵口

大樊是沁河上的一个重要险段,位于武陟县老城西北约10公里处,历史上曾多次决口。嘉庆二十六年(公元1821年)六月,同治七年(公元1868年)两次溃决,光绪三十二年(公元1906年)四月又决北樊(在大樊西一华里),民国期间决口更加频繁。抗战初期,国民党军队和日军相互决堤,大樊口门为国民党军队挖开,虽经堵复,但由于上游河槽刷深,大溜淘刷,坝埽不固,1947年夏又将大樊冲决,经武陟、修武、获嘉、辉县、新乡,挟丹(河)夺卫(河)入北运河。泛区面积约400平方公里,受灾20多万人。由于国民党军队想利用沁水来加强新乡外围防务,因此没有堵口。

1948年11月武陟解放后,武陟人民政府县长张华即函请黄委会要求堵口,同时太行四专署编制了堵口计划,派人到驻汴办事处商讨。我们研究后认为,堵口条件已经成熟,应立即组织堵口,确定调韩培诚同志协同太行专署组成大樊堵口工程处,于2月20日正式开始堵口工程。

大樊口门宽185米,水面宽130米,水深0.3~1.5米,旧河道最大淤高为2.73米,口门河底纯系沙土。计划用单坝进占,关门占原定用秸不用柳,因冬季柳枝无叶,沙质河底不易闭气,后改用柳石枕。3月19日开始合龙,至20日柳石枕抛出水面,但由于枕底及金门占接缝处冲刷,过水量仍很大,约占当时全河流量31立方米每秒的1/3,金门占不断下蛰,又加风雨交加,运土跟不上,至21日临河水位抬高1.45米,临背河水面差3米,龙门上口水深达11米,口门随被冲开,第一次堵口失败。

第二次堵口时认真吸取了第一次失败的教训,事先进行了深入的调查研究,并派我会工务处长马静庭和有经验的工程师徐福龄现场指导。这次采取稳扎稳打的办法,首先加高护岸工程,开挖引河,并在原挖引河基础上加宽,挖除高仰部分。改单坝合龙为双坝合龙。为了统一工地指挥,由专署、县和工程处共同组成了堵口指挥部。从各种物料准备,到工地指挥调度,都设专人负责。由于准备工作充分,进占和合龙均比较顺利。5月2日4时开始,至上午9时,正坝边坝先后合龙,3日下午6时即行闭气,第二次堵口宣告成功。

第一次堵口失败后,曾受到华北水利委员会的批评,并为此发出指令,要求追究责任,以教育干部,提高工作人员的责任心。后来堵口成功,又发出通报,总结了失败的教训,指出:"黄委会第五修防处的检讨尚属深刻,第二次堵口事先已能调查研究分析,慎重进行,堵口得到了成功,说明修防处认真接受了教训。"因此,决定免予处分。

这是解放后的第一次堵口,今后黄河、沁河还会不会发生决口?我们希望没有,永远没有,但也很难完全预料。因此,这次堵口的经验教训仍然是十分珍贵的。我认为第一次堵口失败的原因,从领导思想上说,是轻敌麻痹,根本原因是我们不懂,许多事情心中无数,都是听工程队长的,他们说"放心吧,没问题",我们也就真的以为没问题了。结果不仅技术上出了问题,组织工作上也造成了混乱,一遇风雨天气,民工走散,土运不上来。从技术上讲,口门留的过宽(上口15米,下口13米),金门占做在浅滩上,推枕后,淘刷搜根,基础不固,随淘随蛰,以致抢护不及。同时用柳石枕单坝合龙,有很大冒险性。柳石枕本是透水工程,不易闭气,河底又是流沙,淘蛰很快,未及施修,即行溃决。对引河的作用也估计不足,引河原计划两道,后来并为一道,减少了过水量,而且没有纵坡,甚至有的沙岗也未清除,宣泄不畅。引河口门所留门槛,当水位抬高到0.7米开放引河时,仅将门槛挖开3米,希图束水刷沙,自然扩大宽度,结果因沁河水小,非但未能刷沙,反起阻水作用,增加了口门的压力。第二次堵口之所以比较顺利,关键是吸取了第一次的教训,思想上重视,工作部署上谨慎,事先做了充分准备,进占及合龙时,不时探测河底情况,随着口门水流及工程变化,及时变换施工方法。正坝用柳石枕合龙,边坝用合龙埽堵合闭气,由于双坝进堵比较稳妥,所以一举获得了成功。

《治理黄河初步意见》的产生

1949年七八月间,中央确定撤销冀鲁豫行署,建立平原省。这时黄河水利委员会已开始在开封办公。原冀鲁豫黄委会的干部,一部分调开封黄委会,一部分留下来组成平原省黄河河务局,一部分调河南充实黄河第一修防处(后改为河南黄河河务局)。

平原省辖新乡、安阳、濮阳、菏泽、聊城五个地区和新乡市,包括了黄河下游的整个豆腐腰河段,艾山卡口和东平湖,担负繁重的治黄任务。1952年平原省撤销时,中央派王从吾、韩哲一到新乡,在省直机关干部大会上曾讲到,组建平原省的一个重要考虑就是黄河修防任务很重。因此,从建立平原省开始,对河务局的领导人选就很重视。经与省委商定,张方为局长,袁隆为副局长,王子平为秘书处长,孟晓东为工务处副处长,赵迎春为供给处处长,下辖新乡、濮阳、菏泽、聊城四个修防处,修防处主任是韩培诚、张慧僧、刘传朋、仪顺江。

同时,平原省委决定,撤销黄河河防指挥部,建立了平原省航政管理局和平原黄河河务局石料运输处。黄河河防指挥部自1947年建立,共造大小船只200多只,在支援大军渡河、运输物资和伤员、黄河运石和两岸交通等方面发挥了重大作用。工作结束前做了总结,表彰了英模,按照“以服从治河运料为主”的原则,分配了干部、水兵和船只财产。以郭英为首建立航政管理局,住孙口,设7个渡口办事处,1个船厂,共800人。以刘茂斋为首建立石运处,住高村,设石场、船厂各1个,航运大队4个,共2200人。河防连交省军区,黄河指挥部修理厂归航政局。组建后的石运处,共拥有各种船只100多只,在以后几年的运石运料中做出了很大贡献。

接着第一修防处正式改为河南黄河河务局，袁隆为局长，下属广郑、中牟、开封、陈兰四个修防段。至此，平原、河南、山东三省修防机构基本完备。

中华人民共和国成立前夕，李葆华同志把我叫到北京，当时李葆华是中共北京市委第三书记，中央已内定他为政务院水利部副部长、水利部党组书记，由他来筹组水利部。为此，他由各地邀请了一些人来商量如何组建，请哪些民主人士参加。我推荐了张含英。这次还有幸见到了周总理，总理在北京饭店同各地从事水利工作的同志们见了面，并讲了话。这次李伯宁、李化一、张含英、成润都参加了，共三四十人。总理讲了水利工作的意义，他说，我们是一个农业大国，富国利民，必须兴修水利。国民党不重视水利事业，水旱灾害不断发生，民生凋敝，国家贫穷，中华人民共和国成立后，要恢复经济，发展生产，就要大兴水利。总理接见后，李葆华同志主持讨论，决定黄河、长江等都成立流域机构，名称叫水利委员会，淮河成立水利工程总局，属水利部领导。中华人民共和国成立不久，正式任命我为黄委会主任，江衍坤、赵明甫为副主任，这时治黄流域机构才真正统一。

在中央筹组水利部的时候，我们也在考虑中华人民共和国成立后的治黄问题。我受命主持治黄工作时，对黄河了解很少，抱着干几年后即要求调动工作的思想，没有长期治河的决心。经过三年治黄实践，对黄河逐步产生了感情，对治黄工作发生了兴趣，越来越感到治黄同革命和建设是紧紧联系在一起的，是一项伟大的事业，有研究不尽的学问，做不完的工作。鉴于全河即将全部解放，上中下游统一治理的局面即将到来，有提出如何治河的意见的必要。同时，经过几年的抗洪斗争，对下游河道、堤防中的问题有了实际了解，在一些工程措施上也有改革的必要。为此，在济南会议前后，我起草了《治理黄河初步意见》，在起草的过程中曾经同当时担任黄委会研究室顾问的张含英等交换了意见，得到了他们的支持。这个意见共分四部分：

第一部分，治河的目的与方针：阐述了黄河为患的原因和治理的初步设想。

第二部分，1950 年将要实施的工作。按照 1947 年、1948 年两年洪水和堤防工程的实际情况，提出以防陕县洪峰流量 18000 立方米每秒为目标，采取“修守并重”的方针，“确保大堤，不准决口”。修防任务有八项：(1)加培大堤。(2)整理险工。(3)堵塞串沟。(4)预防新险。(5)废除民埝。(6)沿堤植柳。(7)加强电讯交通设备。(8)加强在职干部和工人的教育。这时已初步形成了“宽河固堤”的思想。同时把引黄灌溉济卫工程列入了实施项目。

第三部分，观测工作。包括气象、水文、测量、查勘等基本工作，提出了整顿和建设的要求。

第四部分,组织领导。建议治黄工作实行统一管理。“采取双重领导双重监督制,在组织上分为黄河水利委员会、黄河河务局、黄河修防处及黄河修防段四级,豫、平、鲁三省因修防任务繁重,设局、处、段,专掌修防工程。西北各省因治理工作尚未开展,设西北办事处,代表黄委会领导测量、水文、气象、水土保持、灌溉、护滩及调查研究等工作,但遇到必要时黄委会可商同当地政府设立临时组织,办理专门工程。我们意见,于中央人民政府成立后,明年争取逐步做到统一各级组织,统一干部管理,与统一经费预算,以便逐步走上本支流统一治理的‘流域管理计划’。”

这个意见,8 月底完成,9 月初报送董老,一个月后董老给了答复,指出:“关于《治理黄河初步意见》,经研究,认为明年修防工程八项任务极是,水土保持及观测工作亦属必要。”“黄河上游原有机构及工程设施,应尽量保持,并继续进行工作”;“寿张严善人堤及梁山民埝,可保持一定高度……以不加高为原则”;并要求对沁河研究防患兴利计划,继续进行八里胡同水库坝址的调查研究。这些意见对我们都是很大鼓舞,进一步增强了对治黄的信心。

第七节　1949 年的防洪斗争

改征工制为包工包做

1949 年的治黄工作,是在没有战争的环境中进行的。经过 1946 年、1947 年、1948 年三年,我们在修堤、整险、防汛、抢险上也初步摸索了一些经验,使我们有可能在进行组织调整,健全各级修防机构的同时,对修防工作做适当的调整,使之更加有利于各项工作的进展,夺取防洪斗争的新胜利。

过去复堤都是实行征工制,基本上是义务出工。土工每完成 1 立方米土方发给小米 0.75 公斤,柴 1 公斤;硪工及卯工,每人每天小米 1 公斤,柴 1 公斤。土工要完成 2 立方米以上才够吃,完成 2 立方米以下的不够吃,赚些粮食的是少数,赔粮的占半数,增加了村里的负担。如何提高工效,节约劳力已成为一个重要问题。

1948 年着重解决了走群众路线,发动组织群众的问题。纠正了 1947 年有的地方“强迫命令，扫地出工”的做法，按照2%～4%的劳力动员，分期分段进行，同时加强政治动员，开展立功竞赛活动，使人人明白为谁修堤，以提高群众的积极性、主动性。并组成强有力的施工指挥部，开工之前先行估工，准备好施工工具。1946年复堤平均工效1.6立方米，1947年为1.8立方米，1948年河北岸为2.39立方米。南岸因有敌人骚扰破坏，平均为1.74立方米。硪工夯打也比以往坚实。但总的看，工效提高不快，人与人、村与村悬殊，有的一个工日完成土方10多立方米，有的只有0.5立方米，要提高工效必须采取进一步的措施。

运输料物是治河中的一件大事，我们从改进运输工作中也受到很大启发。1946年、1947年两年基本上也是支差的办法，效率低，人力物力浪费很大。1947年运石平均4车为1立方米，1948年我们号召改进办法，达到3车为1立方米。昆山修防段采取包运的办法，大大提高了工效，这年共运石2.6万多立方米，分四期完成。第一期是征车，支差运输，平均每车0.4立方米；第二期改为包运的办法，每车达到0.51立方米；第三期为0.514立方米；第四期为0.79立方米。第一期每立方米开支小米59公斤，第二期为45.75公斤，第三期为44.65公斤，第四期为38.95公斤。第四期同第一期比较，效率提高了一倍，开支节省了30%，于公于私都有好处。因此，我们决定在复堤工程中提倡包工的办法，或叫征工包做。

这种办法实行后很受群众欢迎。这年春天，春荒较重，不少贫苦农民自愿结合，修堤自救，积极性很高，一般每工完成3立方米以上，高的五六立方米，工效比1948年提高1/3，普遍做到有吃有落，村里负担也少了。因为提高了工效，开支也减少了。过去每做1立方米土，土工工资加上卯杂工和路、病、风雨误工以及工具损坏赔偿、拉车绳等，合1.55～1.6公斤小米，实行包工以后，每立方米只合1.25公斤小米，1公斤柴，加上公杂费，合计1.45公斤小米，每方土节约小米0.1～0.15公斤。这年做土方290多万立方米，节约小米三四十万公斤。但有的县段干部怕麻烦，仍然采取征工的办法，工效不但没有提高，反而有所降低。

土工实行包工后，硪工也要求改革。开始沿用征工制，每工小米1.6公斤，打多打少一个样，硪工情绪不高，寿张县反映“十里无歌声”，纷纷要求推土不打硪。到第二期施工时，我们将硪工改为分等给资，根据工效和质量分为一、二、三、四等，按等支给小米3公斤、2.6公斤、2.3公斤和2公斤。硪工情绪有了提高，老硪工也上堤了，有些青年请老师傅教技术，夜里练习，一般每坯土打大硪两遍，套打小硪两遍即可达到要求，质量工效均有明显提高。

由征工到包工包做，使我们认识到政策的重要。因此，几十年来黄河上一直实行按方给资的办法，多劳多得。“文化大革命”期间“四人帮”批判这为物质刺激。后来由于他们破坏了按方给资的原则，多劳不能多得，使得“文化大革命”期间修堤的工效和质量都受到很大影响，这是个深刻的教训。

关于工程队政治工作的决议

当时黄河下游修防主要有两项工程：一是修堤，一是整险。修堤主要是靠动员群众，整险则主要是依靠工程队进行。

工程队基本上由两部分人组成，一部分是人民治黄后新参加工作或从国民党治黄机构中接收过来的老河工；一部分是新参加的青年农民。老河工有一定的经验和技术，是这支队伍的骨干。他们在旧的治黄机构中处于最下层，政治上受压迫，生活上很困苦，参加工作后多数都很积极，在“反蒋治黄”斗争中起了积极作用。但是，由于他们长期受旧河工的影响，一般技术上都很保守，“法不外传”的积习很深，而且一个师傅一种传授，互不服气，技术上更少共同研究，因此整险工程虽有改进，例如采取柳包淤或用柳石枕护根的方法，但多数工程完全沿用旧法，造成不少浪费。整险工程占当时整个治黄经费的2/3，把工程队的工作做好，提高广大工程队员的政治觉悟和技术水平，树立为人民服务，为人民治黄的思想，把做坝修埽当作自己应尽的职责，尽心尽力，爱护一草一木，一砖一石，就成为当时治黄工作和队伍建设中的一件大事。为此，我们在1949年的工作安排中，把加强工程队的领导，提高工程队员的政治水平、技术水平，改进埽坝工程，作为一项重要内容。

1949年春天，为此专门召开了工程队长、指导员联席会议。我在会议上讲了话，要求工程队长和指导员总结经验，加强工作，研究加强政治工作的措施，总的要求是从建设队伍做起，改进埽坝工程，做到坚固省料，打破技术保守，把传统经验带上科学性，节约用工用料，反对浪费。

这次会议还制订了关于工程队政治工作的决议，是土程队建设的一个重要文件。决议规定，首先，工程队员要树立正确的劳动态度，按时上政治课和文化课。政治课的内容，是将革命进行到底和毛主席对时局的声明；文化课是按程度分班，干啥学啥，还规定要学认字、写字、做作文，反对封建迷信，主要教材是识字课本，由黄委会编，每天学习两小时。其次，要努力学习技术，每做完一段工程讨论一次，找出优缺点，写出正式总结，反对技术思想保守。还经常开展劳动竞赛活动,定期评选劳模,鼓励先进。要求个人定出竞赛条件,各队定出竞赛计划,开展人与人、班组与班组间的竞赛,汛后召开全河表模大会。选模范的条件是:工作积极,完成任务,爱护公物,政治文化学习有显著成绩,团结带动群众,没有私人拉拢,服从领导,反映群众意见,能执行各种制度,对工作有改进。要求工程队长、指导员同队员打成一片,随时记载每人的好坏表现,随时表扬批评。

这个决议虽然比较粗,但要求具体,对加强队伍建设起了很好的作用。这次会后,驻汴办事处召开了中原区黄河工程队队长指导员会议,赵明甫同志提出学政治、学技术、学文化,树立新的劳动态度,把加强工程队的政治和技术教育,提到了各级领导的面前。到 20 世纪 50 年代初期,工程队的面貌发生了显著变化,他们中间不少人加入了中国共产党,担任了工程队和修防段的领导职务。

我们的方针是"修守并重"

1947 年 3 月黄河归故,这年汛期上下都很重视,每个防汛屋都有专人守护,严密巡堤查水,但因水不大,不少堤段守了一个汛期的干堤,这使一些同志从思想上放松了警觉,认为汛期也不过如此,用不着这样紧张。1948 年汛期对防汛工作虽然做了部署,但要求不细,督促检查不严,防汛工作从上到下都松了下来。有的接到水情通知后,没有认真对待,出了不少漏子。郓北崑山出了 13 个漏洞,铁山头民埝漏洞开了口,因无人防守,淹了 26 个村庄。张秋段梁集以上出漏洞 14 个,堵住 13 个,张庄民埝出漏洞 1 个,因料物不及时,没堵上,黄河水倒漾到范县,淹了 100 多个村庄。高村抢险,事先对河势变化心中无数,对险情的发展缺乏认真的分析,结果险情越抢越大,临堤下埽,完全陷入被动,出现了背篙赶船的局面,不是缺桩,便是缺料,秸料够了砖又不够,料物够了人又不足,产生了极端危险的情况。

这些事例告诉我们,只修不守不行。1948 年总结时,我们曾经提出:"要实现不决口的任务,必须解决以下几个问题:(1)要把防汛工作看作是决口与否的关键,接受'有堤无人,等于无堤'的名言,无论何年,都要兢兢业业十分重视这一工作,坚决反对任何松懈麻痹、疏忽轻视的现象。(2)要在汛前进行严格的细密的检查,堵塞所有洞穴。(3)不守干堤,照顾群众生产,但必须加强组织准备工作,水一到,一听通知必须保证人物齐备,不得误事。(4)紧紧地掌握水情,并建立灵通的情报组织。(5)建立统一的包括地方及治河机构的防汛指挥部,这种机构,一入汛期即应有一定的人做各项防汛准备。大水到来,地方主要负责同志必须上堤,并建立经常的护堤组织,进行常年护堤工作。我们想,只有做好以上五件工作,我们的临黄堤不溃决才有保证。”根据以上想法,在 1949 年的任务中,确定采取“修守并重”的方针。

为了贯彻这个方针,提出了“建立统一的强有力的防汛指挥部,加强防汛的组织准备工作,并建立日常的群众性的护堤组织,严格检查獾洞鼠穴,注意植柳种草,护堤护坝,以保护大堤的安全。”从 1949 年起,在沿堤村普遍组织了护堤委员会,并且由行署做出了堤根占地的规定:

“甲　金堤:在范县、徐翼、寿张三县境内者,除现在堤压之地外,在临河方面再留出 6 米,背河方面再留出 4 米划为公地。范县以西部分一般仅将堤压地留作公地,其堤身过分狭窄或堤身与沿堤耕地界限不清者,以留足 26 米宽为准(连堤压地在内)。

乙　临黄堤:为照顾工程需要,不论上下一律以留 41 米为准。一般堤的宽度为 27 米,自堤根量起,向临河方向扩展 10 米,向背河方向扩展 4 米,作为堤界。如现有堤宽不足或超过 27 米者,扩展之宽度得适当增减,以保持总宽度 41 米为准。

丙　圈堤、隔堤及堤旁坝背:以现占地划为公地,两坝间之地,亦划为公地。

丁　险工:分三等:一等险工向背河扩展 30 米划为公地;二等险工向背河扩展 15 米划为公地;三等险工向背河扩展 12 米划为公地。险工处必须另划一部分公地作为窑场、料场、工程人员住房地基。险工原有公地者尽量清理利用,原无公地者应于土地调剂时划出一部分民地供使用。”

对护堤委员会的义务做出了规定。主要是护树护草,修补水沟浪窝,并在堤里堤外植树造林。林权归公,土地收获归其所有,每年修剪之树枝和堤草收入归其所有。由护堤委员会选定合适人员看守大堤和树草。从这以后,群众护堤队伍初步组建起来了。

为了消灭隐患,巩固堤防,一些处段先后发动群众普查洞穴、裂缝等隐患和捕捉害堤动物,有的还规定了捕捉害堤动物的奖励办法。如第一修防处规定:捕捉獾狐每只奖小麦 2.5 公斤,鼢鼠每只奖 0.5 公斤。仅第五修防处上半年就捕捉獾狐 70 多只,发现獾狐洞 700 多个。

关于堤线防守问题,6 月初在菏泽召开了防汛会议。这次会议上总结了前两年防汛工作的经验,制订了《一九四九年防汛办法》和《防汛查水及堤防抢险办法》。在防汛办法中规定了防汛准备、组织领导、联系制度、责任制、防奸等。

要求专区、县建立防汛指挥部,区设指挥点,沿堤7.5公里以内划为防汛区,村庄稀的可酌情划远一些。防汛区内村庄要分别组织防汛队和抢险队,准备好工具。每个防汛屋或防汛庵有防汛员1人,每指挥点2人。临时防汛员,平时生产,水偎堤时上堤防守。并明确规定,战胜洪水是沿黄专区、县的责任,决了口不仅要负政治上的责任,还要负法律责任。查水抢险办法中规定了查水和抢险的方法,包括组织领导、必须带的工具、行走路线、漏洞的抢堵等。这年防汛工作的方针是"掌握重点,防守全线,强化护堤,建立灵通情报,做到及时修补,防护与抢救"。"重点"是指土质不好,未经过洪水考验的新堤,以及河床坡度陡、临背悬差大、堤线不规顺、串沟严重等堤段。"全线"指全部堤线和险工。

华北人民政府、冀鲁豫行署、中原局及山东分局、山东军区、山东省人民政府分别发出关于防汛工作的通知、指示或紧急联合决定,号召沿黄党政军民迅速动员起来,做好一切防汛准备。山东省人民政府还颁布了《山东省黄河防汛及抢险奖惩办法》,规定了立功标准、记功评功、奖励办法及惩处条例等。

这些工作,都为从根本上废除旧社会的汛兵制,建立人民防汛体制打下了基础。

贯台抢险

1949年是人民治黄以来汛情最紧张的一年,一入汛期贯台就出现了严重险情。

贯台位于黄河北岸封丘县境,咸丰五年(1855年)黄河决口后,堵口时的西大坝就在这附近,和兰考东坝头隔河相望。堵口不成,黄河从曹岗来溜直冲贯台前高滩,高滩逐渐后退,遂成"三里河道十里河滩"的宽河,主溜游荡不定。如果溜走北岸,贯台前高滩抗水挑溜东去,贯台险工平稳。但是,1949年春,大河溜走南岸,并在开封张庄坐湾,溜出湾弓下角直冲北岸。大水时溜走中泓尚无妨碍,中小水时坐湾,溜扫边,顶冲,工程吃紧。

6月下旬贯台险工开始出险,大溜直冲二、三坝及以下护岸,由于基础全是沙底,虽经抢护,二、三坝相继吊蛰入水。我们当即派工程处长张方、第二修防处副主任仪顺江前往主持抢险,副主任赵明甫也由开封带领一部分工程技术人员赶赴现场研究抢护方案,同时向行署副主任韩哲一、区党委书记潘复生做了汇报。韩哲一和潘复生指示:"工程实施计划由王、赵主任决定,所需料物命令当地政府征集支援。总之,大力抢护,一定不准决口"。我们按照这个要求,会同地委迅速组成了抢险指挥部,由副专员李立格任指挥,张方、仪顺江、李玉峰任副指挥。当时确定的方案是,重点修守龙口以上二道坝及五段护岸,并防护曹圪挡老滩。初步估算再有秸料150万公斤、石料500立方米即可敷用,较之退守贯孟堤省料且安全。为防万一,开挖了圈堤东南角,放淤以固险工,万一龙口不保,可使大溜由此入黄,避免黄河直冲长垣大堤。6日由于黄河出现第一次洪峰,主溜外移,贯台暂时脱险。

7月13日大河水落,贯台再靠大溜,一至三段护岸掉蛰2~3米,接着溜势上提,再次顶冲二、三坝,二坝约15米一段掉蛰入水,张方、仪顺江等亲自带领抢险队员拼力抢修,急调东明、菏泽工程队支援。后来险情继续发展,在三坝秸埽上新加修的柳埽,又掉蛰入水,回溜淘刷二、三坝间的堤坦,堤坦迅速坍塌,边塌边抢,塌了再修,同洪水一尺一寸的争夺。经过一昼夜,二、三坝多次下蛰,坝身所剩无几,二、三坝之间的埽和堤坦也几乎坍尽,大堤已塌去一半,其余坝埽也大部入水,险情发展到十分危险的境地。在此危急时刻,地委、专署负责同志亲至工地指挥抢险,并由行署和黄委会抽调一批干部星夜赶赴工地投入抢险斗争。

为了保证料物的需要,动员了曲河、长垣、濮阳等县民工昼夜赶运料物。广大群众干部发扬主人翁精神,要人有人,要料有料,不少群众忍痛将房箔、秫秸甚至房上的砖石拆下来,送到工地。同时组织了5000多民工,以两三天的时间在险工后修起了一道1400米长的新堤,高2米,顶宽5米,并挖了一道宽18米、深1米、长1800米的引河。

经过10多个日日夜夜的抢护,直到7月下旬,黄河第二次涨水,溜势外移,险工才转危为安。

这次抢险,从6月下旬开始,至8月20日结束,历时50多天,共用秸柳料235万公斤,砖130万块,石料1000立方米,木桩4100根,用工8万多工日,还动用了东明、南华、长垣、昆吾、曲河等段工程队,这是继高村抢险后的第二次大抢险,从中锻炼了队伍,积累了宝贵的经验。

历史性的胜利

贯台抢险后,我即应李葆华同志的邀请去北京,9月上旬回到开封时,适值黄河大水,当晚接潘复生电话,让我前去北坝头主持防汛工作。

北坝头在濮阳县境,是第二修防处所在地,平原省领导机关移居新乡时,曾确定,为便于防汛的领导,组织前方防汛指挥部,在坝头办公。我第二天即带领部分工程技术人员前往坝头。到达坝头后,得知平原省委已做出决定,在大水期间沿河地委、专署可由我直接调度指挥，并抽派厅局长多人分赴范县、寿张、梁山等地帮助工作，平原省政府副主席韩哲一、省委组织部长刘晏春也已分抵濮阳和聊城坐镇指挥，这使我更感到责任的重大。

9月大水，是继7月26日陕县站10800立方米每秒的洪水后发生的。那次洪水，曾造成崑山卢那里、鄄城江苏坝、南华朱口、刘庄多处出险，全河吃紧。这次洪水已进入秋汛，是泾、洛、渭河和三花间（三门峡到花园口区间，简称三花间）暴雨形成的，从9月14日花园口出现洪峰，至10月中旬河水归槽，历时一个月。洪峰流量12300立方米每秒，洪峰虽然不高，但洪量很大，从9月13日算起，5天洪量43.1亿立方米，12天洪量82.5亿立方米，45天洪量达到222亿立方米。洪峰流量虽然比后来1954年小2700立方米每秒，但各级洪量均比1954年大，洪水位表现很高，范县以下比1937年陕县11500立方米每秒的洪水位普遍高1～1.5米。高水位持续时间很长，陕县10000立方米每秒以上流量持续了99小时。梁山县解山有位89岁的老人，叫谢云祥，他说："我一辈子没见过这样大的洪水，我这山是住不得了。"

人民治黄以后虽经三年培修加固，但大堤标准仍然很低，而且隐患很多，高水位持续时间一长，渗水管涌、堤顶塌陷、大堤脱坡、漏洞等险情接连发生。最险恶的时候，大堤坍坡竟日计百里，一周之间出现漏洞430多处，千里堤线，处处险工，稍有疏忽，随处都有溃决的可能。

平原、河南、山东三省党政军民迅速动员起来，组成了40万军民的抗洪抢险大军，夜以继日战斗在堤防线上。一天多的时间抢修了300多公里的子埝和50多公里风波护岸，完成土方100多万立方米。广大治黄职工和群众在一起，为了完成保证不决口的任务，表现了高度的自我牺牲精神。济阳工程队员戴会德用身体堵住洞口，大声呼叫，防汛队员及时赶来，堵住了漏洞。齐东章历一带过去堤身布满坑洞，当地干部带领群众下水一步一步踏着堤坡查看，发现问题，及时修补。东阿、齐河工程队员顺着石坝爬到水里探摸根石。他们在风里雨里，泥里水里，日夜巡堤查水，有漏洞就抢堵，有渗水就加宽堤身，不够高马上抢修子埝，坝埽垮了重修起来，坚守着每一段坝埽，每一寸大堤。

沿河地县的广大干部群众也迅速动员起来，组成了一支支运输大军，像当年支前那样，小车推，大车拉，把秸柳料、石料、木桩、麻袋等防汛抢险物资，源源不断送到防汛抢险第一线，保证了抢险的需要。

为了保证艾山以下窄河道安全排泄，决定将寿张严善人民埝枣包楼段扒开，洪水向临黄堤背河倒灌，张秋镇以下金堤普遍偎水，平原省政府和聊城专署派出大批干部，一面加强金堤防守，一面救护安置受灾群众。这时南岸梁山民埝在大陆庄决口，黄水倒灌东平湖，湖区内老运河西堤溃决，金线岭以北700余村庄受灾，南北两岸受灾群众数十万人。但是，由于民埝决口，上下游的水位降落，全线紧急情况缓解了，保住了大堤不决口，同时由于这次防洪进行了充分的思想教育和严密的组织工作，防汛大军战胜洪水的信心没有动摇，许许多多的干部和群众家里被淹了，仍然坚守在大堤上，表现了高度的责任感和自我牺牲精神。

经过40个日日夜夜的英勇战斗，终于战胜了这次洪水。据汛后统计，这次共抢堵漏洞434个，抢护大堤渗水、蛰陷、脱坡150多公里。

当我们进行紧张防汛斗争的时候，正是中华人民共和国成立的日子。这次防汛斗争的胜利，是广大治黄职工和沿河人民，向中华人民共和国献上的第一份礼物。也是三年“反蒋治黄”斗争的总结。三年多来，冀鲁豫和渤海解放区人民，在敌人飞机轰炸，武装进攻，料物匮乏的极端困难的条件下，进行了巨大的修防工程，完成培堤土方3600万立方米，整险石方79万立方米，秸柳料近1.5亿公斤，不仅使九年失修的大堤得到恢复，而且进行了加高培厚。在这三年中，我们按照为人民治河和依靠人民治河的基本思想，废除了国民党的汛兵制度，建立了群众性的防汛护堤组织，在“反蒋治黄”斗争中培养了英勇顽强的战斗作风，并且积累了丰富的经验，这些都为战胜1949年的洪水奠定了基础。

今天当我们回顾这段历史的时候，感到分外亲切和激动，我们将永远记住那些艰苦斗争的时日，永远怀念为治黄而牺牲的战友。当时我们为什么能克服困难，取得胜利？1950年首次治黄会议上，钱正英同志曾经做过概括，她说：“根据我们治河工作者自己亲身的体验，我们深深感到，这份伟大成绩中固然有我们的一份努力，但是胜利的决定关键却不在我们。三年的治黄胜利，只是因为我们有一个伟大的工程师，那就是共产党；我们有一个伟大的治河英雄，那就是有觉悟、有组织的人民。这就使我们走上了一条完全新的工程道路，这条道路的基本指导思想是：技术和人民结合，理论和实际结合。”

第二章

宽河固堤确保安全

经过三年防洪斗争的实践,使我逐步对黄河下游河道形势和堤防工程情况有了较多了解,因此中华人民共和国成立初期就在下游实行了"宽河固堤"的方针。在这个方针指导下,采取了一系列宽河道的政策和巩固堤防的措施,大大改善了河道形势和堤防工程状况,提高了防洪能力,为战胜1958年大洪水奠定了基础。

第一节 把黄河粘在这里

中华人民共和国成立不久,水利部于1949年11月8日至18日召开了各解放区水利联席会议,由傅作义部长主持,实际上就是第一次全国水利会议。

这次会议开得很好,明确提出了全国水利工作的基本方针和任务,阐述了水利工作的地位和要树立的作风。中国地域广阔,河流众多,给我国人民提供了宝贵的可资开发利用的资源,但是中华人民共和国成立之前,在水利方面的遗产很少。特别是在国民党反动派统治的20多年间,不但江河治理问题没有解决,普通的防洪、防涝和灌溉工程也很薄弱,给人民留下严重的困难和灾害。1949年夏秋全国不少地方洪涝泛滥,造成严重灾荒,因此水利工作一开始就受到党和人民政府的关注。李葆华副部长在会议讲话中一开始就提出:"全国解放战争取得了基本胜利,压在人民头上的反动派,已经从根本上被打倒。这个新的形势,使得经济建设的任务提到了首要的地位。水利建设是经济建设中主要的一环。"明确提出,"水利建设的基本方针,是防止水患,兴修水利,以达到大量发展生产的目的"。"为保障与增加农业生产,目前水利建设应着重于防洪、排水、灌溉、放淤等工作。"把水利工作的目的,它的出发点和落脚点,都讲清楚了。会议还就水利机构的设置和培养水利人才,树立好的作风,讲了许多很好的意见。例如,在水利建设中强调"统筹规划,相互配合,统一领导,统一水政","在制订计划和预算时,应规定统一的工程标准,用最少的经费办更多的事业","工程进行中,要有计划地进行检查,发现错误,纠正错误,随时检查计划进行的程度,并注意发现好的经验,作为典型,加以推广。"要求新的人民的水利事业在开始的时候,就树立一个好的作风。这些,对推动中华人民共和国水利建设的发展,都起了重要作用。

参加这次会议的,都是各解放区水利工作的负责同志,黄委会参加的有:赵明甫、张含英、马静庭和我，平原局是：张方、赵健华，山东局是：江衍坤。大家在大会和小组的发言中，既讲成绩，也讲缺点错误；既讲经验，也讲教训，表现了忠于人民水利事业的精神和态度，树立了良好的会风。我在大会上发了言，题目是《三年来的治黄斗争》，这个发言，总结了“反蒋治黄”的基本情况，提出了今后治黄的初步意见，把变害河为利河作为解决黄河问题的总目标。张含英同志也发了言，他概括地介绍了黄河的基本情况和他的治黄主张，热情讴歌了人民治黄的光明前景，他说：“黄河到了人民手里，我们相信黄河必能治好”。

会上黄河的问题解决得也比较好。当时傅作义将军新任命为水利部长。有的同志以为他是起义将领，有职无权，有事情不向他汇报，直接找董必武副主席和薄一波副主任，结果碰了钉子。我按照组织原则请示傅部长，问题基本上都获得了解决。黄河下游复堤工程、引黄灌溉济卫工程、水土保持试验研究工作等，都列入了1950年的项目。

全国水利会议后不久，我们召开了1950年治黄工作会议。这是中华人民共和国成立后第一次全河工作会议，黄河水利委员会的委员出席了会议。这时黄委会的下属机构，除了平原、山东河务局外，还有河南河务局、宁绥工程总队、水文总站等，这些单位的负责同志也都参加了会议。会议交流了情况，制订了1950年的治黄方针与任务，这是一次大统一、大团结的会议，对统一治河思想，推进人民治黄事业的发展，都起了重要作用。

黄河由分区治理走上统一，是个历史性的转折，迫切需要一个统一的指导方针和统一的治理目标，以便协调各方面的工作。会议经过广泛征求意见和反复讨论，确定1950年治理的方针是：以防比1949年更大的洪水为目标，加强堤坝工程，大力组织防汛，确保大堤，不准溃决；同时观测工作、水土保持工作及灌溉工作亦应认真地、迅速地进行，搜集基本资料，加以研究分析，为根本治理黄河创造足够的条件。这是根据水利部提出的全国水利建设方针，结合黄河的具体情况提出的。我在会议总结时曾做了如下阐述：

“治黄工作的最终任务就是变害河为利河。达到这一目的的基本关键是控制黄河的水量和含沙量。在这一问题未得到全盘解决前，黄河的彻底除害和全面兴利都谈不上。广大人民的长远利益要求我们积极地规划黄河长治久安之计，并为实施这种计划创造足够的条件。而人民的现实利益又要求我们尽一切努力，首先防止当前的洪水泛滥，并在不妨碍河防与治本的利益下举办局部的水利事业，求得部分地利用黄水。”

根据这一考虑，我提出“我们的工作任务应做如下排列：首先要求下游的修防工作，在可能范围内，尽一切努力，确保河防，不准溃决。同时积极开展治本研究工作，以坚强的决心，冲破困难，为人民治黄的百年大计做出良好的开端；其次应利用各种可能，试办小型和中型的灌溉放淤等水利事业。”当时最迫切的任务是保证防洪安全。我们明确提出“战胜洪水，确保河防，不准决口，保卫生产，这是我们治黄工作者在中国人民革命事业中的政治任务”，“是我们在建设中华人民共和国的艰巨事业中光荣的岗位。”

会议在三个问题上发生了一些分歧。

第一，经费问题。这年中央确定黄河经费为8500万公斤小米，这在当时国家财政困难的条件下，是可能争取到的最好的结果。但是，鉴于1949年大水堤防工程暴露出来的问题很多，大家都希望多做些工程，求得更多的安全保障。会议开始后，部分同志有牢骚埋怨情绪。有的认为不增加小米，解决不了问题；有的抱着给多少小米，办多少事的消极思想。但是，经过认真讨论，大家的思想还是通了。认识到治黄工程的需要，要同国家财政能力相结合。在国家百废待兴的情况下，8500万公斤小米已为数不少。“不是再向中央要多少，而是积极设法怎样能使现有经费发挥最大的作用，怎样改进技术，加强组织，提高质量，提高效率，使今年的一千万斤小米能抵上去年的一千五百万斤，甚至二千万斤小米的效果”，走节约的道路。

第二，关于治黄的指导思想问题。会议开始我们提出了一个目标，“把黄河粘在这里，予以治理”。提出这个问题的出发点是，黄河历史上决口改道频繁，给人民群众造成深重的灾难，中华人民共和国成立后，我们有责任扭转黄河为害的历史，使黄淮海大平原上的人民安居乐业，建设社会主义。虽然当时并没有进行充分的可行性论证，但相信这是符合国家和人民的利益的，是应该努力争取达到的。不过当时有的同志并不同意这种看法，认为黄河自古无定道，历史上就是决口改道，“粘在这里”是不可能的。这个问题，到现在也没有定论，不过不赞成改道的人越来越多了。

第三，兴办引黄灌溉济卫工程问题。现在的引黄灌溉已是豫鲁两省沿黄地区国民经济发展的重要条件了，谁能想到当时曾经是一个严肃争论的课题。有的同志甚至批评修建这一工程是“黄连树下弹琴子，苦中作乐”。

我们认为，由于过去分区治理的限制，对客观事物了解和认识的程度不同，特别对像黄河这样一条复杂难治的大河，认识上的分歧是难免的。对这些问题，我们既不能隐避分歧，也不能固执己见，而是本着严肃认真的精神，把不同的意见提出来，平等地展开讨论，终于取得了认识上的一致。这次会议为以后人民治黄工作铺下了思想上、组织上、工作上统一的基础，成为我们伟大治黄事业的胜利开端。

第二节　实行宽河固堤方针

下游河道特点

根据1950年治黄会议确定的工作方针，首先是要继续加强修防工作，确保黄河防洪安全。为此，从1950年起，根据下游河道特点和堤防工程状况，采取了一系列工程措施和非工程措施，概括起来叫作“宽河固堤”。

黄河由青藏高原奔腾而下，流过世界上最大的黄土高原，至河南郑州附近的桃花峪进入黄河下游。下游河道长768公里，落差为89米，比降平均约为1/8000。由于泥沙多，河道又比上中游平缓，因此泥沙大量淤积，河床逐年抬高，年复一年成为世界著名的“悬河”，目前滩面一般高出堤外地面3~5米，个别堤段，高出10米以上，河水全靠两岸大堤约束。

黄河下游现行河道上宽下窄。高村以上河段两岸堤距一般为5~10公里，最宽达20公里，河槽宽度为1~3.5公里，比降为1/6000。河道中沙洲罗列，多串沟歧流，水流散乱，主流摆动频繁，摆动幅度可达5~7公里，属游荡性河段。高村到陶城埠河段长165公里，比降为1/8000，两岸堤距1.5~8.0公里，河槽宽0.5~0.6公里，属过渡性河段。陶城埠到利津河道长310公里，比降平均为1/10000，堤距0.4~5公里，河槽宽0.4~1.2公里，属弯曲性河道。陶城埠以上一般称为宽河段，陶城埠以下一般称为窄河段。

黄河下游河道经历了多次变迁。从传说中的禹河故道至金明昌年间，河走现行河道以北，由天津至山东利津间入渤海。南宋建炎二年，杜充决开黄河大堤，黄河水大部由泗水入淮。至金明昌年间，黄河全部南徙夺泗入淮，东入黄海，历经元、明、清三代660多年，走现行河道以南。清咸丰五年(公元1855年)在铜瓦厢决口改道，夺大清河再入渤海，这就是黄河下游的现行河道。由此可以看出，桃花峪以上河段为禹河故道，几千年来无太大变化，桃花峪到东坝头(铜瓦厢)河段，为明清河道，已有约500多年的历史了，东坝头以下河道是1855年以后形成的。

1855 年以前，大清河是一条地下河，河宽仅约百米。改道后，由于清王朝忙于镇压农民起义军，洪水漫流达 20 余年，沿河各州县为限制水灾蔓延，多自筹经费，“顺河筑堰，遇湾切滩，堵截支流”，修起了民埝。后在民埝的基础上陆续修成大堤，大约至 1884 年（清光绪十年）两岸堤防才比较完整地建立起来。新河堤一个明显特点是上宽下窄，究其原因，大约是改道之初，口门以下水无正槽，泛滥面积较广，至陶城埠附近穿运以后，水入大清河，受该河河谷和南岸山地的限制，河面大大缩窄，因水立埝，就埝筑堤，所以上宽下窄。李仪祉在《鲁省河堤近距原因之推测》一文中认为：“同治年间李鸿章奏，力主大河不能挽回故道，应将原有民埝加以保护，民间爱惜耕地，沿河滩岸，自不肯轻易放弃，此一原因也。铜瓦厢改道后，鲁省大河所经，其北岸均属昔年城市，人烟稠密，无余地可让，而南岸自安山下抵利津，多傍泰山之麓，实逼处此，拓展无方，此亦一原因也。”另外，当时束水攻沙的治河思想，对于造成上宽下窄的形势也可能有一定影响。恽彦彬就曾这样说过：“为今之计，……唯有坚筑缕堤，紧束河身，逼水东注，方能挟沙直下，渐冀疏通。今民埝之存者，正可因以为用，唯民埝力弱，宜就其旧址，卑者高之，薄者厚之，不得地势者酌改之，尤须宽筑后戗，必使力能抗水，坚若长城，数载以后，渐刷渐深，方无横溢之患。”这段话说明，黄河上宽下窄除“因水立埝，就埝筑堤”的原因外，“紧束河身，逼水东注，方能挟沙直下”的想法可能也是原因之一。

从现在的形势看，山东局部窄河段遇较大洪水或严重凌洪时，有壅水卡凌，影响排洪排凌的问题，但我认为上宽下窄的河道基本上符合黄河下游水沙的特点，宽有宽的作用，窄有窄的好处。黄河洪水主要来自山陕区间（山西至陕西区间），泾、洛、渭河和三门峡到花园口区间干支流，多是由大面积的暴雨造成的，它的特点是峰高量小，涨落很快，加之花园口以下无大支流加入，因此宽河道有削减水势的作用，遇大洪水可以滞洪削峰。1958 年花园口站洪峰流量 22300 立方米每秒，到孙口削减为 15900 立方米每秒，槽蓄量 24 亿多立方米，相当于陆浑水库加故县水库的总库容。而且水涨漫滩，漫滩后水流变缓，泥沙便大量淤积在两岸滩地上，“清水”归槽又能冲刷河槽，这种“淤滩刷槽”的作用，也缓解了河道的淤积。

历史上黄河的故道大多也是上宽下窄。明清故道，东坝头到徐州堤距宽 2.3 ~20.2 公里，徐州至清江市 0.4 ~8.7 公里，清江市至入海口 0.5 ~7.8 公里。总的形势与现行河道大体相同。这说明黄河下游河道上宽下窄的特点，同黄河水少沙多，峰高量小的特性是相适应的。

废除民埝

根据黄河河道特点和1947年、1948年,特别是1949年防洪斗争的经验,中华人民共和国成立以前我们即提出了废除民埝的方针。这是实行宽河方针的重要部分。

1938年国民党在花园口扒口前,黄河下游河道内群众即修筑不少民埝,黄河归故后,两岸群众为了保护滩区生产,又增修了部分民埝。凡有民埝的地方,大堤经常不靠河,洪水漫滩落淤的机会少,滩地越来越低洼,不仅排水困难,对生产的长远发展也不利。大堤因为不能经常得到洪水考验,对堤身抗洪能力心中无数,而且容易使人产生麻痹思想,一旦遇较大洪水,民埝溃决,洪水直冲大堤十分危险。1948年和1949年我们曾先后两次组织了下游河道查勘,对河道、滩区、大堤、险工进行了全面考察,了解到历史上因民埝溃决造成大堤决口的事例是很多的。如民国二十二年(公元1933年)兰考四明堂决口,民国二十四年(公元1935年)鄄城董庄决口等,都是由民埝的溃决引起的。我们认为应很好地接受这些历史教训,新修民埝必须禁止,旧有民埝必须废除。但因为民埝已有很长的历史,埝内的居民很多,要想立即废除也有很大困难,所以当时提出采取逐步废除的办法。其为害最大的,配合政府进行耐心的说服工作,并适当解决群众的生产生活问题,立即废除。其他的陆续废除。

在废除民埝的过程中,各级政府和修防部门做了大量的思想工作。开始群众思想有顾虑,怕淹庄稼,怕搬家。洪水漫滩需临时迁移,怕找不到房子,人、畜、家具无处存放,老弱病残出去无人管。还有的怕余粮多,露了富,怕搬出去以后剩下的东西无人管。过去国民党政府不关心滩区群众,一遇大水就是逃荒要饭,吃够苦头。有个老人说:"一提起来水要搬家,心里就难过。民国二十六年来了水,搬到堤上,下着大雨,一家老小找不着个避雨的地方,三个孩子淋得直哭,要吃没吃,要穿没穿,受够了罪,想起那时的情景,淹死了也不愿搬出去。"

党和政府根据群众的顾虑和生产生活的实际困难,讲清局部和全局、当前和长远的关系,说明为了保证整个黄河防洪的安全,必须破除民埝的道理,并且用事实说明,民埝不除,河床越来越高,滩地由高变低,一旦民埝不保,滩区受灾更重。对于群众生产生活的实际困难,也都做了具体安排。沿河各村都成立了安置委员会,动员堤外群众腾出房子,合作社准备粮油煤供应,做到村对村,户对户,一旦有大水预报就预先迁出。在生产上说服群众多种、种好小麦,秋天多种高粱。盖房要垫高房台。群众说,政府把群众的困难都想到了,吃的住的和将来的生产都有了安排,我们放心了。

经过连续多年的工作,加上 20 世纪 50 年代初期接连大水,继 1949 年花园口站洪峰流量 12300 立方米每秒的洪水后,1951 年 9240 立方米每秒,1953 年 11200 立方米每秒,1954 年 15000 立方米每秒,民埝基本上被全部废除和冲毁了。现在的生产堤,大部分是 1958 年黄河大水后重新修起来的。三门峡枢纽工程动工修建后,认为下游洪水问题很快即可解决,比较担心的是清水下泄后河道冲刷,引起河势的剧烈变化,因此计划加快河道整治,设想把下游河槽逐步缩窄,变成一个规顺弯曲性河道。为了适应这一形势的变化,并满足群众发展滩区生产的要求,停止了废除民埝的政策,甚至号召群众修筑生产堤,使民埝又逐步发展起来,20 世纪 70 年代以来各级下了很大力气,要求彻底废除生产堤,至今仍未得到很好的解决,这是个教训。

修建石头庄溢洪堰

在废除民埝,扩大河道排洪能力的同时,为了防御异常洪水,从 1950 年起着手研究了可能采取的各种临时措施。1951 年春,经中央人民政府水利部和政务院财政经济委员会批准,确定修建长垣县石头庄溢洪堰工程。

当时黄河下游堤防,系以陕县流量 18000 立方米每秒为防御目标,但据水文记载,1933 年陕县流量曾达 23000 立方米每秒(经整编,后改为 22000 立方米每秒),当时还有一个说法,1942 年曾达 29000 立方米每秒,超过河道安全泄量很多。为了在遭遇异常洪水时,能有计划地缩小灾害,经同平原、河南、山东三省研究,确定采取分滞洪措施,后经中央财政经济委员会召集水利部、铁道部、华北事务部、平原省人民政府和我会研究,正式做出《关于预防黄河异常洪水的决定》,决定指出:“在中游水库未完成前,同意平原省及华北事务部提议在下游各地分期进行滞洪分洪工程,藉以减低洪峰,保障安全。”“第一期以陕州 23000 立方米每秒的洪水为防御目标,在沁河南堤与黄河北堤中间地区,北金堤以南地区,及东平湖区,分别修筑滞洪工程。北金堤滞洪区关系较大,其溢洪口门并应构筑控制工事,沁河口至贯台的黄河南北岸大堤,亦须相应加强。工程计划由水利部负责审查核定,土方工程要求于一九五一年汛前完成,溢洪口门控制工程务须大力进行,争取完成。工费以人民币一千八百亿元为度。”

这个决定是陈云同志亲自听取各方面的意见后慎重做出的。黄委会提出初步意见后,我首先找到李葆华同志,他有个特点,凡黄河的事情,总是说:“你这是大事,我给你联系向中央汇报。”当时陈云同志负责中财委的工作,经李葆华向陈云同志请示后，我和郝执斋一起向陈云同志做了汇报。除汇报了工程的必要性外，还汇报了需要花多少钱，多大工程量，用后如何补偿等。陈云听取汇报后又询问了一些问题，背起手踱步沉思，最后拍板定案，说;“就这样定了。”中华人民共和国成立初期，百废待兴，抗美援朝战争又在激烈进行，国家拿出这样多的钱修分洪工程，是下了很大决心的，也说明我们党对黄河防洪问题的关怀。我常想，中央对黄河问题的重视，正反映了黄河问题的重要，它决不仅仅是一个具体业务问题，而体现了我们党和政府对广大人民利益的关心。后来陈云同志还多次询问石头庄溢洪堰的情况。1959 年末，陈云同志到河南时，还向黄委的同志说:修了溢洪堰，三门峡上了马，黄委的工作要开始转向兴利了。

中财委做出决定后，立即组织了石头庄溢洪堰的施工，平原省成立了施工指挥部，牛连文任指挥，白桦任政治部主任，马静庭为技术负责人，黄委会也抽派一批干部参加了施工。平原省对这项工作很重视，省委书记潘复生亲自到长垣，开了全县代表大会，我讲了工程的意义，潘复生做了政治动员。由于工作比较细，全县干部群众，一致拥护中财委的决定，并积极支援和参加了溢洪堰的施工。

溢洪堰长 1500 米，当黄河洪水超过安全泄量时，可破堤分洪 5000 ~ 6000 立方米每秒。全部工程包括堰本身，东西裹头、导水堤、控制堤，防洪堤等。从 5 月上旬组建施工指挥部开始，到 8 月 20 日全部竣工，共用了 3 个月的时间，共计完成土方 90 万立方米、石方 10 多万立方米，先后动员了 45000 多名民技工、2500 多名干部，调集木船 1700 多只，各种汽车和畜力车 2000 多辆，还修筑了 39 公里的轻便铁路运输线。另外还完成北金堤和临黄大堤加培土方 1200 万立方米。

施工中广泛开展了爱国主义劳动竞赛，把修堰同抗美援朝联系起来，口号是“修好溢洪堰就是抗美援朝的实际行动”。广大干部群众发扬爱国主义精神，早上工，晚下工，推大车，抬大筐，改进技术，提高效率。砌石由每工日 0.6 立方米，提高到 1.5 立方米，土工最高的每工日达到 20 多立方米。整个工程进度的安排，力量的组织和调配也比较合理。当时虽然都缺乏组织施工的经验，但大家都是兢兢业业，心往一处想，劲往一处使，工作比较深入，弥补了一些计划上的不周，避免了有料无人或停工待料现象的发生。

北金堤滞洪区的建设，在某种意义上说也是一种宽河措施，但它毕竟是一种临时性的、牺牲局部保全整体的措施，真正运用时问题也很多。滞洪的办法自古有之，“陂障卑下，以为汙泽，使秋水多得有所休息”，大约就是滞洪。那时人少，空出一块瘠薄的地方，为黄河洪水留一去处，一旦洪水暴涨，分泄洪水，使下游不致造成严重决口灾害,是很可取的。但今天黄河两岸地少人多,经济发达,一旦滞洪,不仅财产损失很大,群众迁移安置救护任务也很艰巨,只能是临时缩小灾害的办法,不是长治久安之策。

第一次大修堤

按照宽河固堤的方针和防御比1949年更大洪水的目标,从1950年起在黄河下游进行了中华人民共和国成立后第一次大堤加培工程。这次加培,1950年、1951年是以防御陕县站18000立方米每秒的洪水为目标,从1952年开始,防御目标提高到23000立方米每秒。1950年到1957年的7年间,共完成大堤加培土方5000万立方米。

这次大修堤,不但大大改变了堤防工程面貌,在施工组织、管理和各项技术标准的掌握等方面也都积累了丰富的经验。为了加强施工的领导,每年各县都由主要负责同志挂帅,吸收农业、水利、民政、商业等有关部门的同志参加,建立强有力的施工指挥部,抽调大批干部,深入承担施工任务的乡村,宣传修堤的意义,讲明工资政策,按照治河与生产结合、合理出工的原则,自由结合组成包工队,准备好工具,安排好食宿;同时组织施工人员和包工队长,认真学习有关政策规定和工程标准,详细估工铺工。由于准备工作比较周到,几十万人集中施工,秩序井井有条。

鉴于黄河修堤动员民工较多,为了不过多影响当地农业生产,一般集中在春季进行,任务大的年份有时也组织冬季施工。中华人民共和国成立前沿黄人民深受黄河危害,1933年、1935年黄河决口灾害记忆犹新,现在党和政府要治理黄河,因此群众修堤的积极性十分高涨,尤其是各地认真贯彻执行了"包工包做,按方给资""工完账结,粮款兑现"等政策,基本实行了按劳付酬,参加修堤民工一般都可以做到有吃有落。1950年组织15万受灾的农民修堤,平均每工得小米3.25公斤,除吃外每人每天可余米1~1.5公斤,起了以工代赈的作用。

按方给资的工资政策和广泛的爱国主义劳动竞赛,极大地调动了群众的积极性。1950年全河平均工效达到3立方米,1951年提高到4立方米,并且出现了平均日推土9立方米、10立方米的包工队和推土20立方米、30立方米的推土英雄吴崇华、夏崇文、赵继宪。吴崇华是鄄城县田楼村人,1940年加入中国共产党,村民兵连长,1950年他响应党和政府的号召,组织包工队参加黄河修堤46天,日平均达到8立方米,他个人创造了日推土25立方米的纪录,同夏崇文一起参加了全国工农兵劳动模范代表大会。在吴崇华、夏崇文的带动下,寿张县赵继宪单挖土塘，自装自运一天达到 29.7 立方米。广大妇女在修堤中也做出了重要贡献。章历县梁家村梁秀英、梁希伟怀着翻身的喜悦主动要求上堤，120 米的运距，一天抬土 5.7 立方米，武陟县女劳模王秀荣，一天担土 5.5 立方米。

按方给资的工资政策和爱国主义劳动竞赛，还有力地推动了工具的改革。黄河修堤，开始是抬筐、挑篮、小土车，后来发展到胶轮车，并铺上路板，使效率进一步提高。因此，黄河上的工资单价在全国是比较低的，但效率一直比较高。

正确处理质量和效率的关系，是施工过程中始终要注意解决的一个重要问题。黄河工程百年大计，必须质量第一，但对质量要求过高，效率太低，民工所得工资粮只够吃，或者还不够吃，必然影响工作情绪，反过来又会影响到工程质量。我们采取了质和量并重的方针，在努力提高工效的同时，采取了一系列措施，不断提高工程质量。

首先严格掌握坯土厚度、硪实遍数和验收制度。开始规定 4 分米坯土，打套硪 5 遍，打实后为 2.5 ~3 分米，逐坯验收。后来硪工单独编队，统一组织，统一调动，实行质和量结合的工资制度。由边铣工掌握边坡和坯土厚度，质量检查员进行验收。为了使硪实遍数合理，开工前对土质和土壤含水量先行试验，决定打硪遍数，以免造成浪费。为了使新老堤结合好，要求严格清基，铲草开蹬，勾坯倒毛。两工接头处要斜插肩，并采取分挖土塘合倒土的办法，尽可能减少两工接头。

尽管当时夯实工具落后，也有“迎官硪”的存在，但总的工程质量是很好的，不仅 20 世纪 70 年代不能相比，就是现在有些地方修的堤也达不到那时的水平。原因在于那时办事认真，一到春修季节，上至黄委会主任，下至修防段的工程员，都在工地上，上面怎样规定，下面就怎样执行，上下一条心。如逐坯验收，不验收就不能继续上土，说 4 分米坯土，多了就要翻工。另外，政策兑现也很重要，20 世纪 50 年代初期大修堤基本实行了按劳付酬和工完账结，粮食直接发给民工，这是工程质量比较高的一个重要原因。

消灭堤身隐患

黄河堤防工程是在老堤基础上修筑起来的，开始又处于战争环境。时间紧迫，对老堤堤身内部的洞穴、裂缝等没有来得及全面清理，因此 1949 年大水，一周之间全河出现漏洞等 400 多处，造成了十分危险的局面，从中使我们体会到固堤的重要。从 1950 年起我们在全河开展了消灭堤身隐患的活动。

山东省人民政府对此曾发布了奖励消灭黄河堤身隐患的办法,规定凡自动报告本人堤上房屋内之隐患,经查属实者,除给予奖励外,并补助因翻填而损坏之房屋的拆迁费;凡密报民房内之重大隐患,经查属实,将按照险情之大小,奖励小米25~50公斤;凡自己房内有隐患,隐瞒不报而为别人检举,拆毁之房屋不发给拆迁费;凡在近堤发现獾洞等隐患者,奖励小米12.5~25公斤。并且规定了捕捉害堤动物的奖励办法。

1951年封丘修防段工人靳钊发明了用钢锥探摸堤身隐患的办法,把消灭隐患的工作向前推进了一大步。靳钊是封丘县人,中华人民共和国成立前这里是有名的穷地方,人民少吃没穿,燃料也十分困难。1933年黄河大水,从山陕区间冲来了许多煤炭,群众称这次洪水为“黑炭水”。洪水过后群众纷纷到河滩去拾煤,从淤土层里找煤。那时靳钊是找煤的能手,他带着一根直径4~5毫米,长3~5米的钢锥,往地下锥探,凭手的感觉能辨别出锥尖触到的东西是否是煤。天长日久练就了一手好功夫,凭一根钢锥能摸清几米以下不同土质、煤块、砖瓦、朽木和厚度。1949年贯台抢险时,他曾用这个方法摸清了基础不同层次的土质,技术员根据他的描述,绘制了抢险现场地质图,根据地质情况确定抢险方案,取得了抢险的胜利。1951年春平原河务局提出消灭大堤隐患的号召后,封丘修防段长陈玉峰组织靳钊进行了探摸堤身隐患的试验,获得了成功。接着组织了一支40多人的锥探队伍,由靳钊任教练进行了技术培训,正式开始大堤锥探工作。他们在堤顶,双行并排每距一米打一个锥眼,共用10天时间,锥探5万余眼,共发现藏人洞1个,堤身裂缝1处,红薯井1个,獾狐洞4个,鼢鼠洞83个。

靳钊的方法立即在全河得到了推广,并且在实践中不断改进、创新。将一人操作的细锥改进为四人操作的粗锥,4~5米长的短锥改为10米左右的长锥,把锥眼内灌沙填实改为灌泥浆。到1954年共计锥眼5800万眼,发现与挖填隐患8万处,同时捕捉獾狐等害堤动物22850多只,对巩固堤防工程起了重要作用。1954年8月秦厂站洪峰流量15000立方米每秒,水位97.65米,就8000立方米每秒以上的洪水来说,无论洪峰、水位、洪水总量和高水位持续时间,都超过了1949年,但全河仅出现了一处漏洞,说明大堤内部的隐患大大减少了。

20世纪70年代,黄河职工又将人力打锥灌浆改为机械自动打锥和压力灌浆,进一步提高了效率和质量,至1984年全河已锥探灌浆9500万多眼,发现和消灭隐患近35万处。这个办法从20世纪50年代起已传到了淮河、长江、珠江、永定河、松花江等流域,并介绍到国外,深受国内外水利工作者的欢迎。

石化险工

为了防止水流直接淘刷堤身,在经常靠溜的堤段,一般都依附大堤建有坝埽,称为“险工”。历史上的险工坝埽结构,多以秸料和土为主体,用桩、绳盘连结,做成整体的建筑物,用来御溜护岸,称为“埽工”。黄河埽工有悠久的历史,是我国人民长期同洪水斗争的创造,它做法简便,可就地取材,紧急抢险尤为方便,就是在水深、溜急的工段,也可很快完成抢护所需要的各类坝埽。但是它质轻易腐,俗话说一年做,二年成,三年就得挖窟窿。大水涨落容易出现吊蛰、吊塘和栽头入水等情况,往往因此造成严重的险情。中华人民共和国成立前利津县宫家、历城县的王家梨行等险工,都是因为跑埽决堤才造成决口的。“反蒋治黄”期间,高村、贯台、宫家等地抢大险,也是由于埽体吊蛰或跑埽造成的。为此,中华人民共和国成立后决定把秸料埽全部改为石坝,我们称为“石化险工”。

石化险工,工程量浩大,首先需要巨量石料。平原、河南、山东河务局分别在新乡、梁山、济南等地建立了石料场,组织采运机构,并发动沿河群众,开展了大规模开山运石的工作。在开采和运石工作中普遍采取了按方给资的办法,逐步提高了工效和降低了成本。为了保证石料的供应,开始还曾经结合生产度荒,组织灾区群众,以村为单位,编成石工队,上山采石。1950 年至 1952 年,三年共采石 120 多万立方米,每年组织 2000 多只大小木船和上万辆各种运输车辆,源源不断地把石料运到各个险工。到 1952 年,开采、转运、码方等均采用了按件分等给资的办法,工效有了很大提高。望口山开石工人过去每天开石不到半立方米,1952 年平均开到 1 立方米以上,最高的达到 2.4 立方米;运石船队载运量也成倍增加,每人每天可得旧人民币 3 万元(1 万元合现在人民币 1 元)上下。码方工作,实行了转运和码方分开的办法,对于减少和消灭虚方起了极大作用。排方工每天一般可排 10 立方米,封丘县段有的最高排到 20 立方米,排过的石方重量一般都超过规定的标准。当时规定青石每方重 1800 公斤,中牟县段每立方米码到 1950 公斤,并且排得整整齐齐,每垛石料都标明长、宽、高、方量以及排方人和收方人,一目了然。

把秸料埽改建为石坝、石护岸,要解决一系列技术问题。当时全河有近 4800 道坝埽,大部分是秸料埽,要求三五年基本改造完,需要大批技术工人。有人说黄河修防工没技术,这是不对的。就拿修坝来说,在什么样的水流、河势条件下,修成什么样的坝,坝的形状、角度、长度、坡度等,都很有讲究。虽说是在原有基础上的改造,但坝的砌垒质量也是十分重要的。为了适应这种形势的要求,我们在修防工人中大力开展了技术培训,以老河工为骨干,以老带新,边做边学。修防工多数是刚参加工作的青年农民,热情很高,学习也很认真,进步很快。不少县段还成立了技术指导委员会,修防段长、工财股长并吸收有经验的老河工参加,贯彻执行民主修工制度,启发老河工主人翁思想,破除保守观念,加强新老工人的团结,提倡尊师爱徒,经常交流技术经验,广泛开展立功竞赛活动,使技术水平和工作效率都有很快的提高。山东省青年工人王学信创造了一天垒沿子石 72 块的纪录,郑德仁虚心向他学习,潜心钻研,掌握砌垒的几个关键环节,做到眼准手准。未垒前先看准需要什么样的沿子石,搬起来一放就准,有的沿子石角楞不合适要用锤敲打,也要砸的准,节省了拣石砸石时间,把垒石纪录提高到每天 80 块。险工石化质量要求十分严格。首先彻底拆除老坝,认真封底。封底就是打基础,如基础是红胶土要先套硪夯实,再用沙灰红土拌匀铺 0.3 米厚,用碌碡夯实;如是沙土,夯实后加 3 坯红土逐坯夯实,再浇筑 0.1 米厚水泥砂浆,然后修石坝或石护岸。坝分浆砌、干扣、乱石三种,一般乱石坝顶宽 0.6 米,坡度 1∶1.35 ~1∶1.5,扣石坝顶宽 0.65 ~0.8 米,坡度 1∶1.25 ~1∶1.5,砌石坝顶宽 0.8 ~1 米,坡度 1∶0.3 ~1∶0.4,扣石要平稳合缝结实,少用垫子石,每隔三五块扣丁字石一块,砌石要消灭对缝,每数块丁砌一块,塘子石要填满塞牢,并用石灰砂浆灌实,垒一坯沿子石,填一坯塘子石,塘子石与沿子石互相勾连,上下结合。石坝修好后还要严格封顶,用石灰砂浆或红土封实 0.2 米,避免雨水冲刷。每修一段工程组织一次民主评议,检讨优缺点,评定工程质量。当时虽然经验不足,但由于工作认真、负责,质量很好,20 世纪 70 年代险工加高改建扒开过去砌垒的老坝时,仍很牢固,可以看出当年施工一丝不苟的作风。

经过广大治黄职工的努力,到 1952 年石化险工的工作即已基本完成,1954 年大水时已全部完成,并经受了第一次考验。

在这期间山东河务局还试办了护滩工程和用柳石枕护根的办法,这种用柳枝包石头捆成的柳枕,是比较经济的护根方法,因黄河底多是沙土,一经大溜淘刷,坝头根石很容易蛰陷走失。柳石枕体积大,重量大,不易被冲动走失,由于性质柔软,能适应坝基的淘刷,与河底紧密结合,护根效果好,而且做法简便,比散抛根石优越得多,用于抢险也很有利。平原省的活柳护岸、透水柳坝,在缓溜落淤、防浪护坡上也起了很好的作用。

绿化大堤

黄河堤岸植柳,历史久远。明代刘天和的植柳六法,已把植柳作为防浪固堤的一项重要措施。人民治黄以后同样十分重视植柳工作,并且把植树种草绿化大堤,作为防洪固堤的重要内容。

我们植柳的原因是:临河防浪,背河取材。即在临河柳荫地和坝挡植丛柳,以缓溜落淤,防止风浪袭击堤坡,起保护堤岸的作用。1947 年有的堤段开始植柳,到 1950 年柳荫地的丛柳已密密麻麻二人多高。背河柳荫地植高柳,解决河防用材问题。黄河防汛抢险每年需大批秸柳料,往往一处工程抢险就需要上千万公斤,事先储存损失浪费很大,临时购运,需动员大量人力财力,又受天气影响,难以保证工程需要。沿河大量植柳,随处可以砍伐,要木桩有木桩,要软料有软料,既可节省国家大量人力、财力,又可及时满足工程需要。

为了防止风雨对堤身的侵蚀,普遍在堤坡种植了葛巴草,这种草适应性和繁殖力都很强,枝蔓顺着地皮爬,节节扎根,根如鸡爪形,盘扎地下,固土抗冲。堤坡遍种葛巴草,犹如覆盖一层绿茸茸的地毯。1949 年首先在濮县试种,接着推广到全河,起了很好的护坡作用。群众说:"堤坡种上葛巴草,不怕风吹浪来扫。"

由于广大职工的努力,1954 年黄河两岸大堤已基本实现了绿化。不仅在河防上起了很大作用,而且补充了沿河群众小件农具用材和牲口饲草。大堤树木采取国家和群众合营,收入分成的办法,树头和树根归群众所有,树身四六或五五分成(多数是国家分六成)。一般每公里大堤可植树六七千株,每年仅树枝即可修剪 3 万 ~3.5 万公斤,还可收上千公斤的堤草,一个村如果护几百米大堤,烧柴和饲料都不成问题了。有些护堤好的村户因此走上富裕的道路。

黄河大堤的绿化比一般园田绿化更艰巨,因为黄河每隔 10 年就要修一次堤,一修就要刨树铲草,又要重新栽种。堤身高,含水量小,易干旱,浇水又很困难,经常性的管理任务也十分繁重。但是,由于我们始终把绿化作为修防工作的一项重要内容,不断努力,一直保持了树草茂盛。黄河下游两岸堤防共 2000 多公里,树木保存量 1200 多万株。据不完全统计,30 多年来共提供木材 10 多万立方米,木桩 30 多万根,柳枝近 20 亿公斤,为河防提供了大量的料源。

随着大堤不断加高培厚,可绿化面积不断增加,目前已达 16 万亩,在巩固植柳数量的同时,还有计划地发展了泡桐、毛白杨等经济林木,并发展了木材加工,扩大了经济收益,1980 年后河产收入大幅度增加,1985 年达到 100 多万元。

堤防管理与人防体系

按照人民治河的思想,从"反蒋治黄"开始,就有计划地开展了群众性的护堤工作。通过这一工作,不仅密切了同沿河人民的关系,保证了堤防的完整,也给组织防汛工作打下了基础。

护堤工作开展较早的是冀鲁豫区的濮县。他们从1947年开始,就成立了县、沿河区和沿堤五里以内的村护堤委员会,发动群众保护堤防工程和培植树草。他们通过各村和群众组织,如儿童团、姊妹团、民兵以及小学教员、荣誉军人等,利用各种集会,进行广泛的群众性护堤宣传教育,提高群众对护好大堤重要性的认识,增强战胜洪水的信心。后来又选举专职护堤员,进行集训,认真讨论为谁护堤、怎样护好堤的问题,制订了八项保证:(1)保证堤内外的柳草种齐;(2)保证连地边界互不侵犯;(3)保证堤坝上不种庄稼;(4)保证断绝偷堤上的柳草;(5)保证断绝在堤上放牛羊;(6)保证断绝偷堤土;(7)保证护堤课本让学员念会;(8)保证发动本村群众遵守决议,使每个人认清护堤保命的重要性。

经过几年的工作,护堤已成为临堤村的常年任务,不少村庄的护堤委员会成了村政委员会下的治河部门,村主任兼任着护堤主任,不仅护堤、植树种草,修堤、防汛、备料也多是以护堤委员会为核心进行的。护堤很光荣,模范护堤员一般都是党团发展对象。各村护堤委员会明确划分责任堤段,白天护堤员轮流巡堤查看,夜晚民兵巡逻,每个护堤员除植树种草、修剪树枝等工作外,每人每年还义务培土10立方米。刮风下雨别人往家里跑,护堤员往堤上跑,及时排除积水,免得冲成水沟浪窝。护堤员、护堤委员会之间开展评比竞赛,群众自定的模范条件是:(1)柳树植得好。(2)草保护得好。(3)服从领导。(4)自动修补浪窝,检查獾狐洞穴。(5)经常向群众做护堤宣传。(6)堤坝上不种庄稼,柳荫地不种高秆作物。(7)临河柳荫地不侵不让。(8)经常检查沿堤电话线杆。

护堤员的收入主要是树草分成,国家有点补贴,为数很少,主要用于奖励模范护堤员。他们的收入同护堤工作的好坏和河产收入紧紧联系着,因此工作都十分努力,大堤管护很好。以后随着农村组织形式的变更,护堤工作的组织形式也有变化,例如公社化期间,强调集体护堤,收入分成直接对生产大队,由大队给护堤员记工分,参加生产队分配,收多收少同个人收益没有直接关系,挫伤了护堤员的积极性,护堤工作受到一定影响。

黄河防汛工作同堤防管理一样是依靠群众进行的。黄河上有句古话,叫"有堤无人等于无堤",就是讲人防的重要。旧社会黄河上是汛兵制,靠河防营的汛兵守堤抢险。人民治黄后废除了汛兵制,建立了群众性的防汛队伍,在各级黄河防汛指挥部的统一领导下进行黄河防汛工作。黄河设防汛总指挥部,以黄河水利委员会为办事机构,统筹黄河防汛工作。各省、地、市、县、区(乡)设相应的防汛指挥机构，在当地政府和上级防汛指挥部领导下组织本地区的黄河防汛工作。各级党政军主要负责同志一般都是防汛指挥部的领导成员，大汛期间或遇重大险情，亲自上堤，指挥防守。

沿河村普遍组织群众防汛队伍。以民兵为基础，党团员为骨干，吸收有防汛抢险经验的人参加，根据所担负的防守堤段的长短，分别组成防汛队、抢险队、运输队，准备好所需要的工具料物。防汛料物采取国家储备和群众储备相结合的办法，柳枝、秸料、木桩等一般由群众储备，办法是登记造册，备而不集，用后付款。防汛队伍建立后，要划分防守堤段，实行防守责任制，并利用农闲时间学习上级有关防汛的规定，进行技术培训，传授巡堤查水抢险堵漏的技术知识，做到召之即来，来之能战，战之能胜。每年这样有组织的防汛队伍约 200 万人，这是真正的铜墙铁壁，正是靠了这支队伍战胜了历年的洪水，保证了黄河防洪的安全。

中国人民解放军在黄河防洪斗争中发挥了重大作用。每年都派出部队担负黄河防汛工作，各级黄河防汛部门也都主动同当地驻军联系，向他们介绍黄河堤防、河道情况，介绍重点堤段，实行军民联防。在黄河防洪斗争中他们总是承担起最艰巨的任务，涌现出许许多多先进人物和动人事迹。

第三节　防凌工程

历史上的凌汛灾害

黄河下游河道自兰考东坝头转向东北以后，纬度逐渐增高。东坝头以上河段处于北纬 35°左右，而黄河入海处为北纬 38°左右，相差 3°左右。由于纬度上的差异，春天，黄河下游河道气温上段高下段低，往往上段已经解冻开河，冰水下泄，而下段尚未解冻，加上河道上宽下窄，来水不稳定，很容易卡冰壅水，使河道水位急剧上升，造成严重的凌汛威胁。

由于纬度上的差异，黄河在宁蒙河段，也有凌汛问题。一般每年 11 月上旬开始封冻，第二年三四月间开河。开河时冰凌消融，黄河水量增大，在下游往往形成一个小的洪峰，这时正是桃花盛开的季节，因而称为“桃汛”。

凌汛灾害是黄河下游严重灾害之一。由于凌汛期间天寒地冻，取土困难，加上卡冰壅水，甚至形成拦河冰坝，造成上游河段水位猛涨，防守十分困难。历史上曾有“凌汛决口，河官无罪”说法，群众中也流传着“伏汛好抢，凌汛难防”之说。据历史资料统计，从1880年至1938年的59年中，黄河下游有21年发生凌汛决口，口门达40处。

1883年(清光绪九年)凌汛期，山东历城县的潘沟，齐东县的赵奉站，章丘的九龙口，惠民县的清河镇，利津县的南北岭、韩家垣、左家庄和辛庄等8处均发生凌汛决口，“二月，沿河十数州县因凌汛大涨，漫口林立……口门大者或数百丈，小者亦数十丈。”

国民党统治时期，凌汛灾害更为严重，几乎连年决口。1928年2月，利津棘子刘、王家院黄河大堤决口，河东一带村庄尽成泽国。1929年2月中旬，利津县扈家滩溃决，淹利津、沾化两县60余村。据当时的记载：“扈家滩口门水势浩荡，冰积如山，附近各村尽成泽国，房屋倒塌无算，淹毙人口、牲畜、财产难以数计……风雪交加二十余日，凡在灾区人民，尚有恋守残室者，经此冰摧浪涌，房屋拥倒，冻馁而死者不计其数。穴居坝顶者，亦均饥寒交迫，嗷嗷之声，不绝于耳。”

中华人民共和国成立后两次凌汛决口的教训

人民治黄后，十分重视凌汛的防守，但由于缺乏经验，20世纪50年代初期河口地区曾有两次小的决口。

一次是1951年。这年凌情十分严重，封冻河段长达600多公里。1月20日山东省人民政府发出关于加强防凌工作的指示，要求沿黄各级人民政府抓紧做好防凌准备工作，以期战胜凌汛，保障安全。元月下旬气温回升，27日平原省境内首先开凌，29日济南至利津河段亦相继开凌，一天一夜开河400余公里，河槽蓄水挟带大量冰凌汹涌下泄，由于前左以下仍固封未开，30日在前左一号坝卡冰，一日之间前左以上40余公里河道尽成冰山，积冰达4000余万立方米，滩地亦被冰凌插塞，凌洪不能下泄，利津河段水位猛涨。2月2日水位已超过1949年洪水位，大堤仅出水两三分米，大块冰凌爬上堤顶，形成历史上少见的严重凌情。

自黄河开冻，山东省黄河防汛指挥部及沿黄各级防汛指挥机构，均及时组织防汛队伍上堤防守，昼夜巡堤查水。山东省黄河河务局爆破队星夜赶赴前左，利津、垦利两县党政领导及修防段负责同志亲自带领群众上堤防守，抢修子埝，两岸连续发生渗水、漏洞等险情13处，均经及时抢堵转危为安。

2日夜11时,王庄险工以下300余米处发现3处漏洞出水,当即鸣警告急,300多民工和30多名工程队员迅速赶到土地奋力抢堵。但因临河水面尽为冰凌覆盖,无法找到洞口,背河抢堵无效。工程队员张汝宾、于宗五等冒险在临河破冰抢堵,发现一个大旋涡,正用麻袋秸料抢堵时,背河堤坦塌陷,接着临河堤坡塌陷,10余米堤身坍塌,工程队员张汝宾、乡长赵文举、村主任刘朝阳等10余人均陷入口门,3日晨1时溃决成灾。张汝宾、刘朝阳、赵永恩三同志不幸牺牲。

王庄决口后,口门迅速扩展为216米宽,过流约600立方米每秒,溃水入徒骇河,泛区宽14公里,长40公里,淹及利津、沾化二县122个村庄,受灾人口85415人,倒塌房屋8641间,死亡6人。

接王庄决口的报告后,我即带工程师多人赶赴山东省,到济南时,山东河务局江衍坤局长已赶往决口处组织抢救和安置工作。我到达王庄时,山东省政府孟东波秘书长、农林厅宋文田厅长、水利局江国栋局长亦已到达决口现场。当即在利津县成立了抢救委员会,设立了收容所和粥厂,调集了一批船只和干部进行紧急抢救安置工作。

这次凌汛决口给我上了新的一课,过去只是听说,或在书本上知道凌情的严重,这次目睹决口现场,亲自到灾区考察,才真正懂得了凌洪的危险。决口前查水民工虽已发现背河漏洞出水,但因临河尽为冰凌覆盖,找不到洞口,背河抢堵无效,而且天寒地冻,取土困难,待临河打破冰盖抢堵时,漏洞已迅速扩大,堤身塌陷,决口已成定局。决口后,凌洪挟带大量冰块,推倒房屋,合搂粗的大树拦腰截断,灾害比洪水更为严重。因此,防凌单靠守堤抢险很困难。为了解决凌汛威胁,这次研究了在窄河段修建分水工程问题。后经反复酝酿,并经水利部批准,决定在利津县小街子修建防凌分水工程,遇严重凌洪时,配合破冰、爆破等措施,有计划地分泄洪水,减轻凌洪威胁。并计划利用溢水堰引水,解决垦利、广饶一带灌溉和饮水问题。这一工程包括小街子溢水堰、临河围埝、背河顺堤、溢水区左右新堤和挑挖引河、护村围埝等,共用土方268万立方米,石方1.7万立方米,10月初开工,当年完成。

1955年凌汛也是比较严重的。这年封河较早,1月初从郑州铁桥以下全河封冻,封河时流量很小,洛口仅80立方米每秒左右。1月下旬气温上升,利津以上迅速开凌,利津以下冰凌仍然固封,大量冰凌拥塞在利津王庄至麻弯间30公里河道内,形成冰坝,大量冰凌涌上大堤和险工坝顶,虽然在开凌前后集中大批爆破队和炮兵全力炸冰,并派出飞机轰炸,仍不能奏效,水位急剧抬高,利津一带超过保证水位1.5米,两岸堤防接连出险。29日晨经报请山东省委批准开放小街子溢水埝分水，但因冰水量过大，宣泄不及，水位继续上涨，29 日夜利津五庄出现漏洞，当即组织抢堵，时值 7 级大风，灯火全灭，终因抢堵无效造成大堤溃决，顺 1921 年宫家决口故道，经徒骇河入海。

此次决口使我们对防凌斗争的复杂性有了进一步认识，对准确地预报凌情的发展趋势和恰当地掌握分水时机的重要性，有了实际体会。

防凌的主要措施

黄河下游的防凌措施，是随着对凌汛规律的认识不断加深而发展的。解放初期，把冰作为凌汛的主要矛盾，以破冰作为防凌的主要措施，如开河前后冰上撒灰撒土融冰、破冰船破冰、人工爆破、大炮轰、飞机炸等，在重点河段打开一条通道，为顺利开河创造条件。同时组织好防凌队伍，加强堤线防守，一旦出现大堤渗水、管涌、塌坡等险情时，及时抢护。随着防凌斗争实践，特别经过两次决口的教训，我们逐步认识到采取破冰的办法虽有一定效果，但由于河道长，冰量大，破不胜破，而且“冰借水势，水助冰威”，不解决水的问题，一味破冰，很难摆脱被动的地位。三门峡水库建成后，防凌进入了一个新的阶段。防凌措施由过去的以破冰为主发展到以调节河道水量为主、破冰为辅的阶段。

调节凌汛期间河道水量，大体上可分为蓄、分、泄三种措施，即利用水库进行调蓄或拦蓄，利用引黄涵闸分流和向分洪区分洪。利用水库调节为河道排泄造成有利条件。其中的骨干工程是三门峡水库。

三门峡水库位于黄河中游的下首，具有调节下游河道水量的作用。封河前调匀并适当加大下泄流量，避免因内蒙古河段封冻，下游河道流量过小出现早封河的情况，在气温偏高的年份甚至可能不封河，即使封了河，冰盖比较高，冰下过流能力较大，有利于封河后的河道泄流，减少河道堵塞的危险。封河后控制运用，减小下泄流量，削减封河初期的河槽蓄水量，避免可能造成武开河的局面。同时由于逐步减少河槽蓄水量，使开河前槽蓄量较小，争取开河期三门峡水库不关闸断流，保证水电站部分机组照常运行。控制下泄流量可以与春灌蓄水相结合，发挥三门峡水库综合利用和为工农业服务的作用。1974 年凌汛期，按此方式运用，开河前下游河槽蓄水量仅为 5 亿多立方米，约为一般年份的一半，开河期三门峡水电站发电机组照常运行，下游安全地渡过了凌汛。开河前还可以根据需要进一步控制下泄流量，减少河槽蓄水量，直至关闸断流，“釜底抽薪”，减轻凌汛威胁。1967 年凌汛期，下游河道封河长 616 公里，总冰量 1.4 亿立方米，是 40 年来凌情最严重的一年。在三门峡水库控制运用以前，花园口至利津河段的槽蓄量是11.2亿立方米，由于三门峡水库关闸断流，大大减少了河槽蓄水量及开河流量，没有形成严重的凌洪威胁。

三门峡水库的调节运用，有赖于准确的水文气象预报，由于目前气象预报尚欠准确，往往是在下游已有开河象征时三门峡水库才开始控制运用，一般控制偏晚，往往在下游河槽蓄水量没有减退以前就开了河，以致仍然会造成下游凌汛十分紧张的局面。也有过早控制的情况，出现水库水位过高状况，增大库区淹没面积。因此，必须努力做好气象预报和水情预报，对影响凌汛各种因素的变化过程做到心中有数。水库防凌库容太小，也急待解决。

这里特别指出冰情的观察和预报问题，对于准确的确定封河和开河日期是十分重要的。冰情观测我国已有悠久的历史，很早以前就有了这方面的文字记载。"立春东风解冻，立冬水始冰，地始冻"、"六九冰酥，七九河开"等谚语，也是我国劳动人民长期对冰情观察的总结。影响冰情变化的因素很多，但归根结底起主导作用的一是热力因素，二是水力因素。目前的预报方法，大体上是根据某种气象特征出现日期的气温、水温、水力作用等，预报未来的冰情；或根据河道上段已出现的冰情预测冰情。如根据日平均气温转负日期和河道流量来预报开始淌凌日期，根据水温、气温、流量、淌凌日期等预报封河日期，根据气温、水温、冰厚和冰盖融化程度及水流因素，预报开河日期等。在这里，经验是重要的因素，30多年来在冰情预报方面积累了不少有益的经验，但是，预报的精度尚不能满足防凌斗争的需要，还有待于进一步提高。现在问题是三门峡水库调节能力不足，大坝位置靠上，气象预报也不很准确，水库控制不能与防凌要求相适应，因此黄河下游凌汛威胁仍未解除。

第四节　战胜1958年大洪水

洪峰到来之前

宽河固堤的方针和一系列工程措施，为战胜洪水打下了基础，特别是在战胜1958年的大洪水中显示了重大作用。

1955年第一届全国人民代表大会第二次全体会议通过《关于根治黄河水害和开发黄河水利综合规划的决议》后不久，我便被任命为黄河三门峡工程局副局长、工程局党委第三书记,1956 年和 1957 年大部分时间在三门峡工作。1958 年夏天为了研究三门峡水库建成后下游河道可能出现的问题及其治理规划,我同黄委设计院院长韩培诚、水利部办公厅副主任肖秉钧查勘了山东省内的黄河。同山东省张竹生副省长,水利厅张瑨、江国栋副厅长,河务局王国华局长、刘传朋副局长,以及沿河各处、段的负责同志进行了座谈。返郑后不久正遇上中华人民共和国成立以来黄河下游出现的最大洪水,遵照水利部党组的指示,我主持指挥了这次防洪斗争。

20 世纪 50 年代黄河是丰水期。1953 年、1954 年、1957 年花园口站连续出现 10000 立方米每秒以上的洪峰,其中 1954 年花园口站洪峰流量达到 15000 立方米每秒。

1958 年,进入汛期后黄河流域即连续降雨。7 月上旬山陕区间、渭河中下游和伊、洛、沁河流域降雨量均在 50 毫米以上。从 7 月 14 日开始,山陕区间和三门峡到花园口干支流区间又连续降雨。而且来势很猛,暴雨中心 5 天累计雨量 500 毫米,暴雨总的笼罩面积 8.6 万平方公里,其中三花间 2.2 万平方公里。16 日下午黄河防总办公室召开会议,听取了水文处的水情汇报,按照当时的降雨和来水情况分析,预报 17 日午前花园口站约可出现一个 13000 立方米每秒的洪峰。听取汇报后,我认为,情况要密切注意,除要求水文处密切注意雨情、水情变化外,决定通知河南、山东两省防汛指挥部,指出根据气象预报未来几天仍有降雨,可能有更大的洪水到来,要警惕汛情的突然变化,要求迅速做好防守准备。

16 日白天雨情没有异常变化,晚饭后我电话询问水情值班室,据值班的同志讲,仍然有中阵雨,水情也无异常情况。但到了 17 日清晨四五点钟电话把我叫醒,水文处副处长张林枫向我报告夜间雨情、水情发生重大变化,三门峡到花园口干流区间和伊、洛、沁河普降大暴雨,一般都在 100 毫米以上,我听后感到情况比较严重,决定立即召开紧急会议,江衍坤、赵明甫、陈东明、田浮萍、张林枫等同志参加了会议,水情科科长陈赞廷同志汇报了水情。当时水情还不完全明朗,但根据降雨情况推算,花园口站洪峰流量可能超过 20000 立方米每秒。按照预定的防洪措施方案,当秦厂站(在京汉铁路桥上游北岸)发生 20000 立方米每秒以上洪水时,即趁机在长垣县石头庄溢洪堰分洪,以控制孙口水位不超过 48.79 米,相应流量 12000 立方米每秒。但按照当时的统计资料,滞洪区内有 100 万人口,200 多万亩耕地,运用一次国家补偿财产损失约 4 亿元。是否运用石头庄分洪,是必须迅速决策的一个重大问题,黄委会作为黄河防汛总指挥部的办事机构,有责任做出准确的判断,向国务院和国家防总提出决策建议。

会议开始有的同志提出利用石头庄分洪的问题。从黄委来说,使用石头庄分洪不担什么风险,不分洪却要担很大风险,但是石头庄分洪却要淹 100 万人口。因此,必须以对人民高度负责的精神,对气象、水情、堤防、人防、河道情况进行科学的分析,做出正确的判断。我认为,从已经出现的雨情和水情来看,同 1933 年洪水相似,是中华人民共和国成立以来的最大洪水,形势是很严重的,但是,经过多年的培修加固,堤防抗洪能力有了很大提高,而且治黄职工和群众防汛队伍经过多年防洪斗争的锻炼,政治和技术素质都比较好,能打硬仗,如果水情不再发展,全力以赴加强防守,战胜洪水是可能的。因此,我当即表示现在还不是考虑分洪的时候,提出要继续注意水情变化,尽快做出预报,并立即报告国家防总通知两省,要求全党全民动员加强防守,同时做好石头庄分洪和张庄倒灌的准备工作。并确定派赵明甫,汪雨亭、陈东明同志分别到菏泽、东平湖和河南兰考东坝头、长垣石头庄协助两省指挥防守和做好分洪准备。到会同志没有提出不同意见。会后我带领张林枫、陈赞廷同志到河南省委做了汇报,并参加了河南省委召开的紧急防汛会议。河南省委书记史向生主持会议,我汇报了对水情的分析,提出了加强堤线防守和做好石头庄分洪准备的意见,彭笑千副省长等不同意分洪,他挖苦地说;化云同志,石头庄要分了洪,将来要在那里给你立碑纪念。但多数同志同意做两手准备,会议对分洪准备和堤线防守做了紧急部署,确定派彭笑千、赵明甫到长垣县石头庄做好分洪准备。

决策的经过

17 日我整天守在电话机旁,注视雨情、水情变化,同防汛办公室的同志研究可能出现的情况和问题,反复考虑分洪还是不分洪的问题,这时我才真正体会到自己肩负责任的分量。

9 时八里胡同洪峰流量 8700 立方米每秒,13 时 30 分伊洛河黑石关出现洪峰流量 9450 立方米每秒,沁河也开始涨水,根据已经出现的洪峰,预报 18 日 2 时花园口站洪峰流量 22000 立方米每秒,相应水位 94.40 米;洪峰到达高村水位 63.30 米,流量 18500 立方米每秒,都远远超过了保证水位。当即以黄河防总的名义向河南、山东黄河防汛指挥部发出通知,同时报告给国家防总和国务院。通知指出:“1. 这次洪水与一九三三年洪水相似,是中华人民共和国成立以来的最大洪水,情况相当严重,因此两省应立即做好石头庄、张庄的分洪准备工作;但洪峰较瘦,如果情况不再发展可全力防守,争取不分洪。2. 建议两省全党动员,全民动员,严加防守,特别是涵闸及薄弱堤段,更应加强。3. 为了及时了解洪水到达各地情况,加强与各级联系,我部派赵明甫等同志到山东刘庄、陈东明等同志去东坝头,协助两省指挥防守。以上意见当否请中央指示。”

国家防汛总指挥部接黄河发生大水的报告后,于17日即发来指示电,要求黄河防汛总指挥部及各级防汛指挥部“必须密切注意雨情、水情的发展,以最高的警惕,最大的决心,坚决保卫人民的生产成果,坚决制止洪涝的为患。”同时派李葆华副部长前来黄河视察水情,指挥防守,并报告了国务院。

17日夜是个不眠之夜,我和田浮萍、张林枫及防总办公室的全体工作人员,都在等待着雨情和水情变化的最新消息。傍晚伊、洛、沁河和三门峡以下干流区间雨势已经减弱,这是一个大好消息。但花园口站洪水开始上涨,17日24时花园口站洪水水位达到94.42米,超过了预报水位,洪水是否继续上涨,防总办公室焦急地等待着水文站的进一步报告。当时测验设施还比较落后,特别是夜间测验困难很多,测一次流量要好几个小时,水位每半小时观测一次,18日5点多花园口水文站终于传来了水位已经开始回落的消息。花园口以上降雨大部已转为小雨或中阵雨,有的地方已停止降雨,这说明这次洪峰虽然很高,来势凶猛,但后续水量不大,而且下游天气晴朗,给防守造成了很好的条件,依靠坚固的堤防工程和党政军民齐动员加强防守,战胜洪水是完全可能的,我决定采取不分洪的措施。党组同志大部分已经下去了,我同在家的同志交换意见后,即确定了不分洪,加强防守,战胜洪水的意见。首先用电话报告了黄河防汛总指挥、河南省委第一书记吴芝圃,吴芝圃当即表示同意。接着又打电话给山东省省长赵健民。赵健民省长说:“此事重大,省委常委要商量一下。”我说:“洪峰正在向下游推进,必须在二小时内答复。”山东很快回了电话表示同意。于是正式向国务院、国家防总、水利部和河南、山东省委发了请示电,这个请示电对形势的分析,反映了当时的认识。电报全文为:

“本次洪水洪峰十七日二十四时到达花园口,水位94.42米,低于一九三三年洪水位约5公寸,推算流量为21000立方米每秒(后改为22300立方米每秒),现在花园口以上水位已普遍下降。伊、洛、沁河至秦厂区间今日只有小雨、中阵雨,有的地方无雨。本次后续洪水已不大,截至今日上午十时花园口以上大堤险工和闸口,由于河南党政军民严密防守,均甚平稳,唯京广黄河铁桥因洪水过猛被冲垮两孔。目前洪水正向下游推进,进入渤海尚需一周时间。本次洪水为一九三三年后最大的一次洪水,情况是严重的,但特点是峰高而瘦,洪水总量比一九三三年约少25亿或30亿立方米(没考虑第二次洪峰水量)。再加上黄河原来水位低,汶河水不大,在高村以上宽河道里和东平湖能够充分发挥蓄滞洪水作用情况下，整个下游可能出现中间高（高村至孙口高于保证水位5～6分米）两头低的形势。据此我们认为河南、山东党政军民坚决防守，昼夜巡查，注意弱点，防止破坏，勇敢谨慎，苦战一周，不使用分洪区蓄滞洪水，就完全能战胜洪水。希望两省黄河防汛指挥部根据上述情况和精神，结合各地具体情况部署防守，加强指挥，不达完全胜利不收兵。上述意见如有不妥之处，请中央和省委指示。”

周总理来到黄河

国务院接黄河防总和国家防汛总指挥部的报告后，当即报告了正在上海开会的周恩来总理。周总理停止了会议，于18日下午飞临黄河，首先从空中观察了洪水情况，然后在郑州降落。吴芝圃同志到机场迎接总理。周总理到省委后立即听取了汇报。

关于不分洪的请示电发出后，我一直紧张地等待着中央的指示，注视着洪水到达各地的表现，听说周总理来了，感到有了依靠，但总理是否同意不分洪的方案，又觉得没有把握。见到总理后，总理立即听取了汇报。我首先简要汇报了水情和防守部署，最后提出了不分洪的建议，我说：“这次洪水总的看情况是严重的，对堤防工程是一次严峻的考验。但是洪量比一九三三年小，后续水量不大；堤防工程经过十年培修，加固，抗洪能力有了很大提高，特别是干部群众战斗情绪很高，建议不使用北金堤滞洪区，依靠堤防工程和人力防守战胜洪水。”总理问：“征求两省意见没有？”我说：“两省都表示同意。”总理又详细询问了洪峰到达下游的沿程水位和大堤险工在高水位下的情况，我一一做了回答。总理对汇报表示满意，毅然批准了不分洪的建议。总理说：“各方面的情况你们都考虑了，两省省委要全力加强防守，党政军民齐动员，战胜洪水，确保安全。”并让秘书立即打电话通知山东省委。

周总理听取黄河防洪汇报并做出安排后，不顾连续工作和旅途劳累，又登上列车，前往黄河铁路大桥视察。在车上，总理亲切地与有关负责同志交谈，详细询问黄河铁路大桥建桥史和洪水冲毁的情况。郑州铁路局的负责同志深感内疚地说：“我们没有保住大桥，应该向总理做检讨。”总理连忙安慰说：“这不是你们的责任，百年不遇的特大洪水嘛，要紧的是积极想办法去抢修。”当晚周总理在河南省委、铁道部、水利部、郑州铁路局负责同志陪同下，从南岸车站下车，查勘了大桥冲毁的情况；然后走进大桥局一处的大院，总理在大院里同迎接他的人一一握手，冒雨向等在院子里的职工讲话。有位同志连忙取来一把伞给总理打上,总理推开伞说:“不要!你看大家不都在淋雨吗?”总理勉励大家“要同暴风雨和洪水做斗争,像革命战争年代那样,工农兵一齐干,尽快修复黄河大桥,我代表党中央感谢你们!”总理还说:“这次是百年一遇的大水,黄委会已经做了各方面的准备,对战胜洪水是有信心的,现在的问题是尽快把大桥修复。”接着召开了抢修大桥的座谈会。我同李葆华同志坐在一起,当时有的同志提出抛石加固桥的桩基,我认为过多抛石可能在桥下形成潜坝,影响河势变化,我把这个想法告诉了李葆华同志。他说,现在南北交通断绝,铁道部的压力很大,总理也很焦急,这个意见你不要提。深夜回到省委后总理又打电话给工程兵司令员陈士榘,叫他派舟桥部队到郑州架桥。总理还问我:“黄河能不能搭浮桥?”我回答:“能,刘邓大军渡河,在寿张县孙口搭了浮桥。”总理又问:“现在能不能搭?”我说:“不能,当时造的200多只船,现在都坏了。”总理批评说:“这是缺乏战备观点,如果帝国主义打来怎么办?”这次洪水后,总理又批准黄河造了一批船。

谈话结束后,夜很深了总理才休息。第二天总理又乘飞机视察了水情,沿黄河飞行到山东再飞回上海。

周总理的亲切关怀和正确决策,极大地鼓舞了豫鲁两省的抗洪大军,广大军民团结奋斗战胜了洪水。洪水过后,8月上旬总理再次来到黄河,视察了恢复黄河大桥工程,并向架桥部队讲了话。然后由黄河铁路北端沿黄河大堤下行,当时天气炎热,挥汗如雨,随行同志提议请总理乘车,总理说乘车看不清楚,步行好,总理边走边问,高兴地说:“黄委的工作做得是好的,这次洪水是一次考验。要把大堤进一步整修好。准备迎战更大的洪水”,总理步行了10多里才乘车返回。

紧张的堤线防守

17日上午黄河水情发布后,河南省人民委员会(简称人委)召开紧急会议做了部署。接着省委、省人委发出了“关于紧急动员起来,战胜特大洪水的紧急指示”,号召河南全党全民紧急动员起来,全力以赴,动员一切人力、物力,周密布置,昼夜苦战,保证战胜特大洪水。河南省委第一书记、黄河防汛总指挥吴芝圃到花园口视察水情检查防守部署,省委书记处书记史向生搬到河南黄河防汛指挥部办公,省委员、副省长、厅局长多人率领干部分赴兰考县东坝头、武陟县庙宫、长垣县石头庄等堤段坐镇指挥。沿河各地、市、县都是书记亲临前线,领导干部分段包干负责,大批干部深入各乡、村防守责任段,和群众一起巡堤查水，抗洪抢险。并迅速组织了滩区群众迁移、救护，后方组织了物资支援和撤离滩区群众的安置工作。河南省军区副司令员苏鳌亲率1100多名官兵，防护花园口大堤。洪峰出现时，各地已严阵以待做好了防守的准备。投入堤线防守和滩区群众迁安救护的各级干部5000多人，人民解放军各兵种部队4000多人，群众防守队伍30多万人，加上后方支援的二线预备队达百余万人，出动船只500余只，汽车500多辆，形成了一支强大的抗洪大军。

花园口站洪峰出现后，山东省也迅速进行了部署。18日省委、省人委决定："沿黄各地、县、乡党委和政府，必须全党全民动员，集中一切力量与洪水搏斗。此次洪水不分洪，来多大流量，保证多大流量，超过保证水位多少，应保证多少，坚决保证沿河人民安全与农业大丰收。"并要求对所有参加防汛的干部、工人、民工、部队加强政治思想教育，建立党团临时支部，建立领导核心，启发群众保卫劳动生产果实，保卫社会主义建设的积极性，使全体防汛队伍积极勇敢地、信心百倍地投入战斗。在紧张防洪斗争中，要建立按级分段负责制。对各级防汛机构与防汛队伍，明确他们的防守责任堤段，固定防守阵地，包干到底，保证全胜。要上下兼顾，两岸配合协作，做到任何一个堤段都有负责干部防守。

为了贯彻省委、省人委的决定，山东黄河防汛办公室提出了四条具体措施：(1)迅速加强重点堤段的防守准备。主要是虹吸、闸门、涵闸、薄弱堤段、险工的防守。要根据堤段险要情况，存在问题，组织专门领导机关加强防守，并充分做好人力、物料和防护抢险的准备。(2)迅速做好料物供应准备。要求做到"前方保证严密防守不出疏漏，后方料物供应保证充足及时，前后方密切协作"。当前抓紧将第一线、第二线以内乡、社群众的防汛料物由专人负责迅速登记，有的可集中起来，以备随时调用。并将运输工具及交通线路搞好，以保不误供应。(3)迅速做好防守的人力组织工作，在人力组织上要求有数量、质量的保证。基干班可以早一点上堤，预先熟悉河防堤线的具体情况，便于大水到来后重点防守。每个防汛屋必须有领导核心。洪水期间的巡堤查水，是保证防汛胜利的重要关键之一，各级领导必须重视。必须做好上堤后的组织工作，使他们形成一个有纪律、有组织、有领导的战斗队伍，每个人都有具体的工作任务。(4)尽量做到滩地排洪畅通。要求各级党委和各级防汛指挥机构立即对滩地中阻碍排洪的一切民埝、灌溉渠道等进行拆除，滩地所筑高出地面的公路等如阻水严重，可分段拆除或全面拆除。

19日洪峰进入山东省境时，菏泽、聊城两地区已有14万防洪大军在各级干部的带领下严密守卫在大堤上。20日下午山东省委第一书记舒同、书记处书记白如冰和副省长刘民生、李澄之等到洛口视察水情，并到盖家沟险工与正在加高黄河大堤的民工一起挖土、抬土。舒同同志做了重要指示，要求对全河大堤险工普遍进行检查，除大堤加修子埝外，所有险工都要责成专人负责，并准备充足的防汛器材，保证洪峰安全通过；要采取有效措施，将黄河铁桥保护好，确保津浦铁路正常通车；立即动员滩区居民迅速转移到安全地区，免受损失。并指示济南市委进一步加强防汛工作的领导，保证战胜洪水。

由于山东河道较窄，洪峰水位表现较高，加上花园口站19日又出现了14600立方米每秒的洪峰，两峰汇合，水位更高，堤根水深一般2~4米，个别堤段达到5~6米，险工坝头有的被水没顶，有的出水只有几分米，形势相当严重。尤其东平湖，最高水位达44.81米，又加遭受5级大风袭击，波浪越堤顶而过，十分危急。在这紧急时刻，东平湖湖堤和东阿以下临黄大堤普遍采取了加修子埝的措施，一昼夜之间全河加修子埝600公里，对防止湖堤漫溢起了重要作用。当时最紧张的安山湖堤段，风浪打在堤顶上，新修的小堤大量坍塌，广大干部群众站在堤顶上筑成一道人墙，用身体和秸料抵挡风波的袭击，经过十几个小时奋力拼搏转危为安，千里堤线涌现了大批模范单位和英雄人物。齐河县两个小姑娘发现一个漏洞，立即报警抢堵，化险为夷。在200万防汛大军的严密守护下，全河出现的100多处大小险情都及时排除了。

在与黄河洪水做斗争的紧张日子里，党中央、国务院和全国各地给予了巨大的关怀和援助。当水情最紧张时，人民解放军出动陆、海、空、炮兵、通讯、工兵等部队，并调来了飞机、橡皮船和救生工具，投入守堤抢险和抢救滩区群众。在短短的几天时间里全国各地运来麻袋、蒲包、草包200多万条。辽宁、江苏、广州、上海、天津、青岛等省市赶运来大批抢险物资。郑州、开封市在17日夜几个小时内，组织6000多人的防汛队伍和大批料物、车辆。郑州铁路局调动车辆运送物资，邮电局电讯工人冒险架过河电话线，使黄河南北两岸电话畅通。为了把物资及时运到堤防前线，济南市各工厂、企业、机关迅速抽调了100多辆大卡车，全市的马车、地排车、三轮车也大部投入运输物资的斗争。正是前后方党政军民团结奋斗，才夺取了这次防汛斗争的胜利。

这是黄河防汛斗争史上，史无前例的伟大胜利。国家防汛总指挥部发言人向新华社记者发表了重要讲话。发言人指出：这次黄河出现的大洪水不仅来得早，而且洪峰高，来势猛，持续时间长。这次洪峰前，黄河花园口站曾出现过两次7000立方米每秒的洪峰。7月15日以后，黄河干流泾、渭、北洛河等支流连续降雨，特别是陕县至秦厂区间及伊洛河猛降暴雨，花园口站于7月17日24时又出现了中华人民共和国成立以后的最大洪峰,洪峰流量达21000立方米每秒(经复核,实际为22300立方米每秒),与1933年大水(有记录以来的最大洪水)相近似。经过一旬来的紧张搏斗,没分洪、没决口,洪水已于7月27日驯服地流入渤海。

发言人还说:黄河在解放前据历史记载泛滥决口达1500多次,改道有26次,其中大改道就有9次,给下游各省人民带来了深重灾难。1933年黄河就造成了大的决口50多处,很多省区受灾。1934年洪峰流量仅有8500立方米每秒,比今年洪水小得多,也决了4个口,淹了6个县。1946年人民治黄以来,这个局面已经扭转了,黄河已经安度了11个伏秋大汛,没有发生决口泛滥。今年的特大洪峰,总水量达60亿立方米,这个水量和洪峰流量都和有水文记载以来的1933年最大洪水相似。特别是人民治黄以前,历年大洪水到不了东明县高村就要发生决口,因而高村以下的河道是从来没有经历过像今年这样大的洪水的。没决口,保证了农业大丰收,这是我国人民创造的又一个奇迹。

胜利后的启示

这次洪水是半个世纪以来的最大洪水,我认为从中可以得到许多重要的启示。

第一,三门峡以下有出现大洪水的可能。这次洪水主要发生在三门峡到花园口干支流区间。从洪峰组成来看,三门峡以上相应流量为6400立方米每秒,仅占花园口站洪峰流量的28.7%。三门峡以下来水占71.3%,三门峡至花园口区间流域面积为4.2万平方公里,是黄河常见的暴雨区。这次5天雨量200毫米以上的暴雨笼罩面积,三门峡以下为14000平方公里。如果面积更大可能出现更大的洪峰,而且集流快,来势猛,对这类洪水的威胁必须保持足够的警惕。

第二,它证明宽河固堤的方针是正确的。河南宽河道在洪水演进过程中起了重大削峰作用。花园口至孙口河段长320公里,漫滩水深一般近2米,最大达4米以上,槽蓄量24亿多立方米,比北金堤滞洪区的有效滞洪容积还大,洪峰流量由花园口22300立方米每秒到孙口削减为15900立方米每秒;东平湖最大入湖流量9500立方米每秒,调蓄水量9.5亿立方米,到艾山洪峰流量削减到12600立方米每秒,起了自然削峰滞洪的作用。因此,宽河政策是同黄河洪水特性相适应的,是正确的。鉴于黄河下游河道是高出地面的悬河,洪水一经漫滩偎堤,就有决堤的危险,因此固堤特别重要。1949年花园口站洪峰流量12600立方米每秒,全河出险400多处。由于中华人民共和国成立以后采取了锥探灌浆、普查和消灭隐患、捕捉害堤动物、抽槽换土等一系列加固措施，所以这次10000立方米每秒以上的洪水尽管持续76小时，而出险次数和抢险用料都远远少于1949年大水，表明固堤措施成效是显著的。宽河的作用在于削峰滞洪，固堤则是防止决口的关键。黄河防洪的长期性，决定了宽河固堤也将是长期坚持的方针。

第三，说明加强领导和做好充分准备的重要。这次防洪斗争的胜利因素很多，但是，党中央、国务院和各级党委、政府的坚强领导、正确的决策和充分的准备工作，则是决定因素。洪水出现后周总理亲临黄河，对是否分洪这个重大问题做出决断并亲自部署防守，对各级党委、政府和广大军民是一个巨大的鼓舞。豫鲁两省沿黄地区以最快的速度建立了全民防洪的作战体制，真正做到了要人有人，要物有物，指挥调度得心应手。因此，最广泛地调动和发挥了人民防汛的巨大潜力，保证了堤防的安全。而这一切同平时的准备工作是分不开的。这年汛前广泛进行了思想发动和组织工作，普遍开展了汛前大检查，针对存在问题做出了防守规划，分工负责，分段包干，职责明确。因此，大水到来时，一声令下，200万防汛大军能够迅速而有秩序地投入战斗。正确的决策对这次防洪斗争的全胜起了重要作用。当时如果石头庄分洪，滞洪区将造成重大损失。不使用北金堤滞洪区，也是建立在事前对堤防状况、河道排洪能力、防汛队伍素质等各种情况充分了解的基础上，如果心中无数，不可能临战做出正确的判断，实行强有力的领导。

第四，显示了淤滩刷槽的作用。这次洪水含沙量较小，平均含沙量84公斤/立方米，河槽冲刷8亿吨，洪峰前后相比，同流量水位下降0.7~1.0米，滩地淤积11亿吨，起了淤滩刷槽的作用，大大改善了河势。从中可以看出，如果有足够的调节库容，有计划地调水调沙，有控制地造成漫滩流量，淤滩刷槽，也是一种可供选择的排洪减淤措施。

第五，水情和通讯工作对防洪斗争的胜利起重要作用。正确的决策依靠对水情准确的判断，准确的判断又依赖于对雨情、水情及时准确的了解，这就决定了水情和通讯在防洪斗争中的重要地位。特别三花间洪水，时间显得尤其重要。这次洪水预报是比较准的，当时预报流量22000立方米每秒，实际为223000立方米每秒，水位预报为94.4米，实测为94.42米，预报洪峰出现时间也基本上与实际出现时间相同，对后期洪水的判断也比较准确，这些对这次防洪斗争的胜利都起了重要作用。

第三章

除害兴利蓄水拦沙

中华人民共和国成立以后，在下游采取“宽河固堤”方针，保证防洪安全的同时，我们积极进行了根治黄河的研究和探索，提出用“蓄水拦沙”的方法，“达到综合性开发目的”的治河方略。主张把洪水和泥沙拦蓄在黄土高原的广大土地上、千沟万壑中和干支流水库里，实行“节节蓄水，分段拦泥”，达到“综合开发，除害兴利”。后来按照这个指导思想编制了黄河规划。1955 年一届全国人大二次会议通过《关于根治黄河水害和开发黄河水利的综合规划的决议》，把治黄工作推进到一个全面发展的历史新阶段。黄河流域水利、水电建设得到蓬勃发展。特别是通过三门峡工程的实践，使我们对黄河客观规律的认识有了新的飞跃。这是人民治黄史上一个极其重要的发展时期，也是我个人从事治黄工作以来思想最活跃、感受最深的阶段。

第一节　探索新的治黄道路

历代治河的启示

初到黄河上工作时，我听到的、看到的都是黄河决过多少口，造成多大灾，因此给我的最初印象是：黄河是一条地地道道的害河，是非常难治的河流。我想：现在我们共产党人要治理黄河了，不了解黄河，不研究黄河怎么行?！因此，尽管当时工作很忙，战争环境下条件很差，但我还是见缝插针，开始刻苦读书了。土改时，从地主家抄出一些古书，凡是与黄河有关的我都收集来。记得济宁解放时，从大地主、大官僚靳云鹏家里抄出很多书，行署交通局局长裴益民（人们都称他裴老），把有关黄河和水利的书都统统交给了我，其中有《行水金鉴》、潘季驯著的《河防一览》、地方志等。还有美国人萨凡奇以及日本人写的书。后来与国民党政府谈判过程中，又得到一些近代治黄专家如李仪祉等的治河专著。一有空我就拿起这些书来看，晚上也常常读到深夜。当时灯油很紧张，每人每晚最多只能分到一提油，我晚上两提油还不够。后来黄委会机关搬到开封，家属也跟着进城了，为了能集中精力看书，我仍在机关吃饭住宿，只有星期天才回家。我这个人生性爱静不爱动，不下棋，不打扑克，有时间就看书，或者写点文章。中华人民共和国成立后，到北京给中央领导同志汇报工作，往往要等一段时间才能排上号，这期间又是我读书的好机会。在北京我最常去的地方是琉璃厂和书店,喜欢买些与治河有关的古书和刚出版的新书。书读多了,眼界大为开阔,对我思考治理黄河的问题大有帮助。

中国人民与黄河已经搏斗了几千年,其间涌现出大禹、贾让、王景、潘季驯、靳辅、陈潢、李仪祉等一代代治河代表人物,他们提出并实践过多种治河方策,虽然一时收到些效果,但都没有根本改变黄河决溢泛滥以致改道的局面。到了近代,资本主义国家的学者如费礼门、恩格思、方修斯、萨凡奇等也研究过黄河的问题,所建议或采取的治河方法,大都没有脱离我国潘氏理论的窠臼。据历史记载,中华人民共和国成立前的两千多年中,平均三年两决口,百年一改道,洪水波及范围达 25 万平方公里,给广大地区人民生命财产造成惨重损失。通过对历代治河的研究,我开始考虑这样一个问题:我们今天治河,应该走哪条路? 我认为决不能再沿袭前人的老路了,而应当走出一条符合黄河客观规律的新路子来。

向专家学习

对于治理黄河,我本来是外行,为了尽快变“外行”为“内行”,以适应治黄工作的需要,我主动与专家和科技人员交朋友,尊重、信任他们,虚心向他们求教,深感获益至深。

1949 年冀鲁豫黄委会成立初期,我就请了贺泮藻老先生当我们的顾问,从他那里了解到许多有关黄河决口、堵口的事。“够不够,三丈六”这句黄河河工修坝的行话,我就是第一次从他嘴里听到的。通过向许多老河工学习和自己的实践,后来我对修防这一套也就慢慢熟悉了。

著名水利专家张含英也是我的知交,他于 1941 年 11 月至 1944 年 12 月曾担任黄河水利委员会委员长,后任北洋大学(天津大学)校长,中华人民共和国成立前夕,国民党政府派飞机把他和南开大学校长张伯苓接到南京,想送他们去台湾,张老(张含英老先生)坚决不走,留居南京,任大学教授,专门新开了一门课,叫“防洪工程”。1949 年 4 月 23 日南京解放,刘邓首长来电报,让我们去南京接收原黄河工程总局的工作人员。我会当即派副主任赵明甫等赴南京接收。张含英是著名的治黄专家,我们恳切期望他能重新回到黄河上工作,为人民治黄事业做出贡献。后来他欣然应聘来我会任顾问,当年夏天,张老不顾天气炎热,乘车来到开封,时年 51 岁。第一次见面,他给我的印象是一副学者的风度。当时机关的条件虽然很差,但我们仍然腾出两间房由他居住,请他和会里几个领导一起在小灶上吃饭。有关治黄的大事,我们都主动同他商量,倾听他的意见,我经常与他长谈,有时直到深夜。他曾谈到黄河的根本问题是洪水和泥沙问题,下游防洪问题的实质是河床不断淤高。关于黄河“善淤、善决、善徙”的特性,他讲得比较透彻,给我留下深刻的印象。有一次张老提出:“今后向中央写报告,提防洪任务,不能只提防多少流量,因为河床逐年淤高,今年能防的流量,过两年就不一定能防了,所以我们只能提防多少水位。”我说:“你这个意见是对的,但是,防洪是件大事,我们还要为人民负责啊!”后来汇报防洪问题时,我们都注意既提流量,又提水位。他还讲了历史上许多决口的实例,特别是1933年大水,他亲自考察过,谈得最多。谈到历代治河方略,张老认为潘季驯的“束水攻沙”是有作用的,但不能彻底解决黄河问题。他对我们提出“变害河为利河”的治黄目标很赞赏,认为潼关至孟津河段是修建水库解决下游防洪问题唯一可以做文章的地方。在1950年召开的第一次治黄工作会议上,对于是否在下游兴办引黄灌溉济卫工程,争论得很激烈,张老坚决支持我们在下游兴利的意见。他看到这场争论,很受感动,说我们共产党治黄很认真。他还常常抽时间给同志们讲课,有时主动来到办公室,手拿计算尺,亲自教同志们计算防洪方案。中华人民共和国成立之初组建水利部时,李葆华同志让我推荐一位民主人士当副部长,我当即推荐张含英。1949年年底他即离开我会到北京赴任,临行前在欢送会上,张老激动地对大家说:“我在旧社会参加多年治黄工作,提出不少治黄建议,但从来没有像共产党这样倾听我的意见,尊重我的意见。人民政府对人民负责的态度和根治黄河的决心,深深地感动了我。”

中华人民共和国成立初期,黄委会专门设立了顾问室,除了张含英以外,还聘请了张光斗、冯景兰、张伯声等著名的专家、教授担任我会顾问,他们在选择坝址、编制流域规划、修建引黄灌溉济卫工程等重大治黄问题上,都发挥了很好的作用。

中华人民共和国成立初期,我们执行中央包下来的政策,对于国民党政府时期在黄河上工作的人员,基本上都接收了下来,并给予妥善安置,尽力使他们心情舒畅地为人民治黄事业服务。曾担任南一总段段长的徐福龄工程师,中华人民共和国成立前夕,带领全段人员留在黄河上没有向南撤退,我们非常欢迎。1948年11月,我乘卡车路过他们段部时,特地看望了他们。12月中旬,推荐他作为河南省的代表之一,出席华北人民政府在河北省平山县西柏坡村召开的关于建立黄河统一机构的会议。后来黄委会进驻开封,又任命他为河防科科长,此后徐福龄工程师一直在黄河上工作,工作十分积极。工务处是主管下游修防的业务处,工作非常重要,开始配备领导班子时,我们只任命了副处长,而让正处长空着位，为什么呢？因为当时对于处长的配备，在我心中已有了人选，他就是曾任国民党政府黄河水利工程总局副局长的潘镒芬。中华人民共和国成立前夕，潘公拒绝去台湾，回到上海家中迎接解放。上海解放后没几天，我会即派赵迎春处长和吴以敩工程师专程去上海邀请他回黄委会任职，可惜潘公在回苏州原籍整理行装准备赴任之际，不幸中风，终至不起。

和我一样，当时不少中层领导干部对于治黄也是外行，针对这种情况，我们一面虚心向工程师们求教，一面请专家、工程师定期讲课，边干边学，不懂就问，同志们反映效果很好。许多老工程师回忆当时的工作情况，都深有感慨地说："那时黄委会的领导是百分之百地接受我们的意见，百分之百地支持我们的工作。"当然这是对我们的过奖，但在一定程度上也能说明我们当时确实是尊重、信任他们的，和他们的心是相通的。1958 年我从三门峡工程局又回到黄委会工作时，了解到总工程师差不多都被打成右派分子，心里很难过，在一次党组会上我讲："把老总们都打成右派，我们治黄工作还搞不搞?!"但万万没有想到，上述这一切到了"文化大革命"时期竟成了我的"罪状"之一，说我"网罗牛鬼蛇神"，"重用坏人"，"专家治河"是"国民党专共产党的政"等等，真是是非颠倒，好坏不分。

走遍大河上下

通过读书和向有经验的专家们求教，我对黄河已经有了初步了解。但是，由于 1949 年以前主要在下游搞修堤防汛，对中上游以及面上的情况，则知之不多。中华人民共和国成立以后，黄河实现了统一治理，为研究如何治本，从 20 世纪 50 年代初期开始，我对黄河流域进行了比较系统的、全面的考察，每年除了汛期以外，都有几个月在外面跑，几乎走遍大河上下，大大丰富了我对黄河的感性认识，使我对黄河有了较多的了解，这对我以后长期从事治黄领导工作，奠定了良好的基础。

黄河最突出的问题是泥沙问题。为了解泥沙的来源和水土保持情况，1950 年我和耿鸿枢等首先考察了陕北无定河流域。当时没有估计到从西安到陕北的公路不太好走，我们到西安后只好改道从潼关过黄河到风陵渡，乘火车到太原，改乘汽车到军渡，又二次过黄河到吴堡，再乘汽车到达无定河边的绥德城。我们持黄河水利委员会的介绍信，首先到了辛店沟一带，依照当年毛主席开调查会的方法，由行署专员召集一批有经验的农民开座谈会，一问一答，随问随记，了解到不少新鲜情况，其中有一件事至今我还记忆犹新。一位老农民告诉我，有一次下暴雨，他见到沟里冲下来的山洪全是稠泥浆，上面还浮着个活人呐！当时听后我半信半疑，可是在后来的多次考察中，我不止一次听到以上的说法。如此严重的水土流失，在我头脑中留下深刻的印象。1951 年我再次考察无定河，决定全面、综合治理韭园沟，作为水土保持的典型，并购买辛店沟作为试验基地。为了便于管理和进行试验，当地政府决定将韭园沟划为一个独立的行政区。随后又查勘了无定河上游的两条支流芦河和红柳河，选了旧城和新桥两个坝址。甘肃天水的吕二沟、蒲河上的南小河沟等我都看过。从 1950 年开始，先后扩建、新建了天水、绥德、西峰等水土保持试验站。泾河、渭河、北洛河、三川河、窟野河、皇甫川等多沙支流，以及上到洮河、湟水，下到汶河等几十条较大支流，我几乎都考察过，看到了它们各自的特点，有了比较，自己就能思考问题了。

为了综合开发黄河水资源，干流工程均有发电效益，因此在业务上，我们与当时的燃料工业部水力发电建设总局的关系很密切。干流上的所有重要查勘，水电总局均派人参加，我与张铁铮（水电总局副局长）就共同查勘和参与选定了龙羊峡、刘家峡、三门峡等许多坝址，其中最惊险、最使我难忘的要算那次查勘三门峡坝址了。

三门峡是河南省陕县与山西省平陆县交界的一段黄河峡谷，河中有两座石岛，将黄河分为三股激流，由左至右，分别称为人门、神门，鬼门，“三门峡”即因此而得名。其下约 400 米，又有三座石岛挺立河中，右为中流砥柱，即古籍所载大禹治水“凿龙门，劈砥柱”的中流砥柱，中为张公岛，左为梳妆台。洪水之际，浊浪排空，翻腾回旋，惊心动魄，是黄河潼关以下最险恶的地方，向有“三门天险”之称。石岛及河床均为坚硬致密的闪长玢岩，地形、地质条件优越，是筑坝建库的理想坝址。

1952 年春，有一天张铁铮从北京给我打电话，说水电总局请来两位苏联专家，很有经验，是否请他们看看三门峡坝址。我说很好，当即商定由我和他以及耿鸿枢等陪同考察。我们在潼关租了一条木船，请一位名叫张清合的老艄公负责掌舵，此人 50 岁上下，行船很有经验，由他组织了 8 名船工，从潼关顺流而下。第一站到达三门峡，下船后苏联专家仔细观察了两岸的形势和地质情况，认为此地建坝的条件很优越，值得做比较详细的勘测工作，并亲自为三门峡坝址指定了第一批钻孔位置。随后我们登船过三门，因为以下是连续的险滩和礁石，形势十分险恶，大家的心情多少有些紧张。船从“人门”过峡，对准下游的“照我来”（即中流砥柱石）直冲过去。船像一支离弦的箭，从其左侧擦边穿过，据说若不对准“照我来”，即有翻船之险。船过了“三门”，大家才松了一口气，回头看看老艄公，他却神态自若。由于我们都集中注意力观察两岸的山势，后来又不知过了多少险滩。当船转过一座山崖的时候，忽然狂风大作，水急浪高，舵手与船工已很难控制木船，朝左岸石壁直冲过去，眼看就要撞山翻船，忽听老艄公喝令大家："不许乱动！"话音刚落，只见船帮轻轻撞了一下山崖就顺流直下了，这时船上响起了一片惊叹声。后来风越刮越紧，船工不敢再行，在一座村庄边靠船上岸，几十年的波涛生涯，老艄公从没有感到什么叫危险，可是今天他觉得责任重大，决不能愣干，必须万无一失，因此不管我们怎么要求，他就是不开船，执意要等风停止后再走。苏联专家则不同意，硬要马上开船，我两边做说服工作都不成，争执不下，最后只好决定我们先步行往前走，等风小了船再随后赶上来，于是大家又开始爬山了。为了一路上能看到黄河，我们总是沿着河边的小路走，没有路就翻山越沟，有时身体紧贴悬崖峭壁，匍匐前进，脚下就是波涛翻滚的黄河。直到天黑，我们才在一个村庄前与船工汇合。当晚就住在村外一座小庙内，大伙儿忙着做饭，先给专家炒了一盘鲜嫩的牛肉片，专家满意地笑着说："顶好！顶好！"第二天又乘船考察了王家滩和八里胡同坝址。

三门峡坝址我先后考察过三四次，龙门、芝川、小浪底、邙山（桃花峪）等干流上的坝址和许多支流上的重要坝址也都亲自看过。1953 年当我打开流域图给毛主席汇报治黄规划方案时，主席当面考问我；"这些地方你去过没有？"我当即回答："都去过。"主席听了很高兴。

我还经常带领党委成员和有关的中层领导干部一起去现场考察，这样做一方面可以及时了解情况，另一方面可以尽快地统一领导认识，现场解决问题。我这个人性子急，出差过程中时间抓得比较紧，说几点走就几点动身，韩培诚同志好睡懒觉，常常是我早起后把他先捅醒。天晚了就住小店，农民炕上我也住过。吃饭也很简单，沿途小饭店里有什么吃什么。到下游修防处、段检查工作，工程队和食堂常常是我必去的地方，许多工程队长我见面都能叫出名字来。即使在政治运动的高潮中，虽然斗争很激烈，但只要工作需要，我照样出差考察和检查工作。有人说我重业务，轻政治，有意躲避政治运动，我却不以为然。尽管运动搞得很紧张，我总认为治黄工作不能丢下不管，只要黄河不决口，其他再大的问题都好办。我也鼓励机关的同志多下去看看，他们也都是一年有半年跑到基层，了解情况，解决问题。

为了借鉴外流域的治理经验，我还考察了长江、淮河、海河、辽河、松花江、珠江等大江大河。1949 年 11 月水利部傅作义部长在各解放区水利联席会议总结报告中说："黄河的主要病源是泥沙问题，但东北号称'泥龙'、含沙量有 62%

的柳河，由于建造水库变成了清水，防止了水灾，使我们增加了对于治黄的信心。”得到这个信息后，我于1950年春天就赶到辽宁省彰武县考察闹德海水库，这个水库是1942年由日本人修筑的，经过几年运用，河道已基本处于冲淤平衡状态，对我很有启发。事后我们又组织科技人员多次考察了柳河的治理。

松花江上的小丰满水库，是中华人民共和国成立前我国最大的水库，装机50多万千瓦。1952年6月我带领江衍坤、袁隆、张方等领导成员和耿鸿枢等技术干部考察了这个水库，这是我们第一次看到这样大的水库和水电站，对我们如何在黄河上修水库建水电站有了具体的概念。

淮河的全面、综合治理先于黄河，当时已取得很大成绩，积累了丰富经验，许多地方值得我们借鉴。淮河大堤和石漫滩、板桥、佛子岭、南湾水库我都去看过，机械化施工和土坝碾压等都给我以许多有益的启示。

长江是我国的第一大河，荆江分洪工程建成不久，我们就前去参观，并考察了南京浦口沉排护岸工程等。通过对长江水沙情况的了解，越发使我感到引江济黄不仅有必要，而且有可能。因此，我很早就是南水北调的积极倡导者之一。

变害河为利河

1949年8月，大西北行将解放，整个黄河流域将为人民所掌握。为了安排中华人民共和国成立后的治黄工作，我起草了《治理黄河初步意见》，第一次比较系统地阐述了我的治黄设想，并于8月31日以我和赵明甫同志的名义呈报给当时华北人民政府主席董必武，提出：“我们治理黄河的目的，应该是变害河为利河。治理黄河的方针应该是防灾和兴利并重，上、中、下三游统筹，本流和支流兼顾。”

“治河是应该以整个流域为对象的。”根据当时对黄河的初步认识，我认为黄河为患，除了政治方面的原因以外，在自然方面有两个原因：“一是洪水猛涨，高低水位的变差很大；二是泥沙量巨，冲淘淤积的变化难测。”因此，要根除河患，必须采取节蓄洪水，平抑暴涨，保持土壤，减低冲刷，固定河槽。节蓄洪水的办法，就是在“托克托到孟津的山峡中，选择适当地点建造水库。”“防洪水库的坝址，愈接近下游，它的效力愈大，所以陕县到孟津间是最适当的地区。这里可能筑坝的地点有三处，是三门峡、八里胡同和小浪底。”“应当立即从事地形、地质和水文资料的观测和收集，准备选定其中第一个修坝的坝址，进而从事规划。”在防洪水库建成之前，防止河患仍然必须依赖下游的修防。黄河上中游田野土壤的冲刷和沟壑的蔓延，不仅造成下游泥沙量巨，河患不断，同时也使上中游的土地破坏,生产低落,人口减少。因此必须竭力进行水土保持工作。当时认为:"减少泥沙是一件缓慢的工作,而且范围又极广大。但是,不应该因为缓慢和困难而放松的。""土壤保持工作既然关系这样重要,那么就应该对全流域加以号召,发动地方,早日举办。"至于兴利,当时认为"主要在于储蓄水流",因为黄河最大最小流量变幅太大,要统筹全河水量,修建干支流水库,根据灌溉、发电、航运等具体要求,"按时放流"。

根据当时的情况,我认为最现实的兴利项目,是兴办引黄灌溉济卫工程(即人民胜利渠)。张含英也曾向我提出过此类建议。我在给董老的报告中,对此做了详细叙述。这项工程最早是日本帝国主义于1943年秋季开始修建的,主要目的有三:一是给天津附近已有的水稻补水;二是增强新乡与天津间的航运;三是发展新乡一带的灌溉。到1945年8月抗日战争胜利时,仅完成总干渠土渠和干渠上4个跌水,以及穿过黄河大堤堤身的涵闸(即张菜园闸)。后因接管工作迟缓,部分工程已遭损坏。1946年,河南省水利局曾拟定修复计划,后因没有拨款,直到新乡解放时还未开工。根据当时的资料,经过研究,我们认为:除引黄济卫便利航运可以考虑以外,仅就灌溉新乡一带40万亩农田来讲,也有举办的必要。当时粗略估算,全部工程费用约需小麦1500多万公斤,而渠成之后,两年增产效益即可抵偿工程费用。况且,有一部分工程已经建成,如不赶快兴办,已有工程也将慢慢被毁,因此举办此项工程是迫切的。黄河在下游已经为害了几千年,两岸人民世世代代饱受洪水泛滥的祸害,如今要让黄河水在下游也能为人民造福,实属治黄史上的创举,也是变害河为利河的一次重要尝试,对沿河人民更是极大的鼓舞,所以当时创办此事我十分积极,决心很大,"只许成功,不许失败"。

对于引黄灌溉济卫工程,董老在1949年10月8日给我和明甫二人的复信中指出:"卫河临清至天津段为通州至杭州大运河之一部;虽与津浦路几相平行,而其运输价值仍极重要,最好能全部通航,故引黄工程对此问题需详为考虑。""沿卫(河)各地均系产棉区,同时常年干旱,需水至殷,引黄济卫依然需要。"

1949年11月,水利部在北京米市大街青年会召开了各解放区水利联席会议,确定水利建设的基本方针是:"防止水患,兴修水利,以达到大量发展生产的目的。"会议把引黄灌溉济卫工程,作为"有极大收益的重要工程"之一,予以支持。

但是对于是否举办这项工程当时也有不同意见。1950年是我国财政很困难的一年,中央批准给黄河的工程费仍然占全国水利建设费用的1/4。有的同志认为这笔钱来之不易,应首先集中用于下游修防,多做工程。保证黄河不决口,就是对两岸人民最大的兴利,现在应该是“雪中送炭”,而不是“锦上添花”。有的同志对在黄河大堤上开口子建涵闸,能否保证安全表示怀疑,因为过去很少有人敢去这样做,所以不敢贸然表示同意。有的同志担心水引不出来,因为黄河游荡得很厉害,即使水能引出来,因为泥沙多,恐怕用不了几天,渠道也淤平了……总之,反对和怀疑的意见不少。经过一番争论,才统一了认识。现在回顾起来,尽管后来在发展过程中经历了一些曲折,但实践证明,30多年前的决策是正确的。据统计,这个灌区从1952年开灌以来,仅粮棉增产总值就达4.4亿元,为灌区总投资的18倍,如今人民胜利渠已成为“渠道纵横地成方,粮棉增产稻花香”的全国先进灌区。

“蓄水拦沙”的治黄方略

由于各级人民政府的正确领导和广大群众的积极努力,到1952年我国的水利建设已取得显著成绩,全国水灾面积比1950年减少了65%,灌溉面积增加一倍多,中小型水利也有大量发展。1952年3月21日中央人民政府政务院在《关于一九五二年水利工作的决定》中指出:“从一九五二年起,水利建设在总的方向上是:由局部的转向流域的规划,由临时性的转向永久性的工程,由消极的除害转向积极的兴利。”人民治黄事业与全国的形势一样,也取得很大成绩,当时主要在黄河下游进行了规模巨大的修防工程,基本上达到防御陕县1933年22000立方米每秒洪水的标准,同时为黄河治本,已开始积累了一些基本资料。但是,根据几千年来的治黄经验,证明单纯依靠大堤防洪的办法,不能根本解决下游防洪问题,配合国家经济建设的需要,利用黄河水资源兴利,亦属刻不容缓,因此根据国家水利建设的总方针,并结合黄河的具体情况,从1952年开始,治黄工作决定由下游修防逐步向治本过渡,尽速推进黄河治本的准备工作,有人称我们这样安排是“背着包袱搞治本”。

黄河的治本之策应该是什么?历史上曾为此提出众多的主张,但作为中华人民共和国人民治黄,我们应该在前人实践的基础上,尽快提出自己的一套新的治黄方略,以便进行宏观决策,推动治黄工作不断前进。1952年5月,我在同志们工作的基础上,并根据自己对黄河客观规律的初步认识,在《关于黄河治理方略的意见》一文中,第一次正式提出了“除害兴利,蓄水拦沙”的治黄主张。当时认为:“我们治理黄河的目的就是害要根除,利必尽兴,一句话就是兴利除害。”“我们治理黄河的总方略应该是用“蓄水拦沙”的方法,达到综合性开发的目的。”“我国古代的治河者,从大禹到潘季驯,由于多种条件的限制,其治河的方略,均在下游。明代的潘季驯,已经知道黄河为患的原因在于泥沙,这是潘氏一个伟大的发现,他的解决办法是“以堤束水,以水攻沙”,希望把泥沙输送到海里,以解决由于河床升高而招致的泛滥灾害。自潘氏以后,近代的资本主义国家学者,如德国人恩格思、美国人费礼门,以及我国黄委会之前的下游治理计划,均主张固定河槽,其目的也是把泥沙送到海里,基本上没有离开潘氏以水攻沙的方略。我们认为以上方略有三个缺点:第一,水没有控制,河槽不能固定,堤即不能束水……第二,没有解决西北水土流失问题,上边的灾害没有解决。第三,没有解决兴利问题,发电、灌溉、航运均得不到适当解决。有鉴于此,我们应该接受数千年来人民和黄河斗争的经验,不采取上述办法把泥沙和水送到海里去。而要把泥沙和水拦蓄在上边。拦蓄的办法是修筑干流水库、支流水库,同时在西北黄土高原上,进行大规模的水土保持,造林种草,把泥沙和水拦蓄在高原上、沟壑里,以及支流和干流水库里边。这些泥沙和水得到拦蓄以后,不仅西北水土流失和下游改道淹没的灾害根本解决,而且电力、灌溉、航运、给水的利益尤为巨大。只有如此做法,黄河的害才能根除,黄河的利才能尽兴,也就是说才能达到综合性的开发。这就是我们的总方略。”

在以往的历史上,黄河一直被当成“祸患”,被看作一条地地道道的害河。1950 年在印度召开的世界防洪会议上,资本主义国家的学者曾给黄河做了一个悲观的结论,他们认为黄河不可能被征服,几千年以后,华北平原就可能变为沙漠。我却从来不这样认为,当时我就提出,黄河确有为害的一面,但黄河有 450 亿立方米的水量(这是当时的统计数字),有许多优良的坝址,如果“把它开发起来,不仅可以除害,而且对于工农业的建设,将具有决定的作用。所以,今天我们应当把黄河作为一个大资源来看待。”“应该把它看作是人民的一个大富源。”

当时我认为:“兴建水库的原则,一个是要符合综合性开发的要求,一个是要有久远的利益。根据上述原则,我们水库的规划,应该以防洪第一,发电第二,灌溉第三,航运第四,其他第五的序列,为我们规划的原则。这个序列和我国过去有些学者的主张不大一致,如李仪祉偏重下游航运,有的偏重灌溉,有的偏重发电。我们目前根据人民除害兴利的迫切要求,必须工农业兼顾。”由于黄河泥沙特多,一谈到修水库,有人就担心水库会很快淤废,不敢再想下去,所以这个问题必须解决。当时我设想:“解决的方法是干流水库要大,支流水库要多,水土保持工作要同时进行,以对付黄河泥沙特多的特点,维持水库寿命在很久远的时间内不致淤废。”

修建水库要花费国家大量投资,淹没损失也很大,但是,当时我认为“它的效益是不可计算的”。第一,防洪问题可以根本解决,几千年来不能解决的问题,在毛主席领导下解决了,这在政治上的影响是不可估量的。第二,发电效益相当巨大,可以促进工业化。第三,可以使数千万亩土地变为水田,每年可增产数十亿斤粮食。此外,水土保持也将取得成效,航运亦可得到发展等。

“整个黄河流域的自然面貌,必将完全改观,其造福于亿万人民将不可估算。以此和付出的代价相比较,将如全牛之比一毛。”因此,对上述治黄方略,我是充满信心的。

向邓子恢副总理汇报

1953 年初,我们去北京向水利部汇报上述“除害兴利,蓄水拦沙”的治黄方略,以及近期下游防洪措施意见。李葆华副部长非常认真地听取了我们的汇报,李葆华副部长认为事关重大,所以又安排我们到中南海向邓子恢(又称邓老)副总理汇报。邓子恢同志当时任政务院副总理,兼中共中央农村工作部部长,主管农林水战线。我首先向邓老谈了黄河成灾的根源,分析了历代治河方略都是把水和泥沙送到海里,结果均不能根治黄河的原因。然后汇报了“除害兴利,蓄水拦沙”治黄方略的主要内容。当我说到水土保持措施,要在坡上修梯田,沟里打坝,干支流上修水库时,邓子恢副总理接着说:“这就是节节蓄水,分段拦泥”。我说:“就是这个意思。”当汇报到下游防洪措施,要抓紧在干流上修水库时,他又指出:“修防洪水库,虽然是治标的办法,但它又是治本的一部分,这就是抬标与治本相结合,当前利益与长远利益相结合。”最后邓子恢副总理说:“你谈的意见很好,我基本同意,抓紧时间写个报告吧。”汇报结束后,邓老特地留我们在中南海吃饭。

1953 年 5 月 31 日,我以个人名义向邓老同时呈报了《关于黄河基本情况与根治意见》和《关于黄河情况与目前防洪措施》两个报告。根据几年来查勘、测验的初步成果,我在“根治意见”的报告中对黄河成害的根源又有了进一步的分析。我认为:“形成灾害的原因,从整个黄河流域来看,只有两个,一是淤积问题,一是冲刷问题。”一方面,黄河在中上游流经西北广大黄土区域,从千河万沟中接收了大量泥沙,河出邙山,进入下游平原,泥沙大量淤积在河道里,河床不断升高,据当时测验资料估算,平均每年升高约 1 ~ 2 分米,河道排洪能力逐步减少,因此决口泛滥以致改道的灾害就很难避免。另一方面,是中上游广大地区的冲刷问题。“由于大气降水,在陡峻的黄土丘陵区,坡度很大的黄土高原区,发生很大的径流,这些径流的力量,冲刷成大大小小,千千万万的沟壑和小的河流,通过千河万沟,把洪水和泥沙输送到黄河里。由此可以看出,下游淤积的原因是由于中游的冲刷,中游黄土区域之所以有严重的冲刷,是由于这个地区有大量的黄土,很陡的坡度,地面又缺少植被与夏秋季节暴雨较多等四个主要的因素。由此看来,下游闹水灾,是由于下游的淤积,下游之所以淤积,是由于中游的冲刷。因此,水灾的真正根源,可以说不在下游,而在于中游的冲刷。”“中游人民肥沃的土地,也由于冲刷和割削,逐渐变瘦,逐渐减少,沟壑逐渐增多,黄土高原有变为丘陵的危险,黄土丘陵有变为石山的危险。因此,这些地区树草极少,畜牧发展困难,地力减退,农业收入很薄……(农民)过着贫困的生活。这种长期慢性的灾害,虽然没有下游闹大水灾那样的触目惊心,但对这些地区的农业生产与人民生活的威胁来说,也是一种不可忽视的大灾害。”

为了消除上述灾害,我们必须根治黄河,达到“变害河为利河”的目的。当时我已经认识到治理黄河要比治理其他一般清水河流困难得多,因为“黄河和其他大河流比起来,多了一件泥沙冲淤的问题,因此我们解决其他大河流的问题,把水处理了就够了,对于黄河来说还要处理泥沙的冲淤问题,这就比别的河流复杂得多,困难得多了。”“我们根据我国人民几千年来与黄河斗争的经验,与对黄河活动规律的粗浅的了解,认为今后根治黄河的方策,应该采取如下的一条方针,四套办法。”“治河的总方针应是:蓄水拦沙,就是把泥沙拦在西北的千河万沟与广大土地里。即邓老所说的:“节节蓄水,分段拦泥”。“依据这一方针,在黄河的干流上从邙山到贵德,修筑二三十个大水库大电站;在较大的支流上,修筑五六百个中型水库;在小支流及大沟壑里修筑两三万个小水库;同时用农、林、牧、水结合的政策进行水土保持。通过以上四套办法,把大小河流和沟壑变为衔接的、阶梯的蓄水和拦沙库。同时利用水发展林草,利用林草和水库调节气候,分散水流,这样就可以把泥沙拦在西北,使黄河由浊流变清流,使水害变为水利。”

在《关于黄河情况的目前防洪措施》的报告中,我首先分析了下游防洪的形势。1952 年 10 月,根据洪水调查和历史文献的记载,我们又发现了比 1933 年更大的洪水,即 1843 年(清道光二十三年)的特大洪水,根据推算,洪峰流量达 36000 立方米每秒。“这次洪水给黄河流域的人民造成了严重的灾害,虽然时间已经过去了一百多年,但在沿河的人民中记忆犹新,陕州一带相当普遍地流传着‘道光二十三，黄河涨上天；冲走太阳渡，捎带万锦滩’的歌谣。再就是我们现在堤防的状况，虽然比国民党时期有大大的加强，但黄河河床迅速升高，溜势变化不定，我们依靠堤防抵御像1933年的洪水已不是完全安全，对道光二十三年的洪水来说，就更加危险。”“因此，我们认为在治本工程没有举办以前，即在近五年内首先举办临时防洪工程，以防止异常洪水对我们的袭击是十分必要的。”

关于如何兴修临时防洪工程问题，我们遵照水利部的指示，自1950年即开始进行调查研究，先后比较了分洪、滞洪、蓄洪等30个方案。关于修建防洪水库，过去都是用一个大水库集中解决问题，因淹人、淹地和花钱都太多，工程技术上当时也有困难，一时很难举办。后来根据邓老的指示，在水利部直接领导下经过反复研究，在报告中提出了修建邙山、芝川两座水库，分散解决的4个方案。经过比较，我们推荐第二方案，即芝川水库加邙山水库（最高蓄水位110米），总库容82亿立方米，需迁移人口8.7万人，淹没土地63.7万亩，总投资4.58亿元，防御千年一遇洪水的寿命约10年。如果10余年后治本工作仍无大的进展，则采用加大泄量和东平湖滞洪的办法来解决千年一遇洪水。当时认为：“如果我们举办了这一工程，黄河在20年内可以保证不闹大水灾，这样可以腾出时间进行治本工作。”

邓老看了我的报告，认为很有见解，6月2日亲自写信给毛主席，将我的两份报告转上。邓老在信中写道，“王同志对黄河基本情况做了历史性的全面分析。”“我认为王化云同志对黄河基本情况的分析与黄河治本方针是正确的，符合实际的。”“关于当前防洪临时措施，我意亦可大体定夺，第一个五年，先修芝川、邙山头两个水库。过五年后，再修其他水库。根据目前国家财政经济条件，技术条件与农民生产、生活条件，只能做如此打算，不能要求过高。只要修好这两个水库，渡过五年、十年，我们国家将更有办法来解决更大工程与更多的移民问题。这个黄河治标的办法，正是为治本计划争取时间。而这个治标办法，又属于治本计划之一部分，这就是治标与治本相结合，当前利益与长远利益相结合的方针。”后来邓老见到我，高兴地说：“毛主席对你的报告很欣赏。”

毛主席视察黄河

我的治黄设想，曾经几次直接向毛主席汇报过，毛主席听了很感兴趣，表扬了我的钻研精神，并做了许多重要指示。

毛主席第一次视察黄河是在1952年的10月底，这是中华人民共和国成立后毛主席第一次出京巡视。29日下午1时半，我与赵明甫、袁隆两位同志去省委汇报邙山水库问题，得知有中央首长来看黄河。省委决定由张玺（省委书记）、吴芝圃主席、陈再道司令员和我4人去兰封（今兰考）迎接。当我们于下午5点多乘车赶到兰封时，才完全明白是毛主席来了。约7时许，主席的专车进站，郑州铁路局局长刘建章首先下车，引我们4人登上专车，在车上见到了杨尚昆、罗瑞卿、滕代远、黄敬等同志。杨尚昆、罗瑞卿告诉我们，这次主席来，重点是看黄河。还说，毛主席在徐州登上云龙山，眺望了黄河故道，并询问了故道的情况。主席怕扰民，决定不去开封，今晚就在火车上住一夜，明天看黄河。张玺同志说，黄河是重点，我们把"重点"已经带来了（指我），并将明天看黄河的准备情况给滕代远、罗瑞卿做了汇报，他们均表示同意。这天夜里，因过于兴奋，我怎么也不能入睡，黄河的情况在脑子里过了一遍又一遍。

30日早上7点多钟，主席下专车向一个小村庄走去，到村边，与一个正在场里干活的中年农民谈话，我们即赶到跟前。罗瑞卿给主席介绍了我们4个人的名字，主席亲切地和我们握手说："谢谢你们。"而后继续和那个农民谈话，问收成、生活、负担等情况。接着又到一户农民家里察看生活情况。回到专车已8时许，主席问我化云是哪两个字，我说："是变化的化，云雨的云。"又问我什么时候做黄河工作，过去做什么，我都做了回答。主席笑着说："化云这个名字很好，化云为雨，半年化云，半年化雨就好了。"约9时，我们和主席一起进早餐。饭后，在客厅里，主席问黄河情况，我一一回答了。后来在去东坝头的火车上，主席继续问黄河情况，问到邙山水库，我即将邙山水库的两个方案报告了，主席说本来只淹几万人，现在几十万人，你们是把洛河漏了？我回答说："是"。又问到三门峡水库，我说如果修到350米高程，只淹62万人。主席说："不是100多万吗？"我说："那是过去日本人的数字。"主席又问能发电、灌田多少？我将当时的规划数字报告了。主席说："邙山水库修好，几千年的水患解决了，将来三门峡问题也可以考虑。"11点多火车到达东坝头，主席下车换乘汽车先去杨庄看险工，在第9号坝上主席看了工程和黄河形势。我向主席报告坝埽及全河修防的情况，主席说；"六年没有决口，今后把坝埽、大堤修好，黄河就不会决口了吗?!"我说："因为这几年没遇到异常洪水，如遇大水还有相当的危险。"主席又问坝埽的作用，我们回答是御溜护岸。主席笑着说："黄河涨上天怎么样呢?"（在这之前，我给主席报告了陕州民谣：道光二十三，黄河涨上天；冲走太阳渡，捎带万锦滩。）我们回答坝埽挡不住。从杨庄乘车来到了东坝头，走到坝上，我们给主席报告，这个坝是这一段的主坝，河北岸是西坝头，是咸丰五年铜瓦厢决口处。在回兰封的火车上，我仍和主席坐在一起，主席又详细询问了治黄的情况。我向主席报告了我会查勘队正在金沙江上游通天河查勘,希望能够把通天河的水引到黄河里来,以解决华北、西北水源不足的问题。主席笑着说:“通天河就是猪八戒去过的那个地方。”接着又问了通天河的水多少及黄河上游的情况,河口的情况,我一一做了回答。主席说:“南方水多,北方水少,如有可能,借一点来也是可以的。”下午约1点多,在餐车与主席同桌共进午餐。饭后,主席问我:“说黄河是个悬河,在东坝头看不出来,我还想再找个地方看看。”我回答说:“黄河从哪里走,哪里就高,东坝头是开口子的地方,大堤外面是黄河故道,所以堤内外悬差不大,到柳园口就可以看出来了。”主席问那里比开封高多少?我说现时水面比开封城里地面高三五米。约两时许,我们乘车来到开封柳园口,主席在大堤上顺手拔了一根草,问这是什么草?袁隆同志说,这叫葛巴草,“种了葛巴草,不怕雨冲溜来扫。”主席说喂牲口也是好东西。主席站在堤顶,向北眺望黄河形势,黄河在高高的河床里奔流,回头南望堤外村庄,好像坐落在凹地里,主席说:“这就是悬河啊!”回到开封城里,主席看了铁塔,对此古代建筑颇为赞赏,然后登上龙亭,俯瞰了开封城。回到住处,天色已很晚。次日清早5点半,主席已离开住地登上专车,我们立即赶到车站送行。张玺、吴芝圃同志让我继续陪主席过黄河视察引黄工程,主席说不用了,那边还有人。开车前,主席嘱咐说:“你们要把黄河的事情办好。”

离开封后,主席又登上黄河南岸的邙山,察看了邙山水库坝址和黄河形势。过了黄河,由平原省党政军负责同志潘复生、晁哲甫等和我会赵明甫同志陪同,首先来到引黄灌溉济卫工程渠首闸,在这里毛主席详细询问了工程建设情况和灌溉效果,并亲自摇动启闭机摇把,一位同志赶忙上前帮助一起开启一孔闸门,当看到黄河水通过闸门流入干渠时,主席十分高兴地说:“一个县有一个就好了。”在视察灌区过程中,主席指出渠灌是阵地战,井灌是游击战,形象地指出了井渠结合的发展方向。当来到黄河水入卫河交汇处时,主席高兴地说:“到小黄河了。”

11月3日,我在办公室和赵明甫、袁隆一起,追记了毛主席这次视察的情况,后来整理成《毛主席视察黄河记》一文,最早发表在1957年3月28日的河南日报上。这是毛主席第一次视察黄河,也是我第一次见到毛主席。

1953年2月15日下午4时,省委通知我立即随潘复生同志从开封去郑州,因为有上次见毛主席的经验,故这次一听到省委通知,我心里就明白是毛主席来了。我们在交际处等到晚上12点才接到铁路局的通知:主席专车今晚不来了。次日(即16日)10时许,专车进站停稳后主席即下车,我和潘复生同志迎上前去。主席一见面就问我邙山水库为何不修了?!我向主席汇报了由邙山水库转到三门峡水库的理由和情况,我们随主席边走边谈,由第一站台上天桥,从南边下来,往东走再转北,沿第一站台绕行一周后登上专车。主席问我带图没有?我即将图展开放在桌上,向主席报告了三门峡与邙山水库的比较以及整个黄河治理的方案和打算。主席在听取汇报过程中不断给我以启示。当我谈到要在黄河干流上修一批大水库时,主席很关心水库的寿命问题,主席问:"能用多少年?"根据当时不完备的资料估算,我说:"即使不做水土保持及支流水库,也可以用300年。"主席笑着说:"300年是你的重孙了。"主席又问:"如果修支流水库,做好水土保持,能用多少年?"我说:"1000年是可能的。"主席说:"那么1050年怎么样呢?"我说:"到那时再想办法。"主席笑了,说:"不到千年就解决了。"主席又问:"三门峡水库4个方案你认为哪个最好?"我说:"修到360米这个方案最好。"因为我当时积极主张修大水库用来蓄水拦沙,然后接上水土保持生效。汇报过程中我心里老是想让主席表个态,尽快把三门峡工程定下来,虽然他对汇报比较满意,但仍然慎重地表示回去再研究。主席还问:"黄河能通航到哪儿?"我说:"能通航到兰州。"主席又问:"兰州以上能不能通航?"我说:"目前还没有考虑。"主席问:"通天河引水怎样了?"我说:"据查勘资料,引水100亿立方米是可能的。"主席说:"引水100亿太少了。"接着又谈到水土保持问题,我说:"西北黄土高原沟壑很多,从托克托到龙门的黄河两岸就有600多条。差不多一公里即有一条,这样就要修几千个小水库才能解决问题。"主席说:"不是几千个,要修几万个、几十万个才能解决。"主席同我在火车上差不多谈了3个小时,问了很多问题,而且问得很细。一谈到修水库的坝址,主席就问我去看过没有?我说都去过,主席听了很高兴。记得主席问的问题我都回答清楚了,只有一个问题没有答上来,就是黄土高原有多少条沟。饭后,主席问我们的文化水平,主席说:"文化高低不在大学、小学,你们知道谭震林、李先念、谭政几个同志么,他们有的是小学,有的没念过书,现在都很好,主要是自己努力学习,像王化云就钻进去了,就是一个榜样。"我说:"我还差得多,知道的东西太少了。"主席还问我读过联共党史中安泰的故事没有?我说读过,主席借这个故事教育我不要骄傲,不要脱离群众。主席在回顾了一段历史以后对我们说:"革命成功了,现在归我们管了,事情好办了,比如黄河,过去也有王化云,但因不归我们管,治黄问题不能解决,只有现在才能谈到解决。"专车到了驻马店,主席才让我们回去。罗瑞卿对我说:"主席对黄河很感兴趣。"毛主席高兴地一直送我们到车门口。

1954年冬,毛主席回京途中,我会副主任赵明甫在郑州南阳寨上火车,第三次向毛主席汇报了治黄工作，主要谈了水土保持和规划工作。汇报后毛主席指着汇报时用的图说："这图是否可以给我?"赵明甫同志回答："我们送给主席。"

1955年6月22日，我接到省委通知，在省委北院二楼会客室第四次向毛主席汇报治黄工作，这次主要汇报了有关黄河规划问题。当主席问到人民胜利渠的盐碱化问题时，我说光靠渠道两旁植树不行，主要还得靠排水。因为上次赵明甫同志给主席汇报说，学习苏联经验，在渠道两旁植树即可解决盐碱化问题。汇报后毛主席留我吃了午饭。

毛主席对治黄工作十分重视，几次亲临黄河视察和听取汇报，我有幸直接聆听毛主席的重要指示和谆谆教诲，感受很深，几十年来一直激励着我在治黄道路上不断探索奋进。

第二节 第一部治理开发黄河的规划

为治本做准备

中华人民共和国成立以后，为了实现"变害河为利河"的治黄总目标，我们在大力进行下游修防工作，保证防洪安全的同时，积极开展了治本的各项准备工作，调查情况，研究规律，寻找根治黄河的道路。

水文工作是治黄的重要基本工作，中华人民共和国成立前水文资料残缺零乱，测验设施简陋。为了防洪与治本的需要，中华人民共和国成立以后我们逐步建立了流域水文站网，培养水文干部，在加强水文测验工作的同时，积极创造条件进行水文整编，开展水文预报。特别是在洪水调查中，于1952年发现了干流陕县1843年(清道光二十三年)特大洪水，估算洪峰流量达36000立方米每秒，为制订黄河规划提供了重要的水文资料。

测量队伍由中华人民共和国成立前的100多人发展到1954年的1100多人，开展了大规模的三角控制测量和地形、水准测量，保证了规划的需要。我会从1952年开始地质钻探工作，在苏联专家的指导和兄弟单位的支援下，进行了邙山、芝川、龙门、三门峡、小浪底等10多个坝址的钻探工作，及时提供了有关的地质资料。

为了开展规划工作，黄委会从1950年开始先后组织了32个查勘队，开展了全面的查勘工作。截止 1954 年,查勘的流域面积达 42 万平方公里,当时干流除龙羊峡以上未查勘外,其余 3000 多公里干流河道均进行了比较全面的查勘,发现优良坝址 106 处。早在 1950 年就查勘了龙门至孟津河段,后来又围绕三门峡水库进行过多次查勘。

1952 年进行了河源查勘,在海拔 4000 米以上、人迹罕至的青海高原,战胜了一切艰难险阻,调查了解黄河河源地区以及长江上游通天河的情况,为研究河源区的开发和西线南水北调提供了宝贵资料,这是一次具有历史意义的查勘。

1953 年,由水利部会同农业部、林业部、中科院等组成水土保持考察团,对黄土高原地区进行了全面查勘,广泛搜集了地形、地质、水文、气象、土壤、植被、社会经济、水土流失等方面的基本资料,总结了群众水土保持经验,研究了水土保持措施和治理方向,为制订黄河规划提供了重要依据。

黄河的根本问题是泥沙问题,1950 年 10 月就在开封成立了泥沙研究所,对黄河泥沙特性、泥沙来源和数量等开展了初步研究工作。

1950 年开始,先后扩建、新建了天水、绥德、西峰等水土保持试验站,对水土保持措施进行科学试验和推广工作。

1952 年初步建成了引黄灌溉济卫工程,为在下游利用黄河水资源,除害兴利创造了经验。

在这期间,当时的燃料工业部(主要是它所领导的水力发电建设总局)和地质部,也进行了大量地质勘探工作。

总之,20 世纪 50 年代初期,我们集中力量开展了大规模的基本工作,取得大量第一手资料,不仅保证了编制黄河规划的需要,而且也锻炼了队伍,培养了人才,为全面治理,综合开发黄河积累了经验。

聘请苏联专家组

1952 年上半年,我们根据“除害兴利,蓄水拦沙”的治黄方略,拟定了一个从 1953 年开始的黄河 10 年开发轮廓规划,主张在干流上首先修建三门峡(或王家滩)水库,蓄水高程 365 米,总库容 730 亿立方米,想用大库容拦沙的办法,来延长水库寿命和同时满足综合利用的要求。当时国家正在忙于制订第一个五年计划,其中苏联政府帮助我国建设的 156 个项目的主要部分正在商定。为了加快治黄工作的进程,我在 1952 年 5 月《关于黄河治理方略的意见》中提出:“鉴于我们设计大工程的经验缺乏,我们建议三门峡水库的设计,请苏联专家做，与苏联订立设计合同。在进行设计之前，聘请苏联各种高级专家，组成查勘组，进行一次全河的查勘，统筹全局，做出流域开发规划，务使先做的工程，为整个开发中的一部分。”在这期间，我曾找到李葆华副部长家中，专门向他申述聘请苏联专家的理由。当时我认为：“人们对黄河治理的大方向，如综合性开发的方针，首先在潼关至孟津一段选择适当地点建造水库的方针，已渐趋一致，照此方向做去，黄河问题必能解决。”因此我积极建议中央尽快召集有关省区的代表及专家学者开会讨论，早日决定治黄方略。由于我们在这方面还缺乏经验，聘请苏联专家帮助，很有必要。最后李部长接受了我的建议，同意向中央尽快提出申请。没过多久，李部长就给我打来电话说：周总理已正式通知他，经过与苏联政府商谈，决定将根治黄河列入苏联援助的156个工程项目，苏联政府同意派水力、水利专家综合组来华帮助制订黄河规划。

1954年1月2日，苏联专家到达北京，专家组由水工与水电站建筑、水文与水利计算、施工、工程地质及水文地质、灌溉、航运等方面的7位专家组成，组长为苏联电站部列宁格勒水电设计院副总工程师阿·阿·柯洛略夫。

成立黄河规划委员会

中央决定聘请苏联专家组以后，即要求我们抓紧准备基本资料。当时我会技术力量有限，单靠我们工作有实际困难。这个情况反映到周总理那里，根据总理指示，国家计委于1953年6月17日召集燃料工业部、水利部、地质部、农业部、林业部、铁道部、中国科学院等单位的负责同志，具体商讨专家来华前各项应做的准备工作。会上决定成立以燃料工业部和水利部为主的黄河研究组，其他有关单位指定专人参加，在国家计委领导下，具体负责收集、调查、整理、分析有关黄河规划所需的多项资料。由李葆华任组长，刘澜波、王新三、顾大川和我任副组长。黄河研究组设在北京六铺坑水电总局院内。苏联专家在燃料工业部办公。根据分工，我会主要负责搜集整理水文、泥沙和流域面上及龙门以下干流的资料，燃料工业部主要负责龙门以上黄河干流的资料。

苏联专家来华以前，黄河研究组共集中技术干部39人，在有关部、院的协助下，已整编并翻译出黄河概况报告17篇，干支流查勘、各主要坝址地质调查、几个大水库的经济调查及水土保持调查等报告30余篇，各种统计图表168张，水文统计资料4本，地质图921张。专家在研究了上述各项基本资料以后认为，我们过去的准备工作方向是对的。现有资料已具备编制《黄河综合利用规划技术经济报告》（以下简称技经报告）的条件。专家提出可以在进行黄河重点查勘的同时,开始编制技经报告。他们建议将黄河分为两大段,青海龙羊峡以下至黄河入海口为编制规划的范围,龙羊峡以上至河源只做轮廓叙述。技经报告主要综合解决防洪、发电、水土保持、防沙、灌溉、航运及第一期工程的选择等问题。

国家计委基本同意苏联专家组的上述建议。从 1954 年 2 月开始,集中技术干部 170 余人,进行技经报告的编制工作。同时开始黄河现场查勘。由于黄河研究组是按准备基本资料的要求建立的,已不能适应编制规划的要求,因此 1954 年 4 月,由李富春副总理主持召开会议,决定成立黄河规划委员会。除了黄河研究组原有 5 位组长为委员外,为了加强计委对这一工作的领导,各有关部门密切协作,及时解决问题,又增加了张含英、钱正英、宋应、竺可桢、柴树藩、赵明甫、李锐、张铁铮、刘均一、高原、赵克飞、王凤斋等 12 人为委员,以李葆华、刘澜波为正副主任委员。在会上李富春副总理对我说:“化云同志,你可要全力以赴啊!”我说:“一定全力支持。”后来我们从黄委会抽调大批技术干部参加规划编制工作。地质工作是当时最薄弱的环节,除了要求地质部大力协助外,又决定借调清华大学冯景兰教授半年,集中力量做好地质工作。在党中央、国务院的亲切关怀下,黄河规划工作进展顺利。

一次关键性的查勘

苏联专家组到达北京以前,虽然已经准备了大量资料,但为了深入现场了解黄河的实际情况,收集补充有关资料,听取沿河各地对治黄的意见和要求,对规划中的关键问题,特别是对第一期工程的选定进行现场考察等,1954 年 2 月决定组成黄河查勘团,开展一次黄河现场大查勘,这是确定治黄大计的一次关键性查勘。

参加查勘团的有中央有关部门负责同志,9 位苏联专家和有关中国专家、工程技术人员等共 120 余人,由李葆华和刘澜波任正副团长,赵明甫、张铁铮为正副秘书长。3 月 9 日查勘团到达郑州后,我会召开了欢迎会,对查勘团的同志们表示热烈欢迎。在会上,我就黄河防洪问题的情况和意见向大家做了简要汇报,主要介绍了历史上黄河下游严重的洪水灾害,以及中华人民共和国成立以来,为解决下游防洪问题所研究过的几种方案,着重谈了我们曾经三度主张在三门峡修建水库的经过情况。当时我们急于要找到一个技术上可能、政治经济条件允许,又能解决一定问题的理想方案。

查勘从下游地区开始,沿河考察了重要险工、水文控制站和黄河入海口。

在济南、开封、郑州，查勘团听取了当地政府负责同志的汇报，对于黄河在历史上三年两决口所造成的惨重灾害以及广大人民对根治黄河水害、开发黄河水利的迫切愿望，有了更深切的体会。查勘了邙山水库坝址以后，于3月17日在洛阳召开了座谈会，会上苏联专家对邙山水库坝址都发表了否定的意见。当看到三门峡坝址时，专家们脸上均流露出兴奋的神态，纷纷表示终于找到了理想的坝址。在完成了龙门至孟津干流河段的查勘任务之后，查勘团于3月27日在西安召开了座谈会，中共中央西北局的有关同志也参加了座谈。会上苏联专家对三门峡坝址发表了肯定意见，专家组组长柯洛略夫在总结发言中明确指出："从龙门到邙山，我们看过的全部坝址中，必须承认三门峡坝址是最好的一个坝址。任何其他坝址都不能代替三门峡为下游获得那样大的效益，都不能像三门峡那样能综合地解决防洪、灌溉、发电等各方面的问题。"对于三门峡水库淹没损失大的问题，柯洛略夫认为："为了解决防洪问题，想找一个既不迁移人口，而又能保证调节洪水的水库，这是不能实现的幻想、空想，没有必要去研究。""任何一个坝址，无论是邙山，无论是三门峡或其他哪一个坝址，为调节洪水所必需的水库容积，都是用淹没换来的。"三门峡方案的主要问题是迁移人口太多，正常高水位350米约需迁移60万人。专家提出分期抬高水位，分期移民的办法以减轻这一困难。据初步计算，第一期拦洪水位可定在335米，移民约24万人。座谈会期间，李葆华、刘澜波同志与西北局马明方同志交换了意见，他们认为在移民问题上西北确有困难，但只要方案确定，愿在中央领导下努力设法解决。为了延长三门峡水库寿命，便于移民工作，西北的同志特别希望水土保持和支流水库修建能同时进行。经过反复讨论研究，查勘团的同志最后一致同意苏联专家组的意见。为了综合解决当前与长远的防洪、灌溉、发电等问题，黄河规划的第一期工程应首先尽快修建三门峡水利枢纽工程。

在黄土高原地区，查勘团重点考察了水土流失最严重的泾河、无定河流域和榆林附近的沙漠地区，以及8个支流拦泥水库坝址，进一步肯定了群众创造的行之有效的许多水土保持方法，增强了对水土保持工作的信心。

查勘团在黄河上游考察到刘家峡，在兰州的几天还分别查勘了牛鼻子峡、茅笼峡和乌金峡等峡谷。4月14日在兰州座谈会上，苏联专家认为：在兰州附近能满足综合开发任务的最好坝址是刘家峡。此后，从兰州乘汽车穿过半沙漠地区来到青铜峡，考察了古老的秦渠、汉渠、唐徕渠的进水口和附近灌区。从宁夏回族自治区到内蒙古自治区途中，看到一片片银白色的盐碱化土地，引起了苏联灌溉专家的注意,他认为这一地区目前的主要任务是降低地下水位,在渠系没有改造以前,继续发展新的灌区是不利的。到包头后,查勘团于4月27日回北京休息了21天,然后又返回包头,从托克托雇了3只木船,顺流而下,查勘了晋陕峡谷中的万家寨、龙口等坝址。从河曲下船后乘车考察了汾河,后又折回看了陕北水土流失最严重的地区,最后看了壶口瀑布。查勘团从2月23日自北京出发,到6月中旬回到北京,共历时110多天,行程12000余公里,胜利完成了这次具有重要意义的查勘任务。先后共查勘了1400多公里堤防、险工,29个干支流坝址、8个灌区、4个水土保持类型区,特别是对选择第一期工程基本统一了认识,为编制黄河规划奠定了良好基础。

查勘团到了兰州,部领导就及时向我们部署,要求按初步设计要求,进一步开展三门峡坝址和库区的勘测工作。我于4月20日给河南省委和潘复生书记写了报告,简单汇报了查勘团在查勘过程中否定邙山水库方案,赞同三门峡建库方案的情况。为了争取早日施工,根据专家初步拟订的三门峡工程设计所需的基本资料和勘测计划,我们拟从5月起,开始进行建房、修公路、架电话线等准备工作。此后,修建三门峡枢纽工程的前期工作就加快进行了。

编制技术经济报告

在苏联专家组进行现场查勘的同时,从1954年2月已集中技术干部开始技经报告的编写工作,共分梯级开发组、水文与水利计算组、水工组、施工组、地质组、灌溉组、水土保持组、航运组、动力经济组、淹没损失组和基本资料组等11个专业组进行。由于黄河规划涉及范围很广,与许多部门和地区的关系密切,因此在编写过程中经常与中央有关部门进行协商,并取得他们的支持和帮助。甘、陕、晋、豫、冀、鲁等省和内蒙古自治区的水利、农业等部门的同志也参加了部分工作。编制工作于十月底全部结束。

《黄河综合利用规划技术经济报告》共分:总述、灌溉、动能、水土保持、水工、航运、对今后勘测设计工作和科学研究工作方向的意见、结论等8卷,全文共20万字,附图112张。另外还将大量资料分卷汇编成技经报告的参考资料,以供查阅。苏联专家组编有《黄河综合利用规划技术经济报告苏联专家组结论》,全文约10万字。专家组组长柯洛略夫还提出了《黄河综合利用规划技术经济报告基本情况》的报告,扼要地叙述了黄河的现状、综合利用的远景和黄河综合利用规划第一期各项措施,集中反映了黄河的问题和采取的对策。

在技经报告编制过程中,少数同志对于三门峡工程曾有这样那样的疑虑和意见,对于水土保持效益也有不同看法。苏联专家当时对黄河泥沙问题虽然没有多少经验,但是对水土保持减沙速度估计过快,他们也是有过一定怀疑的。因此,在不同范围内曾组织过多次讨论。这时我思想上主要担心水土保持生效可能比较慢,认为有一个大库容比较主动,所以在讨论时,我总是建议采用正常高水位360米的建库方案,总库容650亿立方米,按每年来沙量10亿立方米计算,60多年才能淤满。有一次薄一波副总理对我说:"你的方案损失太大,不是把秦、汉人都淹啦!"当然,现在看来那时的讨论是不够充分也是不够广泛的。经过几次较大的修改,最后由黄河规划委员会正式提出了《黄河综合利用规划技术经济报告》。

1954年11月29日,国家计委邀集国务院第七办公室、国家建委、燃料工业部、水利部、地质部、农业部、林业部、铁道部、交通部等有关部门负责同志及苏联专家,听取了苏联水利、水力专家综合组组长阿·阿·柯洛略夫关于"黄河综合利用规划技术经济报告基本情况"的报告。会议由薄一波主任主持,邓子恢副总理也参加了会议。苏联专家报告后进行了讨论,李葆华、刘澜波同志在讲话中都表示同意这个报告,希望中央早日定案。他们都认为黄河洪水威胁太大,包袱很重,每年夏天都睡不着觉,因为黄河一旦决口,就会威胁整个中国建设,整个国民经济。邓子恢副总理在讲话中指出:"技经报告完全解决了问题,是根治黄河的唯一方案,按照这个方案逐步加以实施,不仅解决了对我们危害最大的黄河洪水,而且帮助我们解决了灌溉、发电问题和将来的航运问题,这是实现国家的工业化和农业合作化最迫切需要的。黄河规划主要是三门峡水利枢纽方案,前几次党中央开会已同意了这一方案,因此今后的问题就是如何分头组织力量加以实施。"

1955年2月15日,黄河规划委员会将技经报告和苏联专家组对该报告的结论等文件正式报送国务院、国家计委、国家建委,请求批准。国家计委、建委审查了技经报告等文件,认为规划报告中所提出的黄河综合利用远景规划和第一期工程都是经过慎重研究和比较的,应当认为是今天可能提出的最好的方案。为了确保下游防洪安全和延长三门峡水库使用年限,黄河规划委员会提出的三门峡水库泄洪量标准是否定为8000立方米每秒,正常高水位是否定为350米,抑或定为355米、360米等问题,建议由黄河规划委员会向苏联专家提出,在初步设计中研究确定。国家计委、国家建委党组于1955年4月5日向中央、主席报告了以上审查意见,建议中央予以批准。

在这期间,陕西省的同志对三门峡水库正常高水位350米方案仍有不同意见,希望能降低一点。周总理又把陕西省的“五老七贤”等民主人士请到国务院,亲自做说服工作,讲述“淹一家,救万家”的道理。刘少奇同志通过廖鲁言同志也曾找我谈过三门峡的问题,他说:我国国民经济恢复得很顺利,估计今后的建设速度也不会太慢。修三门峡工程不要怕淹人、淹地,要从工程需要上多考虑,随着生产的发展,迁移安置问题是可以妥善解决的。刘少奇同志还建议我们仿照洞庭湖的办法打圩子,人不必远迁。这一条后来没有很好贯彻,因为我们担心打圩子要缩小库容,也不安全。可见当时对农业的估计都过于乐观了。

1955 年 5 月 7 日,中共中央政治局在中南海西楼会议室开会,讨论了黄河规划问题。会议由刘少奇同志主持,出席会议的有:朱德、陈云、董必武、邓小平、彭真、薄一波、谭震林、杨尚昆、胡耀邦、廖鲁言以及李葆华、刘澜波、李锐和我等共 46 人会议听了李葆华同志关于《黄河综合利用规划技术经济报告》的汇报,政治局基本通过这一方案,并决定将黄河综合利用规划问题提交第一届全国人民代表大会第二次会议讨论;责成水利部党组起草提交全国人民代表大会关于黄河综合利用规划的报告和决议草案,交中央审阅。关于黄河上中游的水土保持问题,应制订具有法律性质的条例,责成水利部党组提出草案,交中央审查。

会后,水利部党组决定由我起草提交全国人大关于黄河规划的报告。5 月下旬我写出初稿,经水利部党组组织有关同志进行修改后,于 6 月上旬交中央审阅。据说中央领导同志对修改稿仍不太满意。中共中央书记处遂决定由邓子恢、李葆华、胡乔木同志负责修改。实际上主要是由当时任中共中央宣传部副部长的胡乔木同志修改的。我和李锐同志向他讲了有关黄河和规划方面的情况。黄河规划方面的技术问题,由张昌龄、程学敏、陆钦侃工程师提供资料,帮助修改。经过紧张的修改,直到 7 月中旬才最后定稿,这就是后来邓子恢副总理在一届全国人大二次会议上作的那个报告。1955 年 7 月中旬,在国务院会议室举行了国务院全体会议第 15 次会议,出席的有周恩来、陈云、邓子恢、陈毅、乌兰夫、李富春、李先念、廖鲁言、习仲勋等,我也列席了会议。会上由李葆华、刘澜波同志对根治黄河水害和开发黄河水利的综合规划的报告做了说明。会议通过了这个报告,并决定由邓子恢副总理代表国务院在一届全国人大二次会议上报告,请大会审查批准。事后大家认为邓老的那个报告写得很好,称赞胡乔木同志在这篇报告中全面反映了黄河规划的方针及其主要内容。

第三节　治黄史上的里程碑

在一届全国人大二次会议上

1955 年 7 月 5 日，第一届全国人民代表大会第二次会议开幕了，我作为人民代表参加了这次会议。主要议程是审议关于发展国民经济第一个五年计划的报告。因为黄河综合规划所涉及的不只是 5 年，仅它的第一期工程就安排到 1967 年，因此在这次会议上，决定把它作为第一个五年计划以外的单独问题，专门进行审议。

7 月 18 日，邓子恢副总理代表国务院在会上作了《关于根治黄河水害和开发黄河水利的综合规划的报告》。他首先介绍了黄河的自然地理和资源概况。他说：黄河流域是我国历史的发源地和文化的摇篮，在一个长时期内是全国政治和经济的中心。黄河本来应该为我国社会主义建设做出伟大贡献，但由于尚未得到根治，至今仍是黄河流域以及国家的一个大威胁。报告回顾了黄河在历史上决口泛滥、改道的严重灾害和给人民生命财产造成的惨重损失，并通过对比的方法，介绍了人民治黄以来取得的伟大成就。但是，由于泥沙淤积得这样快，单靠河堤加高加固显然是不能解决问题的，而且从某种意义上来说，河堤愈是加高加固，河道内的泥沙因为不能向河堤两旁排泄，淤积也就愈快。因此，在这样恶性循环的状况下，泛滥、决口、改道的危险仍然是完全存在的。除了严重的洪水灾害以外，中游地区水土流失的危害和流域内的旱灾也是十分严重的。根据以上情况，提出了治黄的任务。报告指出："我们的任务就是不但要从根本上治理黄河的水害，而且要同时制止黄河流域的水土流失和消除黄河流域的旱灾；不但要消除黄河的水旱灾害，尤其要充分利用黄河的水利资源来进行灌溉、发电和航运，来促进农业、工业和运输业的发展。总之，我们要彻底征服黄河，改造黄河流域的自然条件，以便从根本上改变黄河流域的经济面貌，满足现在的社会主义建设时代和将来的共产主义建设时代整个国民经济对于黄河资源的要求。"历代治河方略，归纳起来就是把水和泥沙送走，几千年来的实践证明，水和泥沙是"送"不完的，是不能根本解决黄河问题的。因此，"我们对于黄河所应当采取的方针就不是把水和泥沙送走，而是要对水和泥沙加以控制，加以利用。”“从高原到山沟,从支流到干流,节节蓄水,分段拦泥,尽一切可能把河水用在工业、农业和运输业上,把黄土和雨水留在农田上——这就是控制黄河的水和泥沙,根治黄河水害,开发黄河水利的基本方法。”报告还对黄河综合利用规划及其第一期工程的各项内容做了详细介绍。邓子恢副总理最后指出:“国务院根据中共中央和毛泽东同志的提议,请求全国人民代表大会采纳黄河规划的原则和基本内容,并通过决议,要求政府各有关部门和全国人民,特别是黄河流域的人民,一致努力,保证它的第一期工程按计划实现。”他的话音刚落,怀仁堂大厅内顿时爆发出雷鸣般的掌声,一千多位代表为黄河的美好远景而欢欣鼓舞,许多代表称邓副总理的报告是一个“激动人心”的报告,有的代表因过分激动而彻夜未眠。邓副总理的报告不仅内容丰富,而且生动。有的代表称赞说:“真是翻江倒海写文章啊!”著名水利专家张含英是历史的见证人,他在发言中说:“我从初次到黄河上做调查研究工作,到现在整整30年了,我在黄河上走过不少地方,也写过不少关于黄河的文章,我梦寐以求的是根治黄河的开端,但是在黑暗的反动统治时代,这只是幻想。”与张含英同志相比,我实在太幸运了,为人民治黄事业刚刚奋斗了10年,就见到了根治黄河的美好开端,所以那几天我也是沉浸在极度的兴奋之中。会议期间,代表们还先后参观了设在怀仁堂西休息室的根治和开发黄河的展览,使他们对于黄河的过去、现状和美好的远景有了更全面、更直观地了解。当时有人提出要把这个治黄展览拿到国外去展出。后来毛主席在百忙中抽空看了这个展览,我们也谈了出国展览的事,毛主席说:“现在规划还是纸上的东西,不要拿出去了。”毛主席的指示充分体现了他远见卓识和实事求是的科学态度。为了便于人大代表讨论黄河规划报告,我记得周总理还指示写一份名词解释,用来解释规划报告中出现的专业技术名词,大概是因编出稍迟,未能赶上代表们讨论。

经过代表们认真审议,7月30日大会通过了《关于根治黄河水害和开发黄河水利的综合规划的决议》,决定批准规划的原则和基本内容,同意邓子恢副总理的报告;决议要求国务院采取措施,迅速成立三门峡水库和水电站建筑工程机构,完成刘家峡水库和水电站的勘测、设计工作,并保证这两个工程的及时施工;要求陕西、山西、甘肃三省分别制定本省水土保持的分期计划,并保证按期执行;责成有关部门和有关省对规划的第一期灌溉工程进行勘测设计,并保证及时施工。

1955年黄河规划是我国治黄历史上第一部全面、完整、科学的综合规划,也是我国大江大河中第一部经过全国人民代表大会审议通过的流域规划。毛主席在一届人大一次会议的开幕词中曾说过:“我们正在做我们前人从没有做过的极其光荣伟大的事业”。根治和开发黄河的综合规划,就是这个光荣伟大事业的一部分。在这个规划的指引下,人民治黄事业从此进入一个全面治理,综合开发的历史新阶段。

黄河规划的主要内容

1955 年黄河综合规划的研究范围,主要包括从贵德(龙羊峡)以下到河口的干流部分,黄河各支流的规划并不在这次规划研究范围之内,虽然规划对某些支流提出建库要求,如防洪需要,要求在伊、洛、沁河修建防洪水库等,这只是干流本身综合利用问题的一部分,并不等于各支流的综合利用规划。至于综合利用经济地区的研究范围,如防洪、灌溉和发电等,除黄河流域外,还包括了本流域以外邻近地区的需要。水土保持的研究范围大体与黄河流域面积一致。航运的研究范围仅限于龙羊峡至河口的干流,对与大运河及南北相邻河流的航运,只做了初步研究。

规划明确指出:“我们对于黄河所应当采取的方针就是不把水和泥沙送走,而是要对水和泥沙加以控制,加以利用。”具体说,就是“第一,在黄河的干流和支流上修建一系列的拦河坝和水库。依靠这些拦河坝和水库,我们可以拦蓄洪水和泥沙,防止水害;可以调节水量,发展灌溉和航运;更重要的是可以建设一系列不同规模的水电站,取得大量廉价的动力。第二,在黄河流域水土流失严重的地区,主要是甘肃、陕西、山西三省,展开大规模的水土保持工作。这就是说要保护黄土使它不受雨水的冲刷,拦蓄雨水使它不要冲下山沟和冲入河流,这样既避免了中游地区的水土流失,也消除了下游水害的根源。”

根据河段的特点,规划明确提出了各河段的开发任务。第一段,龙羊峡至青铜峡,河道穿行于山岭之间,河床坡度很陡,水力资源丰富,新的工业区正在迅速发展,开发的主要任务是利用水力来发电,同时利用水库来防洪、灌溉。第二段,青铜峡至河口镇,两岸是宁蒙平原,土壤肥沃,但雨水稀少,河道开阔,坡度平缓,宜于通航,主要任务是发展灌溉和航运。第三段,河口镇至龙门,黄河进入晋陕峡谷,坡陡流急,两岸是黄土高原,千沟万壑,发电和水土保持是这一段的主要任务。第四段,龙门至桃花峪,这一段是下游洪水的主要来源区,也是修建第一期工程的关键地段,又靠近晋、陕、豫三省的工业区,主要任务是防洪(包括拦沙)、发电、灌溉。第五段,桃花峪以下,黄河进入下游平原,主要任务是灌溉、航运,当时认为洪水威胁可以完全解除,所以下游没有防洪任务了。根据以上分析，黄河综合利用远景发展规划拟在黄河干流上实行梯级开发，修建46座拦河枢纽工程。为了配合干流开发，计划在主要支流上修建24座水库，大多数用于拦泥和防洪，少数用来综合兴利。

在实行上述干流梯级开发的同时，必须大力开展水土保持工作。经过广泛、深入的调查研究，将黄河流域划分为9个土壤侵蚀类型区，制订了4项水土保持综合措施，即农业技术措施（如草田轮作、横坡耕作、深耕、密植等）、农业改良土壤措施（如修梯田、地边埂、水簸箕等）、森林改良土壤措施（如造林、封山育林等）和水利改良土壤措施（如修淤地坝、引洪漫地、沟头防护等）。

实现上述远景规划需要几十年的时间，为了综合解决最迫切的问题，特别是防洪问题，规划提出了第一期计划，即在三个五年计划期间内（1967年以前）实施的计划。在干流上，首先要修建三门峡、刘家峡两座综合性枢纽工程，以解决防洪、灌溉、发电等迫切需要。为了拦阻三门峡以上各支流的泥沙，以保护三门峡水库，在第一期工程中需要修建泾河上的大佛寺、渭河支流葫芦河上的刘家川、北洛河上的六里峁、无定河上的镇川堡、延河上的甘谷驿等五座大型拦泥水库，并在其他几条支流上修建五座小型拦泥水库。在汾河的古交、灞河的新街镇各建一座综合利用水库。为了控制三门峡以下主要支流的洪水，拟在伊、洛、沁河上各建一座（或几座）防洪水库。三门峡水库及其下游支流防洪水库建成以前，为保证黄河下游防洪安全，还必须采取一系列临时防洪措施。

在灌溉方面，第一期计划拟在黄河干流上修建青铜峡、渡口堂（三盛公）、桃花峪三座灌溉枢纽。在水土保持方面，根据四项综合措施，拟定了具体的实施计划。第一期工程总计需投资53.24亿元。

预计第一期计划完成后，黄河下游和兰州等地防洪问题将得到解决。可扩大灌溉面积3025万亩，改善原有灌区灌溉面积1193万亩。仅三门峡、刘家峡两座水电站即可增加发电装机200万千瓦，年发电量98.3亿度。龙羊峡以下河道约有一半长度可以分段通航。水土保持措施和支流拦泥水库共同作用，黄河泥沙可减少一半左右，水土流失地区的农业产量估计将增加一倍。

规划的特点

1955年黄河规划有以下明显的特点，这是历史上众多的治黄方略所无法比拟的。

1. 以全流域为研究对象。我国人民与黄河斗争了几千年，积累了丰富的经验，但是在封建统治下，黄河的治理不能不受到诸多制约，在很长时间内，治河仅限于下游修堤防洪，即使在下游，有时也只是分散的、互相割据的形势，对治河策略长期争论不休，甚至以邻为壑。汉武帝元光三年（公元前132年），黄河在瓠子决口（今濮阳西南）南流，当时的丞相田蚡因自己的封邑鄃在黄河北岸，以为从此可免除洪水灾害，保证丰收，所以竭力劝阻汉武帝不要堵口，听任洪水泛滥。清咸丰五年（公元1855年），黄河从铜瓦厢决口北流，李鸿章代表安徽、江苏的意见，反对堵口，主张黄河北流。山东巡抚丁宝桢坚决要求堵口，主张黄河回故道向南流。双方争执不下，在20年间既没有堵口，也没有在山东修堤，使洪水任其泛滥横流。到了近代，外国科学技术开始传入我国，第一个针对洪水和泥沙的来源，而提出根治黄河意见的人，是我国著名的水利专家李仪祉，早在1931年他就倡议"导治黄河宜注重上游"，尤其注重在西北黄土高原广开沟洫，多修谷坊，兴建蓄洪水库，固定下游中水河槽等，把我国的治河方略向前推进了一大步。但在当时的社会条件下，他的主张也是不能实现的。1955年规划在总结前人经验的基础上，突破了长期以来治黄仅限于下游，仅限于防洪的被动局面，根据洪水、泥沙的来源和除害兴利，综合利用的要求，从干流的上、中、下游，直到流域内的广大土地，也就是说，以整个黄河流域为对象，进行统筹规划，全面治理，综合开发，这在治黄史上是一个大进步。

2. 强调了除害与兴利的一致。历史上黄河一向以害河著称，称它是"败家子"。因此，历代治黄主要是同下游的洪水灾害做斗争，把洪水安全送入大海就满足了。至于兴利，我国劳动人民在实践中也创造了很多成功的经验，如秦汉时期就开始引黄灌溉，出现了"塞外江南"的奇迹。但是，这种兴利还只是局部的、分散的，时兴时衰。到了近代，有人提出修建水库的主张，但又引起了除害与兴利对立和除害与兴利谁主谁次的争论。1955年规划克服了以往治理黄河主要是消极除害的片面观点，而把黄河水看成是宝贵的资源，认为在除害的同时，要充分利用水资源兴利，以满足国民经济各部门的需要，变害河为利河，这在治黄的指导思想上是一次重大突破。

3. 突出了综合利用的原则。开发利用黄河水资源，与防洪、发电、灌溉、航运、城市和工业供水等有关部门关系密切，他们对于黄河有不同的要求，而且相互之间有一定的矛盾，情况错综复杂。例如，防洪要求汛期降低水位，以便腾出库容来拦蓄洪水，而水位的降低就减少了发电的出力。1955年规划时，不是采取仅仅满足某一方面（或几方面）的最大效益，不考虑其他方面要求的办法，而是拟定出多种可能的方案，以投资最少，并能最大限度地利用黄河水资源，满足上述国民经济各部门的综合要求为原则，进行技术经济比较，最后选用综合利用效益最优的方案。但是,由于黄河的情况很复杂,还必须根据具体情况进行具体分析,不宜单纯根据综合利用效益最优来选定方案。例如确定三门峡水库正常高水位,根据技术经济比较,选在370米高程上下,综合利用效益最优。但是,由于淹没损失太大,要确保西安等原因,最后决定按360米设计,350米施工,近期运用水位不超过340米。实践证明,这个留有余地的决策是比较主动的。我认为当时引进的这种技术经济比较的方法还是很先进的,时至今日,仍然被应用于我们的工作之中。

4. 强调对水和泥沙要加以控制和利用。历代治黄都是想办法怎样从黄河下游把水和泥沙送走,事实已经证明,水和泥沙是"送"不完的,从根本上说也不能解决黄河问题。在总结历史经验的基础上,跳出了前人单纯"排"的框框,规划强调"要对水和泥沙加以控制,加以利用",认为只有这样做才能从根本上解决黄河流域的水旱灾害,才能利用黄河的水和泥沙为人民造福。当然,现在看来这种单纯强调控制和利用的观点还不全面,"排"仍然是必要的,但是在治黄的道路上,当时不能不说是一个重大的发展,并由此获得了宝贵经验,推动了治黄工作的进程。

第一次大进军

黄河规划通过之后,在75万平方公里(之后更新为79.5万平方公里)的流域内,开始向古老黄河发动了第一次大进军,在治理黄河的历史上,谱写了光辉的篇章。

修建三门峡水利枢纽,是黄河规划的第一期重点工程。早在1954年4月中旬,苏联专家组在查勘黄河期间,对于选定三门峡为第一期工程基本统一认识以后,根据部领导指示我们即着手加快进行施工的前期准备工作。1955年1月,我又发电报给李葆华副部长和邓子恢副总理,要求中央尽早调配干部组建三门峡工程机构。这时水利部和电力部对于如何组建机构看法有些不一致,都想以"我"为主。后来还是邓老给中央建议,成立三门峡工程局,以刘子厚为局长(当时任湖北省省长),王化云、张铁铮(电力部水电总局副局长)、齐文川(河南省委委员)为副局长,工程局在业务上受黄河规划委员会领导,政治上受河南省委领导。刘子厚同志当时正在中央党校学习,所以先在北京建立筹备机构。根据国务院关于精简机构的精神,按三门峡工程的规模与苏联专家全面机械化施工的建议,同时参照苏联卡霍夫卡水电站建设局与国内丰满、梅山、佛子岭、狮子滩等工程施工的经验,提出了三门峡工程局的组织机构及干部调配意见报告中央。1956 年 3 月 9 日小平同志批准了这个报告,同意从国家计委、水利部、电力部、铁道部、交通部、卫生部、公安部、高教部、监察部、最高人民检察院、最高人民法院、中华全国总工会、团中央以及河南、山东、湖北、安徽等省抽调干部。1956 年 7 月 27 日三门峡工程局从北京迁到工地正式办公。后来又调张海峰同志任工程局党委第二书记,当时他是武汉市委副书记,也在中央党校学习。刘子厚同志是第一书记。我是第三书记兼第一副局长,仍兼任黄委会主任。汪胡桢同志任总工程师。

1957 年 4 月 13 日三门峡工程正式开工。1958 年 3 月 17 日,由李葆华、张海峰同志亲手把第一罐混凝土浇筑在隔墙的模仓里。10 月以前,溢流坝段的导流"梳齿"、护坦、上游导墙、大坝隔墩和下游隔墙等,全部浇筑完成。11 月 17 日开始截流,原设计截流流量为 1000 立方米每秒,实际截流时流量达 2030 立方米每秒,流速每秒 6.86 米,神门河龙口水位落差高达 4.3 米,经过抛投 4 万立方米的块石和 168 块重 15 吨的混凝土四面体以后,才截断了神门河,接着又一鼓作气截断了鬼门泄水道,到 12 月 13 日全部完成截流任务。在如此复杂和不利的条件下,三门峡工程截流一举成功,堪称水利水电建设史上的奇迹。1960 年汛前,大坝浇筑到 340 米高程,开始控洪运用,年底即全部浇筑到 353 米设计坝顶高程,较原定工期提前了近两年。

三门峡水利枢纽工程,是当时我国修建的规模最大、技术最复杂、机械化水平最高的水利水电工程。施工过程中,得到全国人民的大力支援,保证了工程的顺利进行。25 吨塔式起重机、20 吨缆索起重机、25 吨自卸汽车、3 立方米电铲、昼夜生产 6000 立方米混凝土的自动化拌和楼等新型机械设备,都是第一次在我国水利水电工地上出现。三门峡工程的施工,不仅速度快、质量好,更重要的是培养了大批建设人才,把我国水利水电建设事业提高到一个新水平。

在三门峡工程动工兴建的同时,黄河上游刘家峡、盐锅峡两座水电站于 1958 年 9 月 27 日同时揭开战幕。1961 年 11 月盐锅峡水电站第一台机组发电,这是在黄河干流上建成的第一座水电站,奔流不息的黄河水,第一次发出廉价的电能,为人民造福了。在宁夏回族自治区、内蒙古自治区境内的黄河干流上,青铜峡、三盛公两座水利枢纽也相继开工修建,古老的宁蒙灌区,从此结束了无坝引水的历史。在这期间,黄河下游提前开工修建了花园口、位山等拦河壅水枢纽。1957 年至 1959 年 3 年时间内,在黄河干流上同时开工修建 7 座枢纽工程,这在国内外大江大河中实属罕见,形势确实令人振奋。后来因三门峡水库运用方式改变,被迫破除了花园口、位山枢纽拦河坝,造成了一定损失,其他干流工程均发挥了巨大的综合效益。

根据当时的规划设想，解决黄河泥沙问题主要靠水土保持，因此规划通过之后，从国务院到地方各级政府，都切实加强了对水土保持工作的领导，广泛发动群众，使黄河流域水土保持工作，从重点试办进入了全面发展的新阶段。

1955年10月，由水利部、林业部、农业部及中国科学院，联合召开了全国第一次水土保持会议。邓子恢副总理在会上做了重要讲话，特别强调水土保持的重要性。他指出："水土保持工作是治理黄河的最根本措施。譬如三门峡水库修好了，如果不做好水土保持，每年河道就要流下十三亿八千万吨泥沙，水库寿命就不能持久，也不能彻底解决下游的水患灾害，水力发电、灌溉、航运等设施也就难以做好，那么根治黄河水害，开发黄河水利就成为空话。""如果这个工作做不好，不仅影响农业生产，而且影响工业建设，影响整个国民经济。"中国科学院副院长竺可桢是我国著名的科学家，曾三次到过黄土高原地区进行考察，在三川河、霍家岭查勘时我曾遇见过他。当时有的专家是单纯水土保持观点，忽略了同时发展农业生产，改善群众生活这个重要问题，回到太原后，我们交谈过各自的观点，谈得很好。这次他又在会上谈了自己的看法："黄河中游黄土高原区的水土保持工作，不但关系到根治黄河水害，开发黄河水利问题，而且关系到这37万平方公里辽阔地区上的农业生产，关系到千百万人民的生活和这一地区的社会主义建设。"针对当时在一部分人中间对水土保持效果还有怀疑，同时也是为了总结群众中水土保持经验，我于1955年8月间，考察了山西省阳高县的大泉山、浑源县的荞麦川、离山县的王家沟和贾家塬淤地坝，以及陕北绥德县的韭园沟和辛店沟等，写出了《黄土丘陵沟壑区水土保持考察报告》。通过这次考察，我感到广大群众中的水土保持经验极为丰富，对于水土保持的效果，我"感到更明确了，完全有了信心。"在这次全国水土保持会议上，我向大家汇报了大泉山、贾家塬、韭园沟这三个有代表性的水土保持典型情况，并谈了我对水土保持方针和措施的具体意见，受到与会同志的重视和好评。通过这次会议，进一步统一了大家的认识，推动了水土保持工作的发展。

1957年国务院成立水土保持委员会，进一步加强了领导。同年12月和1958年8月又召开了全国第二次、第三次水土保持会议。在这期间还先后三次召开了黄河流域水土保持会议，重点围绕保卫三门峡水库，延长水库寿命，大力开展水土保持工作。1959年10月，周总理视察三门峡时，对水土保持工作又做了重要指示。由于各级领导重视，充分发动了群众，又有许多典型示范、引路，因此很快出现了水土保持高潮。创造了按一架山、一面坡、一条小流域进行统一规划，综合治理的新经验。因地制宜推广了培地埂、修梯田、建谷坊、打淤地坝、实行沟垄耕作等水土保持措施，推广了草木樨、柠条、刺槐等优良保土植物，均取得良好效果。为了加快治理速度，解决地广人稀地区的水土保持问题，周总理亲自批准给各省配备安2型飞机，用飞机播种造林、种草。经过1956～1958年水土保持工作的大发展，大泉山的经验开花结果了。甘肃省武山县由于推广了邓家堡进行综合治理的经验，全县粮食产量较中华人民共和国成立前有明显提高。河南省漭河经过综合治理，变害为利。这一时期的水土保持工作真正开创了新局面，积累了许多宝贵经验，为后来的水土保持工作继续发展，奠定了良好的基础。但是，由于“左”的错误路线干扰，当时也存在盲目追求高速度、瞎指挥、虚报、浮夸等问题，在一定程度上挫伤了群众的积极性，教训是深刻的。

这一时期流域内面上的水利建设也得到了蓬勃发展。截至1959年，已经建成和正在建设的大中型水库49座，小型水库2000多座。宁蒙、汾渭等古老灌区，在整修、改造的同时又有了新的发展，灌溉面积从中华人民共和国成立前的700多万亩，发展到1000多万亩。黄河下游引黄灌溉发展更为迅速，1960年以前建成涵闸20多座，由于那几年旱情严重，最多时灌溉面积曾达4000多万亩。因工程不配套，有灌无排，又不讲科学，实行大引、大灌、多蓄的办法，结果造成大面积土地次生盐碱化，农业严重减产。但是三门峡以上的老灌区和黄河下游的人民胜利渠灌区均取得良好的增产效益，促进了农业生产的发展。

1955年黄河规划通过以后的30多年间，黄河流域的水利水电建设，基本上是按照规划的轮廓安排进行的，并在实践中不断得到充实和发展。今后随着形势的发展和情况的变化，虽然黄河规划还需要继续修改和补充，但是，它作为黄河除害兴利，综合开发的里程碑，将永远载入治黄的史册。

第四节　治理黄河的一次重大实践

三门峡工程决策之前

修建三门峡水利枢纽，是治理黄河的一次重大实践。围绕三门峡工程，曾经展开过一场大争论，在这场争论中，敬爱的周总理为我们树立了光辉的榜样。我自己在这段时期，通过正确总结经验教训，对黄河的认识也有提高。在治黄的道路上，我经历了一个重要的转折。

关于修建三门峡水库的建议，最早可以追溯到20世纪30年代。我国著名水利专家李仪祉首先提出在黄河干支流修建蓄洪水库的主张。1935年8月23日至9月2日，当时的国民政府黄河水利委员会挪威籍主任工程师安立森，与中国工程技术人员共同查勘了孟津至陕县干流河段，第一次对小浪底、八里胡同、三门峡三座坝址进行了比较。后来日本人、国民党政府又曾组织查勘，研究过这一河段的开发方案。中华人民共和国成立前夕，我在《治理黄河初步意见》的报告中，也积极主张在陕县至孟津干流河段，选择适当地点修建水库，并部署“立即从事地形、地质和水文资料的观测和收集”。

1950年3月至6月，我会首先组织查勘队，由吴以敩任队长，仝允杲、郝步荣任副队长，查勘了龙门至孟津干流河段。由于地质方面人才缺乏，特聘请清华大学冯景兰教授和河南地质调查所曹世禄两位地质专家，参加了三门峡、八里胡同、小浪底等坝址的考察工作。过去中外专家对八里胡同坝址估计过高，都认为是黄河中游的优良坝址，经过此次查勘和研究分析，证明八里胡同虽有较好的地形条件，但在地质条件方面远不如三门峡，主要是石灰岩溶洞发育。

水利部对解决黄河下游防洪问题十分关心，1950年7月，傅作义部长亲自率领张含英、张光斗、冯景兰、布可夫等中苏专家考察了潼关至孟津河段，对修建防洪水库做了原则指示。这时我们主张在三门峡建坝，水库蓄水位定为350米，以防洪、发电结合灌溉为开发目的。有的方案则主张在潼关或王家滩筑坝。

到了1951年，大家感到在黄河干支流上修水库，就当时国家的政治、经济、技术条件来看，均有很大困难，于是又想从支流解决问题。经过查勘与初步计算，觉得支流太多，拦洪机遇也不十分可靠，而且花钱多，效益小，所需时间长，交通不方便，施工又困难，因此又把希望转到黄河潼孟段干流上。这个时期有了冲沙与拦沙之争，我是主张蓄水拦沙的，除了要求开展大规模的水土保持工作外，关键是要找个大库蓄水拦沙，于是又主张修三门峡水库，我们把水库蓄水位从350米提高到360米，想用大水库的一部分库容拦沙，以解决水土保持不能迅速发生减沙效益的矛盾，尽可能延长水库寿命。另一派意见，主张在八里胡同搞冲沙水库。这是1952年上半年的情况，到了1952年下半年，经过计算得知，在八里胡同搞冲沙水库不行，三门峡水库又因淹人太多，反对的太多，不能举办，于是又研究在邙山修防洪水库的可能性。1952年10月，毛主席第一次视察黄河，我向主席汇报的就是邙山建库方案。开始我们计划在邙山修160亿立方米库容的大滞洪水库，有的主张修冲沙水库，这两个方案初步计算结果，投资都在 10 亿元以上,迁移人口超过 15 万人。我们想,如果中央真的同意花这么多钱修邙山水库,倒不如修三门峡水库有利,于是又回过头来主张修三门峡水库,修得低一些。1953 年 2 月,我第二次给毛主席汇报治黄工作时,就报告了由邙山水库转到三门峡水库的原因。此后不久,水利部对修建水库解决下游防洪问题,给了我们明确指示:第一,要迅速解决防洪问题;第二,根据国家目前的状况,花钱、淹人都不能过多,钱不能超过五亿元,人不能过 5 万人。按此指示,我们又重新规划,将一个邙山大库,改为邙山与芝川两个水库,降低坝高,缩小库容的方案。1953 年 5 月,我给邓子恢副总理的报告中,就推荐这个方案。由此可见,在中华人民共和国成立初期,我们曾经三次主张修建三门峡水库。通过以上规划方案的反复比较,我们得出一个教训,就是必须找到一个技术上可能,经济上允许,又能解决一定问题的方案,才是一个理想的方案。

1954 年上半年,来中国帮助制订黄河规划的苏联专家组,在全河大查勘的过程中,已经否定了邙山建库方案,竭力推荐三门峡建库方案。通过查勘,实际上对规划的第一期工程已基本定下来了。同年 10 月,黄河规划委员会在技经报告中最后选定三门峡水利枢纽为实施规划的第一期重点工程,报告指出:“在选择第一期工程时,必须能够解决防洪、拦沙、灌溉、发电以及航运等综合利用的任务。在黄河中游,只有三门峡是唯一能够达到这样要求的水利枢纽。”认为邙山建库方案“从技术上、经济上看都是不合适的,本技经报告否定了以邙山方案作为第一期工程”。技经报告确定三门峡水库正常高水位为 350 米,总库容 360 亿立方米,设计允许泄量 8000 立方米每秒;三门峡水库与伊、洛、沁河水库联合运用,“黄河下游防洪问题将得到全部解决”。发电装机 89.6 万千瓦,共淹没农田 200 万亩,迁移人口 60 万人。为了减轻移民困难,库水位拟采取分期抬高,实行分期迁移的办法,即初期最高库水位不超过 335.5 米,初期移民水位定为 333.6 米(约 200 年一遇),共需移民 21.5 万人,其余居民可根据需要在今后 15 ~20 年内陆续迁移。关于库区泥沙淤积问题,技经报告认为:除预留 147 亿立方米堆沙库容外,必须与广大黄土高原区内全面的水土保持措施结合起来解决。在水土保持措施生效前,为了减轻三门峡水库的淤积,第一期计划先修“五大五小”拦泥库,总库容 75.6 亿立方米,长期和根本解决泥沙的办法,仍需依靠大规模的全面的水土保持工作。当时估算,到 1967 年,水土保持减沙效益可达 25% ~35%,如果计入“五大五小”拦泥库,则减沙效益可达 50%。

1955 年 7 月,一届全国人大二次会议通过了《关于根治黄河水害和开发黄河水利的综合规划的决议》,批准国务院提出的黄河规划的原则和基本内容,并要求国务院迅速成立三门峡水库和水电站建筑工程机构，保证工程及时施工。

关于三门峡工程的设计，我和张铁铮同志的意见是由我们自己干。李富春副总理不同意，他认为三门峡是一项关系全局的工程项目，我们当时还缺乏经验，请苏联负责设计，较为稳妥。后来李葆华、刘澜波同志又向中央建议，可否请苏联专家来我国主持，在国内进行设计。这样可以与其他有关项目的设计保持密切联系，及时得到专家的帮助，提供资料也比较方便，可以进一步培养和锻炼我们自己的技术力量。经过反复研究和与苏联政府协商，决定将拦河大坝和水电站委托给苏联电站部水电设计院列宁勒格分院设计，其余项目全部由我们自己承担。

1955 年 8 月，《黄河三门峡水利枢纽设计技术任务书》即初步设计任务书正式提交苏方。国家计委在审查任务书时提出以下三点意见：(1)技经报告中三门峡水库正常高水位定为 350 米，水库寿命为 50～70 年。由于三门峡水库淤积速度和中上游水土保持效果尚未完全判明，应考虑将水库寿命可能延长的问题，由此要求初步设计中提出正常高水位在 350 米以上的几个方案，供国务院选择决定。(2)由于三门峡以下伊、洛、沁河支流水库的防洪效果尚未判明，为确保黄河下游防洪安全，在初步设计中应考虑将最大泄洪量降至 6000 立方米每秒和延长关门时间的可能。(3)在初步设计中应进一步研究扩大灌溉面积的可能。

1956 年 4 月苏方提出了"三门峡工程初步设计要点"报告。在河床仅有的 700 米长的闪长玢岩范围内，他们选择了下坝轴线。关于坝型选择，比较了混凝土重力坝、混凝土轻型坝、土石坝共 12 种坝型，最后推荐混凝土重力坝坝内式厂房方案。关于正常高水位的选择，从 345 米起，每隔 5 米做一方案直到 370 米为止，经过比较，他们认为正常高水位最低不应低于 360 米，如考虑水库寿命 100 年的话，应该提高到 370 米。三门峡以上发生千年一遇洪水时，设计最大泄量为 6000 立方米每秒。

1956 年 7 月，国务院对三门峡工程初设要点报告进行了审查，决定大坝和水电站按正常高水位 360 米一次建成，1967 年前正常高水位应维持在 350 米，并要求 1961 年第一台机组发电，1962 年工程全部建成。按照以上意见，国外于 1956 年底完成初步设计。

历史上众多的治黄方略，曾经历了长期的争论。中华人民共和国成立后，对于如何根治黄河水害和开发黄河水利，也有各种各样的意见和方案。1955 年一届全国人大二次会议通过黄河规划之后，关于治黄的争论就围绕三门峡工程展开了。这是一场名副其实的百家争鸣,在这场争论中,敬爱的周总理以无产阶级革命家的宽阔胸怀和对党对人民高度负责的精神,为我们树立了光辉的榜样。

三门峡水库修建前,争论的焦点集中在正常高水位如何选择这个关键问题上。1955 年技术经济报告初步确定三门峡水库正常高水位为 350 米,1967 年以前库水位不超过 340.5 米。后来考虑到三门峡水库的淤积速度,中上游水土保持效果和三门峡以下伊、洛、沁河支流水库的防洪效果均尚未判明,为了延长水库寿命,确保下游防洪安全,在初步设计过程中又将正常高水位抬高到 360 米,1967 年前库水位应不超过 350 米。正常高水位的抬高,对关中地区影响最大,因此陕西省的领导同志对此非常敏感,反映也最强烈。朱德副主席去陕西视察时,省里就反映了这个情况,朱德副主席回京后和李葆华同志谈过这个问题,是否正常高水位可以降低些?后来李富春、薄一波副总理去陕西时,陕西省委也提出这个问题。在这期间还有一些其他意见,包括温善章同志提出的书面意见。按理说以上问题应该在规划阶段研究解决。1957 年 2 月国家建委已邀请有关方面的专家对苏方提交的初步设计进行了审查,正准备送国务院审批,工地已进行了大量的准备工作,工程即将正式开工。即使工作已进行到这种程度,当周总理得知上述情况后,仍指示水利部,在这个问题上要请各方面的专家认真讨论,希望获得更正确的解决。

根据周总理指示,水利部于 1957 年 6 月中旬,邀请有关方面的专家、教授共 70 人在北京召开了三门峡水利枢纽讨论会。会上绝大多数专家认为修建三门峡水利枢纽是迫切需要的。多数意见认为排沙方案没有制止下游河道继续淤高,实际上没有根本解决下游防洪问题,亦未能充分发挥水库的综合效益,因此这个方案不宜采用。大家一致同意水库分期运用,水位逐步抬高的原则。7 月,水利部将以上讨论会的情况向周总理和李富春副总理做了汇报,李副总理指示说:为了根除黄河水害,开发黄河水利,应同时重视相关的三个环节,即大力开展中上游的水土保持,兴建三门峡水利枢纽及整治下游河道。对相关的三个环节应进一步地研究。三门峡水利枢纽应提出几个方案进行比较,其他两项也应有个大体规划。总理指示:“要根据富春同志所提问题做进一步的分析研究。”8 月 3 日至 13 日,国务院水土保持委员会召开了陕、甘、晋、豫四省座谈会,根据李副总理指示,研究如何加强黄河中游水土保持工作,以增加该地区的农业生产,改善人民生活,并确保延长三门峡水库的设计寿命。对水土保持的任务、速度、效益、经费等进行摸底算账。在这期间,根据总理指示,黄河规划委员会致电苏联电站部,由于某些原则问题,尚需进一步研究确定,因此请暂缓进行技术设计。

1957 年 11 月,水利部将上述意见进行综合,向国务院作了报告,国务院即将该报告批转给流域各省,要求他们就正常高水位究竟多少妥当?水库蓄水后是否影响土地沼泽化、盐碱化、工厂建筑?水库泥沙淤积速度,中上游水土保持速度,及下游河道淤积和泥沙入海等重要问题组织讨论,提出意见,争取三门峡工程早日定案。

1957 年 11 月国务院审查了国家建委关于审查三门峡工程初步设计意见的报告,认为初步设计符合原设计任务书的要求,因此批准了初步设计,并对技术设计的编制提出以下意见:大坝按正常高水位 360 米设计,350 米施工,350 米水位是一个较长期的运用水位,水电站厂房为坝后式,在技术允许的条件下,应适当增加泄洪量和排沙量,泄水孔底槛高程应尽量降低。

1958 年 3 月 2 日中共中央书记处会议经过讨论通过了三门峡工程技术设计任务书,其中关于泄水孔高程,希望降至 300 米左右。随后以刘子厚同志为团长、我为副团长的赴苏代表团,将技术设计任务书交给了苏联列宁格勒水电设计分院。在这期间,苏方已对降低泄水孔高程做了进一步试验研究,他们认为降至 310 米比较经济合理,增加排沙量较多,如果再降到 300 米,增加排沙不多,增加造价却较多,将来检修也不方便。由于要修改设计,他们的图纸交付时间将推迟 3 个月,1960 年汛期将不能拦洪。

1958 年,中共中央书记处派出以刘子厚为团长,王化云为副团长的三门峡工程代表团赴苏联访问,进一步商谈技术设计任务书的有关问题。中国代表团受到了苏联方面的热情接待。当时三门峡工程的进展情况是:从 1957 年 4 月正式开工以来,已开挖石方 74 万立方米,土方 500 多万立方米,按 360 米方案已浇筑混凝土 3 万多立方米,工地施工人数达 1 万多人,广大职工干劲很足,决心将工期提前,因此我们都急于想要中央早日定案。

即使在这种情况下,因为有不同意见,主要是陕西省认为水土保持速度可能加快,可以减少三门峡水库的淤积库容,建议大坝按正常高水位 350 米设计,340 米建成。因此,周总理于 1958 年 4 月深入现场,在三门峡工地召开现场会,亲自听取各方面的意见,并强调“特别要听取反面意见”。陕、豫、晋和水电部、黄委会、三门峡工程局的负责同志及有关专家都在会上发了言,彭德怀副总理、习仲勋秘书长也参加了会议并讲了话。我当时在会上也发表了意见,我认为大坝按正常高水位 360 米设计,350 米建成是正确的,也是稳妥的,综合利用效益才能充分发挥。大坝按正常高水位 340 米建成是不合算的。作为三门峡工程局负责人之一,我心里很着急,因为当时的设计已经赶不上施工需要,如果再改变设计,工地势必要停工,损失将很大。周总理最后做了总结发言,指出:"如果说这次是在水利问题上拿三门峡水库作为一个中心问题,进行社会主义建设中的百家争鸣的话,那么现在只能是一个开始,还可以继续争鸣下去。"为什么到现在还有分歧意见呢?总理认为:"其原因就是因为规划的时候,对一个最难治的河,各方面研究不够造成的。"周总理在仔细听取发言,广泛了解情况的基础上,运用马克思主义的哲学思想,深刻阐述了上游和下游,一般洪水与特大洪水,防洪与兴利,局部和整体,战略和战术等问题的辩证统一关系。明确指出修建三门峡工程的目标应以"防洪为主,其他为辅","先防洪,后综合利用","确保西安,确保下游"为原则。总理还特别强调"不能孤立地解决三门峡问题","一搞三门峡就只依靠三门峡","要同时加紧进行水土保持,整治河道和修建黄河干支流水库",并亲自布置尽快搞出这三个规划。由于当时有的同志对水土保持减沙效益越估越高,总理当场就泼了冷水,总理说:"如果我估计保守了,我甘愿作愉快的右派"。总理曾多次提出降低泄水孔底槛高程的问题,由于苏联方面提出闸门启闭有困难,修改设计可能要延长工期,认为降到 310 米比较经济合理。在这次会上总理又提出:"还可以继续争一争,看是不是能改到 300 米"。周总理在会上一面虚心听取各种不同意见,一面又耐心地说服教育与会同志,要从全局考虑,辩证地看问题,不要绝对化,要留有余地。由于周总理的民主作风好,使会议开得生动活泼,进一步统一了大家的思想。在这次会上,周总理提出的"确保西安,确保下游"这两个"确保"的指导思想,就成了后来三门峡工程改建所遵循的一条重要原则。

根据周总理在三门峡现场会议上的指示精神,于 1958 年 5 月底提出了技术设计任务书的补充建议,仍然要求泄水孔底槛高程降至 300 米,死水位降至 325 米,坝顶高程按 353 米修筑。

1958 年6 月下旬,在周总理主持下,又约集有关省的负责同志进一步交换了意见。6 月 29 日水电部党组根据这一时期研究的意见进行了综合,向中央写了《关于黄河规划和三门峡工程问题的报告》,这份报告后来被作为 8 月召开的党的八大二次会议的参考文件印发了。根据周总理在两次讨论会上明确的几条原则,最后一致同意:拦河大坝按正常高水位 360 米设计,350 米施工,1967 年前最高运用水位不超过 340 米,死水位降至 325 米(原设计 335 米),泄水孔底槛高程降至 300 米(原设计 320 米),坝顶高程 353 米。

1959 年 8 月 17 日国家经委召集各有关部门开会,讨论 1960 年三门峡水库拦洪蓄水的标准问题。经讨论,初步意见按 335 米拦洪,要求铁路、公路、邮电等改线工作和库区移民工作在汛前完成。经委将以上意见报告薄一波副总理和周总理后,周总理指示,为使三门峡工程明年拦洪蓄水问题处理得更好,决定在三门峡工地再次召开现场会。10 月 13 日,周总理在三门峡工地召开了有中央有关部门与河南、陕西、山西等省委负责同志参加的现场会,讨论了三门峡工程 1960 年汛期拦洪蓄水和以后继续根治黄河的问题。根据计算分析,当出现千年一遇洪水时,水库拦洪水位为 335 米左右,当出现二百年一遇洪水时,拦洪水位为 332.5 米,又考虑到灌浆工作一时跟不上,局部坝段可能出现超过允许的拉应力,最后经中央批准,确定 1960 年汛前移民高程为 335 米,最高拦洪水位不超过 333 米。

根据要求,苏联列宁格勒水电设计分院于 1959 年底,全部完成所承担的技术设计任务。

1960 年汛前,大坝混凝土全部浇至 340 米高程以上,开始拦洪运用。到年底,全部浇筑至设计坝顶高程。后来由于苏方设计代表撤退,为了保证工程质量,水电部于 1961 年 1 月决定由北京设计院担负三门峡工程整个设计的全部责任,并派设计代表组驻工地。在周总理的直接关怀下,1961 年 10 月完成了水轮机转子的焊接任务。1962 年 2 月第一台发电机组安装完毕,并进行了试运转,后因水库运用方式改变,将其拆除,把它重新安装到了丹江口水电站。

1958 年汛期大洪水过后,水电部于 8 月 21 日下文,将我从三门峡工程局调回黄委会主持工作。

枢纽建成之后

三门峡水利枢纽建成之后,当时我不主张马上就蓄水运用,想看一看再说,并派赵明甫同志去西安找陕西省委第一书记张德生,征求一下他们的意见。张德生同志当即表示不同意蓄水,他说现在库区问题很多,蓄水运用的条件还不具备,一蓄水就要出问题。后来我们经过商量,决定给水电部写报告,提出先敞泄看看,以后再蓄水。20 世纪 50 年代末到 60 年代初,黄河下游连续干旱,旱情严重。水电部根据这个情况,决定三门峡水库抓紧时间蓄水。1961 年汛期,从 8 月 27 日就开始关闸蓄水,到 10 月 21 日,坝前水位已达 332.53 米,此时适逢库区上游连降暴雨,黄渭并涨,含沙量也比较大,由于黄河洪水顶托渭河洪水,使之排泄不畅,造成潼关以上严重淤积,回水影响范围扩大,渭南一带库区生产遭受一定损失。为了减少库区淤积,尽量延长水库寿命,使水库能充分发挥防洪作用，经过调查研究，1962 年 2 月决定三门峡水库由“蓄水拦沙”运用，改为“滞洪排沙”运用。3 月中旬，三门峡水库即提前开闸放水。

三门峡水库问题出现之后，一时间议论纷纷，周总理说：“黄河的问题很复杂，我们没有经验，还是看一看再说。”1962 年 4 月，在二届全国人大三次会议上，陕西省代表提出第 148 号提案，要求三门峡工程增建泄洪排沙设施，以减轻库区淤积。我作为全国人大代表，在这次会上也想谈谈黄河问题。我起草了发言稿，准备首先汇报治理黄河取得的成绩，接着谈我们工作中发生的缺点和错误，着重说豫、鲁、冀三省境内引黄灌溉地区的盐碱化问题，也提到“对上中游水土保持工作的速度和效益估计过高”的问题，并初步总结了经验教训，认为“经过这几年的实践，使我深刻地体会到治理黄河是一个长期的艰巨的改造自然的工作，三门峡枢纽和上述各项工程的完成，只是治好黄河的开始。”对于三门峡水库的运用，我同意以滞洪排沙为主，汛前尽量泄空水库，但汛期最高拦洪水位，仍应按 335 米运用，并建议采取上拦下排双管齐下的办法，以尽量减轻三门峡水库的淤积。我的发言稿由大会秘书室送到水电部，刘澜波、钱正英同志阅后做了一些修改，并给周总理、彭真同志写信转去我的发言稿，他们认为：我作为黄委会的主任在人大会上发言，需要将黄河的全面情况和问题，特别是三门峡的淤积问题做一交代（陕西省已有提案），由于这些问题现在还不够成熟，是否发言，请考虑。后来国务院办公厅童小鹏同志写信通知河南省代表团团长吴芝圃和我本人：“化云同志的发言稿，总理已看了，觉得有些问题目前还不成熟，以不讲为好。”结果我的发言被取消了。现在看来，当时周总理从全局考虑，这样处理是完全正确的。

关于陕西省代表的提案，全国人代会决定由国务院交水电部会同有关部门和有关地区研究办理。会后，周总理又亲自召集我们有关人员专门座谈了这个问题。水电部因此于 1962 年 8 月和 1963 年 7 月先后两次邀请有关专家、教授和工程技术人员，在北京召开三门峡水利枢纽问题的技术讨论会，会上绝大多数同志认为，三门峡水库运用方式由蓄水拦沙改为滞洪排沙是正确的，但对于是否要增建泄流排沙设施，以及增建的规模等问题则分歧较大。有的主张不增建；有的主张最好不增建，如果一定要增建的话，只可增建 1 条隧洞；有的主张增建 2 条隧洞；有的主张增建 2 条隧洞加 3 个导流底孔，或加发电用的 4 条引水钢管。我会的意见是不同意增建。当时认为三门峡库区与黄河下游都要求解决洪水、泥沙为害的问题，增建泄流排沙设施，虽然减轻了库区的负担，但却增加了下游防洪的威胁，不但不能解决水库与下游的矛盾，而且使矛盾更加尖锐。解决矛盾的最好办法是在三门峡以上干支流修建拦泥水库,减少进入三门峡水库的泥沙,这才是积极的、主动的措施。因此,建议对枢纽增建改建和兴建拦泥水库两种方案进行详细研究比较,然后做出结论,才是比较稳妥的。

三门峡工程是否增建以及增建的规模等问题,关系到根治黄河的方向,关系到中下游千百万人民的切身利益,是个大问题,当时我脑子里是考虑很多的,主要担心以下几个问题:一是担心增建后下游洪水威胁严重,刚刚出现的有利形势又将丧失。因为增建后汛期三门峡泄量将大大增加,与三花间洪水相遇后,当时估算花园口有可能发生30000立方米每秒的特大洪水,而当时大堤实际只能防御花园口18000立方米每秒的洪水,修堤可能赶不上洪水和河道淤积的增长,防洪问题将十分严重。二是根据北京水利科学研究院和我会水利科学研究所的分析计算和模型试验结果,都证明增建后下游河道淤积状况将比建库前还要恶化。因为水库的滞洪作用,使沙峰大大落后于洪峰,造成小水带大沙的不利水沙过程,水沙比例严重失调,下游河道主槽将严重淤积,滩槽高差迅速减少,主流游荡加剧,给防守带来极大困难,有可能造成决口改道的严重后果。我担心增建后不但不能解决库区与下游的矛盾,相反却使矛盾更加尖锐。三是担心又要走回头路。三门峡工程是根据蓄水拦沙的指导思想设计的,而这个指导思想是在总结历代治河经验教训的基础上提出来的,现在三门峡工程要增建泄流排沙设施,我担心会不会又要回到历史上"把水和泥沙送走"的老路上去。当时我认为,原来规划对于解决三门峡库区淤积问题的几套安排,基本上还是正确的,只是后来没有按照原来的规划修建支流拦泥水库,没有做好水土保持工作,才使三门峡水库陷于孤军作战,造成现在的被动局面。

为了探索减缓三门峡水库淤积的途径,20世纪60年代初期,我曾带领我会有关负责同志和科技人员,先后分赴陕、甘、晋等省和泾、洛、渭等泥沙多的支流进行调查研究。经过现场考察和初步规划,我认为1955年规划选定的拦泥水库存在"小、散、远"(控制面积小、库容小,工程分散,离三门峡远)的问题,现在应该改为"大、集、近"(控制面积大、库容大,集中拦沙,离三门峡近)。当时认为在三门峡以上干流碛口和泾河、渭河、北洛河、无定河等支流修建五座大型拦泥水库的方案比较好,可以较快地减缓三门峡水库的淤积,这要比增建隧洞等把泥沙大量排到下游的方案好得多。虽然这也是一个过渡的办法,只能解决二三十年的问题,但从现在起就大力开展水土保持工作,等到二三十年以后,一方面再修建一批干支流水库,这些水库除了拦泥以外,还能发挥灌溉、发电等综合效益。另一方面水土保持也将逐步发生拦泥效果。当时认为这才是根治黄河的一条光明道路,才是正本清源的根本办法。

在这期间,有人主张在干流上修龙门拦泥水库。20 世纪 60 年代初期,我们也提出过龙门方案,后来经过工作,认为龙门坝址地质条件比较复杂。碛口在龙门以上约 300 公里,在无定河口以上,泥沙少些,问题可能好解决。碛口以下的泥沙,可通过三门峡水库下泄。经过比较,我们黄委会还是推荐干流碛口拦泥水库方案。

1964 年 6 月,水电部在三门峡现场又召开技术讨论会,对工程改建方案继续进行讨论。同年 8 月初,水电部党组召开扩大会议,讨论三门峡水利枢纽改建问题和治黄方向问题。

从这一阶段研究的结果看,三门峡枢纽增建两条隧洞以后,泄量增加了,水库滞洪时间可以缩短,水位可以有较多的降低,因此库区淤积将有所减少。亦可减缓渭、洛河下游不利影响的发展速度,并增加了今后操作运用的机动性,这样就可以争取时间进行其他工作。随着工作的深入,我们的认识也在发展。此时我们已认识到三门峡工程增建两条隧洞是必要的,应争取尽快完成。但还是认为增建以后并不能根本解决库区淤积问题,而且恶化了下游河道,增加了下游防洪负担,在来沙不减少的情况下,单纯依靠排是不能解决问题的。因此,我们在同意增建隧洞的同时,坚持要求在中游抓紧修建拦泥工程。

1964 年,在周总理主持召开的北京治黄会议上,决定批准“两洞四管”改建方案,即在左岸增建两条隧洞,改建坝身四条发电引水钢管用于泄流排沙。1969 年总理又委托河南省革委会主要负责人在三门峡市召开陕、晋、豫、鲁四省会议,研究决定第二次改建任务。此后总理曾多次询问工程改建及其运用情况,为三门峡工程真是操尽了心。

依靠我们自己的力量,三门峡工程改建获得了成功。现在回过头来看看,当时由于我们对黄河客观规律的认识还很不够,思想上免不了有片面性。因为急于想彻底解决下游洪水灾害问题,所以就过分强调了“上拦”,忽视了“下排”。话又说回来了,我当时的种种担心也不是没有根据的,由于后来采取了一系列有力措施,水库实行了“蓄清排浑”的运用方式,加上天老爷帮忙,才使下游的问题没有原来预计的那么严重。

实践证明,周总理关于改建三门峡工程的决策是正确的。我对黄河的认识,也从此产生了一次新的飞跃。

向邓小平总书记汇报

在围绕三门峡工程的争论中,还有一段插曲应该补叙一下。

1964 年 4 月中旬,我和李延安等同志去陕北考察水土保持工作,刚到延安,河南省委就打来电话,要我马上去西安。当时我穿了件旧棉袄,急急忙忙赶回西安,韩劲草同志(西北局秘书长)一见面就告诉我:“小平同志要见你。”当时周总理正出访非洲,由邓小平同志代理总理职务,这次是他和彭真等同志巡视西北抵达西安的。1939 年我就听过小平同志的报告,解放战争期间我曾三次去司令部接受小平同志交给我的任务。这次到火车站他一见到我就笑着说:“黄河上有事都得找你啊!”彭真同志说:“今天主要谈三门峡问题,咱们先谈谈吧。”所以上午先给彭真同志做了汇报。下午给小平、彭真、刘澜涛等领导同志汇报。对于解决三门峡库区淤积问题,当时我积极主张修拦泥水库,所以汇报了“上拦”的一些设想。我说,1955 年黄河规划本来要在三门峡以上主要多沙支流上修建“五大五小”拦泥水库,因为淹地太多,地方上不同意,一座也没修成,现在看来,要解决三门峡库区淤积问题,还得靠修拦泥水库,见效快,花钱也不算多。在总结以往经验教训的基础上,我认为拦泥工程应首先选择在晋、陕峡谷的干流河段和泾、洛、渭河上控制面积大、淹没小、距三门峡近的河段。接着汇报了修建拦泥水库的具体方案和工程量、投资等。彭真同志笑着说:“你们这是初步预算吧?!”我说:“我们还要做工作。”邓小平总书记听了我的汇报,很赞同我的主张。并指示:要迅速修建一批拦泥为主的工程,以解决三门峡水库和河道淤积问题,要我们尽快提出具体计划来。小平同志的明确表态,使我很振奋。考虑到水电部领导还不知道这个新情况,当时我又是水电部党委成员,所以到郑州下了火车,回到机关,我马上就给刘澜波、钱正英两位部长打电话,要求到北京汇报小平同志的指示。同时我又布置委里有关单位抓紧进行拦泥水库的规划工作,准备汇报。4 月下旬,我与韩培诚副主任、沈衍基副总工程师去北京汇报。没有想到小平同志一回到北京就给水电部打了电话,批评他们对于解决三门峡问题抓得不紧,所以刘澜波、钱正英二位部长见到我们就一肚子不高兴,怀疑我们告了水电部的状,部党委会上听完我们的汇报以后,部长就抓住韩培诚、沈衍基发了一通火,并说:“只要你们黄委把拦泥水库的设计报上来,我们就审批”……后来周总理找我谈过一次话。总理说:对于治黄,我们没有经验,出了问题不要互相埋怨,要互相支持,互相谅解。我说:“没有埋怨啊!”并简单解释了几句。总理笑着说:“总有些影响嘛!”这时我才想起可能部长把上面的情况向总理汇报了,我当即表示:总理的指示今后一定多注意。现在回忆起这段往事,我认为是一次明显的工作上的误会。敬爱的周总理关心和爱护干部的崇高品质,在这件事上又一次生动体现出来了。

我的观点

1964年,周总理在治黄会议的讲话中曾明确指出:对于三门峡工程"不宜过早下结论。"从那时到现在20多年过去了,虽然对三门峡工程仍有这样那样的看法,但是通过三门峡工程的实践,我认为有些问题已经看得比较清楚了。我的观点主要有以下几点:

第一,三门峡工程经过两期改建,并改变了水库运用方式,虽然没有达到原来设计的效益指标,但是它仍然发挥了巨大的综合效益。

解决黄河下游防洪问题,是三门峡工程的首要任务,现在对于一般洪水虽然不加控制,但是控制三门峡以上大洪水的作用仍然可靠,为其他防洪工程所难以代替。对三门峡以下洪水虽不能控制,但与伊河陆浑水库、洛河故县水库以及东平湖水库联合运用,可以大大减轻下游防洪负担,增加了防洪调度的灵活性和可靠性。目前三门峡水库已成为黄河下游防洪工程体系的重要组成部分。

除了伏秋大汛之外,黄河下游凌汛威胁亦很严重,历史上都把凌汛决口视为不可抗拒的"天灾"。三门峡工程修建前,下游防凌措施除加强大堤防守外,主要依靠人工破冰,效果较差。三门峡水库建成后,防凌措施逐步发展到利用水库调节下游河道水量为主、人工破冰为辅的阶段。1967年至1985年的19年中,凌情严重的有6年,河道最大冰量都在5000万立方米以上,封冻长度超过400公里,均产生冰塞、冰坝。利用三门峡水库调节,最高防凌蓄水位达327.91米,相应蓄水量18.1亿立方米,加上配合其他措施,六次严重凌汛都先后被战胜,保证了防凌安全。

1973年以来,三门峡水库结合防凌进行春灌蓄水运用,为缓和下游引黄灌溉和城市、油田供水的紧张状况发挥了重要作用。平均每年蓄水14亿多立方米,加上入库的水量,使河南、山东两省抗旱浇地面积达到2000多万亩。这几年下游两岸旱情严重,但粮、棉却连年喜获丰收。这除了靠党的政策,实行科学种田以外,三门峡水库蓄水保证引黄灌溉是一条重要原因。

利用低水头径流发电,从1973年12月到1979年1月,已有5台机组先后投入运转,共装机25万千瓦,截至1986年发电已超过100亿度,产值六亿多元,相当于工程总投资的一半以上,在一定程度上缓和了中原电网供电的紧张状况。

第二,除了以上可以计算的巨大经济效益外,我认为最重要的是通过三门峡水库的实践,为我们认识黄河、开发黄河创造了极为宝贵的经验。过去有很多人担心:“黄河上修水库,会不会很快淤废?”“黄河泥沙这么多,能不能发电?”等等,不仅我们中国人还不能回答这些问题,就是在世界上也没有成功的经验供我们借鉴。如今,三门峡工程为我们提供了实践依据,它说明黄河丰富的水利资源能够综合利用,害河可以变利河,完全可以像周总理指出的那样:“把水土结合起来解决,使水土资源在黄河上中下游都发挥作用,让黄河成为一条有利于生产的河”。20世纪60年代初期,我们曾经提出修建龙门高坝大库的方案,周总理问:“淤满了怎么办?”当时我们还不能圆满地回答这个问题。通过三门峡水库的实践,现在这个问题可以回答了。就是说在黄河上修水库,只要选择峡谷地形,有足够的坝高和泄流排沙设施,实行“蓄清排浑”,调水调沙运用方式,水库就不会淤废,并可长期保持一定的有效库容进行综合利用。目前三门峡水库年内泥沙冲淤已基本平衡,库区淤积已经得到控制,330米高程以下约20亿立方米的槽库容可以长期保持,连同一般情况下不致损失的滩库容10亿立方米,共有约30亿立方米的库容可供综合利用。总之,三门峡工程的实践经验,使一些争论了多年的问题统一起来了,把治黄工作大大向前推进了一步,同时也为其他多沙河流的治理提供了实践经验。小浪底水库的可行性报告为什么能通过?一个重要原因就是有三门峡工程的实践做依据,可以说没有三门峡水库,就不会有将来的小浪底、碛口、龙门等干流水库。三门峡工程的修建是我们对黄河认识的重大突破,也是治黄史上的一个重要转折点。

第三,黄河的主要矛盾是水沙不平衡,平均每年汛期水量占60%左右,汛期沙量占85%左右。为了提高下游河道的排沙能力,减轻河道淤积,在黄河上修水库,必须对“水”和“沙”都要进行调节,变水沙不平衡为水沙相适应,这是黄河不同于一般河流的显著特点。三门峡水库自1973年以来,实行了“蓄清排浑”的调水调沙运用方式,取得良好效果,不仅能长期保持一定的有效库容,进行综合利用,而且增加了下游排沙入海的比例,河道淤积有所改善。我认为三门峡水库的实践说明,黄河上修水库,不仅能进行水量调节,而且对泥沙也能调节,利用水库进行调水调沙,已作为一条新的重要的治黄措施为大家所接受,推动了泥沙科学的发展。

第四,由于缺乏经验,三门峡工程有失误,集中表现在对大量淹没良田和大批迁移人口的影响和困难估计不足。对我国地少、人多的国情认识不够。对那时的农村情况,能否大规模的增产粮食,我更不甚了解。三门峡水库淹没损失大,中华人民共和国成立初期一开始研究这个问题时就感到难办,下不了决心。1954年苏联专家来到以后,对于淹没问题态度十分明确,他们认为:为了获得必要的库容就免不了淹没和迁移,任何一个坝址的库容都是用淹没换来的。这种“用淹没换取库容”的观点,正好与我们想用一个大水库来蓄水拦沙,然后过渡到保持水土,支流治理,节节蓄水,分段拦泥的想法相接近,因此就接受了这种观点。不仅在三门峡采取了大库容,就连保护三门峡水库的“五大五小”拦泥水库,也都选择“小口大肚子”,用淹没大量川地来换取拦泥库容。我国是个人多地少,好地更少的国家,人均耕地不到一亩半,只相当于苏联、美国的1/10,土地资源十分宝贵,尤其在黄河流域,一片川台地,一块盆地,往往是一个县或一个省的农业基地,是人民群众的“金饭碗”。因此,选用减少淹没损失,取得一定库容的办法,如峡谷高坝的办法来修建水利水电工程,是比较经济合理的。

20世纪50年代中期,我国政治、经济形势很好,“一五”计划进行得很顺利,一般都认为我们国家的发展一定会很快,粮食问题会很快过关,淹没问题可以妥善解决。总之,对整个形势估计比较乐观。可惜后来违背了党的八大制订的方针,执行了一条“左”的路线,致使20世纪60年代初期国家出现了暂时困难时期,连吃饭都成了问题,在这种情况下,三门峡水库的淹没问题就更加突出了。至于我们治黄业务部门,对整个国家的形势更是估计不透。国家这种政治、经济形势的变化,也是造成失误的另一个原因。

第五,对处理三门峡水库的泥沙问题有失误。当时解决泥沙问题主要有四条措施:一是依靠水土保持减沙;二是靠修建支流拦泥水库保三门峡水库;三是靠异重流排沙;四是靠大库容拦沙。实践结果表明,原来对这几条措施的估计都过分乐观了。

搞好黄土高原的水土保持工作,是修建三门峡水库的基础。1955年黄河规划所提出的水土保持措施是可行的,也是有效的,并已取得很大成绩,但对于水土保持工作的长期性、艰巨性则认识不足。究竟是治沟为主,还是治坡为主?争论也一时难以统一。水土流失区的治理速度和水土保持减沙效益,是经过黄土高原水土流失区的全面查勘,根据少数工程措施与生物措施的典型,推广到面上估算出来的。实际上水土保持工作是千百万人的行动,情况很复杂,其减沙效益也不可能准确地估算出来,所以与后来的实际情况出入较大。

在水土保持明显生效以前,当时还规划在三门峡以上几条多沙支流上修建

“五大五小”拦泥水库来保三门峡水库，由于淹没大，兴利少，寿命短，问题很多，后来一座也未修成。在这期间虽然也修了一些支流水库，但它们大都建在泥沙较少的支流上，主要任务是为当地兴利，所以拦泥效益较小。原来预计依靠水土保持和“五大五小”拦沙水库两项措施，到1967年能减少三门峡入库泥沙50%，后来基本上未能显示出来。总之，对水土保持效益估计过于乐观，对处理三门峡水库泥沙问题重拦轻排，是导致失误的一个重要原因。

修建三门峡工程是治理与开发黄河的一次重大实践，虽然有失误，但发挥的综合效益仍然是巨大的，而且从中积累的经验也十分宝贵。周总理后来说：“三门峡工程不能说全错，也不能说全对，主要是由于我们经验不足。”现在回过头来看，总理的这个结论是完全正确的。当然，三门峡水库在许多方面还需要继续完善和提高。将来随着黄河中上游长期开展水土保持和干支流综合治理，泥沙将逐步减少，全河形成比较完整的综合利用的工程体系，三门峡水库就是这个体系的骨干工程之一，运用系统工程的方法，实行全河统一调度、调水调沙，三门峡工程定会发挥更大的综合效益。

重新认识下游防洪的长期性

早在三门峡工程修建期间，周总理就明确指出：“三门峡工程的兴建，是根治黄河的开始，不是根治黄河的终结。”后来战胜了1958年大洪水，总理又告诫我们：“200万人上堤，不能算解决问题。”但是，在20世纪50年代末到60年代初的“大跃进”形势下，我们的头脑也跟着有些发热，不论是黄河主管部门，还是地方的领导同志，当时总认为三门峡水库建成后，下游防洪问题可以松口气了，今后的主要任务就是兴利，治黄工作的重点可以逐步从下游转向中游了。河南大炼钢铁要砍黄河大堤上的树，吴芝圃提出“大砍大栽”的口号，并叫人打电话问我同意不同意？我说不同意，结果树还是差不多砍光了。后来省里又要拆除兰考至东坝头和广武至花园口的两条防汛铁路专用线，我立即给水电部报告，部里也顶不住，后来也拆了。当时又正在搞机构下放工作，根据机构要精简，层次要减少的要求，豫、鲁两省都要求将黄河河务局放给省里管理，与两省水利厅合署办公，实行统一领导，部里也只好同意了。由于这些原因，使得下游修防工作一度遭到削弱，如当时每年用于加固堤防、险工的土石方仅为1957年以前的1/4左右。工程管理也放松了，有的防洪设施遭到破坏。当周总理得知上述情况后，及时给我们严肃指出：“为什么不告诉我，黄河我还是要管的，黄河有事情，国家有总理，要给我报告，给国务院报告。”总理的批评，充满着对党对人民高度负责的精神,体现了总理对黄河下游防洪安全的亲切关怀,使我受到一次深刻的教育。根据周总理指示,1961 年河南、山东黄河河务局又收回我会建制,并采取一系列有效措施,加强了黄河下游防洪工程的管理。

三门峡水库建成后,下游防洪威胁虽然大大减轻了,但是,根据永定河的经验和模型试验的结果,清水下泄后,下游河道将会出现强烈冲刷,河势会有较大变化,平工可能变险工,如抢护不及时,有造成决口的危险。同时由于河床下切,下游两岸灌溉引水将更为困难。为了防止上述情况的发生,满足豫、鲁、冀三省大面积引黄灌溉的迫切要求,在没有摸清黄河洪水、泥沙规律的情况下,在"大跃进"的高潮中,仓促编制了《黄河下游综合利用规划》,主张在下游采取纵向控制和束水攻沙相结合的办法治理下游河道,计划在下游修建 7 座拦河壅水枢纽,设想从纵向控制河道游荡,保证灌溉引水,同时兼顾航运、发电,实现所谓"下游河道湖渠化,广大平原河网化"。

豫、鲁两省积极性很高,从 20 世纪 50 年代末到 60 年代初,相继修建花园口、位山、洛口、王旺庄 4 座拦河枢纽(后两座只建成泄洪闸,尚未截流)。考虑到中上游一批干支流水库和下游拦河枢纽将很快建成,黄河下游流量变幅大大减小,因此从 1958 年汛后就在下游滩区大力提倡修筑生产堤,并依托生产堤,主要用"树、泥、草"等当地材料修筑坝埽,用以导流护堤,设想通过"堤坝并举"和"树、泥、草"治河的办法,用"三年初控,五年永定"的高速度,将 3 ~ 15 公里宽的复式宽浅河槽,整治成为 300 ~ 500 米宽的窄深河槽,以实现束水攻沙和便利通航的目的。后来由于三门峡水库运用方式从"蓄水拦沙"改为"滞洪排沙",下游洪水、泥沙没有多大变化,结果原来的一套设想都被打破了。由于实行大漫灌,有灌无排,下游两岸大片耕地盐碱化,修建拦河壅水枢纽以后,使枢纽上游河道严重淤积,对防洪、排沙也十分不利。因此,1963 年破除了花园口、位山两座枢纽的拦河土坝,泄洪闸等枢纽建筑物被废弃,浪费国家投资约一亿元。"树、泥、草"治河工程也大部分被冲毁。由于生产堤的约束,使洪水漫滩的机会减少,主槽淤积更加严重,1974 年,国务院决定废除黄河下游生产堤。

正反两方面的经验,使我们对黄河下游防洪的长期性有了清醒的认识。在 1961 年的防汛会议上,我曾对大家说:"黄河洪水对下游的威胁还未过去,不能完全靠三门峡,要靠人,靠群众,靠堤,靠不麻痹,有充分准备。"1962 年李富春副总理和中南局书记陶铸、副书记王任重同志来到黄河视察,我在汇报工作时特别提出下游要抓紧修堤,恢复防洪能力。李副总理和陶铸同志同意我的意见,指示我们:要加强下游修防工作,尽快恢复到 1958 年以前的防洪能力。因此,我们及时调整了治黄工作的重点,提出以恢复和提高下游防洪能力为治黄工作的中心任务,从1962年冬季开始了第二次大修堤。同时在有利于防洪的原则下,积极进行河道整治,并重点试办陶城埠以上宽河段的护滩控导工程,以提高河道排洪、排沙能力。

根据当时推算,即使有三门峡工程控制下泄流量,花园口还可能发生25000~30000立方米每秒的洪水。在泥沙没有得到有效的控制以前,下游河道仍然是继续淤高的趋势。因此,下游防洪是一项长期、艰巨的任务,我们不能有任何麻痹松懈情绪。在后来每年的防汛会议上,我一有机会就讲述这个道理,再三提醒大家要有长期作战的思想准备,"不只是我们这一辈子的事,而是子子孙孙的事业"。大概由于过去宣传三门峡工程说了些过头话,先入为主的影响很深吧,直到今天,在我们的职工中,仍有少数人持盲目乐观态度,总认为上有三门峡水库,下游不会有大水了,因此紧密联系实际,进行下游防洪长期性的教育,仍然是今后的一项重要任务。

继续探索

三门峡工程出现一些失误,这是在治黄道路上的一次挫折。从20世纪60年代初期开始,我们一面总结经验教训,一面深入大河上下考察研究,进行新的探索。

三门峡工程是根据"除害兴利,蓄水拦沙"这个总方针规划兴建的。实践证明,这个治黄的长期方针基本上是正确的,但其中"蓄水拦沙"的方针还不全面,在指导思想上有片面性,过分强调了"拦",忽视了必要的"排"。因此,原来解决三门峡水库泥沙淤积问题的一套设想,显然是太乐观了。上拦工程即使能将50%的泥沙留在中上游,即拦8亿吨泥沙,剩下的8亿吨还是要排到下游,绝对数量仍然是很大的。下游怎么办?据当时已有的16年实测资料分析,进入下游的泥沙约有75%左右能排入大海,25%左右淤积在下游河道里,说明河道的排沙能力是很大的,在没有设想出更好的办法以前,我认为把绝大部分泥沙排入深海是比较好的办法。怎么排?首先要搞好大堤的培修和加固,保证不决口。其次是破除下游的拦河枢纽,以利于排洪排沙。要立足于利用黄河现有的水量,充分发挥其排沙作用。根据水流集中比分散挟沙能力大的道理和潘季驯"束水攻沙"的办法,我提出要总结山东修护滩工程的经验,设法在滩沿上做工事,既不妨碍行洪,又能束水提高排沙能力。只是把泥沙送到河口还不行,能否通过河口这个门槛输入深海还是个问题,所以还要想办法治理河口。

历史的经验告诉我们，由于黄河水少沙多，如果只“排”不“拦”，其结果必然是下游河道大量淤积，游荡加剧，最后导致决口、改道的历史灾害反复重演，这也是行不通的。因此，中上游的战略目标还是要蓄水拦沙，要扎扎实实地长期开展水土保持工作。通过现场考察，当时我建议在泥沙多、淹没少、没有灌溉要求的峡谷地区，多修拦泥坝，在有灌溉和其他兴利要求的峡谷地区，多修拦泥水库，探索在黄河干支流上修建既能拦泥、兴利，又能长期使用的拦泥水库的新路子。

1963年3月，我会召开了治黄工作会议。上一次在1955年的治黄工作会议上，我曾作过一个9年治黄总结报告，从1955年到1963年恰巧又是9年，我这一次又作了一个《治黄工作基本总结和今后方针任务》的报告。本着总结经验教训，继续探索前进的精神，我在报告中提出："在上中游拦泥蓄水，在下游防洪排沙，一句话‘上拦下排’，是今后治黄工作的总方向。”这里增加的“下排”二字，是经过10多年治黄实践，花了很多学费才换来的。过去总认为黄河治本只是上中游的事，上中游问题解决了，下游的问题就好办了。从失误和挫折中，当时我已认识到“黄河治本不再只是上中游的事，而是上中下游整体的一项长期艰巨的任务”，“下游也有治本任务”。

从“蓄水拦沙”到“上拦下排”可以说是治黄指导思想上的一次重要发展。通过实践，我对黄河的认识前进了一大步。

北戴河会议

为了总结水利建设的经验教训，1964年4月底，谭震林副总理要水电部对黄、淮、海三条河一条一条地整理个材料，简明扼要地说明现状、存在问题和今后治理意见。5月间向杨煜同志做了初步汇报后，感到材料不具体。6月间水电部在北京召集鲁、豫、皖、苏、晋和黄委的同志开会，做了进一步的布置。7月间在国务院向谭副总理汇报过几次。8月初又移到北戴河继续开会汇报。我和王锐夫、郝步荣、龚时旸等同志参加了北戴河的汇报。在这之前，我会起草了《关于近期治黄意见》的报告（讨论稿），其中我写了总结历史上治黄经验的一段话，其余都是龚时旸同志起草的。这个讨论稿经过向谭副总理、钱正英副部长汇报，并征求了河南、山东等省的意见以后，又由龚时旸同志做了5次修改，最后一致认为这个报告写得比较全面，实事求是地总结了前一阶段治黄工作的经验教训，大家都比较满意。这个文件后来由我在同年12月周总理召开的治黄会议上，向代表们做了汇报。

关于历代治河经验的论述,淮河、海河提出的文件中都没有这一部分,谭副总理为此表扬了我们,他认为从总结历代治河经验入手,来总结人民治黄的经验,这种写法比较好。文件中我们是这样写的:“从有史以来,对付洪水和泥沙的办法,在地区上只限于下游,在措施上只限于治标,在方法上采用过‘疏导’和‘分流’,也采用过‘筑堤束水,以水攻沙’。所有这些都收到过一定的效果,减少了洪水为害……”但是,“这些方法并没有扭转黄河下游决口、泛滥以致改道的局面,当然更谈不上兴利了。分析其原因,主要是泥沙太多,疏导无效,分流则两河俱淤,束水则堤防溃决,筑堤束水形成了筑堤与河床升高竞赛。其结果河道与河口淤积不能制止,河道向宽浅发展,游荡加剧,左冲右撞,险象丛生,终至泛滥、决口、改道的现象反复重演。”在总结历史经验的基础上,20 世纪 50 年代初期,我们提出了“蓄水拦沙”的治黄方略。但后来的实践证明,这个方略也不全面,还有片面性,这个问题在上面已经说过了。

历史的经验和现在的经验都说明,要根治黄河,必须首先解决泥沙问题。要达到这个目的,就要全河统筹,各方兼顾,有拦有排,全面有效地加以解决。因此,在文件中,我们建议近期要在黄河中游干支流上修建一批拦泥水库和拦泥坝工程。第一次汇报时,谭副总理对这个建议根本不同意,并提出“拦泥库淤满了怎么办?”会后我想把拦泥水库的一套设想再详细跟他说说,谁知道谭副总理根本不愿听。我一向认为,宣传自己的治河观点,必须坚韧不拔,所以他不想听我也要讲,针对他担心“淤满了怎么办”的问题,我着重谈了相对平衡论的设想和根据,汇报了我亲自考察过的西北地区的许多天然聚湫的情况,还谈了利用库区淤出的滩地来发展农业生产等问题。经过我一个晚上的集中宣传,谭副总理终于被我说通了,他认为我们提出的规划设想有一定道理,黄河中游早晚总要修拦泥水库。第二次开会讨论修改我们的文件时,钱部长提出:“在泾河东庄修拦泥水库是否能行,还是问题。”谭副总理马上插话说:“怕什么,修个溢流坝,淤满了顶多是个人造黄土高原,我们可以种地嘛!当然,就是花钱多些,但可以算一算账,和决口改道做个比较,看哪个合算。”

这次会议主要是围绕 1955 年黄河规划和三门峡工程总结经验教训,在此基础上,再提出今后的规划意见。通过这次会议,经过反复讨论修改,大家都认为经验教训总结得比较全面了,是一份重要的指导性文件。当时总结了以下七条:

1. 原规划拟定的水土保持方向和主要措施是正确的,但对于治理速度和拦泥效益估计偏于乐观。

2. 原规划选定的支流拦泥水库，多半是在小口大肚子的地方，要淹没大片稳产高产的川台地，无法修建。在西北地区用淹没大量粮田换取库容的办法是不适宜的。

3. 综合利用，梯级开发的原则，对于黄河上游基本上是正确的，但对于泥沙最多的晋陕间干流河段，也一律从综合利用、梯级开发、重点发电的角度考虑，很少注意拦泥是不适当的。

4. 对三门峡水库的淤积速度和淤积位置，以及渭、洛河下游的影响缺乏详细研究。库区末端"翘尾巴"现象和后果是原先没有估计到的。三门峡水库完全按综合利用设计和运用是不适当的。

5. 原规划拟定在多沙支流上修建拦泥水库来配合水土保持减少三门峡入库泥沙，这一指导思想是符合黄河情况的。但原来选定的"五大五小"拦泥水库控制面积小，工程分散，离三门峡远，即使如期完成，也不能有效地解决问题。

6. 对黄河水少沙多的特点，以及平原地区的盐碱化问题认识不足。

7. 1958 年以来，干流工程的修建，在进度和规模上超越了原规划的指标，发生一些问题，特别是下游修建花园口、位山、洛口、王旺庄等拦河枢纽，对防洪、排沙十分不利，并造成很大浪费，但东平湖水库仍有很大作用。

在讨论过程中，对某些问题的看法也是有原则分歧的，如水电部有些同志认为，文件对 1955 年规划和三门峡工程的盖子揭得不够，他们认为黄河规划有根本性错误，在总体是错误的情况下，有局部是对的。这是一种全盘否定的意见，从一开始我就不同意这种看法。当时我认为黄河规划的总方针是不能全面否定的。"蓄水拦沙"的主要缺点是"排"不够，有片面性，但方针基本上还是正确的。当时提蓄水拦沙主要靠水土保持，看来水土保持的方向和主要措施没有错，可以拦住一部分泥沙。在中游修支流拦泥沙水库的想法也是对的，就是工程太小、太远、太散，不能解决问题。泥沙问题解决以前，三门峡工程过分强调综合利用是不对的，但在刘家峡水库还是要综合利用的，因此也不能说黄河规划提综合利用全错了。20 多年后，三门峡工程继续发挥防洪、防凌、灌溉、供水、发电等综合效益，便是最好的证明。

第四章

“上拦下排”的形成和发展

三门峡工程的实践，为治黄工作提供了极其宝贵的经验和教训，它的作用不仅是工程本身在防洪、防凌、灌溉、供水、发电等方面发挥了巨大的综合效益，更重要的是使人们对黄河的认识在实践中得到了提高。“上拦下排”的治河思想，就是在这一实践基础上提出和发展起来的。在这一思想指导下，我们一方面在黄河中游进行调查研究，总结经验，抓紧进行“上拦”工程的试验和探索。另一方面在下游加强“下排”措施，大力恢复下游河道的防洪能力，进一步推动了治黄的实践。

第一节　在北京治黄会议上

1964 年 12 月，周恩来总理在北京主持召开了治理黄河会议，这是当代治黄史上一次具有重大意义的集会。会议虽然是为三门峡工程改建而召开的，但因三门峡工程在整个黄河规划中占有重要位置，因此以三门峡工程的改建为中心，形成了各种治黄思想的一场大争论。其实，这场争论早在 1960 年三门峡工程投入运用之后就已开始，而且争论伊始便得到了中央领导同志的重视和关心，周总理曾多次过问此事并明确指出：三门峡问题事关重要，有些情况还不太清楚，要看看再说。从那以后五年过去了，争论一直未停，但问题却越来越明朗。这期间，毛主席对此也有所闻，他曾说：黄河是伟大的，是我们中华民族的起源，人说不到黄河心不死，我是到了黄河也不死心。当时毛主席年逾七十，还提出要请一位地质学家、一位历史家和一位文学家为伴，徒步策马，从黄河入海口上溯黄河源，进行实地考察。主席之言，意在黄河事大而复杂，以引起各方重视。为此，这年 3 月周总理从朝鲜访问回国后，在一天深夜打电话把水电部副部长钱正英找去，详细地询问了三门峡工程的现状之后，认为解决这个问题的时机已经成熟，指示水电部到现场去查勘，进一步弄清情况。为了统一思想，尽快做出决策，决定召开一次治黄会议。后来经过几个月的紧张准备，治黄会议便在北京饭店召开了。

12 月 5 日上午 10 时，会议在水电部副部长刘澜波主持下正式开始。当时的北京，第三届全国人民代表大会开幕在即，周总理和其他中央领导同志都忙于筹备人大，未参加治黄会议的开幕式。到会的 100 多人，有中央有关部委和有关省的负责同志，有张含英、汪胡桢、黄万里、张光斗等水利界的知名专家、学者，有长期研究黄河和从事治黄工作的科技人员。会议安排先由我代表黄河水利委员会向各位代表汇报《关于近期治黄意见》。

这段时间，特别是通过三门峡工程的实践，使我对黄河的认识前进了一步，感到光“拦”不能解决黄河问题，必须辅以适当的“排”作为“拦”的补充，实行“上拦下排”的方针。

基于这种认识，我就近期治黄规划，汇报了以下几点初步意见：

第一，加快水土保持工作。根据以往的经验，黄河流域的水土保持工作必须以发展中游地区农林牧业生产和减少黄河泥沙为出发点，集中力量，抓好重点。当时初步规划，水土流失严重的河口镇到龙门区间的42个县和泾、渭、洛河流域的58个县，应作为治理重点，这个地区土地总面积24万平方公里，水土流失面积达18.9万平方公里，它虽然仅占黄河中游水土流失总面积的42%，但每年输入黄河的泥沙却高达14亿吨，占全河总量近88%。就中游来说，这里人口密度较大，劳力较多，工作已有基础，可以加快治理速度。

第二，同意在三门峡枢纽增建两条隧洞，这样近期可以减轻库区淤积，减缓渭、洛河下游不利影响的发展。但是由于黄河是水少沙多，增建后仍不能根本解决三门峡库区和渭、洛河下游问题，而且恶化了下游河道，如果没有拦沙措施，单纯依靠排，终不免重蹈历史上治河之覆辙。

第三，着重汇报了在中游干支流兴建拦泥水库及拦泥坝工程的设想。提出首先在北干流、泾河、北洛河建成三座大型拦泥水库，估计约可减少三门峡入库泥沙近半数。在这种情况下，利用现有12个深孔和增建的两条隧洞排洪排沙，库内淤积及渭、洛河下游的淹没影响将大为缓和。同时下游配合整治河道，可望不淤或微冲，初步达到稳定下游河道的目的。然而由于当时的认识水平所限，拦泥工程还有许多问题没能做出明确的回答，亟需按照拦泥坝的设想进行试验研究做出样板，因此我在发言中，提出把甘肃省巴家咀水库改建为拦泥试验坝的建议。

会上，各位专家发表了自己的治河观点。北京水利水电学院院长汪胡桢认为，筑堤束水，终有所限，靠增高堤防治理黄河是下策，1955年人大通过的治黄规划中，“节节蓄水，分段拦泥”的办法是正确的。三门峡水库修建后，停止了向下游输送泥沙，下游从淤高转向刷深，这是黄河上的巨大的变化。因此，他不同意改建三门峡枢纽的主张，认为改建必然使黄河泥沙大量下泄，下游河道仍将淤积，危如累卵的黄河，势必酿成大改道的惨剧。他主张，近期应继续维持三门峡原规划设计的340米正常高水位，同时在中游修建拦泥坝继续蓄水拦沙，争取时间,积极开展中游地区的水土保持工作,可使下游河道逐步刷深。至于以后拦泥水库淤成平陆,失去作用,则毫不足惜,他展望水库淤满之后,将出现一片肥沃的平原,两侧是崇山峻岭,中间为河流一道,耕地相接,黄河之害即可化为黄河之利。由于汪老意见的基本点是维持现状,后来许多人称为“现状派”。

会议的气氛活跃而紧张,代表们各抒己见,早在会议筹备期间,水电部、黄委会就收到从全国各地寄来的许多意见和文章,这次共印发了 80 多篇发给到会代表。

第三天下午,周总理抽出时间到会听取代表发言,这时正是河南省科委的杜省吾发言,杜老时已年过七旬,为了研究黄河,读过不少古书,并曾步行考察过黄河下游,他的观点的核心是“黄河本无事,庸人自扰之”。认为黄土下泻乃黄河的必然趋势,绝非修建水工建筑物等人为力量所能改变。对于三门峡水库,他力主炸掉大坝,最终进行人工改道。由于他陈词激烈,言语尖刻,会场上的气氛有点紧张,但周总理却在一旁耐心地听着他的发言,杜省吾读讲稿时有的字念错了或者看不清,周总理还认真地指点提示。

会上还有一种较有影响的观点,就是长江流域规划办公室主任林一山的“大放淤”。开会之前,他曾到黄河中游考察,他认为在根治黄河方针无法确定时,用巨额投资修建大型拦泥库或者将黄河水送往渤海都是不合道理的,黄河规划必须是水沙统一利用的计划,黄河治理必须立足于“用”。鉴于水土保持需要很长的过程,而且不可能完全拦住泥沙,河床却在不断淤高,加剧水患,因此他主张,从河源到河口,干支流沿程都应引洪放淤,灌溉农田,深入研究和利用水流泥沙的运行规律,把泥沙送到需要的地方。当前就应积极试办下游灌溉放淤工程,为群众性的引洪淤灌创造条件,逐步发展,以积极态度吃掉黄河水和泥沙。他设想:“河口镇到龙门河段的各区间水流,每人淤灌一二亩,所余泥沙就不能满足龙门以下黄河左岸高地 400 万亩淤灌区的需要。其他泾、洛、渭河支流流域内也按每人淤灌一二亩地,满足了八百里秦川的淤灌需要,也不会有多少剩余的浑水下泄。那时,华北平原只能得到少量的清水,人们将会看到:黄河河源山区覆盖着林木绿草,沟边山脚,村村门前都有不怕旱涝威胁的丰产田;黄河两岸的城乡之间,纵横排列着被堤闸控制着的无数沟渠;华北平原一片江南景象,下游黄河只剩下被防沙林紧密笼罩起来的干河槽和几个被海潮荡得模糊不清的河口,除了研究河流发育史的地理学家偶然来到这里以外,再也没有人去注意它的什么变化了。”林一山的发言,结尾想象丰富,颇具诗意,周总理曾说这是浪漫主义。

接连几天,会议依然是百家争鸣,观点十分鲜明。对三门峡枢纽,多数代表同意改建,只有汪胡桢坚持“不动”和杜省吾主张“炸坝”,两个人的观点截然相反。山西省的副省长刘开基会前曾听到炸坝意见的传闻,这次会上亲耳听到有人提出要炸坝,急得他一边听,一边摇头,中途借省里有事相商,拂袖而去。临走给周总理留下一封信,那信的大意是,“宁可淹掉关中,也要救下游”。

这次治黄会议,气氛之活跃,思想之解放,争论之广泛,是中国治河史上不多见的。这除了全国人民关心黄河,强烈要求根治黄河之外,和当时国家的政治形势也是直接相关的。1960 年冬,党中央和毛主席开始纠正农村工作中的“左”倾错误,并且决定对国民经济实行“调整、巩固、充实、提高”的方针。1962 年 1 月召开了 7000 人的扩大中央工作会议,初步总结了“大跃进”的经验教训,开展了批评和自我批评,为“反右倾”运动中被错误批判的大多数同志进行了平反。在刘少奇、周恩来、陈云、邓小平等同志的主持下,制定和执行了一系列正确的政策,采取了许多果断的措施,社会主义建设重新出现了欣欣向荣的景象,到 1964 年时,国民经济的恢复和发展,已取得了显著成效。治黄会议期间开幕的三届人大宣布,调整国民经济的任务已基本完成,整个国民经济将进入一个新的发展阶段。并首次提出要努力把我国逐步建设成为一个具有现代农业、现代工业、现代国防和现代科学技术的社会主义强国。显然,这时充满蓬勃生机的形势对这次治黄大讨论具有重大影响。

周总理自始至终耐心倾听着各种不同的主张,为了引导大家互相听取不同见解,辩证地看问题,周总理让秘书给每个代表送了《人的正确思想从哪里来》等五本毛主席哲学著作。我和林一山发言时,总理没有到场,随后他派秘书来到和平宾馆。宾馆里有一处四合院,我住在西厢房,林一山住在东厢房。总理的秘书找我谈了半天,又找林一山谈了半天,分别征询了我们的治黄设想和具体意见。

会议结束的前一天,总理召集开了个小会,有钱正英、王光伟、惠中权、林一山和我参加,再次听取我们的意见。我和林一山又把各自的观点给总理复述一遍。我还是“上拦下排”,林一山主张“大放淤”,两种观点大相径庭,相持不下。总理转而征求其他三位同志的意见,钱正英坦率地说:“现在黄河是百家争鸣,实际是两家,一家是拦泥,一家是放淤,共产党员在总理面前不能隐瞒自己的观点,我同意放淤观点。”总理又问惠中权,惠中权是林业部党组副书记,他说:“水土保持还是有作用的,我同意王化云的意见。”这样,场上形成了“2∶2”的局面,只剩下国家计委副主任王光伟的一票,王光伟说,他对治黄业务上的事情不清楚,不好表态,便投了个“弃权票”。对此总理说:今天暂不做结论,我看王化云的意见是修修补补,林一山的观点是浪漫主义,有人说要华北改种水稻,使华北变江南,吃馒头白面也很好嘛,何必变江南!最后总理指示:你们可按各自的观点做出规划,明年再开会讨论。我说我要搞试验,总理问在哪里搞?我说在甘肃巴家咀,把水库大坝由50米加到90米或100米高,修成拦泥坝,这样可以达到相对平衡,蒲河的泥沙即可留在库区淤成的大片农田上,不再流入黄河。接着林一山说,他也要搞放淤试验,总理表示同意说:“你们都可以做规划搞试验。”

18日,总理在广泛听取发言之后,做了总结讲话。总理针对会议情况语重心长地说:“黄河治理从1950年开始到现在将近15年了。但是我们的认识还有限,经验还不足,因此不能说对黄河的规律已经都认识和掌握了。”“不管持哪种意见的同志,都不要自满,要谦虚一些,多想想,多研究资料,多到现场去看看,不要急于下结论。”“只要有利于社会主义建设,能使黄河水土为民兴利除弊,各种不同的意见都是允许发表的。中华人民共和国成立之前不能治理好黄河,我们要逐步探索规律,认识规律,掌握规律,不断地解决矛盾,总有一天可以把黄河治理好。我们要有这样的雄心壮志”。他辩证地分析了黄河三门峡工程所面临的形势,以及各家治黄主张由此展开的争论,提出了确保西安、确保下游的原则。总理指出:“治理黄河规划和三门峡枢纽工程,做得全对还是全不对,是对的多还是对的少,这个问题有争论,还要经过一段时间的试验观察才能看清楚,不宜过早下结论。”对于治黄的指导思想,总理说:“总的战略是要把黄河治理好,把水土结合起来解决,使水土资源在黄河上中下游都发挥作用,让黄河成为一条有利于生产的河。但是水土如何结合起来用,这不仅是战术性的问题,而且是带有战略性的问题。”

总理精神很好,没有讲稿,手里只有一份提纲,一连讲了几个小时。关于三门峡枢纽工程改建问题,总理指出:“过去我们曾设想三门峡水库堆沙年限至少维持20多年到30年,在这时期内大搞水土保持等各种措施。但是,5年已淤成这个样子,如不改建,再过5年,水库淤满后遇上洪水,毫无疑问对关中平原有很大影响。关中平原不仅是农业基地,而且是工业基地,不能只顾下游不看中游;更不能说为了救下游,宁肯淹关中。”关于拦泥方案。总理说:“我看光靠上游建拦泥库来不及。”“5年之内国家哪有那么多投资来搞水土保持和拦泥库,哪能完成那么多工程。”对于维持现状的观点,总理说“五年之内能不能把上中游水土保住?绝不可能!因为这是不可能办到的。”对于反对改建的同志,总理指出:“要回答5年内怎么办这个问题。反对改建的同志为什么只看到下游河道发生冲刷的好现象,而不看中游发生的坏现象呢?如果影响西安工业基地,损失就绝不是几千万元的事,对西安和库区同志的担心又怎样回答呢?”总理说:三门峡工程改建“时机不能再等,必须下决心。”

总理的分析,胸怀全局,鞭辟入理,符合黄河的实际,与会代表都十分信服。然后总理又一一征求有关负责同志的意见。最后决定,对黄河规划及三门峡工程本身暂不做结论,只就三门峡大坝改建确定在左岸增建两条隧洞,改建四根发电引水钢管,以加大泄流排沙能力,先解除库区淤积的燃眉之急。

第二节 总结经验继续前进

分头做规划

1964年北京治黄会议以后,水电部党组于1965年元月向党中央写了一份《关于黄河治理和三门峡问题的报告》(以下简称《报告》),对中华人民共和国成立以来治理黄河的经验教训,主要是围绕三门峡工程展开的治黄大论战的情况,做了比较系统的总结。周总理在批示中指出:这一报告“比较全面,并对过去治黄工作的利弊和各种不同意见做了分析。现印发给中央和有关各部委、各省、市负责同志一阅”。

《报告》将当时的治黄争论集中归结为“拦泥”和“放淤”两派之争,认为“这是两种对立的战略思想。它们的分歧点在于:近期治黄工作,究竟在黄河变清的基础上,还是黄河不清的基础上?近期治黄的主攻方向选在哪里?主要在三门峡以上筑坝拦泥,还是主要在下游分洪放淤?”《报告》认为:“放淤派是少数,但这是一个新方向。看来,如果在下游能够找到出路,三门峡的问题就比较容易解决,我们的工作就比较主动。当然,这些认识还只是开始,需要进一步调查研究,才能下决心,我们打算,上半年拿主要力量,研究下游的出路。同时对拦泥库的方案,也勘察研究,不轻易放弃。”从这里也可以看出,当时水电部是倾向“放淤派”的。

《报告》中所说的“拦泥”、“放淤”两派,实际上就是指我和林一山同志的两种治河思想。根据周总理关于暂不做结论,分头做规划的指示,水电部与我们两人商定,从黄委会、长办、水利水电科学研究院、武汉水利电力学院等单位,抽调一批技术骨干,成立黄河规划小组,其主要任务是协助黄委进行调查研究,总结经验,提出切合实际的治理方案。规划小组由水利水电建设总局副局长王雅波、水利水电科学研究院院长谢家泽、武汉水利电力学院副院长张瑞瑾三同志分任正副组长。水电部并指定由钱正英、张含英、林一山和我成立一个领导小组,负责规划小组的领导工作。

1965 年 1 月,规划小组的成员陆续到郑州,着手规划的准备工作。开始时,钱部长有个指示,大意是说不要受"拦泥"、"放淤"两种思想的束缚,要独立思考,持科学态度,搞出一个切合实际的规划来。不过,就黄河治理大的设想来说,当时主要就是这两种思想的争论,因此这次规划事实上也主要是由黄委会和长江流域规划办公室(简称长办)分头做试验,搞规划。

林一山同志带领的长办规划组来到郑州后,随即奔赴下游豫、鲁两省。为了配合长办规划组的工作,黄委会派副总工程师郝步荣同志等参加了这个组。他们从河南到山东,沿着黄河两岸,进行调查、研究、宣传、发动和选择试验点,以期从大搞放淤、稻改上寻找一条治理黄河的新出路。他们在山东梁山陈垓引黄闸搞远距离输沙试验,用混凝土板衬砌窄深断面的渠道,做了不少的工作。

与此同时,黄委会的规划也迅速开展起来。北京治黄会议一结束,我们回到郑州,便从全河抽调 125 名技术干部,建立了组织,我担任黄委会规划小组的组长,黄委会副主任韩培诚、副总工程师沈衍基、规划设计处长王锐夫任副组长,并分设水文泥沙组、综合组、下游组、中游组等四个组。水电部派的工作组也与黄委会的水文泥沙组一起进行工作。当时我们的规划方针是:治黄应是上拦下排,除害兴利,逐步变害河为利河。在中游积极采取措施控制水土,减少泥沙,确保西安的安全,保持三门峡水库的长期运用,使下游河道由严重淤积变为微冲或微淤,同时利用水土发展生产;在下游,继续加固和改造两岸大堤,进一步完善滞洪工程,逐步进行河道治理,确保花园口 22300 立方米每秒不决口不改道。对特大洪水有措施、有对策。规划的主要内容包括:黄河流域水文、泥沙特性分析,群众现有各种拦泥用泥措施研究,拦泥库坝的选点调查,三门峡水库冲淤状态及下游河道冲淤趋势的研究、下游防洪措施的研究等。对于这一规划,黄委会计划半年准备,一年调查研究,半年综合编制,最后提出以三门峡为中心的治黄规划报告。

这次规划,准备工作做得较好,水电部、长办、黄委会的同志信心很足,都决心通过一段时间的研究和试验,进一步摸索黄河治理的方向,同时在实践中辨明各种不同治黄主张究竟是否可行。周恩来总理对于这次分头做规划寄予了很大希望，并约定规划试验结束时，他再主持召开治黄会议，可惜“文化大革命”十年动乱开始，这次规划夭折了。

“冲淤平衡论”的产生

由于这一时期我的思想基本上仍是寄希望于“节节拦泥”，而且也清醒地认识到，面上的水土保持不可能在短期内产生明显的效果，因此我就把探索的重点放到沟壑打坝淤地和修建干支流拦泥水库上来。但是，当时有一个亟待解决的问题就是，这些坝库虽有相当的库容，但总归是有限度的，有朝一日淤满了，能否达到相对平衡?

在探索解决这个问题的实践中，黄河中游沟壑中的天然坝再一次使我们受到启示。在这些地区的黄土陡崖深沟地带，常因地震或重力侵蚀等作用，造成巨量塌方，塌方闸住山沟，截断河流，拦住泥水，形成天然拦泥坝，当地群众叫作“聚湫”。这种天然坝，北至鄂尔多斯高原边缘，南至秦岭，东至吕梁山，西至兰州的广大地区都大量存在，尤以六盘山附近的黄土残塬区和丘陵沟壑区最多。这种天然坝，既无溢洪道也无泄洪洞，坝前没护坡，坝后没反滤，两旁没削坡，坝底没清基，也没人管理养护，就这样能拦住洪水与泥沙，填沟造川，改变陡峻险夷的山沟为宽平稳定的川台地。

更值得研究的是，这些天然坝，有些长年积水，鱼草丰茂，形成高山平湖。有些年代久远，泥沙淤填，库面增大，积水干涸形成台地，洪水和泥沙在这里被全部吃掉，年复一年，达到相对平衡。农民在这些淤出的土地上进行耕种，竟年年稳产高产。这种天然“聚湫”的出现，使黄土深沟起了根本变化，给当地人民增加了肥沃土地，也给我们的拦泥设想提供了依据。

天然聚湫的早期发现是在 1951 年，我到黄河中游查勘时，看到甘肃境内董志塬西边太阳池有一个天然坝，这里明朝时立有一座碑，记载着此坝的形成年代和过程。于是，我们便派人到黄土高原区广泛调查，到 1965 年时，已发现这一地区有 76 座天然坝，总控制面积约 540 平方公里，其形成年代一般在数十年至数百年间，有的竟长达千年。每个坝控制面积一般为几平方公里到数十平方公里，大的有 120 多平方公里，淤出土地面积与流域面积相比，约有 1/10 ~ 1/80 之间，在当地农民勤奋耕耘下，成为高产稳产的农业基地。

位于甘肃省合水县的千湫子天然拦泥坝，是我们调查的例证之一。这里属黄土丘陵沟壑区，控制流域面积约 2 平方公里，库区淤积面积约 420 亩，相当于流域面积的1/7,历史上各次洪水均未漫过坝顶。其形成年代,若按侵蚀模数推估,至少在800年以前。我们调查时,坝已高达64米,坝前淤积厚度61米,虽只剩下84万立方米的库容,但由于库面每年平均淤积厚度还不到20毫米,最大洪水深度也不超过1米,因此按当时的来水来沙估算,库容仍能维持100多年,如果坝身再加高3~5米,还能延长一二百年。

宁夏西吉县滥泥河下游的党家岔天然拦泥坝,是76个聚湫中最大的一个,为1920年地震中沟岸滑坡形成的,它控制流域面积达120平方公里,滑坡处的年输沙量约26万立方米,折合成流域内的年平均侵蚀模数为每平方公里2100立方米,年径流量为250万立方米,在这么大的来水情况下,这座坝20多年没有发生过洪水漫顶。据观察,坝内水位近10年间上升了3.3米,平均每年仅上升0.33米。按当时的水面面积和流域面积的比例计算,即使遇到全流域一次降暴雨50毫米,产生总洪量300万立方米,平摊于库内也不到2米深。而那时水面距坝顶还有四五米,据此估计,此坝至少还能维持100年左右。

在调查中,我们了解到,聚湫这种天然坝,不但古时就有,而且在黄土区随时都会产生。就在北京治黄会议结束后,我们返回郑州不久,在黄河支流无定河上游的陕西省吴旗县周湾,由于土体塌方,20分钟内形成了一座高45米,土方达1000万立方米的天然大坝,其控制流域面积达129平方公里。我们赶往现场看后发现,塌下的坝体,虽然起伏很大,表层土块破碎,但下游坡脚并无漏水现象,说明下面土体比较密实,坝体很稳定,经计算,它每年可拦截321万吨泥沙。这个聚湫,有库容2900万立方米。一年后我们又去调查,发现泥沙淤积仅占去400万立方米,剩余之库容,足以容纳3~5年的来水和来沙。如果人工加高10米,便可获得总库容4800万立方米,能再维持10年,而大坝加高所动用的土方量只有24万立方米。当时还考虑更长远一些的前景,就是把这个天然坝加高到与两岸塬地齐平,共需加高32米,总坝高达87米,而且增加土方量只需45万立方米,便可获得2亿多立方米的库容,从而能延长此坝80年的寿命。显然,在这样长的时间内做这些土方,工程量并不算大,群众也能逐步自办。

通过这些天然坝的调查和分析,我们发现,这些天然坝所以能够经久不衰,其主要原因在于泥沙淤积达到了“相对平衡”的结果,这就是说,当库区淤积面积与大坝控制的流域面积相比,达到一定比例之后,所来的洪水、泥沙将基本上全部平铺于库内,因此整个库区淤积速度很缓慢。而且由于每次淤积厚度很小,并不致影响农作物生长。至于这个一定比例究竟是多少,根据流域内的地形、地质、降雨及植被条件的不同,将各有差异。据我们当时计算,如以每年淤积厚度不超过0.2米作为进入“相对稳定”期的开始，则在年侵蚀模数每平方公里为10000、5000、3000、2000立方米的地区，淤积面积分别达到流域面积的1/20、1/40、1/(60~70)、1/100即可满足要求。在我们调查的天然坝中，淤积面积所占比例，多数都超过了此限度，所以不感到洪水和淤积的威胁。

天然坝这种由“滞洪期”到“干涸期”，再由“干涸期”到“相对稳定期”的规律，为我们解决拦泥问题，提供了重要的佐证。而且由于这一规律能适应生产发展的要求，因此很容易被接受。事实上，当时群众已有广泛实践，到1965年，西北黄土地区类似天然坝的大中型淤地坝，已发展到300余座。这些坝地中的淤土，都是冲下来的表土，非常肥沃，新淤出来的坝地，庄稼不用施肥，便能高产。

“冲淤平衡论”的产生，可以基本消除拦泥库淤满了怎么办的疑虑，也初步回答了拦泥能否结合生产的问题，为我们在黄土丘陵沟壑区、黄河支流乃至干流修建拦泥工程的设想，开辟了广阔的前景。

巴家咀拦泥试验坝

淤地坝已有成功经验，但作为大型拦泥坝还有许多问题要回答，如：水库淤满了怎么办？有无危险？是否还能利用？坝体加高到多高才能达到相对平衡？能否在坝前淤土上分期加高以减少工程量？等等。因此，我们需要选择一座具有代表性的水库，按照拦泥坝的设想，进行试验，做出样板，并取得经验。

泾河是向黄河输送泥沙最多的一条支流，巴家咀水库就位于泾河支流蒲河的中下游，它是甘肃省修建的一座大型水库，控制流域面积3522平方公里，年输沙量2420万吨，水土流失严重。工程于1958年9月动工兴建，1962年基本建成，最大坝高58米，总库容2.57亿立方米，到1964年汛后，坝前淤积厚度已达35米，库内总淤积量为0.87亿立方米。由于巴家咀水库及其所处的地区在黄土高原具有一定的代表性，因此我们选它作为拦泥试验坝。在1964年北京治黄会议上，我向周总理汇报拦泥设想时提出了这个要求，总理当即表示同意。

1965年1月，水电部组织现场审查组到巴家咀工地进行审查，审查意见指出：“为了研究逐步减少三门峡库区和下游河道淤积，并为发展黄河中下游地区的水利创造条件，同意在巴家咀进行试验研究关于大型拦泥库的技术经济问题，以便取得经验逐步推广，作为治黄措施之一。”当时计划对拦河土坝进行八期加高，第1期还是从坝后加高8米，待试验取得成功后，其余7期全部从坝前淤土上加高，总坝高将达到100米，到那时，即使不考虑水土保持减沙效益，据估算，每年库区泥沙淤积厚度也只有30厘米，可以认为已进入相对平衡期。

为了搞好具有重要意义的试验任务，1965年3月我会专门成立了巴家咀拦泥坝实验工程处，由王民英、戚用法、牛曾奇、蒋徽寿等同志负责，共140余人，其中大多数是我会的技术骨干。为便于开展工作，我们又与甘肃省水利厅、庆阳专署协商，成立了巴家咀拦泥实验工程指挥部，由我会韩培诚副主任担任指挥，甘肃省水利厅一位副厅长和专署一位副专员任副指挥。由于各方面通力协作，互相配合，拦河土坝坝后加高8米的任务于1966年7月基本竣工，共完成土石方47万立方米。

从坝前淤土上加高坝体，是在巴家咀水库进行试验的主要内容。在对坝前淤土进行了勘探试验的基础上，1965年5月我会邀请国内土力学方面的专家在现场召开了技术讨论会，并对原试验方案做了修订，最后确定采用盖重挤淤法、井点抽水法、砂井排水法、电渗排水法四种方案进行试验。

巴家咀水库从1960年2月截流，到1965年春共经历了5年汛期的淤积，坝前淤土最大厚度35米，可分为9层，均为黏土、壤土交替沉积。因1965年以前，水库为蓄水运用方式，淤到坝前的土壤颗粒较细，黏粒含量较高，透水性很差，淤土处于欠压密状态，淤土的工程性质很差。从1965年开始，巴家咀水库改为滞洪不蓄水运用方式，坝前新的淤土颗粒较粗，排水固结速度加快，到1968年汛前，坝前20米深的淤土层，自重固结度已达95%以上，淤土的工程性质有所改善。

为了加速淤土的深层排水，在工地进行了井点抽水、砂井排水和电渗排水三种试验，取得大量第一手资料。试验结果表明，井点和电渗两种排水方法虽然效果较好（对黏土的效果仍然较差），但由于费用昂贵，技术比较复杂，很难进行大面积推广。砂井排水虽然比上述两种方法简单、方便一些，但当地也要有沙料来源，洪水期砂井的排水出路要妥善保护。经过两年多的室内外试验和现场观察以及大量的分析计算，大家认为盖重挤淤加高方法施工简单，淤土地基不需要特殊处理，易为群众所掌握，能普遍推广。对于巴家咀水库来说，用这种方法进行坝前三期加高（每期加高5米）在技术上是可能的，比同期坝后加高节约土方35%以上。但是，对于因淤土变形使加高坝体出现裂缝的问题及其处理方法，仍需进行深入研究。

在巴家咀进行现场试验的同时，我们还对已进行过坝前第一期加高的甘肃西峰十八亩台、陕西三原县南旺、小道口三座小型水库进行了系统的调查研究。它们的实践表明，在坝前淤土上加高，施工期出现裂缝是不可避免的，但是，当在新加高坝体坡脚前设置了盖重之后,坝体裂缝就停止发展,对裂缝进行挖槽、灌浆处理之后,坝体仍然是稳定的。因此,在加高前应预先用挤淤法修一个能保证加高坝体稳定所需要的盖重体,然后采用控制施工速度或间歇施工的办法,以适应坝基淤土的不均匀变形。十八亩台加高后经过8年运用,南旺、小道口加高后经过两年运用均未发现多大问题,证明在坝前淤土上进行第一期加高是成功的。但是在淤土进行多期加高,还缺乏工程实践经验。

为了结合地方兴利,我们在试验期间还修建了一座小型水电站(目前装机容量1484千瓦),利用径流发电。后来由于地方政府坚持“以发电为主,兼顾种地”的原则,从1968年10月开始,实行了非汛期蓄水发电,汛期滞洪排沙的运用方式,加之“文化大革命”的冲击,致使原来一套拦泥坝试验设想未能按计划进行下去。

“上拦”工程的设想

解决黄河泥沙问题,除了依靠流域面上大力开展水土保持和发动群众在千沟万壑中打坝淤地以外,当时认为见效最快的办法,还是抓紧在三门峡以上修建一批干支流拦泥水库和拦泥坝工程,这也是“上拦”措施的主要部分。

黄河泥沙主要来自河口镇至龙门和龙门至三门峡两个区间。前一区间流域面积只占三门峡以上的16.5%,而多年平均沙量竟达9.08亿吨,占三门峡年沙量的56.7%。后一区间有泾、洛、渭、汾等支流汇入,流域面积占三门峡的27.8%,年沙量也有5.5亿吨,占三门峡的34.4%,泥沙虽然比干流少,但它直接影响三门峡库区和渭河下游。接受以往经验教训,拦泥工程应首先选择在晋、陕间干流和泾、洛、渭河上控制面积大、淹没小、距三门峡近的河段,更有利于解决三门峡库区淤积问题。

1958年以后,我们对晋、陕间黄河干流段曾进行过多次查勘,并着重研究了在这一河段修建高坝大库的方案。其中控制性较好,库容较大的有龙门、清水关和碛口三个坝段。经过比较,认为先修碛口拦泥水库为宜。碛口在陕西省吴堡以上约20公里处,年平均沙量约5.7亿吨,占三门峡来沙量的36%,在该处修筑120多米高的堆石坝,库容可达123亿立方米,平均每年拦泥4.6亿吨,运用寿命可达30年。

在泾、洛、渭三条大支流中,泾河的来沙量最多,年输沙量达2.6亿多吨,过去在泾河干支流曾选过大佛寺、巩家川等坝址,因淹没损失较重,工程量大,距三门峡工程太远等原因,当时修建有困难。经过查勘研究,认为修东庄拦泥水库是适宜的。东庄坝段位于泾河下游的峡谷中,全部控制了泾河的泥沙,在这里修筑232米的混凝土高坝,库容可达40余亿立方米,寿命可达20年。北洛河计划先修南城里拦泥水库,总库容8.6亿立方米,配合后期修建的永宁山拦泥坝,可运用30年。

上述三座大型拦泥工程建成后,可以控制三门峡以上流域面积约50万平方公里,这些地区平均每年来沙量约9.2亿吨,占三门峡水库多年平均入库泥沙的57.4%。如以拦截80%计算,也可减少三门峡入库泥沙近50%,库内淤积将大大减轻,渭、洛河下游的淹没影响也将大为缓和。在后期还可灌溉300多万亩田地,发电装机约70万千瓦。

为了使上述三座拦泥工程在较长时期内能继续发挥拦泥作用,我们还建议在运用一段时间以后,要继续修建第二批4座拦泥工程,即泾河巩家川、北洛河永宁山、渭河宝鸡峡、无定河王家河等拦泥坝库,4座拦泥工程总库容达66.1亿立方米,拦泥效益将更为显著,并可发电8亿多度,灌溉170万亩。

为了更好、更快地解决三门峡库区淤积问题,保证关中平原和西安市的安全,又不过多地加重下游的负担,在同意三门峡工程增建、改建的同时,积极主张在中游抓紧修建拦泥工程,这是我那个时期治黄的基本指导思想。随着治黄实践和认识的逐步发展,这些思想后来被证明,有的符合黄河实际情况,有的则不太符合,还有些问题仍需通过实践去验证。

第三节　下游防洪能力的恢复

第二次大修堤

三门峡水库由"蓄水拦沙"改为"滞洪排沙"运用,下游防洪问题又突出了。三门峡工程建成前后,由于我们过分乐观地估计了形势,曾一度放松了下游修防工作,一些防洪工程没有得到继续加强,下游防洪能力有所下降。为了改变这一不利局面,保证黄河防洪安全,我们及时提出了第二次大修堤的计划,争取在3年内将黄河下游防洪工程恢复到1957年的水平。

我们首先于1962年3月20日以黄委会党组的名义给河南省委和中南局写了报告,根据恢复下游防洪能力的需要,主要提出五项任务:(1)培修堤防。以防御花园口站洪峰流量22000立方米每秒洪水为目标，要充分运用位山枢纽工程和东平湖水库滞蓄洪水，并按照1957年的堤防标准，培修临黄大堤和金堤，计需加高培厚堤段580公里，整修补残堤段1000公里。（2）整修险工坝埽工程。针对河水冲刷后埽坝根石变陡的不利情况，继续整修，恢复到比较安全的强度，增加一些储备料物，计划3年内备运石料90万方。（3）植树种草，养护大堤。（4）恢复拖船、车辆、铁路等防汛运输设施。（5）继续消灭大堤隐患，发动群众，建立护堤组织，捕捉害堤动物，锥探填塞大堤隐患，以恢复堤防的完整和抗洪能力。

我们的报告，得到了中央领导同志的重视。报告3月呈送，4月中旬，中南局第一书记陶铸同志便来到郑州，了解黄河的新情况。在郑州市北郊的河南省委第三招待所，陶铸同志听了三门峡运用后出现的新情况和整个治黄工作的汇报后，对我们提出黄河下游第二次大修堤的要求，表示赞同。由于复堤工程涉及国家投资问题，陶铸同志又立即用电话向中央做了汇报，并请当时国务院主管经济工作的李富春副总理一起到三门峡开会商定。这时三门峡库区的淤积已很严重，继续蓄水拦沙将带来很多问题，国务院已得悉这一情况。李富春副总理、陶铸同志和我到了三门峡后，又重新研究分析了水库淤积的现状和下游修防问题，决定将三门峡水库的运用方式由蓄水拦沙改为滞洪排沙。两位领导同志指示我们，要加强下游修防工作，恢复到1957年的水平，保证在不滞洪的情况下，能够防御22000立方米每秒的洪水。李富春同志指出：要集中力量在三五年内把下游巩固起来，再集中到中上游摸出一条路子来。针对黄河下游堤防工程的料物、树木损失情况，李副总理指示，黄河上的一草一木都不准动，要用于黄河。

经过这次在三门峡的研究，第二次大修堤便正式定下来。随后，我们到水电部、国家计委办了手续。1962年冬季，整个下游就开始行动起来。为了改变封丘、兰考、东明和长垣等县所属河段河势的不利变化，重点在东坝头修建控导工程，以调整流势，减轻对堤防的威胁。同时，普遍恢复建立了各级堤防管理组织，恢复了护堤奖惩制度。在这次修堤过程中，还试验、推广了拖拉机碾压，这是下游修堤施工中的一项重大革新，比过去人工夯实大大提高了工效，质量也更有保证。

经过一系列调整，下游修防工作明显加强。从1962年到1965年，第二次大修堤历经4年，共完成土石方6000万立方米，一些比较薄弱的堤段进行了重点加固，河道整治工作也重新展开，从而下游排洪排沙能力逐步得到了恢复。

破除花园口和位山枢纽拦河坝

为了适应三门峡水库运用方式的变化，尽快恢复下游河道的排洪能力，1963年，花园口和位山两座枢纽的拦河坝也先后被破除。

花园口枢纽，又称岗李枢纽，是黄河下游干流上第一期拦河壅水工程，位于京广铁路桥以下8公里，南岸为郑州市郊岗李村，北岸为武陟、原阳两县交界处。1955年黄河规划，这一工程原选定在桃花峪，后为满足黄河两岸灌区用水及郑州与新乡的通航规划，才下移到花园口。在1958年"大跃进"形势下，认为"根治黄河，指日可待"。黄河上中下游众多工程相继动工兴建。花园口枢纽以上南北两岸除了早已建成的人民胜利渠以外，又先后建成了共产主义渠、幸福渠、东风渠，引黄灌溉发展迅猛，灌区设计面积达1400多万亩。为了保证引水，河南省要求马上修花园口枢纽，河南省第一书记吴芝圃打电话征求我的意见，我表示不同意，但后来还是修了。这时，黄河干流上的三门峡水利枢纽正在施工，伊、洛河上的陆浑、故县等支流水库也已相继动工。按照当时的设计分析，这些工程运用后，可使黄河下游最大流量控制在6000立方米每秒以下，下游河道将由淤积变为冲刷下切，为了保护黄河铁路桥，利于灌溉和航运，需要在黄河下游修建6级枢纽，花园口枢纽就是在这样的形势下率先决定上马的。1959年12月开工，翌年6月建成，赶在汛前投入运用，速度很快。

花园口枢纽工程建成运用后，在三门峡水库蓄水拦沙运用期间，对于灌溉、改善河段的溜势及防止京广铁路桥基的冲刷起到了一定的作用。但事情的发展并没有达到我们预期的目的。由于原设计对客观情况的变化估计不足，花园口枢纽运用后，除主要受惠者东风渠和幸福渠显现出效益外，其他航运、发电等都难以实现，灌溉面积也远远小于原设计面积。加之工程建成后，管理单位几易隶属，管理不善，运行不到两年，枢纽的泄洪闸受到严重损坏。特别是1962年以后，三门峡水库由蓄水拦沙改为滞洪排沙运用，洪水泥沙大量下泄，黄河下游河道恢复淤积，花园口枢纽这一低水头壅水工程，这时不仅不能发挥其应有效益，反而使河道的排洪能力受到严重影响，淤积加重。为了保证下游防洪安全，我们经过反复讨论，于1963年5月，提出了破除花园口枢纽工程拦河大坝的设计。经水电部和河南省委批准，当月便开始动工，经过两个月的实施，7月17日爆破成功，从而为顺利排洪排沙疏通了道路。

位山枢纽及其东平湖水库位于黄河下游由宽河段进入窄河段的交界段，东平湖即古代的梁山泊，是我国著名古典小说《水浒传》故事发生的地方。在宋代,已经发展成为汴京以东的一个大湖,周围几百里,号称“八百里水泊梁山”。后来由于黄河泥沙沉淀,湖底升高,水面逐渐缩小,历史上黄河发生大洪水时,这里可以倒灌分洪,是个天然分洪滞洪水库。1955 年进行黄河规划时,被确定为梯级开发的远景工程之一,定名为位山枢纽工程。1958 年修了东平湖水库围堤,水库面积达 632 平方公里,总库容为 40 亿立方米。后又建成位山引黄闸、拦河坝,徐庄、耿山口进湖闸,十里堡进湖闸,陈山口出湖闸等分项工程,历经 3 年,基本建成位山枢纽工程,于 1960 年 7 月投入运用。

枢纽原兴建的目的是:汛期调蓄洪水,减轻位山以下防洪负担;灌溉季节抬高水位,保证北岸灌区用水;非汛期蓄水,调节下游用水;凌汛期关闭闸门使凌洪入湖,以保证位山以下凌汛安全;沟通航运和发电等。

但是,由于原规划过分乐观地估计了黄河防洪形势,枢纽工程壅高了水位,造成了回水区河道的严重淤积,降低了河道的排洪能力,从而增大了位山以上堤段的防洪负担,同时由于灌溉渠道的淤积和灌区盐碱化的产生,使枢纽壅水灌溉的目的近期难以实现。因此,改建位山枢纽工程便成为亟需认真研究的问题。

1962 年 6 月,黄委会按照水电部的指示,编制了“位山枢纽(东平湖水库)工程改建设计任务书”,提出了枢纽改建的问题。10 月,水电部委托我主持,在郑州举行了下游治理学术讨论会,与会代表再次就位山枢纽改建展开讨论。代表们一致认为,枢纽工程改建是必要的,改建的原则应是尽量降低枢纽以上河道水位,避免继续恶化,同时要有足够的分洪能力,充分利用东平湖水库滞洪,确保位山以下防洪安全。但对改建方案却存在不同意见:一部分同志主张破除拦河坝,恢复天然河道排洪,一部分同志则主张扩建泄洪闸。从当时的防洪和以后长远治理的方向来看,破坝方案更为有利。因此,我是主张破坝的。但山东河务局主任工程师包锡成则不同意破坝,他提出了两个问题:第一,坝能否破开?第二,破开之后河势是否会出现大的变化,危及下游防洪安全?从当时对这个问题所进行的研究情况及技术条件来看,所提两点,我认为都是可以解决的。后来两种意见报给水电部,水电部组织有关同志反复讨论,于 1963 年 3 月 26 日给当时主管农林水工作的谭震林副总理及国家计委、国务院农林办公室写了“关于位山枢纽改建方案和 1963 年度汛问题的报告”,提出先按破坝方案做好准备,对不破坝方案做进一步论证的意见。不久,周总理、李富春、谭震林副总理分别对报告做了批示,同时,总理在北京又亲自找包锡成主任工程师,认真听取了他对位山枢纽工程改建的意见,并亲自给他做说服工作,从黄河治理的大局讲清了道理。由于周总理的耐心工作,包工程师改变了自己的看法,表示同意破坝方案。

1963 年 5 月,根据周总理等领导同志的指示,水电部就位山枢纽改建再次组织专家讨论,讨论会上,黄委会在原“位山枢纽工程改建方案报告”的基础上,做了补充分析论证,重新编写了报告,提交大会讨论。由于破坝方案能彻底消除枢纽的壅水作用,减少淤积,分洪入湖也有保证,而建闸方案则仍有一定壅水淤积,对防洪不利,而且从河道整治、适应防洪排沙要求和黄河治理远景的设想等方面来看,都以破坝为好,因此破坝方案在这次会上得到了多数同志的赞同。水电部综合大家的意见,同意了破坝方案,并对枢纽和东平湖水库的防洪运用问题提出了审查意见。国务院 10 月 21 日做了批复,“同意破坝方案,可于今年 10 月施工,增建进湖闸问题,俟将来需要,再进行研究确定。”11 月 5 日周总理根据长办林一山主任对位山破坝反映的意见,又召集水电部、黄委会、长办和河南、山东等省的负责人到北京开会,我和赵明甫同志参加了这次会。经过讨论,周总理最后确定仍按破坝方案执行。位山枢纽工程改建方案先后经过六次讨论,最终确定下来了。1963 年 12 月,位山枢纽的第一、第二拦河坝先后被破除,洪水仍由原河道通过,消除了壅水,恢复了排洪能力,东平湖水库也随之改为新、老湖二级运用,成了处理黄河洪水的滞洪水库。

实践证明,破除花园口和位山拦河坝,对当时下游河道排洪能力的恢复起了很大作用,对防洪是有利的。但为此我们却付出了很大的代价,当时对我的思想震动不小。那几年,虽然我也认识到根治黄河是一件宏伟、艰巨的任务,甚至在头脑发热的“大跃进”年代里,也未敢放松一年一度的黄河汛期防洪,但总的说,我当时对黄河形势的估计,也是偏于乐观的。决心恢复下游河道排洪排沙能力,是我思想认识上的提高,也是实现“上拦下排”治河思想的重要组成部分。

第四节　动乱中的黄河

历史的颠倒

正当治黄工作总结经验教训,继续前进的时候,在我国当代历史上,出现了一个令人难以忘怀的阶段，这就是“文化大革命”时期，这场政治运动给党和国家带来了深重的灾难，也使治黄工作受到了严重的损失。

1966年秋“文化大革命”开始后，治黄工作跟全国各行各业一样，也受到了强烈冲击。在极“左”思想的笼罩下，中华人民共和国成立后17年的人民治黄工作，被作为修正主义治河路线全盘否定，各级治黄领导干部和科技人员受到了残酷的摧残，广大群众被狂热多变的政治局势搞得无所适从，后来又出现了派别组织，好端端的治黄形势一时被冲击得乱了套。

当时对17年的治黄工作罗织了许多“罪名”，如：水土保持工作成了“单纯拦泥，不问生产”，下游修防工作被说成是“只管一条线，不管两大片”，把尊重知识、尊重人才说成是“专家治河”，把按劳付酬诬蔑为“物质刺激”、“金钱挂帅”，多年行之有效的管理制度诬蔑为“管、卡、压”等。结果搞得组织瘫痪，人人自危，一些单位防汛无人抓，堤防无人管，给治黄工作造成了极其严重的恶果。

所谓“单纯拦泥，不问生产”，是对治黄工作中“上拦”思想的诬蔑。回顾这一思想的产生和发展的过程，我们无论在什么情况下，也没有说过要单纯拦泥，而总是强调要拦泥和发展当地生产结合起来，至于治黄工作出现的一些失误，那是因为缺乏经验，是认识问题，怎么能成为反党反社会主义的政治罪行呢？说下游修防是“只管一条线，不管两大片”，就更显荒谬。黄河是世界上最难治的一条河流，历史上灾害频繁，人民治黄以后在党和政府领导下，我们发动沿河两岸人民对堤防工程进行了大规模的建设，20世纪50年代和60年代初期，每年都有几十万人参加修堤工程，正是靠着坚固的堤防工程和沿黄人民严密的防守，才战胜了中华人民共和国成立后的历年洪水，创造了当时20年伏秋大汛不决口的历史奇迹，有力地保证了黄河两岸广大地区人民的生命和财产安全；而且开创了下游引黄灌溉的历史，发展了几十处引黄灌区，这怎么能说“只管一条线，不管两大片”呢！

在那动乱的岁月里，许多问题的是与非、功与过都被搞颠倒了。“多劳多得，按劳付酬”，是社会主义的分配原则，对此，从马克思到列宁，都有过详细精辟的论述。中华人民共和国成立后治黄工作尤其是下游堤防建设，正是执行了这一分配原则，才取得了迅速的发展。但是“文化大革命”中，这一原则被作为“金钱挂帅”、“物质刺激”进行批判，结果挫伤了广大群众的积极性。拿下游修堤工程来说，“文化大革命”前的1964年、1965年，全河平均土工工效七八方，动乱中只有五方左右，质量也大大降低。

更使治黄工作大伤元气的是，批判所谓“专家路线”和“业务挂帅”。由于“文化大革命”一开始，矛头便直指文化界、科技界，而黄委会是知识分子较多的单位，因此成了“重灾户”。黄河上的广大技术干部受到了残酷迫害，一大批热爱党、热爱社会主义祖国，对治黄事业卓有贡献的工程师和科技人员，被扣上了一顶顶吓人的政治帽子，有的被迫中断了苦心研究多年的科研项目，资料被查抄，许多同志被当作专政对象，人身倍受摧残，最后被下放劳动改造。

“文化大革命”的动乱，使“上拦”工程的探索基本陷于停顿状态，特别是水土保持工作遭到严重破坏。譬如陕西省绥德县韭园沟和甘肃省庆阳的南小河沟，是水土保持的先进典型，在历史上这里曾是山梁支离破碎，土壤瘠薄，一遇暴雨，水土流失非常严重。20 世纪 50 年代初，黄委会便在这里建立了水土保持试验站，开始了系统的小流域综合治理工作，经过十几年的研究和推广，找到了一套水土保持的有效措施，蓄水拦泥，发展生产，使山腰里的坡地变成了水平梯田，沟壑淤成了平川。到“文化大革命”前，这里的亩产平均达到 300 公斤，泥沙控制了 57%，培育种植的苹果、梨、桃等水果，有的一棵收 270 多公斤，最大的苹果重半公斤，品种优良，后来还远销到国外。这些试验基地，在水土保持的发展中起了重要的示范作用。但是在“文化大革命”中却被诬蔑为“黑样板”，是“国家出钱，农民种田”的典型，结果一大批水土保持的先进典型受到株连。水土保持机构从上到下几乎全部砍光，人员下放，工作停顿，科学研究中断，不仅大量水土保持设施被破坏，而且毁林、毁草，致使水土流失加重，对山区生产和治黄危害很大。

可敬的是，治黄战线上的广大干部、群众和知识分子，即使在遭受如此残酷迫害的情况下，也没有动摇对党对社会主义的信心，在极其恶劣的环境中，仍然努力工作。实践证明，他们不愧是党和人民的宝贵财富，是完全而且应该信赖和依靠的新黄河的建设者。

重见周总理

在黄委会长期担任领导职务的我，和许多老同志一样，这场动乱一开始，就被罢了“官”。当时批判我的主要“罪状”是埋头业务，不问政治，重用“资产阶级反动权威”，给我戴上了“走资本主义道路的当权派”、“三反分子”等大帽子，这样，治黄工作当然不能让我过问了。那些日子，我除了给造反派做无休止的检查、被拉去揪斗、交代“罪行”外，便是在“黄家”大院内打扫卫生，用红卫兵的话说叫“触及灵魂”、“劳动改造”。

在这段时间里,我不止一次地回顾了自己走过的道路:从离开书香门第,到去北平大学法学院求学;从参加学生运动,接受革命思想,到在抗日战争中加入中国共产党,坚持武装斗争;从遵照党的指示,主持组建冀鲁豫黄委会,到取得“反蒋治黄”斗争的伟大胜利;从对治黄工作的知之甚少,到在实践中逐步摸索前进。几十年中,特别是中华人民共和国成立后的治黄实践中,要说治河观点有时有片面性,工作中有失误,还是可以接受的。但对党、对毛主席、对我们的社会主义祖国,我一直是忠心耿耿的。说我反党、反社会主义,走资本主义道路,怎么也想不通。后来,动荡不安的社会局面,无休无止的派别斗争,使我越来越感觉到,这种搞法很反常,我采取坚决抵制的态度。结果对我的打击便逐步“升级”了,说我是“死不悔改”,两派群众组织对我轮换揪斗,让我干最脏最累的活。有一次,郑州市内金水河里淹死了一个人,无人近前,“造反派”就命令我去抬,我想,我已是年过花甲的人了,当年的抗日战争中,“反蒋治黄”战场上,中华人民共和国成立后大西北的黄河查勘,我无所畏惧,抬抬死人又有什么胆怯的!再说不管死者是谁,也别论他是怎么死的,就按一般的人情讲,人死了总得有人收尸吧,所以我还是去抬了。

在那是非颠倒的日子里,每月只发给我十几元生活费,老伴没有工作,当时的食品又十分缺乏,生活非常艰难,加上频繁的“揪斗”,因此身体受到了很大摧残。但我始终坚信,中国共产党终归会纠正这种错误的,问题总有一天都会解决的。

终于,情况有了好转,1969 年我被宣布“解放”。

1970 年 3 月的一天,当时的河南省革命委员会转达国务院的通知,叫我去北京,说总理要接见。对我来说,这是一个多么令人兴奋的喜讯啊!从 1946 年的“反蒋治黄”斗争算起,20 多年了,我曾多次向周总理汇报黄河问题,周总理为治黄事业倾注了大量的心血,可是自从 1964 年底在北京治黄会议上和总理见面后,岁月的动荡,使我一直没有同周总理见面的机会,我心中无时不在盼望这一天的到来。

一同被叫到北京的还有长江流域规划办公室主任林一山同志,我俩过去在黄河的治理方略上,观点有分歧,可是在这场“文化大革命”中,境遇却非常相似,不觉一别也是六年了,握手相见,感慨不已。我们到北京,因为总理很忙,没有立即专门接见我们,先安排让我们参加中央正在召开的计划工作会议。这天,会议开始时总理便问:“林一山、王化云同志到了没有?”我们立即站了起来。接着总理问我们:“‘解放’了没有?”我们回答:“‘解放’了!”总理听后满面笑容，高兴地带头鼓起掌来。当时，我们心情激动极了，热泪不禁夺眶而出。

不久，总理去朝鲜访问归来，在国务院接见了我和林一山同志。一见面，总理就热情地握住我们的手说："有几年没见面了。"总理的话语，像一股暖流，涌遍了我的全身。我凝神望着总理，他的精神依然是那么饱满，但却明显地消瘦了，我们问总理的身体怎样，总理指着在座的李先念同志，若有感慨地说："这个事情他都知道。""文化大革命"中，周总理为了避免国家遭受更大的损失，不但要日夜操劳纷繁的国家事务，还遭受林彪、"四人帮"一伙的暗算，严重地损害了身体健康，看到总理削瘦的面容，我们的心中都十分不安。

周总理的记忆力非常好，对黄河以往的情况，几乎都问到了。总理还特别关心三门峡工程改建的效果。我向总理汇报说，三门峡水库的情况基本稳定了，潼关以下已恢复了原来的情况。总理听后表示欣慰，并嘱咐我回去后到陕西去向那里的负责同志谈谈，叫他们放心。

从上午 10 时到下午 2 时，总理一直没有休息，中午和我们一起吃饭，边吃边谈，一直谈了几个小时。总理对我们个人的思想也很关心，给我们讲党的历史，教育我们要正确对待群众，正确对待自己。在向总理汇报当中，我对自己的工作问题也向总理谈了。针对我的思想状况，总理先是安慰，尔后鼓励说："黄河的事情，在毛主席的领导下，取到了很大成绩，但是治黄的任务还很重。黄河的工作是党和人民委托给你们的，是一件重要的事情，还要继续干好。"听了总理语重心长的教诲，我的心情既兴奋，又觉得有点惭愧，总理在百忙中，用这样长的时间接见我们，不仅是对我国江河事业的深切关怀，也是对我们个人的爱护和帮助。我当即向总理表示，要继续努力为党工作，担负起国家交给的任务。然而，我万万没有想到，这次和周总理见面，竟成为永别。每当想到这里，总是百感交集，悲痛不已。

艰难中治黄

"文化大革命"是一场全国性的灾难，治黄事业也受到了浩劫。但在国务院和周总理的直接关怀下，广大治黄职工对林彪、"四人帮"在治河领域内的倒行逆施进行了抵制和斗争，使治黄工作在艰难的环境中仍然有新发展。

首先是三门峡水库工程的改建，这是 1964 年北京治黄会议上确定的项目。1966 年至 1968 年，第一期两洞四管增建、改建工程完成后，对减缓库区淤积起了作用，但泄洪排沙能力仍然不足。1969 年 6 月总理委托河南省革命委员会的领导同志刘建勋等,在三门峡主持召开了陕、晋、豫、鲁四省会议,水电部钱正英部长参加了会议,就三门峡工程的进一步改建和运用原则进行讨论协商。根据三门峡库区的淤积状况和工程第一期改建后运用的情况,与会代表认为,鉴于三门峡335米高程以下库容已损失近半,按两洞四管12个深孔的泄水能力计算,一般洪水年的坝前水位可达320~322.5米,仍可能增加潼关河床的淤积。当三门峡以上发生特大洪水时,坝前水位可达327~332米,将造成渭河下游较严重的淤积,有可能影响到西安。因此,三门峡需要进一步改建。改建的原则是,在“两个确保”的前提下,合理防洪、排沙放淤,径流发电。改建的规模,要求在一般洪水下淤积不影响潼关,泄流能力要求在坝前水位315米时下泄流量10000立方米每秒。增大泄洪排沙能力的措施是打开原已封堵的八个施工导流底孔,在不影响潼关的前提下,利用低水位径流发电,装机20万千瓦,并入中原电力系统,并向陕西、山西省送电。经过反复讨论,最后,商定了三门峡枢纽的运用原则:当上游发生特大洪水时,敞开闸门泄洪,当下游花园口可能发生超过22000立方米每秒洪水时,应根据下游来水情况,关闭部分或全部闸门,增建的泄水孔原则上应提前关闭以防增加下游防洪负担。冬季应继续承担下游防凌任务。发电的运用原则为:在不影响潼关淤积的前提下,汛期的控制水位为305米,必要时降到300米,非汛期为310米,并在运用中根据情况不断总结加以完善。

这次会议召开时,我刚刚被“解放”,还没有分配具体工作。可能是考虑到我领导治黄多年,并参加了三门峡工程兴建的全过程,于是也让我参加了这次会议。会议进行中,有关领导人征求我的意见,让我也谈一谈。本来我去的时候就有点活思想,只听不讲。到这时,我觉得自己还是应该谈谈。揪斗也好,批判也好,但我的心一时一刻也没有离开黄河,自己是个共产党员不能隐瞒自己的观点,要对治黄事业负责,对人民负责。在发言中我首先谈了对黄河的看法。我认为黄河的问题,洪水、泥沙不能分开,必须变害为利,充分利用水沙资源为社会主义服务,因此要“上拦下排”。当时我就设想,在黄河干流上总要搞十个八个大工程,高坝大库,综合利用,要修黑山峡、小浪底两座反调节水库。关于水土保持,我认为除了修水地、梯田、造林、种草以外,就是要大搞淤地坝。但水土保持不可能把水沙全部拦住,总要下来一些,因此支流要同时治理,搞两条样板河,一条是无定河,一条是蒲河。巴家咀拦泥试验坝要坚持搞到底。最后我向钱部长说:“明年大堤又该大修了”,第一次提出了第三次大修堤的任务。

这次会议,确定了三门峡进一步改建的原则。这样,库区淤积得到缓和,但随之而来的问题是泥沙大量下泄,下游防洪负担加重,这就迫使人们不得不继续在下排措施上挖掘新的潜力。

首先是下游堤防加固,自从1950年河南省封丘修防段工人靳钊发明锥探灌浆以后,堤防加固工作有了很大改进,但由于这种锥探,从打锥到灌浆,一直是靠人工,劳动强度大,效率较低。"文化大革命"中,黄委会设计院技术干部彭德钊、工程师曹生俊等同志,下放到武陟修防段"劳动改造",和这里的工人一起研究,在人工锥探的基础上改为机械锥探,把人工灌浆发展为机械压力灌浆,大大减轻了劳动强度,效率提高了10倍。经多次开挖检查,改进后的压力灌浆对于灌实缝隙、洞穴都很有效。泥浆与堤身土料结合密实、灌浆范围通过缝隙可远达40米。后来,机械锥探、压力灌浆成为下游加固堤防的重要措施,对于提高堤防抗洪能力,一直发挥着很好的作用。

固堤的另一种措施"淤背固堤",这个时期也有了突破。20世纪50年代开始的放淤,主要是结合引黄灌溉,利用堤背的潭坑、洼地做沉沙池,自流沉沙后,潭坑淤平,洼地淤高,起到加固大堤的效果。但是随着背河地面不断淤高,部分堤段已经不能自流沉沙。1970年,黄委会工务处处长田浮萍同志在山东齐河修防段下放劳动时,和职工一道刻苦钻研,创造了简易吸泥船放淤固堤,即用高压水枪冲搅河床泥沙,使河水含沙量大幅度增加,再用吸泥泵抽吸,通过管道输送到大堤背河淤区内,经过沉淀,清水灌溉,泥沙加固堤防,不仅可以常年放淤,而且减少了排水与排涝的矛盾,一般淤背宽度50~100米,重点堤段可淤到与设计洪水位相平,从而减少了大堤临背两侧的高差,延长了渗径,增强了堤身的稳定性。经多年洪水考验表明,对处理漏洞、管涌、渗水、裂缝等险情效果显著。以往在汛期经常出现严重渗水管涌的堤段,如郑州花园口、济南牛角峪、齐河南坦、东阿牛屯等地,经过淤背固堤,在汛期高水位考验下,均未发生险情。山东省齐河县的南坦险工,长2000米,过去背河是一片积水坑,防洪水位高于背河地面达10米,1954年洪水期,背河堤坡曾发生严重滑坡,后动用10万余工日进行加固处理,仍是险象不断,可是经过放淤固堤,1976年洪水位和1970年凌洪水位都比1958年高,大堤却安然无事,没有发生险情。这一新的固堤措施出现后,尽管当时我不在治黄领导岗位,但从一开始我就是热情支持的,我认为这是为利用黄河自身的力量治理黄河开辟了新的途径。

在下游职工顶着逆流干治黄的时候,黄河中游的水土保持工作也度过了严重破坏阶段,开始得到恢复和发展。20世纪70年代初期,在北方地区农业会议和两次黄河中游地区水土保持会议的推动下，各地普遍开展了农田基本建设，以改土治水为中心，实行山、水、林、田、路综合治理。在工程措施上，也有了突破性的进展，快速施工的水坠坝就是这时产生的。水坠坝也叫水力冲填筑坝，即在选定的坝址上，把水抽到坝顶以上的取土场，利用高压水枪冲击，割切土体，并使土料经水流的湿化、崩解、搅拌成稠泥浆，然后沿着人为设置的造泥沟、输泥渠，输送到坝面上，在水和土的重力作用下得到密实，再经脱水固结，形成均匀密实的坝体。用这种方法筑坝省劳力，工效高，投资省，质量好，适应广，省略了原来碾压坝的5道工序，工效提高了5～10倍，而且强度也很高，群众赞扬这种水坠坝说：“水坠坝实在好，不运不夯工效高，投资省质量好，村村能把大坝搞。”这一方法的出现，使淤地坝工程有了突飞的发展，仅陕北地区20世纪70年代初的几年间，就修筑了3000多座。1973年冬至1975年6月，巴家咀拦泥试验坝，又在坝前淤土上进行了加高，共加高8米，总坝高达74米，新坝体基本稳定，表明拦泥坝的试验又向前迈出了可喜的一步。在“文化大革命”的艰难环境中，治黄工作每前进一步，都渗透着人民群众和治黄职工的艰辛劳动，我从中也一次次受到强烈的鼓舞。这说明，人民治黄事业深得人心，有着强大生命力。亲身的治黄实践，群众的发明创造，使我更加坚定了治黄的信心。

进行第三次大修堤

1973年11月22日，我重新进入黄河水利委员会领导班子，参加了由黄河治理领导小组召开的黄河下游治理工作会议。河南、山东两省沿黄河13个地、市、水电部及所属有关部门的代表，以及甘肃、陕西、山西省水电部门和燃化部、清华大学等单位的同志参加了这次会议。

为什么要召开这次会议呢？因为这时黄河出现了一些新情况、新问题，20世纪60年代末至70年代初，黄河下游一直处于枯水多沙年，加上三门峡水库改建工程全部投入运用，集中排沙，下游河道出现了更为严重的淤积。1969年到1972年，下游河道平均每年淤积泥沙6亿吨，比以往每年的淤积量增加了2亿吨。同时，还有一个情况，过去淤积一般是滩上一半，主槽一半，而这段时间泥沙绝大部分淤积在主河槽里。下游河道严重淤积带来了两个问题：一是“高”，河床淤高，洪水位也就抬高，于是堤防高度相对降低，排洪能力相应减少了，过去能排那么多，如今排不了那么多，过去安全的，现在不安全了。二是河槽摆动加剧，过去七八千立方米每秒流量是在河槽里通过的，除险工外，水不靠大堤，而现在3000立方米每秒流量就漫滩，主流摆动加剧。因横比降加大,洪水一旦出槽堤根就偎水,加重了堤防威胁,位山以上的宽河道尤为严重。

为什么这几年下游淤积加重?主要和这几年来水来沙的情况有关。本来这几年黄土高原就很干旱,又下暴雨,产生严重的水土流失,造成枯水多沙。其次是刘家峡水库蓄水运用的影响。刘家峡水库每年汛期要蓄40亿立方米水,由于兰州以上泥沙较少,减去的清水多,减去的泥沙少,从而增加了黄河中游水流的含沙浓度。三门峡工程改建排沙也有一定影响。还有一个因素,即下游河道内的生产堤。在4200多平方公里的下游河道里,有3500多平方公里是滩地,1958年大水后,由于一度认为三门峡工程建成后下游洪水威胁基本解除,滩区群众为保护生产在滩区修建了不少生产堤,使黄河洪水漫滩机会减少,结果河水携带的大量泥沙便淤积在主槽中。以上几种原因,使主槽严重淤积,水位抬高,横比降加大,部分河段出现河槽高于滩面、滩面又高于背河地面的情况,形成"悬河中的悬河"。1973年9月24日实测长垣马寨的一个断面,河槽平均高程比滩面平均高程高出0.75米,比背河地面高出2.27米,有的河段滩面横比降比河道纵比降大10倍。1973年汛期,花园口出现5890立方米每秒的小洪峰,但花园口到石头庄160公里的河段内,水位普遍比1958年22300立方米每秒流量的洪水位还高0.2~0.4米。也正是这年汛期,山东省东明县滩区生产堤决口,河水直冲黄河大堤,顺堤行洪,黄河大堤多处出险。这一险情很快引起了国务院的密切注意,惊动了周总理,他深夜给水电部领导同志打电话询问具体情况,随后指示国务院召集有关部门开会,组成工作组,实地进行调查研究,共同商讨如何解决黄河下游出现的新情况、新问题。

由于周总理的关怀和保护,这时,我已重新进入黄委会领导班子,担任革命委员会副主任,但不是党组成员。这几年,通过对治黄工作的反思和对黄河近年出现的新情况的分析,我的想法已从偏重于"拦"逐渐转向"拦排"并重,只是由于"文化大革命"的动乱,我一直没有说话的机会。1969年在三门峡的四省会议上,我就考虑到,随着三门峡工程改建运用,形势将有新的变化,大量泥沙重新下泄,下游堤防防洪负担加重,因此必须立即着手第三次大修堤。可惜,当时我的这一意见没得到重视,这次会议才得到了解决。

会议共进行了13天,大家深入分析了黄河下游的形势,最后以黄河治理领导小组的名义向国务院写了《关于黄河下游治理工作会议的报告》(以下简称《报告》)。针对不少同志认为只要淤背加厚大堤就可以不用人工加高大堤的思想,我们在报告中提出:要大力加高培厚大堤,采用人工加堤和放淤固堤相结合的办法,5 年内完成加高大堤土方 1 亿立方米,10 年内把险工、薄弱堤段淤宽 50 米,淤高 5 米以上,共计划放淤土方 3.2 亿立方米。同时决定废除滩区生产堤,并对滩区 100 多万群众的生产和生活,提出了修筑避水台,逐步修房台、村台,实行“一水一麦”、“一季留足群众全年口粮”的政策。

1974 年 3 月 21 日,国务院批转了这个报告,并在批示中指出:“为了从根本上解决泥沙问题,要大力搞好中、上游水土保持,加强支流治理,《报告》中所提出的黄河下游今后十年治理规划应同中、上游的规划统一研究,由国家计委统筹考虑。”“国务院同意《报告》中对一九七〇年黄河下游防洪工程计划的安排。从全局和长远考虑,黄河滩区应迅速废除生产堤,修筑避水台,实行一水一麦留足群众全年口粮的政策,对薄弱的堤段、险工和涵闸,要加紧进行加固、整修。”

此后,第三次大修堤便全面展开了。这次修堤的提出和实施,对适应黄河下游发生的新情况,增强黄河下游堤防抗洪能力,建立和完善下游防洪工程体系产生了很大的作用。

第五节 黄河洪水的再认识

淮河大水的警钟

1975 年 8 月上旬,淮河流域发生了一场罕见的特大暴雨,暴雨历时虽短,但强度很大,一时间山洪暴发,库坝失事,河堤溃决,给国民经济和人民生命财产带来了严重损失。

这次水灾给黄河再次敲响了警钟,类似暴雨 1963 年 8 月在海河流域亦曾出现。黄河处于海河、淮河两大水系之间,这两次暴雨中心距离黄河三门峡至花园口区间常见暴雨中心不足 300 公里。洪水中受灾很重的淮河支流洪汝河、沙颍河就与黄河流域毗邻。据气象资料综合分析,这样的暴雨完全可能降落到三门峡以下的黄河流域,这一严重的现实,引起我们对黄河洪水的重新认识。

人民治黄刚开始时,我们只知道 1933 年陕县 22000 立方米每秒的洪水,中华人民共和国成立后的 1952 年经调查发现,历史上还有 1843 年陕县 36000 立方米每秒的特大洪水。因为这两次洪水都是主要来自三门峡以上，所以我们当初认为兴建了控制全河流域面积92%的三门峡工程之后，黄河下游洪水便可基本得到控制了，这实际上就是1955年黄河规划中解决下游防洪的基本思想。但是，1958年黄河下游出现的大洪水，主要来源却是在三门峡至花园口干流区间和伊洛沁河流域，这说明，三门峡以下仍然会发生大洪水，这对我们原来的认识是一个很重要的发展。

黄河三门峡到花园口区间，流域面积4万多平方公里，有伊洛、沁河大支流和十几条小河汇入。据历史考证，这一地区自汉代以后的2000多年中，曾发生过较大洪水21次，其中公元223年（魏文帝黄初四年）仅伊河龙门就出现过约20000立方米每秒的洪水。尤其值得注意的是，当时我们又调查发现了1761年的黄河下游大洪水。从地方史志资料可知，该年雨区范围南起淮河流域，北至汾、沁和海河流域，西起陕西关中，东至郑州花园口，其中三门峡至花园口区间雨量最大，据有关志书的记载推估，其暴雨中心约在黄河干流的垣曲、伊洛河新安、沁河的沁阳一带，降雨历时10天左右，其中强度较大的约四五天。当时河南巡抚常钧根据开封黑岗口志桩水尺的观测奏称："祥符县（今开封）属之黑岗口十五日测量……净涨水七尺三寸，堤顶与水面相平，间有过水之处。"经考证和推算，黑岗口洪峰流量为30000立方米每秒，上推至花园口站为32000立方米每秒。这次洪水，黄河下游约有26处决口漫溢，灾情十分严重，乾隆皇帝曾亲笔题诗曰："七月十八日，淫霖日夜续，黄水处处涨，茭楗难为备，遥堤不能容，子堰徒成弃，初漫黑岗口，复漾时和驿……吁嗟此大灾，切切吾忧系。"可见这场洪水之大，灾情之严重。

1975年依据实测洪水、历史洪水和海河"63·8"、淮河"75·8"特大暴雨资料，经过综合分析，采用多种方法推算，确认三门峡至花园口区间有发生特大洪水的可能，花园口洪峰流量将达55000立方米每秒，12天洪水总量约200亿立方米，因为这类特大洪水主要发生在三门峡以下地区，故三门峡水库对它的控制作用不大，即使利用三门峡水库关闸控制中上游来水，花园口洪峰流量仍可达46000立方米每秒。由此看采无论是洪峰或洪量，都远远超过现有下游防洪工程体系的防御能力，一旦发生此类洪水，将会出现"既吞不掉，也排不走"的严重局面。这一新的情况远远超过了我们先前的估计，为了确保防洪安全，必须在"三花间"采取工程措施，因此提出了修建小浪底水库或桃花峪滞洪水库的任务，表明我们对黄河洪水的认识又有了新的发展。

“上拦下排，两岸分滞”

遵照国务院关于要严肃对待特大洪水的批示，1975 年 12 月中旬在郑州召开了由水电部、石油化工部、铁道部、黄委会及河南、山东两省负责同志参加的黄河下游防洪座谈会。会议根据黄河面临的新形势，着重分析了特大洪水的严重性和下游防洪的紧迫性，研究、讨论了我会提出的关于防御黄河特大洪水的方案和 1976 年紧急防汛措施。大家一致认为，黄河下游花园口站有可能发生 46000 立方米每秒洪水，建议采取重大工程措施，逐步提高下游防洪能力，努力保障黄、淮、海大平原的安全。

会议结束后，水电部和河南、山东两省联名向国务院报送了《关于防御黄河下游特大洪水的报告》(简称《报告》)。《报告》提出：当前黄河下游防洪标准偏低，河道逐年淤高，远不能适应防御特大洪水的需要，“拟采取‘上拦下排，两岸分滞’的方针，即在三门峡以下兴建干支流工程，拦蓄洪水；改建现有滞洪设施，提高分滞能力；加大下游河道泄量，排洪入海。”1976 年 5 月 3 日国务院批复，原则上同意水电部和豫、鲁两省提出的《关于防御黄河下游特大洪水意见的报告》，并指示对各项工程抓紧进行规划设计。这里有一点应该特别指出的，就是《报告》中所说的“上拦下排”。虽然主要是针对下游防洪提出来的方针，但它与 20 世纪 60 年代初期我们提出的“上拦下排”治河指导方针，其基本思想都是一致的，这说明经过 10 多年的争论，对于这个问题的认识已经基本一致，并得到国务院的确认，这对于治黄事业，是一个有力的推动。

《报告》提出的“上拦”措施，在黄河干流有小浪底水库和桃花峪滞洪工程，从全局看，为了确保黄河下游安全，必须考虑修建其中一处。支流工程，除已建伊河陆浑水库需要复核加固外，拟再兴建洛河故县和沁河河口村水库。“下排”措施，除继续抓紧第三次大修堤，加高、加固现有堤防以外，还计划在山东陶城埠以下，增辟分洪道。“分滞”措施，主要是改建北金堤滞洪区，加固东平湖水库，增大两岸分滞能力。北金堤滞洪区原设计由长垣县石头庄溢洪堰爆破分洪，因堰前滩区有 4 道渠堤阻水，爆破时机又不好掌握，可能抓不住洪峰，一旦冲开后，由于黄河水位比过去抬高，有可能分洪过多，甚至夺流改道。为适应处理特大洪水的需要，并保证分洪安全可靠，决定新建濮阳县渠村和范县邢庙两座分洪闸(邢庙闸后来未建)，并加高加固北金堤。东平湖水库因围坝存在渗水、管涌等问题，应按蓄水 46 米高程研究进一步加固措施，为保证安全运用，还拟修建退水闸，相机退水入南四湖。

《报告》还认为现有南北两岸滞洪工程位置偏下，花园口至濮阳渠村之间200多公里河道两岸堤防，在特大洪水时，防守困难很大。为了保证郑州、开封等重要城市和陇海铁路的安全，拟在北岸原阳、延津、封丘等县抓紧研究修筑二道防线和临时分洪的可能，为防止“黄沁”（黄河和沁河）并溢，建议沁河下游在武陟县境内改道。

据豫、鲁两省反映，沿黄地区每年都要动员数十万民工参加黄河修堤，劳力负担很重，与发展农业生产有矛盾。今后为防御特大洪水而修建的重大工程设施，任务更繁重，因此迫切要求加速实行黄河下游施工机械化。从那以后，黄河下游修防工作的机械化水平有了较快的提高。

从1972年到1978年，我担任黄委会革委会副主任职务，虽然分管的事情不多，但每年的防汛、防凌会议总是参加的。1974年5月，我参加了山东省召开的黄河防汛会议，针对少数同志有“年年防汛，何时到头”的厌战思想，我在讲话中特别指出：“不仅我们这一代人要修堤，下一代人还是要修堤，要有长期作战的思想准备”，这一年12月中旬，我又参加了山东召开的防凌会议，会上除了研究防凌措施，部署防凌工作以外，还讨论了山东境内第三次大修堤的实施意见。有的领导同志提出只淤背加宽，不同意加高大堤的主张，我认为这是个思想认识问题，因此我在讲话中就修堤标准问题做了全面分析。再一次强调了防洪的统一性，我说：“吸泥船淤背肯定是成功的经验，但是光靠淤背加宽而不加高大堤是不安全的，历史上漫决的记载就不少，我们修堤既要有宽度又要有高度，只有符合标准的大堤才能保证安全。”大家经过讨论，最后统一了认识。

防凌会议期间，天气很冷，房间里又没有暖气，加上白天作报告时喝了些凉茶，晚上喝了点酒，结果夜里突然胃大出血。山东省委的领导同志闻讯后，立即将我送医院进行紧急抢救，同时打电话到北京告诉钱部长，在钱部长的亲自安排下，水电部派办公厅主任和一位大夫把我接到北京住进友谊医院，最后做了胃切除手术。

1976年以后，随着粉碎“四人帮”和拨乱反正的深入进行，党的工作重点逐步转到以经济建设为中心的轨道上来，治黄工作也出现了新的形势。1978年1月8日，水利部又任命我为黄河水利委员会主任，重新负责治黄的全面工作。面对10年动乱中极“左”路线给治黄工作带来的严重损失和影响，深入开展了揭批查运动，调整了各级领导班子，把过去搞乱了的一套又纠正过来，平反和纠正了大量的冤、假、错案，认真贯彻了党中央的各项政策，根据党的十一届三中全会精神，黄河水利委员会的工作重点也转移到以治黄为中心的轨道上来了，治黄工作又重新出现了安定团结的大好局面。

治黄工作，千头万绪，但首要任务还是防洪。1978 年 6 月，黄河防汛总指挥部召开了陕西、山西、河南、山东四省防汛会议，会议先在郑州开，后来又转到北京，继续进行了第二阶段的议程。在那里，我们就滞洪区修筑避水台及黄河下游修防建立机械化施工队伍等问题，先后向水利部和李先念副总理作了汇报。接着，1979 年中央工作会议期间，我们又向余秋里、王任重以及陕西、山西、河南、山东四省的负责同志汇报了黄河防汛工作，提出了一些亟待解决的问题。中央领导同志对治黄工作十分关心，当听说因 10 年动乱等原因使下游修防队伍的施工水平至今仍然很落后，当即指示各有关部委和地方政府共同协助尽快解决这一问题。在此基础上，水利部会同陕、晋、豫、鲁四省，联名向党中央、国务院写了《关于黄河防洪问题的报告》，提出：(1)在三门峡上、下干流上兴建龙门和小浪底水库。(2)控制伊、洛、沁三条支流的洪水。(3)建立机械化施工队伍，加快堤防建设等措施。在国家支持下，1980 年黄河水利委员会招收了万余名职工，并添置了汽车、拖拉机、铲运机、吊车等大批机械设备，一支机械化施工队伍很快建立起来。

第五章

“调水调沙”思想的提出

"上拦下排"的方针,经过多年争论和实践,逐步被大多数人所接受,认识基本取得统一。但是这一方针也有局限性,通过三门峡工程的实践和治黄科技人员的研究和分析,进一步认识到黄河的问题不仅是洪水威胁很大,水少沙多、水沙不平衡也是造成下游河道淤积的重要原因。如果在黄河干流上修建一系列大型水库,实行统一调度,对水沙进行有效的控制和调节,使水沙由不平衡变为相适应,就有可能减轻下游河道淤积,甚至达到不淤或微淤。按照这一设想,我们提出了依靠系统工程,实行调水调沙的治黄指导思想。

第一节　小浪底水库与桃花峪工程

两种方案的比较

按照国务院批准的"上拦下排,两岸分滞"的方针,从1976年起,我们进行了防御下游特大洪水的规划和重大工程的可行性研究。规划中争议较大的是三门峡以下干流"上拦"工程的选择,是上小浪底水库,还是上桃花峪滞洪工程?两处工程的特点与性质不尽相同,从国家的现实情况来看,只能考虑修建其中一处。

小浪底水利枢纽工程,位于黄河干流最后一段峡谷的下口,上距三门峡大坝130公里,下距郑州京广铁路桥115公里,南距河南省洛阳市30余公里,控制流域面积69.4万平方公里,占流域总面积的92%,是三门峡以下黄河干流唯一能取得大库容的坝址,也是唯一能够全面担负防洪、防凌、减淤、供水、灌溉、发电等任务的综合性枢纽工程。

小浪底水库防洪减淤效益显著,它与三门峡、陆浑水库和在建的故县水库联合运用,可以使黄河下游防洪标准从目前不足百年一遇提高到千年一遇,在这一防洪标准下可以不使用北金堤滞洪区,滞洪区内的中原油田和125万人的生命财产得到了保障。对于中常洪水,小浪底水库也能进行灵活控制,使之削减到10000立方米每秒以下,提高了安全保证。即使发生特大洪水,也可将花园口站55000立方米每秒洪峰削减到27350立方米每秒。经东平湖分洪和采用北金堤滞洪区下部分洪后,可控制艾山泄量不超过10000立方米每秒。防凌期间,小浪底、三门峡水库联合运用,可基本解除下游凌汛威胁。

根据三门峡水库“蓄清排浑”运用的实践经验，小浪底水库经过泥沙淤积，仍可保持不少于50亿立方米的有效库容，能够长期发挥防洪、防凌效益。

小浪底水库有拦沙库容76亿立方米，利用死库容拦沙，以及汛期调水调沙，丰水时人造洪峰等措施，做50年的预测计算，共可减少下游河道淤积96亿吨，相当于下游河道25年不淤积，从而可使下游少加高2～3次大堤。

黄河是华北地区的主要水源，小浪底水库建成后，一般每年可增加40亿立方米左右的供水量，可使下游1500万亩灌区用水保证率提高到75%，下游抗旱灌溉面积可维持在2500万亩左右。除满足沿河城市、油田等工矿企业用水外，可向青岛市供水5～10亿立方米。向京、津地区城市供水10～15亿立方米。

小浪底水利枢纽全部建成后，可装机156万千瓦，年平均发电量60亿度，在河南电网中起调峰作用，改善电力系统中火电站的运行条件。

当然，小浪底工程也存在着地质条件复杂、高流速、高含沙量带来的气蚀、磨损等技术问题。但是，经过试验和论证，证明这些都是可以解决的。

桃花峪工程选定的坝址，位于郑州京广铁路桥上游约12公里，沁河口以上约2公里处。从地理位置上看，除了沁河、汶河等较大支流以外，桃花峪工程基本控制了黄河下游的洪水来源区。与其他干流水库相比，在拦洪库容相同的条件下，削减下游洪峰的作用最大。因此，从20世纪50年代初期开始，就成为黄河防洪水库选点研究的主要对象之一，1952年我们提出修建邙山水库的坝址就在这附近。但是，这一工程虽然屡经研究，仍难以定案。其主要原因有以下几点：

1. 地质条件比较差。泄洪闸、拦河坝等建筑物的基础，大部分是饱和、均匀、疏松的粉细砂层。厚度达14～25米，再下为中砂层，必须采取防止液化的措施，工程技术比较复杂。

2. 左岸长围堤防守很困难。桃花峪滞洪工程右岸有邙山土崖，左岸大部分是低洼的平原，属于沁南滞洪区，需要修筑61.5公里长的围堤相隔，最大挡水高度达15米以上。如果三门峡至花园口区间普降暴雨，桃花峪工程滞洪运用，沁南滞洪区也分洪运用，几十公里长的顺河围堤两旁将形成一片汪洋，造成防洪抢险的极大困难。

3. 拦洪库容有限，又不能长期保持，只宜控制花园口超过22000立方米每秒的稀遇大洪水，为了保存库容，对普通洪水一般不宜控制运用。桃花峪工程库区属于冲积河道的上段，历史上就是逐渐淤积抬高的。据分析，即使不滞洪，库区河段因自然淤积，每年也要损失库容约0.3亿立方米；如果发生大洪水，运用一次将损失库容2～6亿立方米。由于库容不能长期保持,因此工程的防洪作用受到很大限制。

4. 三门峡以上如果发生大洪水,工程滞洪运用后,黄河洪水倒灌洛河,入黄河口段将形成拦门沙,洛河回水淤积影响可能到达洛阳白马寺附近,增加洛河下游农业高产稳产地区的洪水威胁。三门峡以下发生大洪水,因滞洪壅高水位,也将加重洪灾损失。

5. 桃花峪为单纯的滞洪工程,不知哪一年才能运用一次,国家花20多亿元投资,淹没耕地40万亩,迁移10万人口修成的工程,不能发挥综合效益。因此,有人把它比作“晒太阳”工程。

小浪底水库与桃花峪工程相比,虽然控制性能差一些,但小浪底水库与三门峡、陆浑、故县等干支流水库联合运用,防洪效益仍然十分显著。对于中常洪水也能进行灵活控制。特别是小浪底水库能够保持50亿立方米的有效库容,长期发挥防洪、防凌效益,这是桃花峪工程所不能相比的。小浪底水库除了防洪、减淤效益显著以外,还能发挥灌溉、供水、发电等巨大综合效益,这也是桃花峪工程做不到的。通过综合比较,近期先修桃花峪工程显然是不合理的。

对于这两座工程的比较,从一开始我就主张先上小浪底水库,这除了小浪底工程本身的优势之外,我认为从治黄的宏观角度来看,更有其重要的战略意义。

1955年党中央提出了“根治黄河水害,开发黄河水利”的治黄总目标,实践证明这个总目标是完全正确的。小浪底水库既有显著的防洪、防凌效益,又有减淤、供水、灌溉、发电等巨大综合效益,完全符合治黄总目标的要求,能为社会主义现代化建设做出贡献。

黄河已成为华北地区的重要水源,但是目前供水的保证率很低,特别是春末夏初“卡脖子”枯水期,黄河下游曾出现多次断流,供需矛盾日益突出。出现这种情况的原因,我认为并不是黄河没有水,关键是缺少大水库对水资源进行调节。因此,从充分利用黄河水资源,满足工农业和人民生活用水,促进国民经济发展这个大局出发,也迫切需要修建小浪底水库。

多年的治黄实践告诉我们,黄河的根本问题是水少沙多,水沙不平衡。因此我们设想在黄河干流上修建七大水库,运用系统工程的方法,进行全河调水调沙,使水沙由不平衡达到相对平衡,配合其他综合措施,实现治黄的总目标。而小浪底水库就是这七大水库之一,是黄河干流的“龙尾”工程,位置很重要。通过小浪底水库的实践,一定会创造出更多的新鲜经验,对于丰富和发展我们的治黄思想具有重要意义。

当然,我主张先修小浪底水库,并不等于说桃花峪工程就不修了。桃花峪坝址控制性能好,从黄河干流工程总体布局考虑,这一梯级仍应保留。待小浪底水库建成之后,加上其他多种治理措施进一步取得成效,黄河泥沙将有所减少,到那时再修建桃花峪工程,时机就比较成熟了。它可以进一步控制黄河下游特大洪水,并适当承担小浪底水库非汛期泄水的反调节任务,发挥更大的综合效益。

在黄河中下游治理规划学术讨论会上

1979 年 10 月 18 日,黄河中下游治理规划学术讨论会在郑州召开,这是由中国水利学会组织讨论治黄方略的一次学术盛会,共有 220 余人参加会议。代表来自水利部、沿黄各省、区水利部门,以及国家计委、农、林、电力、交通、地质部门、中国科学院及其所属的科研、设计单位和有关高等院校等。会议共收到学术论文和资料 140 余篇。有 47 人在会上做了发言,提出了各种各样的治黄设想、方略和建议。会议分为下游防洪和河道整治、水土保持和支流治理、干流开发工程 3 个专题进行小组讨论,最后由 6 位召集人在全体会议上作了综合发言。张含英理事长致了开幕词和闭幕词。会上大家畅所欲言,各抒已见,生动活泼,我认为这是继 1964 年北京治黄会议以后,又一次治黄方略的百家争鸣。它有助于我们广开思路,增加科学性,减少盲目性,进一步搞好治黄工作。

小浪底水库和桃花峪工程,是这次讨论会热烈争论的议题之一。主张先上桃花峪工程的同志,在分析了黄河下游防洪形势以后认为:解决下游防洪问题已是当务之急,刻不容缓。桃花峪工程控制洪水性能好,距下游最近,不需要过分依靠洪水预报,调度灵活,可靠性大,这是三门峡、小浪底水库所不能比拟的。修了桃花峪工程,可使下游稳定三四十年。这一时期正是我国“四化”建设的关键阶段,意义重大,建议进一步做好桃花峪工程的前期工作,尽可能在大致相同的工作基础上做深入的分析比较。而主张先上小浪底工程的同志认为:从综合效益考虑,小浪底水库远远优于桃花峪工程。关于防御特大洪水作用不大的问题,情况也不是这样,特大洪水 12 天总量是 200 亿立方米,如果洪水主要来自三门峡以上地区,则通过三门峡的洪水总量达 160 亿立方米;如果洪水主要发生在三门峡以下地区,三门峡以上来水仍达 80 多亿立方米。据统计黄河下游洪水总量的 50% 多来自三门峡以上,因此小浪底水库不仅拦蓄了三门峡至小浪底区间的洪水，更重要的是它帮助三门峡水库拦蓄了上中游的来水，与陆浑、故县水库联合运用，防洪效益是十分显著的。有的同志提出小浪底水库的开发任务，发电是不是让一让路，将拦沙、减淤提到更重要的地位。比如说，水库运用水位一次抬高，只能减淤57亿吨。如果采取逐步抬高，每年进行两次人造洪峰，则减淤作用就可提高到80亿吨。

一些持稳健态度的同志认为：如果情况不很清楚，把握不是很大，宁可稍等一等，花力量做好基本工作，以免将来被动。对于这样重大的工程项目，必须持慎重态度。总之，大家都以对治黄负责的态度从各个不同的角度发表了很好的意见。这些意见，无论是赞成上小浪底工程的还是不赞成上小浪底工程的，对我们后来进一步做好小浪底水库的可行性论证工作，都有参考价值。

水利部和河南省委的领导十分重视和支持这次学术讨论会。钱正英部长、李伯宁、冯寅副部长和我，河南省委第一书记段君毅、第二书记胡立教等都参加了会议。会后部领导又与我们研究如何吸取这次学术讨论会上大家提出的意见，商讨当前和今后的治黄工作。

在小浪底和桃花峪两座工程选择的问题上，不仅在水利专家和科技干部中有不同意见，就是在部党组中争论也很激烈。这次讨论会结束以后，钱部长等部领导又专门与河南省委领导同志开了个小会，想听听省委的意见。段君毅同志把在郑的省委书记都请来了，态度很明确，坚决反对上桃花峪工程，要求尽快修建小浪底水库。钱部长说："总得让我们做规划进行比较吧！"段君毅同志说："比较了我们也不同意。"表示没有商量的余地。河南省委的态度，在一定程度上也推动了小浪底水库的决策过程。

第二节　继续加强"下排"措施

完成第三次大修堤

黄河下游是地上河，"下排"的主要措施，就是依靠两岸堤防约束下游河道，排洪排沙入海。而调水调沙的主要目的，则是要通过水库调节，变水沙不平衡为水沙相适应，更有利于排洪排沙。因此，我们在集中力量进行小浪底水库可行性论证的同时，又着重抓了以大修堤为主要内容的第三期黄河下游防洪工程建设,为排洪排沙创造安全可靠的条件。

第三次大修堤是1973年12月在郑州召开的黄河下游治理工作会议上确定的。其防御标准仍按花园口站22000立方米每秒设防,艾山以下按下泄10000立方米每秒流量控制,为留有余地,大堤按11000立方米每秒设防。设计水位是根据下游河道平均每年淤积5亿吨,按10年淤积抬高后的1983年水位确定的。由于施工期较长,其间情况变化很大,规划设计曾做了几次修改。特别是1975年8月淮河特大洪水出现后,经综合分析研究,并经国务院批准,确认黄河下游花园口站有出现46000立方米每秒特大洪水的可能。因此,后来又增加了防御特大洪水的工程。为了减轻沿黄地区修堤用工的负担,提高修防系统的机械化水平,1979年经国家计委批准,开始组建机械化专业施工队伍。黄河下游防洪工程是综合性的工程,包括修堤等共21个项目,所以情况的变化,使工程量和投资也几次增加。

到1980年止,大堤加高培厚、涵闸改建、滞洪区改建等工程共完成投资6.5亿元,根据原计划尚需9.5亿元,就在这关键时候,国家决定对国民经济进行调整,压缩基建规模。1981年水利部只安排黄河下游防洪基建投资5000万元,如果按此速度计算,这次大修堤将要延续20年才能完成,下游防洪安全如何保证呢?!在这个问题上,河南省委第一书记段君毅同志给了我们很大支持和帮助。从1946年成立冀鲁豫黄委会他就管黄河的事情,对黄河上的问题特别关心。1980年中央工作会议以前,段君毅同志就提醒我说:“现在国家有困难,基本建设要压缩,但黄河上要从实际出发,黄河安全是件大事,你要把问题向中央说清楚,你不把问题提出来,将来黄河出了事情你要负责的。你把问题提出来,国家量力,能解决就解决,不能解决也知道黄河上有这些问题。”1981年年初,我会党组根据这个精神进行了认真讨论,认为有必要向水利部、国务院写报告,说明黄河的情况,考虑到国家有困难,要全部解决9.5亿元可能不现实。因此,我们决定按基本达到防御花园口22000立方米每秒洪水的要求,先做亟需的工程,提出每年1亿元,3年3亿元的要求。在这期间,国务院主要领导同志去葛洲坝参加截流合龙典礼时来到河南,段君毅同志向他汇报了黄河的问题。国务院主要领导同志说:“叫黄委会写出报告,送国务院研究。”后来邓小平副主席从河南路过,段君毅同志又向他做了汇报。小平同志说:“黄河防22000立方米每秒洪水的问题,5000万元不行,还要增加经费。你们写个报告,我们可以研究。”还问:“王化云同志在不在?”段君毅说,还在。国家建委副主任谢北一因病住进河南省人民医院,谷牧副总理来看望他。段君毅同志给我打电话说:“最好把黄河的问题向谷牧副总理汇报一下。”我马上赶到省委,把黄河的情况、存在的问题和我们的意见,进行了汇报。谷牧同志说:“黄河的问题必须解决,这是个大问题。”我们又征求了山东省委的意见,向水利部写了报告。后来河南、山东省委和水利部向国务院写了报告。国务院主要领导同志在1981年三四月间就黄河防洪问题接连做了两个批示。3月14日国务院主要领导同志在反映黄河可能发生大洪水的第16期《水利简报》上批示:“正英同志,黄河发生洪水会产生什么问题?应事先做什么准备?希望能做出分析和部署。”4月21日国务院主要领导同志在水利部《关于黄河下游防洪问题的报告》上又批示:“印发国务院常务会议。同意水利部确定的今年黄河的防洪任务和各项措施。望抓紧落实,有备无患。今后黄河防洪工程的建设,请计委在拟定五年计划时,予以研究。”经过几次研究,我们提出的3年共需投资3亿元,每年1亿元的要求,终于得到批准。关于1981年所需1亿元的投资问题,除水利部已安排5000万元外,决定动用国家预备费,再增加5000万元。在国家困难的条件下,其他项目都压缩了,而黄河下游防洪基本建设的投资却得到增加,这样的事情是很少的。充分说明党中央对黄河防洪问题是多么重视,对我们治黄职工来说,更是巨大鼓舞。

黄河下游防洪工程是综合性工程,项目很多,国民经济调整期间,黄河下游防洪基本建设项目如何调整?有限的投资,如何保证重点、首先完成亟需的工程?这时候许多活思想冒出来了,都说自己的项目重要,是亟需完成的工程,出现了争投资的情况。针对这种情况,1981年5月召开的黄河下游修防工作会议上,我在讲话中根据轻重缓急的原则,将防洪工程分了一分,排了排队。主要分为四类:

第一类,大堤、险工。大堤主要指临黄大堤,险工主要指主坝。它们是下游防洪的主体工程、第一线的工程,必须首先保证。

第二类,堤防加固工程,主要是吸泥船淤背。

第三类,防洪附属工程,如小铁路等,是为防洪服务的。

第四类,防御特大洪水工程,主要是滞洪区建设。

就是要按这个顺序,将有限的投资进行合理分配。针对当时有的同志认为修堤经费分的太多,认为堤加厚了,不一定非要修那么高等思想,我在讲话中又着重强调了修堤的重要性。因为洪水要靠下游河道排泄,河道又主要靠大堤约束,如遇大洪水,总得把洪水送到渠村闸才能滞洪,送到孙口,东平湖才能运用,中间这几百公里长的堤防不加高培厚,如果洪水走不到分洪闸就溃决了怎么办？即使能分进去，洪水也还得退出来，流到山东去，最后送到海里才算解决问题。再说，按规定控制艾山下泄1万立方米每秒流量，但测流误差就有5～10%，实际1万流量也可能达到11000。因此，大堤一定要按标准修够，大堤、险工是第一位的，是亟需完成的主体工程，务必要保证完成。由于中央的大力支持，加上我们实行了保证重点的方针，第三次大修堤工程进行得很顺利。

这次修堤仍以人力施工为主，1976年冬至1977年春，1982年冬至1983年春，为两次施工高峰，最多时动员了59个县的民工67万人、2100台拖拉机上堤施工。截止1985年，第三次大堤加高培厚工程全部完成，平均加高2.15米，除个别缺口外，大堤普遍达到防御花园口站22000立方米每秒的设防标准，累计完成筑堤土方2.14亿立方米。大堤加高的同时，依附在堤身的158处险工，5489道坝、垛、护岸的一部分进行了加高改建，共用石方275.11万立方米。还对穿过大堤的32座引黄灌溉涵闸、28处虹吸工程进行了改建、重建，并新建了8座引黄涵闸。

通过第三次大修堤，黄河下游机械化施工队伍得到了很快发展，经受了锻炼，培养了技术骨干。从1979年批准组建队伍到1985年止，共成立机械化施工队14个，汽车运输队5个，机械修配厂4个，职工达2000多人，拥有各种机械设备、运输车辆900多台，共完成土方1500万立方米，改建、新建涵闸10座，自制简易吸泥船241只，抽吸黄河泥沙加固大堤，共淤筑土方3亿多立方米，使500多公里的堤防得到不同程度的加固。此外还在黄河两岸修建了5条窄轨铁路，总长322.7公里，改善了石料运输条件。从而，黄河下游修防和施工手段陈旧的状态有了明显改观。

陶城埠以上宽河段的河道整治工程，在这一期间也得到进一步巩固和发展，共新建、续建、加高改建河道整治工程80多处，坝、垛1400多道。东坝头至陶城埠230多公里河道的河势已基本得到控制，1976年以来，滩区再未发生塌村现象，滩地坍塌情况也大为减少，进一步稳定了滩区群众的生产、生活。由于河势比较稳定，也有利于涵闸引水和航运事业的发展。目前花园口至高村可通航80吨驳船，高村以下在500立方米每秒流量时，可通航300～500吨机船，年平均货运量近80万吨。

吸取“75·8”淮河特大洪水的教训，黄河下游决定建立有线、无线两套通信系统，共架设电话线路1200多公里，建立郑州至三门峡、郑州至济南微波通信网点62个，郑州至三门峡微波通信已经开通，防汛信息传递更加可靠。

为了避开沁河木栾店卡口，更有利于排洪，1981 年 3 月决定修建沁河杨庄改道工程，到 1984 年 6 月，14 个单项工程全部竣工。值得一提的是，1982 年，改道主体工程刚完工，汛期沁河就发生了超标准洪水，杨庄改道工程的顺利排洪，为保证沁河防洪安全发挥了重要作用。

以大修堤为主的第三期黄河下游防洪工程建设，共 21 个项目，到 1985 年已基本竣工，共完成投资近 11 亿元。它进一步完善了“上拦下排，两岸分滞”的防洪工程体系，使黄河下游防洪能力得到增强。

战胜 1982 年大洪水

1982 年 8 月，黄河下游沿河军民团结战斗，战胜了花园口站 15300 立方米每秒的大洪水，取得了黄河防洪斗争新胜利，这是中华人民共和国成立后发生的仅次于 1958 年的又一场大洪水。这年 7 月底，由于第九号台风的影响，黄河三门峡至花园口区间的干支流 4 万多平方公里的流域内，普降暴雨和大暴雨，局部地区特大暴雨。暴雨中心区宜阳石碣24 小时降雨 734.3 毫米，黄河支流伊河陆浑站 24 小时降雨量也达 548.3 毫米，洛河、沁河等支流的降雨强度也很大。这些支流的洪水汇入黄河，加上黄河三门峡到花园口区间干流相继涨水，致使黄河下游洪水猛涨。8 月 2 日，花园口站洪峰流量达 15300 立方米每秒，7 天洪量 50 亿立方米，1 万立方米每秒以上的洪水持续了 52 小时。由于河床连年淤高，花园口至台前县孙口间水位普遍高于 1958 年洪水水位，一般高 1 米，开封黑岗口、菏泽苏泗庄上下局部河段高达 2 米左右。这次洪水主要来自三门峡以下，黄、沁、伊、洛各河并涨，汇流快，来势猛，水量大，历时长，对堤防威胁很大。洪水普遍漫滩偎堤，堤根水深一般 2 ~ 4 米，深处达到 6 米，部分控导护滩工程洪水漫顶，沁河洪水水位甚至超过了南岸大堤部分堤顶 0.21 米。因此，豫鲁两省的防洪形势非常紧张。

为了迎战洪水，黄河防总依据降雨和来水情况及时做了防洪部署。沿黄地、市、县主要负责同志均上堤坐镇指挥，两省迅速组织了 30 万军民上堤防守。为了有效地滞洪削峰，保证黄河安全，豫鲁两省滩区的广大干部群众，顾全大局，舍弃了丰收在望的庄稼，按要求破除了生产堤，从花园口到孙口滩区滞蓄洪水 17.5 亿立方米，有效地削减了洪峰。8 月 8 日，当洪峰到达孙口站时，东平湖开闸分洪，使艾山流量减到 7300 立方米每秒，洪水安全泄入渤海。

这年汛前，我已经退居二线，成为黄委会顾问，继任黄委会主任的是袁隆同志。黄河大水发生时，我正在青岛疗养，我是从收音机里才听到黄河发生大洪水消息的。当时一同疗养的其他同志知道我是“老黄河”，纷纷问我有关黄河洪水的问题。当时我也不很清楚洪水的具体情况，心里很着急。几天后，我接到黄河水利委员会的信，洪水已经过去了，这时我从报纸上也看到了东平湖分洪的消息。

这次洪水，是对防洪工程体系和防汛组织的一次考验。实践证明，“上拦下排，两岸分滞”防洪方针是完全正确的。多年兴建的各项防洪工程经受住了严峻的考验。伊河陆浑水库显示了“上拦”工程的重要作用，最大入库流量4400立方米每秒，出库仅820立方米每秒，削峰3000多立方米每秒。如果没有陆浑水库，伊洛河夹滩农业高产区淹没损失更大，陇海铁路偃师段可能中断行车，花园口站洪峰流量可能达到17000多立方米每秒，防洪斗争将更加艰巨。8月2日沁河小董站发生4130立方米每秒超标准洪水，据历史资料考证，这是1895年以来最大的一次洪水，如果不修杨庄改道工程，推算木栾店卡口和老公路桥壅高水位可能达到1.8米，沁河右岸10余公里大堤都将漫溢，泛水入沁南低洼地区，将淹没高产农田16万亩，受灾人口17万人，直接损失可能超过1.5亿元。已建河道整治工程，在不少坝垛漫顶的情况下，仍然有效地控导了主流，河势没有发生大的变化。

但是通过这次洪水也明显地暴露了黄河下游防洪工程体系的一些弱点。从这次洪水的组成上看，因故县水库尚未发生作用，增加了黄河洪峰流量，干流小浪底站流量达到8520立方米每秒，其中三门峡到小浪底区间汇入3460立方米每秒，这说明三门峡以下干支流缺少控制工程，黄河下游仍然存在着严重的洪水威胁。因此尽快修建小浪底水库，进一步充实完善下游防洪工程体系是治黄的迫切任务。

对这次利用东平湖分洪问题，我后来曾做过分析，从整个来水过程和下游工程情况看，这个流量不分洪是可以抗得过去的。但是，也应该看到另外一方面，生产堤按规定破除后，大部分滩区进水，洪水演进的情况变得复杂多了。孙口站是保证山东窄河段防洪安全，并决定东平湖是否分洪运用的控制站，而孙口站的洪峰却一直报不准，心里不踏实。当时又正值党的十二大召开前夕，从国家防总到山东省都提出要确保黄河安全，绝对不能出问题。为保险起见，最后做出分洪的决策，我看也是可以理解的。

东平湖分洪运用，也给了我们两点重要的启示：一是证明黄河下游无坝侧向分洪是可行的,只要事先做好各项准备工作,就能够按计划分洪运用;二是这次分洪总量仅4亿立方米,湖区淤积就达400万立方米,主要淤在闸后10平方公里范围内,而且大部分是沙土,农民无法耕种,善后处理至今仍未完全解决。因此,我认为"两岸分滞"的措施,是在特大洪水情况下,牺牲小局保大局的一种应急措施。在经过全面分析,能够充分利用河道排洪的情况下,不可轻易分洪运用。

第三节　小浪底工程的决策

国务院主要领导同志的批示

小浪底工程问题一度无大进展,我心里很着急,想把这个问题向中央汇报一下,可是那几年中央正在忙于我们党和国家的整个战略决策,从国内的大政方针到国际上的外交事务,头绪很多,国务院主要领导同志更忙,见一面很难,因此我的这个想法一直没有能实现。

终于机会来了。1982年9月,党的十二次全国代表大会在北京召开,我作为河南省代表团的代表参加了大会。这时我已75岁,根据领导干部年轻化的要求,前不久,我已辞去水利部副部长和黄委会主任的职务,退居二线,当了顾问。在党的十二大会议上,新老同志聚集一堂,共商大计。会议为我国全面开创社会主义现代化建设新局面奠定了坚实的基础,确立了党的大政方针,昭示了党和国家更加光辉灿烂的前景,因此我很受鼓舞。进京之前,我就有个想法,想借参加会议的机会,向中央反映一下黄河的问题。到北京后,我向代表团的河南省省长戴苏理同志说:"黄河问题你还得宣传。最好在召开主席团会议期间,能给钱部长和中央有关领导多说一说。"戴苏理同志答应了。他向钱部长反映后,钱部长说:"上小浪底、河口村水库我都同意,咱们的观点都一致,可就是投资有限制,黄河的事情列不上去了。"戴苏理同志回到驻地后,告诉我这个情况,并问:"你看怎么办好?"我说咱们还得继续呼吁。后来在河南代表团的讨论会上,我就黄河的问题做了专题发言,主要讲了30多年来治黄的成就、当前存在的问题和今后治理意见,特别强调了黄河防洪和小浪底工程上马的重要性、迫切性。我的发言,除河南代表支持、赞成以外,参加河南代表团讨论的国家经委主要负责人袁宝华同志也表示赞成。袁宝华同志对我说,你回去写篇文章,附上图表,广为宣传。在河南代表团团长刘杰同志的建议下,大会很快把我的发言发了快报。

这次会议开得很紧张,从8月30日开预备会直到大会闭幕,一天也没有休息。闭幕后,我突然接到一个通知,要我先不要订火车票,留下来国务院主要领导同志要找我谈黄河问题。当时我的心情很激动,不由得回想起毛泽东主席、周恩来总理等老一辈国家领导人对治黄事业的关怀。中华人民共和国成立后的20多年中,他们曾多次视察黄河,指导治黄工作。特别是周总理,那些年,几乎每年都要过问黄河的事情,听取我的汇报。现在新的中央领导同志依然这样关心黄河,惦念着治黄事业,在党代会的百忙之中,还为黄河问题安排了这次接见,怎不叫人倍受鼓舞!

9月15日上午10点半,国务院主要领导同志在办公室接见了我。我们解放战争时期,都在冀鲁豫解放区工作,区党委开会时,经常见面。中华人民共和国成立后他在广东省委担任领导工作,我曾去看过他。一别多年了,见面后我们紧紧握手,互相亲切问候。到会客室坐下后,国务院主要领导同志拿着我发言的快报说:“快报我看了,是很有见解的,已经给万里同志说了,今天要找你谈一谈。”

我原来准备按成绩、问题、意见这个程序来给领导汇报,一看他拿着快报,都看过了,所以开门见山,有什么说什么吧。我一共汇报了三个问题。

第一,防洪问题。其中讲了三点:

1. 关于当前防洪问题。谈了1982年洪水和1958年洪水的比较。我说过去防洪主要是依靠堤防,中华人民共和国成立后,30多年大修了三次堤,堤防比过去历代都巩固了。但是单一依靠堤防还不行,必须修水库,控制洪水。现在陆浑水库、三门峡水库都起作用了。但能力都有一定限度,所以我们提出修小浪底水库。不修水库,防洪没把握,还有危险。1982年的洪峰流量15300立方米每秒,比1958年少7000立方米每秒,但水位还高2米。国务院主要领导同志问:“如果今年来了22000立方米每秒洪水有没有危险?”我说:“防御22000立方米每秒的洪水是有危险的,完全依靠堤防还不能确保安全。”国务院主要领导同志说:“现在决口跟过去国民党时期决口不一样了,国家经济建设各方面都有了很大发展,一旦决口,影响很大,不堪设想。”

2. 防洪修堤问题。我说,现在国家和群众负担很重,修堤基本是义务工,不是等价交换。第三次修堤国家用了11亿元,以后再修比11亿元还要多,并且越修越困难。国务院主要领导同志说:“再修堤取土也困难了。”

3. 防御大洪水问题。1761 年、1843 年型的大洪水,都是 30000 多立方米每秒,这类洪水怎么办?是依靠两岸滞洪,还是上小浪底水库?这牵涉到黄河防洪的指导思想问题。有了小浪底、三门峡、伊洛沁河上的水库,加上下游巩固的堤防,战胜洪水就有保证了。如果依靠滞洪解决大洪水,将带来许多问题:(1)迁安救护恢复生产等问题很多。(2)滞洪也不可能没有危险,对人民生命财产威胁很大。(3)对国家是沉重负担。如北金堤滞洪区,运用一次直接损失达 10 多亿元,还不包括油田损失。而修水库一方面控制洪水,一方面可以综合利用。

第二,泥沙问题。黄河上的泥沙怎么办?国务院主要领导同志提到水电部李雨普同志的观点,即把修小浪底工程的投资拿出 10 亿元,用 10 年时间搞水土保持,不修小浪底,泥沙问题就可以初步解决,黄河防洪问题也就可以解决了。国务院主要领导同志就此问我:“李雨普的文章你看了没有?”我说看了。又问:“你认为怎么样?”我说:“依我看行不通,靠不住。”我给国务院主要领导同志谈了中华人民共和国成立后 30 年进行水土保持工作的情况。国务院主要领导同志问我对水土保持有什么看法。我说:“一是有效的,特别是对发展当地农、林、牧业生产很有效;二是长期的。我看三五十年不一定能解决问题。现在的情况是,一方面进行水土保持,一方面开荒毁林,破坏水土保持,虽然我们多年以来禁止开荒,但这个问题始终没有解决。因为群众吃不饱饭,燃料、饲料缺乏,开荒种地铲草皮,种点草也让牛羊给啃了。同时,这些地方大部分属于干旱地区,树木长得很慢。”说到这里,国务院主要领导同志深有感触地说:“我到定西看了,树种上了老是不长,成了小老树。一个人种陡坡地七八亩、十来亩,广种薄收。我在定西说了,要想不叫开荒,先叫吃饱饭,开始国家可以先给一些粮食,他就不开荒了。然后荒地种草呀,种灌木啊,种点柠条呀。”我说,这样才行。必须给群众解决实际问题,这是个政策问题。我们赞成造林种草,因为这是必要的,但这不是三五十年能解决的问题。国务院主要领导同志说:“对了。”国务院主要领导同志还问了粗沙区的治理问题。我说,粗沙是造成下游淤积的主要原因,应该集中力量进行治理,但也不是短时期所能解决的。国务院主要领导同志说:“水土保持看起来是必要的,对群众生活也是必要的,但它是一项长期的工作。”

国务院主要领导同志又问:“泥沙问题怎么办呢?”我说解决泥沙问题还得照周恩来总理的意见办,就是使水沙资源在上中下游都要有利于生产,上中游大搞水土保持,大力开展用洪用沙。在下游要搞淤滩刷槽,改变“槽高、滩低、堤根洼”的不利形势,槽淤的少了,滩淤高了,既巩固了大堤,又有利于滩区群众生产、生活。此外,还可以淤背固堤,放淤改土,改造沙荒盐碱地,效果都相好。国务院主要领导同志说:“我到兰考、东明去,同志们说了这个问题,亲眼看到很坏的土地都淤成良田了,都丰产了,这个办法是可以的。”我说,最后,用不完的泥沙都送到河口填海造陆。国务院主要领导同志问我对填海是什么观点。我说:“填海利大害小,不然,胜利油田现在怎么能在陆地上开采呢?!”

第三,关于水资源的开发和利用问题。我讲了三个内容:一是发电,二是供水,三是灌溉。国务院主要领导同志问我:“黄河水能到北京吗?”我说,现在北京要水就可以送,但是没有保障,因为没有水库,不能调节,修了小浪底水库就解决了。在几百年以前,黄河水通过运河就送到过北京。过去大汶河(代村坝)的水就是“七分朝天子,三分下江南”,现在如果给北京送水,可以通过卫运河、通惠河(需整修),提水约 50 米即可送到首都。

国务院主要领导同志问:“东线南水北调你知道不知道?”我说知道,开始组织搞东线南水北调,我是规划领导小组组长。他问我,你对南水北调的观点呢?我说,搞南水北调我是赞成的,从长期看黄河水不够用,必须搞南水北调。但是近期还是利用黄河水资源对国家比较有利,比较经济合理。因为北方还有水嘛,为什么有水不用还要引江水呢?国务院主要领导同志又问:“从丹江口引水怎么样?”我说,丹江口需要加高大坝,得迁移 20 万人,问题也不少。另外,我提出西线调水也是可以的,但是工程量更艰巨。南水北调从长期看很需要,是我们国家必须兴办的事业,但是近期,譬如二三十年之内,依靠黄河水还是可以的。

最后,我讲了一个观点,就是治黄应该继续执行 1955 年全国人大通过的“根治黄河水害,开发黄河水利”的方针。当前的治黄工作一是修建小浪底水库,二是继续巩固堤防。国务院主要领导同志问:“如果修了小浪底、伊洛沁河水库,防洪能保多少年呢?”我说:“下游至少能稳定半个世纪。”他问:“这 50 年是否还要修堤呢?”我说:“现在上边这些工程还没有建成,大概还要再修一次,以后就不一定修了。”国务院主要领导同志说:“好,少修 5 次堤,就少花 80 亿,如果碰见大水滞洪,国家损失还要多,你这个意见可以。”国务院主要领导同志最后交代我,你是否回去抓紧写篇文章,我给报社打个招呼,叫发表你的文章,然后听听各方面的反映,再召开会议把这个问题定下来。我说,命题作文,国务院主要领导同志给出了个题目,我就做这篇文章,回去就写。

谈话进行了近两个小时,不觉已到中午,临别时,国务院主要领导同志把我送到楼梯口,说:“你身体还可以,头脑很清楚,虽然瘦一点,有钱难买老来瘦啊。”说话很风趣。

这次谈话,使我深深感到中央领导对治黄工作是很关心的,对黄河的战略地位是非常重视的。在回郑州的火车上,我向河南省委的几个书记把国务院主要领导同志接见时的谈话讲了一遍,一直说到深夜12点。大家说,这个事情你要抓紧,需要省里办的事,省里给你解决,机会难得,要争取。

从北京回到郑州,我向黄委会党委、下游两局局长会议和广大职工传达了十二大精神及国务院主要领导同志接见的情况,与同志们一起商讨开创治黄新局面的设想和规划。接着赴小浪底工地、沁河两岸和武陟、孟州、沁阳、焦作、新乡等地考察向北京送水的路线,然后我便按照国务院主要领导同志的指示,召集有关单位的技术干部,请他们先起个草稿,我又亲自动手做了修改、加工。文章的题目起名为《开发黄河水资源为实现“四化”做出贡献》。文中首先概述了中华人民共和国成立以来治黄的成就,然后从下游防洪、向京津和沿河城市供水、提供廉价能源,提高农业用水保证率,利用泥沙等方面,论述了修建小浪底水库的必要性。最后我满怀信心地认为,如果小浪底水库很快建成,“必将能使治黄工作开创一个新局面,必将为‘四化’建设做出很大的贡献,必将为向北供水提供可靠的保证。”

文章写成后,即寄给国务院主要领导同志。我在同时寄给国务院主要领导同志的信中写道;“遵照您的指示,经我会多次讨论,写成了《开发黄河水资源为实现‘四化’做出贡献》一文,现呈上,请审阅。关于向首都送水的线路,过去我会就曾做过工作,分高线和低线两个方案。高线方案大体上走京广路以西,低线方案走京广路以东,有多条线路可供选择。如决定小浪底工程上马,可同时进行输水线路方案比较。小浪底开工两三年,施工围堰建成后(库容7亿立方米,可拦蓄部分泥沙),即可引一部分清水北送。”

我的文章10月7日发出,11月1日国务院主要领导同志便做了批示,是批转给国家计委主任宋平同志和中国农村发展研究中心杜润生主任的。国务院主要领导同志批示说:“宋平、润生同志:送去王化云同志对治黄的意见。我曾找他面谈过一次,觉得颇有些道理。可否印发农村发展研究中心,让有关同志讨论一次。看是否可行,请酌。”

国务院主要领导同志的批示,为小浪底工程正式提到国家有关部门的议事日程上去研究,起了决定性的作用。

小浪底工程论证会

遵照国务院主要领导同志的批示，国家计委和中国农村发展研究中心在北京组织了小浪底水库论证会。会议于1983年5月28日开始，参加会议的有国家计委主任宋平、副主任何康、吕克白，国家经委副主任李瑞山，中央书记处农村政策研究室主任杜润生、中国农村发展研究中心副主任郑重、杨珏，武少文，水利电力部部长钱正英、顾问李化一、总工程师冯寅，以及张季农、张含英同志，长办顾问林一山，国务院有关部委、科研单位、高等院校、陕晋豫鲁四省水利厅等有关领导、知名专家、教授学者和水利工作者近百人。

会议历时6天。第一天宋平主持会议，他首先说明这次论证会是根据国务院主要领导同志的批示进行的，总理很重视。接着强调了重大建设项目前期工作的重要性。小浪底工程是国家拟定的279个重大勘测设计项目之一，开这次会就是吸取以往的教训，作好项目的前期工作，把小浪底水库建设放在整个黄河的治理和开发中去考虑，做全面切实地分析，把不利因素和有利因素分析透，为领导决策提供实际的科学依据。随后，龚时旸同志对我的《开发黄河水资源，为实现“四化”做出贡献》的文章做了补充和说明。王长路副总工程师介绍了小浪底水库工程简要情况。龚时旸同志的发言共分四个问题：

1. 黄河下游防洪问题。说明了下游防洪面临的形势，分析了防洪措施，认为建立以小浪底工程为骨干的下游防洪工程体系是目前最妥善、可靠、经济合理的方案。

2. 向京津供水的问题。说明了近期黄河有水可调，可以就近向京津供水；引黄向北供水的泥沙问题是可以处理好的；引黄向京津供水，当前即可收效并逐步发展逐步受益，远期还可与东线南水北调密切配合，互为补充；先修建小浪底水库有利于保证黄淮海大平原的安全，包括向京津供水的安全，有很好的经济效益。

3. 关于小浪底水库与治黄规划问题。说明了小浪底工程的提出是在治黄规划的实践过程中，逐步形成的必然方案，是治黄规划的重要组成部分，是解决黄河下游紧迫的防洪问题和开发利用黄河水资源的关键工程，应及早兴建。

4. 关于黄河的泥沙问题。说明了解决黄河泥沙问题是一个长期而复杂的任务，需要采取多种途径综合解决。小浪底工程在解决黄河泥沙问题的总课题中有三个作用：一是在近期水土保持和其他措施不能显著减少入黄泥沙的情况下，可以拦蓄一部分泥沙，保证下游河道20年左右的时间内不抬高，从而减少堤防投资，减轻防洪负担，并为其他措施生效争取了时间；二是利用所保持的有效库容，进行调水调沙；三是可以为其他调水调沙方案提供实验条件，以期更有效地减少下游河道的淤积，使黄河下游获得一个较长时期的稳定局面。

龚时旸同志的这个发言，对于解除许多同志思想上的疑虑，起了很好的作用。

会前，农村发展研究中心曾向有关方面发出通知，要求在论证会前提出书面意见。根据各方面的意见，经过归纳综合，宋平同志在讲话中提出了五项讨论内容：(1)根据"根治黄河水害，开发黄河水利"的方针，研究近中期治黄的初步设想。(2)修建小浪底水库的战略目标是什么？水库任务的主次如何合理安排？建成小浪底工程后，对黄河的减淤作用如何？(3)关于水土保持和兴建小浪底水库可能引起的生态平衡问题。(4)对小浪底水库近期的和长期的各项效益和投资、工期估计。(5)对黄河防洪现状的估计，修建小浪底水库的时机选择，在修成前或暂时不上马时，如果下游出现稀遇特大洪水，可能造成多大损失，要采取哪些非常对策。

根据五项论证内容，会议分五个组，各有侧重，开始讨论。3月3日至5日，26位同志先后发言。一致认为，以新的防御目标防守黄河下游洪水已成为燃眉之急，小浪底水库处在黄河下游水沙的关键部位，是黄河干流在三门峡以下唯一能够取得较大库容的重大控制性工程，在治黄中具有重要的战略地位。因此，兴建小浪底水库，在整体规划上是非常必要的，要求尽快兴建，是有道理的。但还有几个值得注意的问题，还没有得到满意的解决。(1)要把小浪底水利枢纽，作为黄河治理开发的全面规划中的一个组成部分来考虑。大家认为，由于修建小浪底水库是根据1955年治黄规划并总结20余年的实践经验提出来的，而那次规划当时对黄河的许多问题认识不足，这些年来认识有所提高，情况也有了新的发展。如水土保持工作如何估计，如何治理？上游水库汛前拦蓄清水，中下游河水含沙量增大，泥沙如何处理？上中游用水不断增加，黄河水量供需如何平衡？黄河防洪标准究竟如何考虑等等。这些新情况、新问题，都应认真总结，重新认识，在此基础上重新制定治黄的全面规划，并把小浪底作为其中的重要工程之一来考虑。(2)多数同志认为，小浪底水库对防洪减淤有它不可替代的作用。小浪底水库的主要任务应该是防洪减淤，不能指望引黄供水。因为黄河流域水资源缺乏，干旱严重，在河水尚未充分利用之前，临时引黄济津作为应急措施是可以的，但从长远看，引黄济京、津、冀，是以不足济不足，事实上很难办到，也不合理，要真正解决京津用水问题，还要引长江水。（3）一些同志认为，小浪底工程前期准备工作还不够。小浪底水库作为以防洪减淤为主，延长下游河床淤积抬高的时间，关键在于如何解决调水调沙问题。不少专家对此提出过种种设想，如高浓度输沙、滩区放淤、人造洪峰输沙冲槽等等，但都缺乏科学的试验，需要组织科研力量协同攻关。还有各种水工技术问题，如大直径隧洞的开挖，大跨度地下结构的施工以及高速浑水水流的磨损、气蚀等，都需要认真研究和解决。（4）小浪底工程的效益、工期和投资估算，不少同志认为黄委会的估算过于乐观。

尽管存在以上问题，但会上大多数同志都赞成兴建小浪底水库。认为小浪底工程对于解决下游防洪问题是完全必要的。可是何时兴建，意见却不一致。万众一、方宗岱、顾淦臣、窦国仁等同志认为，黄河现有的工程非但不能防御可能发生的大洪水，中常洪水也很紧张，而小浪底工程已进行了20多年的前期工作，建设条件已经成熟，应该下决心了。犹豫不决，万一来了大洪水，决口成灾，将影响“四化”建设。张含英、张瑞瑾、崔宗培、张光斗、刘善建等则主张持慎重态度。认为小浪底水库是治理黄河下游很重要的一步棋，必须在充分研究的基础上，把小浪底放在治黄全面规划中统盘考虑，只有在防洪减淤确保能取得较大利益时，才能上马。

山西、陕西的同志则主张先修龙门水库，并建议将小浪底与龙门水库的经济效益进行比较论证，还有的同志主张重点搞中游水土保持，同时继续研究小浪底，也有少数同志从其他不同角度提出不同意兴建小浪底水库的意见。

在各位专家教授发言之后，为了回答大家提出的问题，我最后做了综合发言，进一步申述了自己的看法。首先我说明，30年来的治黄工作，基本上是按1955年全国人大通过的黄河规划进行的，小浪底水库就是1955年黄河规划中的一个梯级。在总结中华人民共和国成立以来治黄的经验与教训的基础上，我们对干流规划已经进行了补充、修订，提出了小浪底建高坝的开发方案。现在小浪底水库所做的工作，既是根据1976年国发〔41〕号文件进行的，也是根据1980年水电部党组决定进行的。水电部1981年对小浪底水库设计要点进行了审查，并批示“除防洪减淤任务外，希望重点考虑向华北供水”。因此，供水效益并非是哪个人毫无根据的空想。接着我对小浪底工程在黄河下游防洪体系和综合利用中的关键作用，再次做了说明。黄河下游防洪体系的组成，包括三门峡、小浪底和伊、洛、沁河水库，下游堤防、北金堤滞洪区、东平湖水库、河道整治等工程。这个工程体系只有在小浪底工程建成后才会发挥更大的作用。针对“减淤”问题，我着重强调了洪水和泥沙的因果关系，说明既要看到泥沙的淤积加重了洪水的威胁，又要看到泥沙是洪水带来的，洪水是暴雨形成的。因此全面的提法，应该是以“防洪减淤”为主。同时我还说明，黄河治理不是一代人、两代人所能完成的事情，必须随着科学技术的发展，进行长期的实践。现在就要求回答小浪底水库的减淤作用能否达到100、200年的问题，我认为难以做到。

关于修建小浪底水库的时机问题，我从1982年8月沁河洪水发生前完成杨庄改道工程，避免了一场大灾难，和1933年洪水灾害，1958年大洪水的危险性，以及1977年高含沙水流造成局部河段水位猛升骤降等实例，说明了修建小浪底工程的迫切性。如果抱侥幸思想，老是议而不决，采取年年汛期闯关的办法，终久会吃大亏的。我们是治黄主管部门，身上有担子，心里很着急，我们有责任把黄河防洪十分危险的情况，实事求是地向中央讲清楚。

经过与会同志的充分讨论，大家对小浪底水库在治黄工作中的重要性，认识已趋一致。认为解决泥沙是治黄的关键，单靠堤防抗洪总非长久之策，在相当长的时间内又不能指望水土保持显著减少入黄泥沙。因此，兴建小浪底水库，防洪减淤，在治黄整体规划上是非常必要的。特别是利用小浪底水库调水调沙，减缓下游河道淤积的作用，是任何其他工程难以替代的。对小浪底水库与桃花峪工程的选择已经趋于统一。水电部的一些领导也改变了观点，因此在这次会上，已无人再提桃花峪方案了。

会后，宋平、杜润生同志在给国务院《关于小浪底水库论证会的报告》中指出：“解决下游水患确有紧迫之感”，“小浪底水库处在控制黄河下游水沙的关键部位，是黄河干流在三门峡以下唯一能够取得较大库容的重大控制性工程，在治黄中具有重要的战略地位，兴建小浪底水库，在整体规划上是非常必要的。黄委要求尽快修建是有道理的。与会同志提出以下一些值得重视的问题（如要重新修订黄河全面治理开发规划、何时兴建小浪底工程的论证、水库的开发目标、水库运用、水库效益、工期和投资的估算等）目前尚未得到满意的解决，难以满足立即做出决策的要求”。这说明，经过反复的论证，小浪底水库方案在大的方面已得到基本认可。针对存在的问题，会后钱部长又专门主持召开会议，布置小浪底工程下一步的工作，要求黄委会进一步做好工作，扎扎实实地搞出方案，尽量吸取大家的合理意见，提出可行性研究报告，以加速小浪底水库的决策进程。

向中央领导同志汇报

根据专家所提意见,论证会之后,黄委会按照水电部的部署,协同有关单位进行了一系列的规划、设计、试验和科研工作,陆续开展了黄河下游治理规划、黄河水资源的预测和上中游干流开发治理规划;进行了大直径隧洞的现场开挖试验和在 70 米深覆盖层中修筑混凝土截渗墙试验;研究了小浪底水库以防洪减淤为主的运用方式,进一步落实了工程效益;初步分析了环境影响。在此基础上于 1984 年 2 月提出了《黄河小浪底水利枢纽可行性研究报告》。在规划和报告中,着重对小浪底工程在治黄规划中的作用,与龙门、桃花峪等工程的比较,以及小浪底工程的规模、效益、工程设计与施工概算等做了进一步的研究论证。在此期间,水电部也不断和有关方面交换意见,展开内部讨论,大家的认识逐步趋向统一。不久,中央领导同志又相继到黄河视察,进一步推动了这项工作的进展。

1984 年 4 月,当时的党中央总书记胡耀邦同志到河南视察工作,省委领导同志把黄河防洪作为一个专题安排由我汇报。自提出兴建小浪底工程后,下游河南、山东两省都是赞同的。特别是河南省,兴建小浪底工程,尽管要迁移 10 多万居民,淹没 10 余万亩耕地,但因这一工程防洪、减淤等综合效益显著,能减少北金堤滞洪区的使用机会,因此他们以大局利益为重,一直积极支持我们工作。遇到机会,总是主动安排我们直接向中央领导同志汇报。这一次我赶到平顶山市,向胡耀邦同志主要汇报了黄河的形势和小浪底工程上马的必要性和紧迫性。我说:“黄河 30 多年虽然没有出大事,但由于泥沙淤积严重,防洪标准不仅没有提高,反而降低了,一旦出事,危害很大。”听了我的汇报,胡耀邦同志深有感触地说:“化云同志,我们 30 多年前就认识了,你是不治黄河心不死啊。长江、黄河的问题解决了,对世界都是有影响的。”并说:“修小浪底水库我是赞成的。国务院主要领导同志最近要来,可以向他汇报一下,这个事情要请他来拍板。”

4 月 10 日,国务院主要领导同志来到中原油田视察。11 日晚在濮阳市听了我的汇报。一见面,国务院主要领导同志就说:“这次主要是看油田,中原油田正处在黄河防洪的滞洪区内,怎样才能使黄河防洪和中原油田都能保证安全呢?”我说,从长远看,保证黄河防洪和中原油田安全,必须上小浪底工程。国务院主要领导同志又问:“十二大以后的论证会上,小浪底工程为什么没有通过?”我答:“水电部内部意见不一致。”国务院主要领导同志接着又问:“反对意见有没有?”我说:“一万年以后,也会有争论。”国务院主要领导同志笑了。

我接着汇报了要和美国谈判、合作设计小浪底工程的新情况。国务院主要领导同志插问道,美方为什么提出分期施工方案?我答:“第一,地质条件复杂,分期施工比较主动,更有把握;第二,可以提前收到效益。”国务院主要领导同志又问:“为什么我们提不出这个方案呢?”同行的国务院秘书长杜星垣在一旁回答:“主要是我们经济观点不强。”国务院主要领导同志又问我:“山东的侯国本教授建议挖河口泥沙,每年挖5亿~7亿立方米,就可以溯源冲刷。同时还提出在河口建深海大港,这个意见怎么样?”我和侯教授虽然没有见过面,但对他“挖沙降河”的主张早有看法。因此,我便直率地说:“这个主张我看行不通,因为黄河泥沙太多,一边挖一边又淤了,挖的速度赶不上淤的速度。”

汇报一直进行到晚上10点多钟。国务院主要领导同志最后指出:“十二大期间,在北京听过化云同志的治黄意见,我认为颇有道理。这次又详细听了化云同志的治黄见解,对黄河‘两清两浑’的分析,七大水库的设想,用水用沙,调水调沙,排水排沙的指导思想,我认为有新的发展。要抓紧时间到北京去一趟,给水电部和钱正英同志谈一谈你们提出的新观点。

我同意与美国柏克德公司合作搞设计。我们缺乏经验,学点新东西没坏处。

美国人建议小浪底分期施工,这个办法好,少积压资金,又可提前生效,安全也有把握。你们抓紧匡算一下,分期施工方案初期需要多少投资?工期可缩短到几年?提出计划来,向水电部、国家计委等有关部门汇报落实。为了减少投资,也可以考虑初期暂不发电。化云同志提出,如小浪底水库1986年开工,黄河第四次修堤可以冒点风险,暂不全线加高,将节约的投资转移到修建小浪底工程上。你们算一下账,在小浪底水库建成前,第四次修堤还需要多少投资。

关于小浪底水库移民问题,我建议以后靠为主,不要远迁,移民全部吃统销粮,开发当地资源,繁荣当地经济。”

4月12日下午,我们将小浪底工程初期不发电和小浪底工程建成之前第四次修堤所需的投资估算结果,向国务院主要领导同志做了汇报。国务院主要领导同志说:鉴于当前黄河下游防洪迫切要求,我赞成尽快兴建小浪底水库,并列入国家“七五”建设项目。

根据国务院主要领导同志的指示，我回到郑州稍做准备，就赶到北京向水电部和国家计委汇报。在这以前，先期回到北京的国务院秘书长杜星垣已经将国务院主要领导同志的指示通报给他们了。

这年的6月底，国务院副总理万里、李鹏，中央书记处书记胡启立和国家计委副主任黄毅诚，水电部部长钱正英等一行，乘直升飞机到黄河上进行考察。他们从上游龙羊峡沿河而下，直到黄河入海口，详细地察看了黄河的治理与开发情况，听取了流域各省、区党政负责同志及黄委会的汇报。万里副总理指出："中华人民共和国成立以来黄河兴利除害做了大量工作，收到了很大效果。35年黄河没有闹大事，这是很了不起的事。"万里同志特别强调，到20世纪末要基本解决黄河洪水问题，在没有特殊原因的情况下，黄河不再为患，不再不安宁。要达到这个目标，必须尽快上小浪底工程。小浪底水库不在乎蓄水多少，发电多少，主要是使近1亿人口免于水患，这对国家是一个很大的安定因素。关于引黄济青问题，万里同志说："这个问题不能犹豫了，必须马上批准。"万里副总理最后指出："黄河要搞流域规划。每个流域都有自己的个性，要按照个性进行分析，提出方针。看样子，最后还得南水北调。"

万里等中央领导同志考察黄河时，我不在郑州。黄委会主任袁隆、副主任龚时旸和副总工程师王长路等同志陪同他们考察了黄河下游。考察之后，袁隆同志立即给我写信，讲了这次中央领导同志的黄河之行和重要指示。我听到这个情况，非常高兴。在三个多月的时间内，中央领导同志除了直接听取我们的汇报，还在百忙之中亲自考察黄河，这对治黄工作，特别是对小浪底工程的决策无疑将会起重大推动作用。我立即回信，建议他们认真贯彻中央领导同志的重要指示，抓紧小浪底工程的可行性论证工作。

1984年8月，水电部对黄委会提出的小浪底工程可行性研究报告及分期施工的补充报告进行了审查。原则同意《黄河小浪底水利枢纽可行性研究报告》，认为黄河下游目前防洪标准为22000立方米每秒（花园口站）是偏低的。小浪底工程处在黄河下游水沙的关键部位，是黄河干流在三门峡以下唯一能够取得较大库容的控制性工程，对防洪减淤可以起到重大作用。而其他一些在防洪、减淤方面有较大作用的工程措施方案，如龙门水利枢纽、桃花峪水利枢纽、北岸分洪道等，有的矛盾较多，很难实现；有的效果较差，或问题复杂，需长期研究。为了保护黄淮海大平原的安全，尽快兴建小浪底水利枢纽是非常必要的，并分项目提出了具体的审查意见。同时，鉴于小浪底工程地质条件复杂，泄洪、排沙等工程的高流速、浑水磨损和气蚀等关键技术问题还不够落实，经国家计委批准，决定由黄委会与美国柏克德公司合作进行小浪底水利枢纽的轮廓设计。本次审查意见，即作为下一步轮廓设计所必须遵循的原则。

在这次审查会上，钱正英部长最后做了总结讲话。她说："黄河的问题是很复杂的，我们过去有很多经验教训。因此小浪底工程的决策要采取既积极又慎重的态度。但是老是议而不决，到 2000 年都无所作为，这也是国家、人民所不许可的。"水电部对于尽快兴建小浪底工程的态度是非常明确的。

最后决策

1984 年 11 月，28 名工程技术人员组成的项目组，由黄委会主任、高级工程师龚时旸（1984 年 11 月起，龚时旸同志任黄委会主任）率领，飞赴美国旧金山，开始与美国柏克德公司合作进行小浪底工程的轮廓设计。合同中规定：联合设计的领导单位是中华人民共和国水利电力部，项目负责人是当时黄河水利委员会主任龚时旸。关于分工负责的意见，规划和泥沙方面，由中国方面完成；有关地质评价和水工建筑物的设计与施工方案，中美合作提出设计意见。这就是说，联合设计的领导机构是中国，项目负责人也是中国人，最后的设计由中国的项目负责人在我国国内提出，并在国内组织审查。因此，这项合作我们是占有很大的主动性的。

关于这项中美合作设计，也有一段曲折的过程，在这以前，经过多次讨论，大多数专家、学者虽然对小浪底工程在整个治黄规划中的重要地位，对它的防洪减淤作用和工程修建的迫切性都已基本肯定，但对于工程的重大关键技术问题以及工期等方面仍有一些不同认识。

党的十二大和全国六届人大召开之后，国家对外开放的方针得到进一步贯彻执行。这一期间水电部部长钱正英到美国、巴西等国家进行考察。在美国，柏克德公司首先提出要和我国合作修建小浪底工程。1984 年 1 月，应我国水电部邀请，以副总裁安德森为团长的美国柏克德公司水电代表团来我国访问，再次提出合作一事。该公司是个土木矿业公司，对大型高土石坝的设计施工，有一定的实践经验。访问中，他们考察了黄河小浪底、龙门坝址和已建的三门峡工程，对小浪底水库提出了初步技术评价意见。认为小浪底地质勘探工作和大坝建筑设计比较深入，已经基本达到初步设计的要求。他们还建议大坝分两期施工，以确保工程安全并提前发挥工程效益。

对柏克德公司的意见和建议，我们经过认真研究，认为比较中肯。而且他们对施工组织管理也有较先进的技术，与其合作，对小浪底工程的技术可行性论证将有很大帮助，可以促进小浪底工程的尽快决策。于是，我们表示同意和美方合作搞工程轮廓设计。1984 年国务院主要领导同志在中原油田，我曾向他汇报了这个问题，国务院主要领导同志表示同意。此后不久，国家计委和对外经济贸易部也批准了，合作设计正式定了下来。

经过中美双方 13 个月的共同努力，1985 年 10 月圆满完成了轮廓设计。接着，水电部组织有关方面的专家对设计成果进行了审查，审查认为该轮廓设计对确定的方案及应解决的各项重大技术问题，都进行了比较深入的工作，提出的成果在技术上是可行的。有关小浪底工程地质评价、枢纽布置、建筑物设计、施工进度等方面的成果达到了我国初步设计的深度。在小浪底水利枢纽可行性研究报告和这次轮廓设计的基础上，黄河水利委员会于 1985 年 12 月正式向国家计委报出了设计任务书。设计任务书呈报之后，当时国家在基本建设程序上决定进行一项重要改革，即规定“七五”期间重大建设项目和技术改造项目，一律要通过中国国际工程咨询公司审议评估，确认可行之后方可报国家计委审定。为此，国家计委于 1986 年 3 月委托中国国际工程咨询公司对小浪底工程进行评估。同年 5 月正式成立评估专家组，聘请中国科学院、清华大学等 14 个单位 50 多位专家，分别组成规划、水文、泥沙、水工、地质、施工和经济 7 个专业组，经过 3 个多月调查研究、核实资料、专题讨论，又经过多次专家组组长会议和全体专家会议讨论。绝大多数专家一致认为，从整个治黄规划看，兴建小浪底水库是其他方案难以代替的关键性工程。所采用的资料基本可靠，工程效益也是基本可信的。效益费用比为 1.5，大于 1，说明小浪底工程的社会经济效益是显著的。经过不同兴建时间的比较，认为推迟 10 年兴建，不但经济效益低得多，而且要多冒 10 年风险。因此，尽早修建小浪底工程是有利的。到 8 月份，上述评估结论都有了，但评估报告却迟迟提不出来，初步设计任务书当然也就不能批，直接影响到小浪底工程下一步工作的全面开展。这时，我心里很着急。另一方面我也感觉到小浪底工程已经到了决策的关键时刻，必须抓紧催办此事。10 月初，我与龚时旸同志联名给国务院主要领导同志写信，汇报了中国国际工程咨询公司组成专家组评估的结果。我们认为兴建小浪底工程已经具备了决策的科学基础，因此，要求中央及早做出决定，将小浪底工程列入“七五”计划，并尽早开工。10 月 8 日，国务院主要领导同志在我们的信上做了批示，指出:“我认为对小浪底工程不要再犹豫了,该下决心了。”同时,并将此信批送国家计委。

1986 年 12 月 30 日,中国国际工程咨询公司向国家计委正式提出《黄河小浪底水利枢纽工程设计任务书》评估报告。国家计委对设计任务书和咨询公司的评估意见又进行了审查,同意进行小浪底工程建设,并于 1987 年 1 月向国务院写了请示报告。国务院领导同志很快批准了《关于审批黄河小浪底水利枢纽工程设计任务书的请示》。经过多年的大量工作,这一关键性的治黄工程终于确定下来了。治黄工作从此又向前推进了一步。

第六章

改造黄土高原

黄河上中游流经世界上最大的黄土高原。这里是黄河泥沙的主要产地,也是黄河洪水的主要来源区。治理黄土高原的水土流失,是治黄工作的重要组成部分。30多年来,国家在这一地区投入大量人力、财力、物力,采取了多种水土保持措施,开展了试验研究和大规模群众性的示范、推广工作,取得巨大成绩,积累了丰富经验,从而提高了对黄河客观规律的认识,丰富和发展了治黄思想。

第一节 水土流失与水旱灾害

黄土高原,是我国黄土分布最集中的地区,也是世界上一个主要黄土分布区,它的范围,按土壤学家、地质学家和地理学家的论断,大体上西起日月山,东到太行山,南至秦岭,北抵阴山,面积约58万平方公里,海拔1000~2000米。

黄土高原的地貌形态,可分为塬、梁、峁三大类型。塬是边缘陡峭的桌状平坦地形,地面广阔,适于耕作,如陇东的董志塬、陕北的洛川塬,都是重要的农业区。塬面和周围的沟谷称黄土高原沟壑区,梁和峁为沟谷分割的黄土丘陵,称黄土高原丘陵沟壑区;梁呈连绵带状,峁呈圆形小丘。

关于黄土的成因,长期以来,许多地质学家、地理学家,通过地层、古生物、物质成分与结构特征等综合分析,对黄土的物质来源及成因做了大量的研究,提出了20多种黄土成因理论,主要有:风成说、水成说、多成因说及残积说等。多数人主张风成说,认为黄土是由风的地质作用搬运沙漠砂,并经分选堆积而成的。但也注意到,流水等地质营力在局部地区对黄土原始物质的形成、调整及再搬运作用是不容忽视的。

黄土高原的水土流失灾害,是举世闻名的。在它58万平方公里的面积中,水土流失面积就有43万平方公里,占70%还多。其中每平方公里土壤年流失量5000~10000吨的有28万平方公里,占水土流失总面积的65%,局部地区高达30000吨。整个黄土高原水土流失地区每平方公里平均流失量达3000多吨,这在全世界是极为罕见的。这么大的水土流失量,相当于每年从黄土高原地表刮去十几毫米的表层土壤,大量的肥料养分随着被冲刷的泥土流失而去。长期的、严重的侵蚀,不但使黄土高原地区被切割得支离破碎,耕地逐渐缩小,土壤肥力减退,生态环境遭到破坏,对当地农、林、牧业生产构成严重的威胁。而且,作为水土流失的另一个严重后果,大量泥沙通过千沟万壑源源不断地输入黄河,使下游河床淤积抬高，造成频繁的洪水灾害，使黄河成为世界上最难治理的河流。

关于黄土高原地区水土流失的成因，我们认为主要有自然因素和人为因素两个方面。所谓自然因素，即指土质疏松、地形破碎、气候影响、植被条件差等；人为因素则指人类的社会活动对水土流失的影响。

首先，黄土是一种特殊的土质，主要由极小的粉状颗粒组或，具有多孔、透水、垂直节理发育和湿陷性等特征。黄土干燥时十分坚固，像岩石一样，可垂直陡立，拔地而起，但一遇水则马上就会土崩瓦解，变成泥流状态。其次，黄土高原地区的地形特点是丘陵起伏，沟壑密布，沟道一般深为 100 ~ 300 米，每平方公里就有沟道 3 ~ 7 公里长。水土流失将黄土高原切割成千沟万壑，这些沟壑又加剧了水土流失。其三，气候影响。黄土高原属于干燥和半干燥地区气候，年内年际降雨分布很不平衡。70% 集中在六、七、八、九四个月内，且多暴雨，强度很大。每年土壤冲刷量和河流输沙量，主要是由几场暴雨产生的。其四，植被条件差。地面植被是拦截雨水、调节径流、固结土体、改良土壤性状、减小风速、防止土壤侵蚀的重要条件。但黄土高原地区现有天然植被条件很差，整个黄土区残存的天然林地面积仅有 1800 多万亩，只占黄土高原总面积的 2%。植被的严重破坏，导致了气候的恶化，干旱、风沙等灾害频繁出现。

人类活动对水土流失的加剧也有一定的影响。据历史、地理学家考证，黄土高原的水土流失虽古已有之，但没有现在这样严重。随着人类活动的逐渐增多，特别是在很长一段历史时期内，黄土高原地区一直是国家政治、经济中心，历代王朝为了修建城池、宫殿、陵墓，大肆砍伐森林，加上频繁的战争，放火烧山等原因，原有的森林草木遭受严重破坏，各种自然因素间的相对平衡被打破，致使水土流失更加剧烈。

严重的水土流失，直接危害着农业生产，给黄河流域人民带来了巨大的灾难。由于水土流失，一方面沟壑面积日益扩大，耕地面积逐渐缩小，土壤肥力减退。山西临县水土流失面积占这个县土地面积的 90% 以上，中华人民共和国成立前，这里森林被覆全部被毁坏，一片荒山秃岭，五年三灾，地越冲越少，沟越冲越多，每年被冲走的肥沃表土达几百万吨，群众生活非常困苦，“春干夏旱净刮风，秋季庄稼洪水冲。一年到头死命干，收成不够吃一冬”，这首民谣就是真实的写照。另一方面又加重了旱灾，这里本来降雨量就小，加上水土流失，旱灾更为严重。据历史记载，黄土高原地区平均每 3 年半就有一次旱灾。其中陕西省（不包括陕南）2200 年间发生旱灾 574 次，水灾 407 次；河南省（不包括淮南）的水灾也达 717 次，旱灾 672 次。有时甚至出现长期大面积连续干旱，形成“赤地千里”、“饿殍遍野”的悲惨局面。北宋端拱二年至淳化二年（公元989～991年）流域以内连旱三年。明末崇祯年间，黄河流域又发生连续多年的大旱，尤以黄土高原地区为甚。陕北榆林靖边一带赤地千里，出现了人吃人的凄惨景象。在清朝统治的267年中，旱灾就有201年，被称之为“十年九旱”。光绪二年至四年（公元1876～1878年），遍及黄河中下游各省的大旱灾，死亡人数达1300多万。民国九年（公元1920年）发生于陕西、山西、河南、山东、河北五省的大旱，受灾人口达2000万，死亡50万人；民国三十一年至三十二年（公元1942～1943年）的大旱灾，河南一省就饿死300万人。

中华人民共和国成立后，黄土高原的生产条件有了很大的改变，但旱灾现象仍然存在。1955、1965和1972年陕北出现了三次严重的旱灾，为救济榆林地区灾民，国家从九个省区调运粮食4.25亿公斤。

水土流失不仅严重地危害黄土高原地区农业生产的发展，同时每年大量泥沙注入黄河，淤积下游河道，抬高河床，形成“悬河”，因此造成黄河下游一次次洪水灾害。每次决口改道，都给人民带来惨重的灾难。如宋徽宗政和七年（公元1117年），黄河在今河北沧县、河间一带决口，一时间洪水横流，尸漂四野，淹死100多万人。清道光二十三年（公元1843年），黄河在中牟九堡决口，口门300余丈，直趋东南，使河南中牟、尉氏、陈留、扶沟、西华、太康、鹿邑和安徽的太和、阜阳、颍上、凤台、霍邱、亳州等地普遍受灾。1933年的黄河洪水，造成决口50余处，受灾面积11000多平方公里，受灾人口364万余人，死亡18000多人，损失财产以当时银洋计约合2.3亿元。中国的史书上，充满着这种血泪斑斑的记载。黄河因此成为世界闻名的害河。

严重的水土流失和水旱灾害，使人们逐渐认识到，大力开展水土保持，积极防治土壤侵蚀，是改善生态环境和生产条件，促进农林牧业发展，减少黄河泥沙的一条重要途径。

第二节　水土保持工作的发展

广泛的查勘

黄土高原有计划的水土保持工作是中华人民共和国成立后开始的。历史上黄土高原的人民虽然同水土流失灾害做过长期斗争，但由于受社会和科学技术条件的限制，多是一家一户在小块土地上进行的，成效甚少。近代以后也有人倡导过水土保持工作，并在黄河中游地区进行过一些试验研究，也由于投资甚少，设备简陋，仅在小面积上搞了些荒坡造林、种草、柳篱拦淤和农业改良措施等，没有大的发展。中华人民共和国成立后，为了根治黄河水害，开发黄河水利，发展山区生产，从1950年开始我们即有计划地组织了水土保持的考察研究。在1950年召开的黄河水利委员会第一次委员会议上，即把水土保持工作作为黄委会的一项任务列入了日程，并且成立了黄河西北工程局，专门进行水土保持和西北地区的水利建设。

为了探索水土流失的规律，总结群众中水土保持的经验，研究水土流失的治理方向，1953年4月，我会与中央农业部、林业部、中国科学院及西北行政委员会，共同组成西北水土保持考察团，对黄土高原进行了一次大规模的广泛的考察，集中了500多名科技干部，组织了10个水土保持查勘队（后来第五、第六队合并为一个队）。查勘队员出发前进行了短期的学习，思想有了很大提高。认识到查勘工作是改造黄土高原以及根治黄河的基本工作之一，是我们国家改造大自然的伟大事业的一部分。同志们说："只有在共产党、毛主席领导下的中华人民共和国，才可能有这样大规模的查勘。"不少队员还写了保证书，并以改造自然的"尖兵"、"侦察兵"称呼自己。大家高涨的热情，汇成了一股洪流，深深地感染了我。在出发之前我做了动员，强调这次查勘的意义、目的及工作中应注意的问题。当时特别讲到，黄河流域历史上灾害深重，不仅是自然的因素，还有人为的成分。现在解放了，人民掌握了黄河，治理黄河已经有了政治上的条件，只是我们如何向自然做斗争的问题了。黄河有它自己的规律，如果想征服黄河，就必须掌握其自然规律，研究它的自然规律，从而利用它的自然规律，以解决治黄问题。水土保持是黄河治理的一项基础性工作，但不同的地区有不同的办法，这些办法能否实现？怎样实现？能够解决哪些问题？解决到什么程度？这些现在我们都不很清楚，非常需要进一步了解。我们之所以要进行这次查勘，也就是要解决这些问题，通过调查，进一步全面地了解情况，研究分析和发现规律，找出综合的开发办法。同时还讲了要注意的问题：第一，查勘与向群众学习相结合。我自己在查勘中深深体会到这一问题的重要。因为群众最熟悉情况，不访问群众，所得的结果就不可能符合实际情况。在水文上，开始我们只知道黄河最大洪水是1933年陕县站的22000立方立方米每秒，但经过调查，发现最大洪水不是1933年而是清道光二十三年（1843年）。可是当地群众都知道这个情况,只有我们不知道,这就是以前没有同群众联系的缘故。我建议除了访问之外,还要召开各种调查座谈会,要有甘当小学生的态度,尊重群众,征询群众的意见。第二,这次查勘不是为调查而调查,而是为了中央人民政府决定黄河流域治理与开发的方针而调查,责任重大,马虎不得,一定要深入细致。第三,这次查勘任务紧迫,准备时间短,查勘的多是偏远地区,生活很艰苦。但是在工作中只要团结互助,齐心合力,一定能克服一切困难,胜利完成任务。

动员会开过后,查勘队便兵分9路,分赴黄土高原水土流失区的各地,展开了紧张的工作。的确,当时的查勘是极其艰险的,这些地区有的是海拔2000米以上的高山崇岭,有的是一望无际的草原沙漠,也有陡峭的沟谷和起伏连绵的丘陵,很少有平夷的川地和道路。查勘队员们为了搜集根治黄河的准确资料,整天战斗在这种艰险的环境中。查勘区域中有许多地方是丘陵沟壑,但对于水土保持工作来说,越是支离破碎的地带就越是需要研究。有时正测着断面,山洪暴发了,洪水霎时就能冲走巨石,但工作队员把个人安危置之度外,抓住这个机会,拍照、测量,取得了第一手真实资料。两个沙漠查勘小组在鄂尔多斯乌审旗沙漠查勘时,每天在沙蒿、沙柳、臭柏丛里奔波,草莽中经常有能咬死野羊的毒蛇出现。天气又分外炎热,温度达49摄氏度,伊克昭盟沙漠区甚至高达56摄氏度。在灼热的沙丘上工作,没有水喝,自己挖井取水,有时挖不出水来时,就从苦水沟里取水喝,这种水又苦又咸,据说连羊也不喝,不少同志因此闹起了肚子。连苦水也没有时,许多人昏倒在地,便四处采些野生植物吃几口,爬起来继续工作。在工作中,查勘队员们不但克服了各种自然环境的困难,还开动脑筋,积极探讨,创造了不少新的工作方法。查勘队员们那种为了根治黄河,不怕艰难困苦,勇于同大自然做斗争的高度工作热情和顽强精神,以及认真调查研究的科学态度,是很值得称颂的。查勘过程中,各队、组不断给我发来电报、快报和信函,表示坚决完成各项查勘任务的决心和信心,通报他们工作进展的情况。他们的工作,对机关工作的同志是很大的鼓舞。因此,每收到这些信电,我便及时回复,给予热情的慰问和鼓励。

为使查勘能得到有力的支持和指导,当时黄委会把这项工作列为重要议事日程。针对由于经验不足而出现的各方面问题,及时召开各种会议,研究改进。在查勘中不断总结经验,克服缺点,把调查研究引向深入。

1954年4月,我会又组成两个查勘队共百余人,查勘了黄河上游湟水、祖历河、清水河等支流的水土流失情况。

这两次查勘,是有史以来第一次对黄土高原地区进行的全面大查勘。在长达十几个月的时间中，北自宁蒙，南至秦岭，西达鸟鼠山，东至吕梁山，查勘了广大的黄土高原地区及鄂尔多斯沙漠草原地带，查勘面积达21.3万平方公里，干流河道800公里，支流20余条。通过调查，对黄河中上游流域的地形，地质、土壤、水文、气象、地貌、植被、河道、沟壑和社会经济的综合情况，有了比较全面系统的了解。通过研究水土流失规律，总结当地经验，对如何开展水土保持工作有了初步的认识，并经过分析研究汇编了内容丰富的查勘报告，掌握了大量资料。同时通过查勘，摸索出一套比较系统的查勘经验，锻炼了队员的独立工作能力，培养了一批人才。这一切，为编制黄河综合治理规划以及水土保持工作的开展，提供了科学的依据和重要的条件。其中，关于黄土高原不同类型区的划分，便是这次大查勘的一个重要成果。当时，为了适应水土流失区治理的需要，我们根据查勘资料，按山河分布和土壤侵蚀的强度，把黄土高原分为九种类型区，即黄土丘陵沟壑区、黄土高原沟壑区、黄土阶地区、风沙区、干燥平原区、土石山区、高地草原区、冲积平原区和林区。其中的丘陵沟壑区和高原沟壑区，二者面积共26.4万平方公里，年平均流失量达5000~10000吨/平方公里，有些地方甚至在10000吨以上，是黄土高原水土流失最严重的地区。根据土地利用、侵蚀形态及程度等情况，又把黄土丘陵沟壑区分为5个副区。经过以后的实践证明，当时这种类型区的划分，基本上是正确的，它为因地制宜确定治理方向和治理措施提供了依据，对于黄河流域水土保持工作的开展起了重要的指导作用。

作为治河机构的主持人，为了尽快熟悉、掌握全河的基本情况，探索黄土高原地区水土保持工作的方向和道路，中华人民共和国成立初期的那些年，我每年也都抽出约一半的时间沿河实地勘察，了解流域内的自然特征、河势变化和社会经济状况，以取得更直接的感性认识。其中，黄土高原地区的水土流失及其治理，便是考察的主要内容之一。

1953年二三月间，在西北水土保持考察团进行那次大规模查勘之前，我和水利部的高博文同志，黄委会刘钟瑞总工程师、耿鸿枢副处长及西北黄河工程局邢宣理副局长一行，组成了一个考察组，原计划重点考察陕北区，因当时黄委会已接管了天水水土保持工作试验站，故又增加考察陇南天水附近及渭河沿线水土流失严重地区。第一站考察了晋西区的水土流失，之后过黄河到绥德，去榆林考察无定河流域，然后折返绥德，经延安、宜君、铜川转西安，去天水，这次考察进行了近一个月。

我们在陕北考察了榆林、绥德、延安3个地区26个县，北到伊克昭盟大沙漠，东邻山西、中隔黄河，面积79000多平方公里。全区地貌分四种类型，其中绝大部分是丘陵沟壑区，少部分为高原沟壑区、山地和川谷。丘陵沟壑区以绥德、米脂、吴堡最为典型。其特点是丘陵起伏，沟壑纵横，低洼的河谷贯穿中间，丘顶高出河床 50 ~ 200 米，沟的长短深浅不一，表土疏松呈粉状，丘顶皆为圆形，好像馒头一样。各个土丘周围又冲刷很多深沟，并继续向沟上游侵蚀，立在山丘顶上望去，各个土丘高度差不多，稍有起伏。由此我们推测很久以前这里是稍有起伏的高原，后来由于长期的严重侵蚀，被切割成千沟万壑。

沿无定河向上到榆林一带，即见到南迁的沙漠覆盖在丘陵上。但该处与绥德不同，河谷两岸较浅，地势也缓，没有绥德那样又深又长的沟壑。靖边、定边一带则是平缓的盆形岭地，四周被黄土丘陵包围，沟里宽阔，有的岭地几十公里长，岭地多是河流上源，河源逐渐上移，岭地蚀退非常厉害。

延安这一带也属于丘陵沟壑区，沟谷较宽，坡度较缓，丘顶高出河床比绥德低。沿途观察我们发现沟壑有两种情况。一为稳定的河床，一为不稳定的河床。无定河干流米脂、绥德一带的沟口一般已刷至坚硬的岩石层，并冲成深槽，坡度较缓，所以沟底的冲刷发展很慢，已接近稳定。另一种在无定河上游是不稳定的河床，沟底没有刷到石层，因此沟底还在冲刷。

考察中，从一条整沟来看，一般情况是这样：沟头多为缓坡，坡地的坡度也缓，沿沟向下沟底和两岸坡度渐渐变陡成“V”字形；再向下即为土质阶台，间有“V”形沟底，每一土跌水上面坡度大都缓和，两旁有时有一窄条耕地，沟面宽阔，再下即为石质跌水。“V”形的石槽渐下渐宽，石层的深度则随沟的大小而不同，最深的有 10 米以上。沟底两旁的耕地也渐次增多，形成复式河床；这样一直到入河为止，但往往入河的一段坡度复又变陡。我们沿河看到差不多每一公里就有一条这样的大沟，所有的沟看去都非常零乱，但也有一个规律，就是沟愈长，也愈深愈平，愈短则愈浅愈陡。

在陕北洛川、富县一带残留着绵延很长的塬地，塬与塬之间有深沟割裂。沟头、沟沿岸多是峭壁，塬的边缘呈锯齿形，多陷穴和割裂成的土柱。沟底是“V”字形，一般大沟下游也冲刷出了石层，沟的特点是深、长、大，不像丘陵区那样沟壑成为一片。该区的山地，多为各支流的分水岭，特点是黄土层覆盖较厚，如九里山、蟠龙山等。川谷是各河流经的地带，这里的河谷两岸都裸露着被刷深的石层，尤其是靠近下游段，河床两岸多有川地，多是冲积而成的沙性土壤，是陕北产量较高的土地。

陕北地区地势高，临近沙漠，森林极少，系大陆性气候，雨量少，但非常集中，且多暴雨，土质又松软，更加剧了水土的流失。所以旱灾是这里最严重的灾害，缺水是陕北贫困最根本的原因。关于水土流失情况，我们在考察中了解到，土壤侵蚀大致可分为沟冲和面冲。在丘陵区经过一场暴雨，满坡都是深浅不一的小沟。如果坡面平缓，多是上面沟密而浅，下面沟稀而深，如果坡面有起伏，则是坡凸处沟稀而浅，洼处密而深。如果广泛地冲刷，把地面的一层肥土全部都会冲走甚至连庄稼也拉掉。泥土由坡洼处流到小沟，再流向支沟、大沟，然后进入河流。在高原沟壑区，沟冲、塌岸占大部分，塬高沟深坡陡，一遇大雨，坡面径流直冲沟底，沟壑越来越深，两岸坡度越来越陡，随之造成塌岸，如此逐渐扩大两旁沟岸。因此，对塬地来说，沟冲也是严重的。

由于严重的水土流失，陕北区的河流含沙量都比较大，在这一地区黄河的大支流有无定河、清涧河、延水、洛河、窟野河、秃尾河等。其中含沙量以无定河为最大，古以“暴涨暴落无定”而得名。其流域北部是有名的毛乌素沙漠，南部是黄土丘陵沟壑区，地形破碎，侵蚀剧烈，湍急的河水平均每年挟带2.1亿吨泥沙注入黄河，占黄河年输沙量的1/8还多。

这次考察的陇南渭河流域天水一带，主要也是丘陵沟壑区。渭河的支流有牛头河、葫芦河、赤峪河，摆渡河、大南峪河、咸河、菜子河等，水土流失最严重的地区有12个县约25000平方公里，该区90%为山坡地，农业生产多在黄土较厚的区域，水土流失在山腰、山脚最严重，沟冲塌岸是泥沙主要的来源。这里为古代的粮仓，近代农业已趋于凋落；我们看的陇东泾河流域，除上游一部分为可耕的黄土高原外，其他多为荒山丘陵地带，沟壑纵横，地广人稀，每年都有大量泥沙通过沟道进入黄河。究其泥沙来源，一方面是沟壑没有治理，任其冲刷流失；另一方面上游滥垦滥伐，破坏原始地表也是重要原因。

陕北绥德水土保持推广工作站是1949年在米脂建立的，建站后，以绥德为中心，向米脂、佳县、吴堡各县推广，深入组织动员、宣传、指导群众打坝淤地，几年中已初见成效。站上试种的坡地比当地群众种的同样条件的坡地，增产三倍。此外还开辟了坡地实验区和牧草推广。这里群众的水土保持工作，以往也有很多的经验和成绩，主要措施有挖水簸箕、拍地畔等，虽不够普遍，但也显示了美好的前景。在连绵不断的光秃秃的丘陵中，看到一片小树，一坡梯田，一条沟坝地，都唤起我们的极大兴趣和对美好未来的憧憬。群众是最富于想象力的，我记得当时绥德地委书记杨彩霖同志就说，将来是：“花果山、米粮川、骡马成群、牛羊满山。”子洲县劳动模范周方源说：“远山高山梢林山，近山低山花果山，川是米粮川，拐沟打坝聚湫滩。”他们的想法是，将陕北的山都造成林，种上果木树，平川地种庄稼，小沟变成小面积淤地。不过他们忽略了一个问题，这就是水。没有水,林草农作物都长不好。因此,我当时就对他们说还必须蓄水。

陇南的天水水土保持试验站,那几年主要是做一些小型坡地和植树封沟的试验,在一公里长50米宽的大柳树沟里种植了许多刺槐,使沟岸和沟底得到了固定。同时结合群众生产,搞田间工程,主要是拍地畔、修梯田,推广草木樨牧草和改良农田耕作等。晋西区也属于黄土丘陵区,和陕北吴堡隔黄河遥遥相对,情况差不多。地面被覆稀少,愈向东黄土愈薄。此地群众的水土保持工作有很长的历史,主要有打坝淤地、修梯田等方法。

这次考察使我进一步开阔了眼界,了解了前所未闻的事情,增加了感性认识,特别通过不同类型的比较,认识到不同的地区应该采取不同的治理措施,同时也增强了对防治水土流失的信心。我相信,在政治上翻了身的人民,组织起来,经过长期不懈的努力,水土流失的问题是能够解决的,黄土高原的面貌一定能够改变。

建立科学试验站

为总结西北地区群众的实践经验,探索水土流失规律,把水土保持建立在科学的基础上,中华人民共和国成立后,我们在黄土高原恢复和建立了一批水土保持试验站。本着“增产拦泥”的原则,根据不同自然条件和社会经济条件,积极开展了科学研究工作,取得了明显的效果。为改造自然,建设山区及探求黄河治本方向起到了重要的作用。

我国人民对黄土高原地区水土流失的危害认识并不算晚。明嘉靖年间周用奉命总理河道,上《理河事宜疏》,提出“使天下人人治田,则人人治河”的思想。明代万历年间水利学家徐贞明在其论述西北水利问题的专著《潞水客谈》中就提出过“治水先治源”的理论。认为治水应从河流上源水土流失严重的山区治起。清代乾隆年间胡定在观察了三门峡以上中条山河涧中过沙情况和陕、晋一带修筑的淤地坝之后,发展了周用“治田则治河”的思想,提出了“汰沙澄源”的治河方案。在长期的生产实践活动中,古代人民为了生存,也做过水土保持。如《尚书》中就有“平治水土”的记载,陕西富平县赵老峪引洪漫地,是当地农民早在战国时期就发展起来的水土保持措施之一。直到民国初年,我国黄河流域的水土保持在世界上仍属前列。20世纪20年代至30年代,美国水土保持奠基人之一罗德民博士几次到我国黄土高原考察,参与了水土保持试验对比工作,回国后经过广泛宣传,不久美国成立了全国性的水土保持机构,颁布了由国会通过、总统签署的美国水土保持法案。罗德明生前写道,由于看到中国水土流失情况，观察了农民保土耕作的方法以及对比实验的成果，才树立了控制水土流失的信心。可见，当时黄土高原地区的水土保持给了他很深的印象。然而在漫长的封建统治时期，黄河流域水土保持虽起步较早，发展却非常缓慢。劳动人民终年不得温饱，经济力量十分单薄，不可能改变水土流失的根本状况，矢志为水土保持事业献身的研究者，也得不到引导和支持。

在中国共产党领导下，人民推翻了帝国主义、官僚资本主义、封建主义三座大山，当了国家的主人，水土保持才真正得到重视。中华人民共和国成立后，为了推动水土保持工作的迅速发展，国家首先抓紧了试验站的恢复和建设。西北地区最早的水土保持试验机构是甘肃天水试验区，成立于 1942 年，这也是我国最早的水土保持试验基地之一，主要是做田间工程及耕作方法的试验研究和对比分析。当时，著名的植物学家傅焕光、叶培忠、吕本顺等先后到此任职，并首先提倡用植物措施治理渭河的水土流失，草木樨就是那时从美国引进并在天水试验区繁衍的第一代优良草种。陕北的绥德站（当时站址在米脂县），也早在抗日战争时期的 1944 年，便已着手筹建。当时这里是解放区根据地，陕甘宁边区政府专门委派建设厅的康迪、姬也力二人负责试验站筹备事宜。1946 年又增派了一位名叫陶克的同志来此参加建站。当时的主要工作是结合农业生产进行留淤土坝的调查研究，宣传发动群众，为建站及陕北大范围水土保持的开展作准备。后来绥德水土保持站建立，米脂站与之合并。这个站的创始人之一陶克同志，虽不是学工程技术的，但以后长期做水土保持工作，致力于淤地打坝的试验研究，在实践中积累了丰富的经验，成了一位专家，可惜在“文化大革命”中受到严重摧残，跳黄河殉难了。

中华人民共和国成立后不久，根据治黄全面发展的需要，我会设立了西北工程局，接收了天水水土保持试验站；于 1953 年在米脂站的基础上正式成立了绥德水土保持试验站；并新建了甘肃西峰水土保持试验站，还设立了一些小型试验站和示范点，并抽调大批干部、技术骨干到试验站工作。许多大学、中专毕业生从繁华的都市来到这穷乡僻壤，投身于黄土高原的水土保持事业。这里多为贫困的边远山区，生活十分艰苦。有的试验场远离集镇，买面、买菜、看病，往返要跑四五十公里，一遇降雪下雨，沟深路滑更是困难。但就是在这样艰苦的条件下，试验站的同志们深入群众，调查研究，吃苦耐劳，用科学的方法引导当地人民统筹规划，综合治理水土流失，创立了光辉的业绩。如陕北绥德试验站，在无定河流域的水土保持试验中，结合农民的创造，宣传推广淤地坝，1950 年到 1952 年，绥德、米脂等县就修筑坝、堰 400 多个，淤地 3600 多亩，每亩淤地的产量高出一般山坡地10倍以上。采用淤地坝这种措施,淤出的新地都处于沟内谷底,不仅水分集中,作物不受旱灾威胁,而且土质肥沃,粮食产量很高,这种方法本来是当地群众根据多年向自然做斗争创造出来的,但是经过科研工作者的试验、总结和推广,从坝的布局、设计、施工等方面都有了新的提高,采用范围也逐渐扩大,所以深受群众的欢迎。几十年来,该站在黄土丘陵沟壑区选取无定河上的韭园沟为试点。研究了自上而下坡面防冲措施与自下而上的沟壑控制措施相结合的方法,因害设防,节节拦蓄,使坡耕地、牧荒坡、沟谷底形成一个防护整体,实行工程措施与生物措施、耕作措施相结合,治沟与治坡相结合,增产减沙效益十分明显。西峰试验站位于泾河流域的董志塬。这是泾河流域残存最大的一块高塬,总面积约2000平方公里,也是著名的富庶之区,曾有"八百里秦川,顶不上董志塬半个边"的说法。但是由于多年来严重的水土流失与自然破坏,有1/2的面积已变成了深谷和荒坡。这里历史上曾进行过一些水土保持,但多限于保护道路、村头,田间工程很差。西峰试验站的科学工作者,针对沟壑发展造成塬面蚀退的严重局面,提出"保塬固沟"增加生产的方针,并根据当地农村生产的经济情况,分三类地区进行水土保持。这个站规划治理的南小河沟,在塬面上以修水平条田为主;在沟头修建防护工程,种植林带草带;在沟坡修梯田,建果园,营造护坡林草,在主沟合理布设坝系,"上坝蓄水,下坝种地",在支毛沟修建谷坊,植防冲林。整个小流域组成塬、坡、沟水土保持防护体系,有效地防治了水土流失。试验站所在地西峰镇,原来也受着钳形沟势的夹击,沟道上延,沟壁坍塌,发展下去大有被塌失的趋势。20世纪50年代初西北工程局成立后,邢宣理副局长亲自率人同该试验站的科研人员共同研究,修了一个大涝池,使水不下塬,控制了沟岸的发展,保住了西峰镇。后来涝池淤满了种上树。现在,幼苗已长成了参天大树,成了西峰镇的公园。西峰试验站研究的山地果园栽培经验也非常突出,1955年他们开始在陇东地区研究发展山地果园,引进了全国有名的苹果、梨、桃、杏等优良品种,并将当地的树种进行高接。由于同时进行了水土保持、深耕熟化土壤、蓄水保墒等一系列耕作技术,果树生长十分健壮,结出的果实品质、色泽、味道都很好。试验站的经验在陇东成为山地果园的典范,远近专区、县纷纷组织参观团前去学习栽植苹果技术。为了满足群众的要求,他们培育了大量的优良品种苗木,进行推广,过去这里水果很少,现在陇东、陕北、晋西北园艺事业都有了很大发展,正在成为我国重要果品基地。同时对充分发挥山地生产潜力,进一步发展山区经济,由单一农业经营逐步过渡到农林牧副业综合经营,改善人民的生活有重要的指导作用。天水试验站在探索陇南地区水土流失规律,推广田间工程和植树造林上也做出了显著的成绩。他们研究出的培地埂、挖地坎沟、垄作区田等方法,对防止水土流失和增产粮食,都起到了很好的作用。第一年即可使粮食作物增产两成,几年以后,坡地变平,土壤肥力与作物产量即逐渐增长。这个站在梁家坪进行的径流小区试验,基本揭示了黄土坡地和沟壑的径流冲刷规律,提出了解决水土流失的农业技术及农业改土、森林改土、水利改土等方法。他们还试验培育了一种我国野生豆科牧草——草木樨,这种牧草覆盖地面茂密,具有耐寒、耐旱、耐碱和适应性强等特点,是一种很好的保土保水植物。而且富有蛋白质,可作饲料、燃料和肥料;根系发达,有大量根瘤菌,对改良土壤有一定作用;秸秆是造纸原料,花是蜜源,种子还可以酿酒作醋,被群众称为“宝贝草”。后来试验站还会同天水专区发动群众试行在沟壑中刺槐树与草木樨混合种植,结果收效很好。混种的槐树不但成活率高达 90% 以上,而且生长也很快。20 世纪 50 年代以来,草木樨在黄土高原地区广为种植,现已推广到华北、东北和南方十多个省(区)。

几十年来,各试验站通过调查研究,创造了许多行之有效的水土保持技术措施。在工程措施上,从培地埂逐步发展到水平梯田、条田,从天然聚湫、小型坝地,到广泛的群众性的打坝淤地、引洪漫地、引水拉沙等。在生物措施上,引进培育了大量优良树种、草种,为绿化荒坡荒沟,促进多种经营的发展,开辟了广阔的道路。通过合理利用土地和各项水土保持措施综合配置的研究,培养了几十处小流域综合治理样板。

随着水土保持工作的开展,黄河中上游各省区地方政府也都设立了水土保持科研机构,成立了试验站、研究所、示范站等。整个黄土高原地区的水土保持专职科研人员由中华人民共和国成立前的几十人发展到 1000 多人,组成了水土保持试验和推广站网,取得了大量的科研成果,在生产建设中得到普遍推广应用,不仅促进了水土保持工作的发展,而且对水土保持科学的发展做出了贡献。

第一次水土保持工作会议与中共中央批示

经过几年的宣传、推广,特别随着农村互助合作运动的发展,水土保持工作逐步发展起来。为了总结各地区的工作经验,把水土保持进一步推向深入,1954 年 11 月我会组织召开了陕、甘、晋三省水土保持工作会议,参加会议的有三省 14 个专区农、林、水、牧各部门的负责同志和农民代表,有中国科学院、西北黄河工程局及其水土保持站的代表和河南治淮总指挥部的代表共 70 多人。这是黄河流域也是全国第一次规模较大的水土保持工作会议。

会议中，代表们分析了社会主义建设及治黄工作新的发展形势，分析了黄土高原水土流失区的自然状况和社会经济情况，研究了水土保持的方向、有效方法和实施步骤，并对各地的水土保持经验和黄委会试验站的推广效果，进行了认真的讨论。

大家认为：随着国家社会主义经济建设的发展，黄河的治理与开发大大加快了步伐。为了与这种发展形势相适应，在广大黄土高原区开展水土保持工作，为综合开发黄河创造条件，已成为一项十分迫切的任务。水土保持工作，就当时情况来看，尽管基础还很薄弱，发展不够平衡，但由于我国已进入建设社会主义的新时期，工农业生产日益发展，保持水土，已是水土流失区人民的迫切要求，加上水土保持技术措施的试验、示范和推广，为水土保持的大发展准备了条件。

在讨论中，大家还认为，黄土高原水土流失区的自然面貌和社会经济情况非常复杂，各地的工作发展也不平衡，当时又缺乏系统经验，因此开展水土保持工作，必须从具体情况出发，因地制宜。一方面要广泛深入地学习群众的经验，一方面在实践中要发扬首创精神，适于修坝的修坝，适于田间工程的进行田间工程，适于种树种草者就种树种草，不要一刀切，并防止浮而不实和单纯求快的倾向。

这次会议，是黄河中游各省首次在一起讨论水土保持工作，大家热情地介绍了本地区、本部门的治理经验和研究成果，互相之间都受到了很大的鼓舞和启发。许多分散的、个别的经验在这次会议上得到了总结。通过交流和讨论，在开展水土保持工作的方向、方法和步骤上取得了比较一致的认识。

会后，综合代表们的意见，并结合自己那几年通过实地考察形成的看法，我向水利部写了一份《关于进一步开展水土保持工作的报告》，提出了黄土高原水土流失区的治理意见。我认为，只要加强党的领导，依靠群众，加强科学研究与技术指导，使科学为生产服务，试验为推广服务；控制黄土高原水土流失，减少入黄泥沙，增加农业生产是完全可能的。但由于水土流失区面积广大，情况各异，应该在“综合开发，大力开展，因地制宜，稳步前进”方针指导下，建立专业机构，结合互助合作，区别不同情况，采取相应措施。为此，我在报告中就各地区的不同特点提出了具体意见。

1. 丘陵沟壑区。其特点是丘陵重叠，沟壑纵横，坡陡流急，气候干燥，水土流失严重，人民生活贫困，应列为今后开展水土保持工作的重点区。根据我们的试验和当地群众多年行之有效的经验，这类地区应以固沟护坡为原则，即在沟道内打坝淤地，修堰窝地，植树种草，引洪漫地等；在坡面上修梯田、培地埂、挖水窖、修水簸箕、排水道、涝池及实行中耕培土，垄作区田等耕作法。这方面已经有了一些经验，如山西离山、临县一带，在两三公里长的支沟内建成了梯级式淤地坝，有的达百年以上。其中娘娘庙沟共修大小土坝13道，拦泥12万立方米，淤地81亩，这些老坝地亩产小麦80公斤，比坡地产量多两倍多。陕北米脂县黑山子村在沟内打坝，淤出新坝地2亩，当年即收大麦450多公斤，比一般坡地高8倍。又如甘谷牛家坪群众在坡地上进行田间工程和修梯田，并结合农业技术改良措施，小麦每亩产量由56公斤提高到140公斤。该村又在1000亩坡地上修地埂、挖排水沟并在道路旁挖涝池，1954年普降72毫米的大雨，也没有产生冲刷。

根据这一地区的不同情况，又可分为三种类型：第一种，晋西离山、临县等地及陕北无定河、清涧河中下游，因黄土覆盖层厚，打坝淤地见效快，这里开展水土保持工作，应当首先以打坝淤地为主结合修坡式梯田、水簸箕、排水道及推广垄作区田、中耕培土等方法，以达到迅速控制泥沙，适应农业增产的要求。第二种，在陕北神木、府谷，晋西北保德、兴县等地，因石多、土少、风沙大，应首先自上而下地在缓坡地上修梯田，挖水窖和拨水道，以田间工程为主，并有重点地结合打坝淤地，以增加粮食产量。第三种，甘肃平凉、天水、定西大部地区，坡度较缓，雨水较丰，应首先修梯田、沟坝地，推广垄作区田与水漫地，配合涝池、水簸箕、水窖等，以增加粮食生产，减少冲刷。这三种地区都要在农业增产的基础上，逐步停耕陡坡地，大力种植林草，发展畜牧业，促进多种经济的发展。

2. 黄土高原沟壑区。这类地区包括泾河、北洛河的中下游及渭河河谷的黄土台地，其特点是人口较密，塬面平坦，产量较高，为陕甘两省主要农业区之一。由于沟壑发展剧烈，塬面逐渐破坏，开展水土保持工作应以“保塬固沟”为原则，以保塬为主，在塬地上广泛推行地边埂，封沟埂，结合农业技术改良深耕细作，沟边植树种草，配合涝池、水窖、沟头防护等措施，力争水不下塬。同时在沟壑内修筑谷坊，造林种草，稳定沟坡，固定沟底，拦蓄水土，并解决燃料、饲料、肥料困难问题。治理这种类型区，群众中也有一些经验。如董志塬的方家沟圈，集流面积约0.3平方公里，40年前当地群众在沟道修筑一道1.5米高的沟埂，并在沟头以上的道路两旁连续挖了5个大小涝池，容积约3000立方米，用以拦蓄道路及坡面的来水，同时在沟内种植了林草，40年内，水没有下塬，沟道不再扩展，较好地防止了沟坡沟底的冲蚀。

3. 石山区。包括晋东南、陇东及渭河以南秦岭一带。这类地区的特点一般是石厚土薄、耕地少,雨暴坡陡、洪水大,人民生活十分困苦。开展水土保持应以增加被覆,减缓径流,蓄水拦沙为原则,尽是先发展梯田,增加粮食生产,同时在不影响牧业发展的条件下封禁部分荒山,沟坡种果树,造林种草,以减小径流。在合作化有基础的地方,还可以同时在沟内修谷坊,蓄水拦泥,增产粮食,为大规模发展林牧业创造条件。在水源缺乏的地方,可以首先开挖蓄水窖、蓄水池,解决用水问题。

4. 风沙区。主要分布在陕北长城内外。其特点是地广人稀,牧畜业比重大,风多雨少,风沙灾害频繁。这里应以固定沙丘为原则,有计划地营造防护林带,防风固沙,并发展小型水利。另外在无定河上游等滩原区,还要尽量利用洪水漫地,修筑谷坊土坝,固沟保涧,以减少河流泥沙,改良沙碱荒地,发展农业生产。

在《报告》中最后还提出,从全面情况来看,水土保持工作还处于打基础时期,为了把基础打好,必须加强对这项工作的领导,各地应尽快设立水土保持专业机构,大力进行组织动员和推广示范工作,把水土保持工作作为建设山区,发展多种经营,减少黄河泥沙的长期任务。做好水土保持工作,农、林、牧、水必须密切协作,进行全面规划,结合农业增产计划,进行一乡、一区、一县的初步规划。兴修工程既要发展数量又要保证质量,防止不顾客观实际,忽视质量单纯追求数量的形式主义,同时要加强养护,充分发挥工程效益,纠正"只用不管"现象;加强科学研究与技术指导,使科学为生产服务,试验为推广服务;贯彻因地制宜的原则,各地应在现有基础上,从群众当前利益着手,从长远利益着眼,根据不同地区不同情况,实施相应的措施。条件成熟的地区,要抓紧推广,条件暂时不成熟的地方,应集中力量做好示范,吸取经验,培养干部,发动农民,积极为大规模推广创造条件。

我在《报告》中提出的上述意见,反映了中华人民共和国成立初期那几年黄委会的水土保持工作意见和我本人通过考察总结群众经验而形成的基本认识。在这里水土保持的目的是明确的,第一是增产,第二是为黄河减沙,即拦泥。事实上拦泥和增产也是一致的,水跑了,土跑了怎么增产呢?这一报告于1955年1月报给水利部,部党组经过研究,认为它基本概括了当时黄土高原地区水土保持工作开展的实际情况,提出的问题也具有代表性和指导性,于是便把报告又转报给中央农村工作部和中共中央。这年3月15日,中共中央向全国转发了这个报告。党中央的批示中指出:"中央认为这个报告很好,所总结的各种经验都切合实际。这个报告说明,陕、甘、晋三省几年来的水土保持工作已取得了显著成效。也说明，只要我们实事求是，因地制宜，依靠群众，因势利导，那么‘大自然的破坏力量可以利用到另外一方面，即利用它来为人民造福’。这个真理必须为全党所重视。黄河流域水土保持工作是根治黄河最根本的办法，也是改造大自然的伟大计划。只要我们认真加以注意，依靠广大群众的力量，采取适当的方法，逐年加以实施，是能获得伟大的效果的。”

中央的批示中要求：“各省委要根据这个报告和以往的经验，进一步研究如何开展全省水土保持工作的全面规划，并分别在不同情况和不同地区，采取因地制宜的水土保持措施；研究当地群众需要与可能，提出适合当地农、林、水、牧分别结合的办法，以便既有利于水土保持工作，亦有利于当地农民当前的生产生活，不要重复过去因水土保持而机械封山育林及盲目废田还林等偏差。各地可以结合互助合作运动的发展，定出逐步发展的计划，组织群众力量加以实施。”

党中央对我们及时组织召开这次水土保持工作会议以及所取得的收效非常满意，认为：“这种水土保持工作会议，很有必要。”并责成水利部每年或每两年召开一次有华北、西北各地代表参加的这样的会议，总结水土保持工作经验，并拟定实施计划，报告中央批准施行。各有关的省、专区和县亦应召开这样的会议，并将结果报告上级和中央。最后，中央还在批示中附注说，中央的这一文件连同我的那个报告可在党刊上登载。党中央的热情关怀和大力支持，使我们对于黄土高原地区水土保持工作，进一步明确了方向，更加充满了信心。遵照中央指示精神，黄河流域以及全国的水土保持机构相继成立，各项措施得到了进一步推广，水土保持工作由中华人民共和国成立初期的基础工作开始，走向全面发展阶段，整个黄土高原地区迅速行动起来。现在回忆起来，这次水土保持会议和中央的批示，对后来水土保持工作的发展是起了巨大推动作用的。

大泉山、贾家塬、韭园沟的启示

在探索黄土高原水土流失规律，总结水土保持工作经验的过程中，晋西、陕北的一次考察，曾给予我不少启迪，对我们指导水土保持工作的开展也起到了重要作用。这就是50年代中期的大泉山、贾家塬、韭园沟等地之行。

1955年春，黄委会《新黄河》杂志编辑张国维外出采访回来，曾和我谈起晋西地区大泉山、贾家塬等治理水土流失的典型经验，说这里很值得借鉴。这一情况引起了我的注意，遂决定亲自去看一看。当年8月，我到达太原，经和山西省委农村工作部、水土保持局的负责同志商议，决定首先到大泉山。

大泉山，位于山西阳高县西岭村，是一座小山包，属黄土丘陵沟壑区。它原来荒山一片，水土流失十分严重，但是经过张凤林、高进才二人十几年的辛勤劳动，基本改变了面貌，控制了水土流失，农、林业生产大大发展。

我们从阳高县城向南走了约十二三公里，来到一条大山沟，看到一座青翠茂密的山峦，山脚下一股清水在小溪里流淌，山前山后生长着密密排排的高大杨柳，这就是大泉山。顺着弯曲的坡道行进，穿过一片浓密的果林，到大泉山中腰，里边坐落着一处小院子，这是张凤林、高进才的住所。院里长着枫、柏和桃、李、杏树，还有各种各样的花草。我们站在院子里，远望满山遍野的鱼鳞坑，一排一排的坝堰地，很难想象十几年前这座山原来的面貌。

张凤林原是个看庙的和尚，按他的说法，是为了"活有存身之所，死有葬骨之地"，才用教书挣下的几个钱，于18年前买下了这块不毛之地，在大泉山住下来的。高进才原是天镇县人，父母早年双亡，他种地无田，存身无家，于1945年流浪到此，跟张凤林一起看庙种地。他们原打算在山坡打窑洞安身，在山头开荒种田植树，想发财盖寺院，重展禅宗。可是当时的大泉山是风化砂岩的光山秃岭，沟壑满山，不长山柴蒿草。春冬之际狂风卷着沙石，使人口目难开。在这样的山坡上种庄稼，"天旱不收，雨多被冲"。有一年，久旱之后下了一场暴雨，接连下了一个多月，山崖陷塌，田地变成沟壕，庄稼一扫而光，连居住的窑洞也被冲塌了。没有住处，没有柴烧，没有粮食，灾难压在头上。他们曾想逃走，但在旧社会，四周一片黑茫茫，哪里有穷人存身的地方呢？他们咬着牙，忍受着艰难困苦，在这山上坚持了下来，并决心同大旱、洪水做斗争。水土流失如此严重，用什么办法才能治服这种危害呢？观察中他们发现一个山洼里的小杨树周围密生着蒿草，土壤并没有流失。于是就想，如果山坡山沟都种上树，水土不都像这棵树周围一样保留下来了吗？他们决心从植树造林、保持水土做起。开始种树长得不错，可是第二年夏天又有了问题，原来天气干旱，洼地的树长得还可以，坡面上的树却大都干死了。他们又仔细分析其中的道理，心想："旱"是因为坡上的水都流失了，要是把所有的雨水都蓄起来，慢慢渗到坡地里，不是就能顶住干旱了吗？于是又从中得到了一条重要经验，"欲想理山，必当治水，欲求水利，提防水害；从用水出发来治水，以治水求用水"。这条经验，成了他俩治理大泉山的基本原则。

1948年阳高县解放后，张凤林、高进才建设山区的行动得到了党和人民政府的重视和扶持。他们的治理成果，受到了保护；他们缺乏技术，政府有关部门对高进才几次进行林业技术培训；缺乏种子，政府帮助给予解决。

人民政府的关心和扶持，使张凤林、高进才治山治水的信心更足了。我们那次去访问时，整个大泉山已有杨树、果树4万多棵，其中成材够椽、檩的8000多株，杏、桃等果树万余株，还有几十亩梯田和坝堰地，种着玉米、西瓜等农作物，成为这个村生活最好的庄户。

张凤林、高进才究竟采用哪些办法，使"不长山柴蒿草"的大泉山改变了自然面貌，由穷变富的呢？概括地说有四条：

1. 挖坑。为了在较陡的山坡上植树保证成活和生长旺盛，在雨季前先在山坡上挖好坑，把水蓄在坑内落淤保墒，这些坑成三角排列，如鱼鳞一样，故称"鱼鳞坑"。边坡为15度左右，面积约3平方米，半圆形。秋后或初春将树种或幼苗种在坑的外沿，并且每年把坑内新落淤的土挖出来培在树外。这样的好处是，先挖坑保墒树苗易活，树种在坑外沿土质好，同时坑里存水正好透到树根上，水分充足，幼苗不致淤死。由于水分充足，土壤肥沃，树苗就生长得很旺盛，同时也保持了水土。大泉山有900多个鱼鳞坑，据推算有这种鱼鳞坑的陡坡能拦蓄48毫米暴雨所产生的径流，使之不下山。他们说，这种办法是"既能防涝，又能防旱"，"坑蓄水，水养树，树保土"。除了种树用坑外，还在各种不同地形上，因地制宜配合梯田、台地挖了一些牛头坑、卧牛坑、沉沙池、蓄水池、静水池等，有的坑坑相连，节节蓄水留土。水不下山当然土也走不动了，利用水土发展生产。

2. 堵沟。实践中他们认识到治坡治沟要紧密结合，他们治沟的主要办法是从上而下修筑坝堰地，雨季动工，趁势打坝以使坝实堰高。然后埂上种草，地里栽果木树，沟底岸边则全部营造护岸林。大泉山有32条山坡沟，都在100米长左右，当时已有31条打了坝堰，变成了梯级埝地。这些小块土地上生长着良好的庄稼和果树。张凤林告诉我说："就这一小片坝堰地，也能收几口袋山芋。""沟越多越好。"我问他为什么？他回答说："沟道变成坝堰地，长庄稼种树比山坡强得多。"这话我还是第一次听到，扭转了过去认为沟多不好的思想，说明沟也是可以利用的。

3. 培埂。鱼鳞坑植树成功后，他们就在大泉山普遍推广开来。但是一遇大雨，坑里的水满了，溢出来仍然会冲毁庄稼。这又提出了新问题，用什么办法保护鱼鳞坑呢？于是他们便在地边、沟头、坝堰、梯田上培起了土埂，并压上树条进行防护，既能蓄水保土，植树又能增加收入。这样层层设防，坑坑相通，第一坑溢满了进入第二坑、第三坑，第一道埂里的坑都流满了就从溢水口流到第二道埂、第三道埂……同时地埂上边有渠，万一每道埂里的坑都满了，水最后顺着渠道排到山洼下。

4. 开渠。张凤林二人最初只买下半个大泉山，由于上边是人家的地，水土没有控制，一下大雨洪水下泄，不但冲毁庄稼，曾把窑洞也冲垮了。后来他请了客，和上边人家合作在半山腰开了一条横渠，以此排水护田。他们买下整个大泉山后，有了各种措施的配合，渠道已无很多水可排，但起着调节水量的作用。如果水多实在用不完，就通过渠道排水下山，而且水在下山前还要在排水渠系里的静水池和沉沙槽中先行落淤沉淀，把泥沙留下，使渠里流出的水是清的。同时把沉淀的土壤翻到下边的沟里修造堰地。

大泉山的这些经验是发展农、林业生产，解决水土流失的关键。这一套措施的初意是为了生产，但实施的结果是增产和拦泥两个问题都得到了解决。从这些措施中看，他们治水的方法是蓄水，蓄水的目的是用水，蓄了水，土当然也跑不了。水和土是进行生产的基本条件。在为了生产而进行蓄水的指导思想下，创造了成套的经验，达到了种地植树提高生活水平的目的。我由此想到，张凤林是半个劳力，1938 年打窑洞，次年开始经营，高进才是一个整劳力，1945 年拜张凤林为师，参加经营，成为主力，算起来只有一个半劳力，先后 17 年就治好了一座大泉山，我们有共产党的领导，有农业合作化的基础，再加上政府的技术指导、经济支援，难道还搞不好水土保持工作吗？

晋西柳林县贾家塬坝埝沟的淤地坝，是我们考察的第二个典型。这座大淤地坝高 20 米，淤了 70 亩肥沃土地。在这里我们看到，坝地庄稼明显地比坡地长得好，还种有一些果树。据了解，此坝是过去本村地主贾本淳的祖父打的，而这时贾本淳的孙子已 60 岁了，照此推算该坝可能有将近 200 年的历史。据说光绪三年大旱，贾家塬 40 户人家有 39 户没饭吃，唯独贾本淳一家因为有坝地，所存粮食够全村度荒。农民想借粮，贾家关上大门不借并雇了“打手”看守，农民爬上他家的窑顶，有一个农民跳下去摔死在他的院子里，被贾家抛到沟里完事。因此当地农民至今提起这件事仍十分痛恨，说那时候政府不给老百姓办事。

在封建个体经济社会中，只有地主大户才有力量打坝，穷人想打也打不成。一来没地，即使有几条山沟，劳力不足又没钱雇工还是办不成。所以过去的坝地，多是地主富农的。到了社会主义时代，情况就大变了，群众可以联合起来修坝。坝地的好处是：(1)不怕旱能保水，从而能年年保收。据调查当时一亩坝地的产量一般都比坡地多三四倍，好的达 10 倍。(2)不怕淹。因为有排水系统，上边下来的水小，可以全部拦留放淤，水过多了就排水留泥。(3)不用施肥。因为上面冲下来的泥土本身就带有很多肥料。因此群众种坝地不用施肥，庄稼长得很好。当然如果施肥就更好了。离山县任家庄一个名叫任治长的群众，1954 年种的一亩坝地上施了点肥，收一季豌豆 95 公斤，又收一季粟子 175 公斤，两项共 270 公斤。这在 20 世纪 50 年代的山区，其单产产量是相当可观的。像这样的坝地在这一带的刘家山、左朱村、任家山等地很普遍。群众最爱坝地，有了坝地生活就有了保证，当地群众给姑娘说婆家就要打听有几亩坝地。

坝修起来会不会冲坏呢？这在当时是一大顾虑。贾家塬的淤地坝回答了这个问题。坝是在坡面没有治理的情况下修建的，已近 200 年的历史，但仍然屹立无恙，可见那种认为坡面不治理、沟里打不住坝的说法，至少在这个地方与实际是不相符合的。问题的关键在于如何做。晋西、晋南的农民富有打坝经验，经过多年加高坝埝，沟往高处垫成了平地，于是山就相对低了，集中径流的面积逐步缩小，蓄水的面积逐步扩大，因此坝就不致被冲毁。上面提到的任治长家，在清嘉庆年间修的坝已淤得快与山平齐，用不着再加高了，说明坝地是能够站住脚的。

通过调查访问这里的情况，我想，既然打坝能淤地，群众又是那样的爱坝地，那么在黄土丘陵沟壑区，沟壑面积大约占这种地区总面积的 30～50%。如果照此办理，把大量的荒沟变成良田，既扩大了耕地面积，又保证了发展高产作物，不是一个很好的方向吗？我认为，在合作化的条件下，群众举办，政府帮助，这是能够办到的。当然，我们在这里所看到的，还是在较小的沟里打坝淤地，大沟能否打坝，效果又是如何呢？我们接着又考察了第三个典型的情况。

第三个典型就是陕北绥德韭园沟。这是黄土丘陵沟壑区的一个典型小流域，位于黄河支流无定河左岸，流域面积 70 平方公里。其自然特征是：沟多坡陡，土质疏松，暴雨集中，植被缺乏，水土流失十分严重。流域内有大小沟道 340 多条，总长达 370 多公里，沟壑的面积约 27 平方公里，占流域面积的 38%。由于严重的水土流失，一般年景亩产只有二三十公斤，灾年只有一二十公斤甚至绝收。加之光山秃岭，植被很差，燃料、饲料、肥料都很缺乏，群众生活十分贫困。韭园沟的治理，从 1953 年开始进行重点试办，在总结群众过去打淤地坝经验的基础上，由国家投资兴建了 5 座大型淤地坝，用贷款方式推广了小型淤地坝，并相应地发展了一些水土保持耕作法及地埂、水平沟等。1954 年黄委会及绥德水土保持试验站同地方政府共同制订了全流域的土地利用规划，提出了沟底打坝，25 度以下坡耕地培地埂，26～30 度的坡面修水平沟，山顶峁梁、陡坡地植树种草的实施方案,成立了韭园沟水土保持工作队,有计划地开展工作。但开始群众还有些顾虑,认为“坝打不牢”,“修地埂占地费工”。后来通过一段时间的实践,群众亲眼看到修地埂与沟埂耕作的坡地一般都能增产5%～20%,特别是看到干沟上打的20多米高的土坝,拦蓄了洪水和泥沙。看到了淤地坝的作用,积极性大为提高。

我看了韭园沟的综合治理得到一个启示,就是水的利用问题。1955年陕北是旱灾,韭园沟下面的1100亩川地有750亩得到了灌溉,并不干旱,庄稼长势很好,增产粮食5万多公斤,很受群众拥护。韭园沟吴家畔农业社8亩坝地种的高粱,社长说能顶60亩坡地的产量。有一位老汉说,这是救命的坝。为什么能得到这种收益,就是因为在上面做了些工程,这些工程变成了可以经常保证灌溉的水库。如果下边没地可浇那就先打下边的坝淤地,然后在上面做一个坝蓄水,就可把坝地变成水田。

大泉山、贾家塬和韭园沟的经验代表了3个不同的类型,但其共同特点是蓄水保土,减少水土流失,用当地的水土资源发展农林牧业生产,走富裕之路。这几个典型,一个是山头治理,一个是小沟治理,一个是大沟治理,加起来就是比较完整的经验。如果再加上黄河支流、干流水库,这就成了节节蓄水,分段拦沙的一整套体系。

通过考察,我觉得晋西、陕北的问题最主要的还是旱灾。旱灾不解决,农业就没有保证。解决这一问题,就要蓄水。蓄水就要打坝,它不仅是增加粮食生产、杜绝大量泥沙流入黄河的有效办法,而且为山区造就了良田,提供了水源,有很重要的意义。黄土丘陵沟壑区共有近24万平方公里,按沟壑占总面积30%计算,就有7万多平方公里的荒沟不能利用,如果我们能把这些荒沟的1/10淤成土地,就能淤出1000多万亩良田,甚至还会淤得更多些,这等于增加了一个“小秦川”,或者说是个“小汾川”。把贫困的山区变成秦川和汾川,对当地和国家来说都有很大的作用。山西临县一位名叫成甫隆的老先生在1946年写了一本专门主张打坝的书,叫《黄河治本论》,尽管他的主张不全面,但其中打坝淤地的观点还是很有道理的。

通过这次考察,群众中的水土保持经验引起了我的极大兴趣。过去有人怀疑水土保持效果如何如何差,我也说服不了他们。看了这些典型之后,感到思想更加明确了,信心更足了。考察途中我还即景写了几首小诗,表达自己的感受,记述如下:

第一首：

记高进才张凤林改造大泉山

两个和尚四座山，柴草不生窑被淹。
大雨毁田小雨旱，糠菜不饱度日难。
深山人们庆解放，参加合作闹生产。
社会改变思想变，抛却僧衣换新衫。
辛勤劳动十八年，大泉穷山变富山。
治水方法靠蓄水，挖坑堵沟培埂田。
水土不失免干旱，树木禾稼绿遍山。
转害为利真妙策，群众智慧胜自然。

一九五五年八月二十九日

第二首：

访荞麦川

孟秋来访浑河源，四周土山夹小川。
远眺封山草木绿，新修梯田芋如拳。
埂顶牛蒿待收割，堰边插杨已茁然。
谷坊拦泥诚有效，排水小渠护农田。
男女社员忙三秋，儿童结伴放牧还。

一九五五年八月三十日

第三首：

访贾家塬坝堰沟

沟中崎岖行路难，登上坝首疑平原。
仰望群峁皆低首，回首长沟如深渊。
坝地肥润苗茁壮，峁坡苦旱苗不完。
老翁摘桃迎远客，合作社员忙秋翻。
社长方话生产事，老翁忆旧诉辛酸。
此坝原来属地主，年年丰收粮积山。
光绪三年大荒旱，三十九家断炊烟。

地主凶狠甚狼虎，有钱买借一粒难。
前门坚闭恶奴守，众怒奔登山窑颠。
山高院深皆束手，一人跳下死阶前。
官吏一气冤难诉，土地改革晴了天。
大坝屹立二百年，封建势力化灰烟。

一九五五年九月十四日于石太路

第四首：

咏黄土丘陵沟壑区

县县都有南北山，两山夹着东西川；
川旁沟壑数不尽，峁梁断续连天边；
峭壁山羊觅短草，陡坡牛驴正耕田；
溪水潺潺流不息，峁顶苦旱禾枯干；
最怕夏季大雹雨，陡坡泥浆滚下山；
难怪河名“黄糊涂”[1]，上冲下淤灾频繁；
查清祸源是对策，蓄水保土胜自然。

一九五五年九月十四日于石太路

我早年是学法律的，后来参加革命，又从事治理黄河，对诗文研究不多，这几首诗虽没有什么韵律格式，但基本反映了当时考察中的感受。

考察结束后回到太原，我把看到的情况向山西省委做了汇报，并就今后如何推进水土保持工作和主要措施，提出了具体意见。当时山西省委第一书记是陶鲁笳同志，他听了我的汇报后很重视。专门召开常委会议进行研究，并将我的谈话纪要以省委文件转发到全省。

当年10月，国务院在北京召开了第一次全国水土保持工作会议。这次会议是在一届全国人大第二次会议通过《关于根治黄河水害和开发黄河水利的综合规划的决议》后不久召开的，当时又正值农业合作化高潮，因此对黄河乃至全国的水土保持工作的推动，具有特别重要的意义。在这次会议上，我以《黄土丘陵沟壑区水土保持考察报告》为题，汇报了到晋西、陕北考察的情况，介绍了大

[1] 无定河因含沙量很大，水如泥糊涂，所以过去称它为“黄糊涂河”。

泉山、贾家塬和韭园沟等地的经验，提出了结合生产，因地制宜，综合治理，开展水土保持工作的意见，上述典型经验，得到了与会代表的重视。

后来毛泽东同志在《中国农村社会主义新高潮》一书中为《看大泉山变了样》这篇文章作了这样的按语："很高兴地看了这篇文章，有了这样一个典型例子，整个华北、西北以及一切有水土流失问题的地方都可以照样去解决自己的问题了。"充分肯定了当时黄土丘陵沟壑区水土保持工作的发展方向。

一场大争论

50 年代中后期，随着农业合作化高潮的兴起和黄河规划的开始实施，黄河流域的水土保持工作进入了全面发展时期。但随着水土保持活动的广泛开展，国内有关学术界和热心治黄与山区建设的同志也提出了许多议论，出现了一些不同看法，从而展开了一场比较深入的争论。

当时的这场争论，从一定程度上也可以说是由韭园沟引起的。

从 1953 年开始，韭园沟经过全面规划，综合治理，增产、拦泥、灌溉等方面都取得了明显的效益。但是探索前进的路并不平坦，1956 年 8 月遭受一场特大暴雨的袭击，流域内的梯田埂、淤地坝、谷坊等工程遭到了严重破坏。这一情况的出现，使得在水土保持方针和措施上本来就存在不同认识的各种观点又展开了争论。

首先听到的意见是"韭园沟的试验失败了，沟道打坝应等到坡面治理做好后才能进行"，也有的说"工程措施违背了自然规律"，甚至说是"劳民伤财，出力不讨好"等。当然，大部分意见还是从不同角度探讨黄土高原水土流失区治理方向问题的。

首先必须肯定，和其他学科一样，在水土保持问题上的百家争鸣是件好事。在以往的水土保持工作中，许多科学工作者也承担了其中的部分任务，他们在考察和研究了黄土高原，参观了一些水土保持治理典型之后，就水土保持的方针和措施提出了一些意见，看法之间相互有差异，甚至展开争论，我认为，这对于启发人们全面综合分析问题，使认识更接近客观实际，是有益的。

如何看待这一问题呢？不可否认，暴雨洪水考验的结果，暴露了在此之前工作中存在的一些问题。如水文资料可靠性还不够高；韭园沟流域内的土坝缺乏系统规划，下边的蓄水土坝控制面积过大，以致遇到特大洪水的淤积后，其他综合效益很快降低；部分小型土坝溢洪道开挖和坝址选择不当造成冲毁；坡面治理和其他拦泥蓄水的措施配合不够。此外由于发展很快，技术力量相对较弱,施工中清基不够,夯压不实,造成工程质量较差等,也是重要原因。这些都需要认真地加以总结改进。

但是否便因此说淤地坝工程失败了,沟道治理要等坡面治理作好才能进行,甚至做出中华人民共和国成立后水土保持方针是错误的结论呢?我认为,这是犯了形而上学的错误。因为水土保持是向大自然做斗争的综合复杂的科学。要求在对自然的斗争中时时处处都一帆风顺,没有任何挫折,是不符合实际的,也是不可能的。事实上,当时工程受到损失也只是问题的一个方面;另一方面不少工程安然无恙,基本上还是控制了洪水,并在洪水过后,增加了 320 亩坝地,同时在利用土坝蓄水方面,灌溉面积由原来的 400 亩扩大到 1200 亩;在建坝前,沟口的最大洪峰流量最高达 370 立方米每秒以上,而 1956 年 8 月最大洪水时期,出沟流量只有 17.3 立方米每秒,沟口两岸的川地完全避免了洪水的侵袭。可以设想,如果没有这些工程设施,不仅沟口附近的大量良田受到淹没,80 万吨泥沙也将通过无定河输入黄河。因此,总的来说,韭园沟典型治理工程,无论从取得经验教训和具体措施的效益上看,都有丰富的收获,成绩是主要的,试验基本上是成功的。同时也说明了,沟壑土坝不仅可以减少入黄泥沙,变荒沟为良田,还可以有效地防止水旱灾害。如果像有的同志所说的那样,在坡面治理未做好之前,停止沟壑治理,就等于说在坡面未治好前,洪水先不加防治,水土资源也先不加以开发利用,这是违反人民利益的,也是山区建设所不允许的。

当时的这场争论,焦点主要集中在水土保持工作是以工程措施为主,还是以生物措施为主,是先治沟还是先治坡这两个问题上。

在韭园沟试验受到暴雨冲击之后,曾出现了一种倾向,认为人的因素是造成水土流失的主要原因,水土流失是几千年人们经济活动的结果,因此提出生物措施是解决水土流失的唯一方法。主张大量退耕还林还牧,甚至提出迁移居民的意见。1956 年 8 月暴雨过后,一批生物学工作者到韭园沟参观时就有人说,像陕北这种情况,应该考虑农业是否有存在的必要。主张粮食全靠外地调运,而在当地大量推广林、牧业。这种想法与客观实际是有距离的。这里有几百万人口,如果粮食全靠外地调运,光运输的压力就很难承受得起。而且这里的人民世世代代生产粮食,为什么现在反而不能生产粮食了呢?

当然,并不否认植树造林、培育牧草、绿化山坡等生物措施的重要作用。相反我们从来都大力提倡造林种草、绿化荒山荒坡,但由于树草生长受到自然条件的影响,需要一个较长的过程,不可能在短时间内生效。再说,生物措施的保水、保土作用毕竟是有一定限度的。在我看来,工程措施和生物措施是相辅相成的,水是生物生存的基本要素,保存不住水哪里来得生物,大泉山为什么成为绿山,就因为首先采取工程措施涵蓄了水,留住了土;西北为什么有那么多的小老树,其原因也就是缺少水。而工程措施可以很快起到蓄水保土作用,有了水土,才能保证生物的成长。而生物又可以保护工程,从长远看还可以减轻工程措施的拦蓄负担。正像群众说的:工程养生物,生物保工程。我主张工程措施同生物措施结合,以工程措施为主。

黄土高原面积广阔,自然和社会经济情况差别很大,我们没有必要而且也不可能制定一个统一的措施去强求一律,只能因地制宜,互相配合,综合治理。一般说来,沟壑密度比较大的地方,堵沟打坝能够较快而有效地拦泥蓄水,变荒沟为沃土,成良田,达到增产增地的目的。根据陕北的经验,一般小坝当年修好,经过一个汛期淤淀,次年就可利用。大型淤地坝,两三个汛期也可耕种。由于沟坝地增加,部分陡坡地就可退耕还林还牧,有利于坡面治理。同时,随着沟道侵蚀基准面的抬高,也减少了沟岸坍塌。但在有些地区如黄土丘陵沟壑区第三、第四副区,沟壑密度相对较小,坡面比较完整,应首先进行坡面治理。而在高原沟壑区,进行塬面治理和沟头防护工程,保护塬面则是刻不容缓的问题。因此,我认为治沟治坡之争没有多少实际意义,所谓"水是一条龙,先从顶上行,治下不治上,到头一场空"的说法也并非客观规律。科学的结论应当是从实际出发,因地制宜地采取综合治理措施,逐步实现坡地梯田化、沟地川台化、荒山荒坡绿化、山地水利化。

在当时的这场讨论中,中国科学院竺可桢副院长曾说过这样一段话:"自然界的现象本身就是一个互相制约、互相依存的统一整体,是综合的。我们必须按照自然的原样去认识它。水土流失现象关系到地形、水文、植被、气候、土壤、地质等自然因素,采取改造自然措施的时候,就必须根据不同自然特点,有重点、有区别地采取农、林、水、牧综合措施,进行全面规划。这是既符合自然规律,又符合农民利益的。"我觉得竺老的这番话是很有道理的。当然,通过讨论,大家对水土保持这一问题有了比较全面、辩证的看法,同时当时那种热烈发表意见、畅所欲言的学术气氛也给人留下了很好的回忆。

在曲折中前进

中华人民共和国成立后,党和政府十分重视黄土高原地区的水土保持工作,毛泽东、周恩来、朱德及邓子恢、谭震林等党和国家领导同志都给予了多方面的关怀,做了许多重要指示。1952 年 12 月政务院第 163 次政务会议发出《关于发动群众继续防旱抗旱并大力推行水土保持工作的指示》,明确指出:“由于各河治本和山区生产的需要,水土保持工作目前已属刻不容缓。水土保持工作是群众性、长期性和综合性的工作,必须结合生产的实际需要,发动群众组织起来长期进行,必须与农、林、水利和畜牧各项开发计划密切配合,以巩固和扩大水土保持工作的成绩。”并强调,除已经开始进行水土保持仍应继续进行的地区以外,“应以黄河的支流无定河、延水及泾、渭、洛诸河流域为全国的重点”,创造经验,逐步推广。周恩来总理亲自签发了这个文件。据此指示,1953 年 1 月,把原来分散在农、林、水、牧和铁道部的水土保持业务机构集中起来,成立了西北区水利委员会,主要就是负责推动西北地区水土保持工作。为了根治黄河水害,开发黄河水利,改变黄土高原面貌,1951 至 1954 年,国家多次组织力量对黄河中上游水土流失区进行综合考察,调查总结当地群众保水保土的经验,为制定黄河规划提供了资料。

1955 年第一届全国人民代表大会第二次会议通过的《关于根治黄河水害和开发黄河水利的综合规划的决议》,把水土保持工作列为治黄工作的重要组成部分。同年 10 月,全国第一次水土保持会议在北京召开,总结了各地取得的初步成绩,提出了水土保持工作的指导方针,即“在统一规划综合开发的原则下,紧密结合农业合作化运动,充分发动群众,加强科学研究和技术指导,因地制宜,大力蓄水保土,努力增产粮食,全面地发展农、林、牧业生产,最大限度地合理使用水土资源,以实现建设山区,提高人民生活,根治河流水害,开发河流水利的社会主义建设的目的。”会议决定成立全国水土保持委员会,黄河中游各省如陕西、甘肃、山西等也相应成立水土保持委员会。推动水土保持工作由点到面扎扎实实地开展起来。

1956 年以后,随着农业合作化的高潮,黄土高原地区掀起了规模宏大的群众运动,广大群众在当地党委政府的统一组织下向荒山荒沟进军,以山系和流域为单元,统一规划,综合治理,集中治理,连续治理,取得了显著成效。并且发展了水土保持技术措施,水平梯田和沟坝地大量出现。在此基础上总结了一套实现坡地梯田化、沟壑川台化、耕地水利化、荒山荒坡绿化的措施,以及各项措施在不同土壤侵蚀类型区合理配置的经验,有效地指导和促进了水土保持工作的开展。

但是 1958 年后由于对水土保持的长期性、艰巨性和复杂性认识不足,加之“左”的思想影响,也出现了脱离客观实际,盲目追求高速度的问题。如 1958 年全国第三次水土保持会议曾提出:“苦战三年,一两年扫尾,五年内基本控制全国水土流失”的口号。在此思想影响下,有些地方大兵团作战,搞“一平二调”,群众付出了艰辛劳动,却一无所获,严重地影响了农业生产。由于治理不同生产结合,只求进度,不讲质量,只治理不养护,表面轰轰烈烈,实际成效不大。当时我们也受这个影响,水土保持规划指标过高。1959 年 11 月,我向周总理汇报黄河流域水土保持治理规划初步方案时,总理当时就明确指出:“规划口号要提的恰当,过去认为做了水土保持工程和措施,保水保土就解决了,现在看来距离还很大。祖宗欠下的债我们一定要还,但水土保持是长期的工作。”实践证明,总理的指示是非常及时的,对我的启发教育也是极为深刻的。根据总理的指示,我们对治理规划做了修改。

1962 年以后,经过贯彻“调整、巩固、充实、提高”的方针,总结“大跃进”时期的经验教训,对水土保持工作的艰巨复杂性有了新的认识,调整了工作部署。1962 年 4 月,国务院批转国家水土保持委员会关于加强水土保持工作的报告,明确“黄河流域的水土保持工作是全国的重点,从河口镇到龙门区间的 10 万平方公里是重点的重点。”1963 年 4 月,国务院做出《关于黄河中游地区水土保持工作的决定》,提出:“治理水土流失,必须依靠群众,以群众力量为主,国家支援为辅”、“谁治理,谁受益,谁养护”的原则。1964 年 7 月,中央批准成立黄河中游水土保持委员会,重点加强了黄土高原地区水土保持工作的领导。在 1963 至 1964 年,接连召开了三次黄河中游水土流失重点区治理规划会议,重申了水土保持工作与当地群众的生产、生活相结合,治坡与治沟相结合,以及“谁经营、谁管理养护、谁受益”的原则。经过这一系列措施,水土保持工作再次健康地开展起来。

可惜,正当水土保持工作胜利前进的时候,“文化大革命”十年动乱开始了。这不仅完全打乱了水土保持工作的新的部署,而且使这一事业遭受了空前的浩劫。动乱中,大批科技工作者受到残酷迫害,科研项目被迫中断,黄委会所属的水土保持机构也都被遣散。过去我在水土保持工作中提出的一系列观点被作为“修正主义”、“资产阶级”的东西加以批判,一大批水土保持典型被戴上黑样板的帽子,倍受摧残。历史已经证明,当时对中华人民共和国成立后水土保持方针和指导思想的攻击和全盘否定,都是完全错误的。

在“文化大革命”的艰难处境中,周恩来总理对黄河中游水土保持工作给予了很大的关怀和支持。1970 年周总理接见我时,我把黄委会机构被疏散到各地和水土保持机构下放的情况做了汇报。总理听后气愤地说,那怎么能行?1971 年召开治黄会议,重新明确水土保持是治黄的基础,要求加快治理速度。1972 年 12 月,周总理在听取陕、甘、宁、晋四省领导人的汇报时指示说,解放这么多年了,群众生活还这样困难,要加强对灾区的支援,尽快恢复水土流失治理的规模。国务院的关注,使水土保持工作开始得到恢复。在北方地区农业会议和两次黄河中游地区水土保持会议的推动下,各地普遍开展了农田基本建设运动;先后恢复了一批水土保持机构,部分人员归了队;在总结经验的基础上,以改土治水为中心,实行山、水、林、田、路综合治理;同时试验推广了水坠坝、定向爆破筑坝、机械修梯田等新的技术措施。但是由于“四人帮”干扰破坏的影响和“左”倾错误的延续,这一时期工作进展时起时落,有些地方形式主义、强迫命令、盲目开荒等情况又有蔓延,影响了水土保持工作的恢复和发展。

党的十一届三中全会以来,黄土高原地区水土保持工作获得了新的生机。1979 年,邓小平同志在总结历史经验的基础上,提出了黄土高原建设的战略设想。1980 年 3 月国家农委召开黄土高原水土保持科学讨论会,研究了综合治理方案,拟定了 14 个综合治理试点县,决定恢复黄河中游水土保持委员会。这时我会也成立了黄河中游治理局。为了深入了解黄土高原地区的情况,探讨开发大西北的方向和道路,党和国家领导同志先后到甘肃、青海、陕西、山西等地进行考察,对黄土高原地区的治理与开发做了重要指示。随着农村经济体制的改革,黄土高原出现了以户承包治理小流域等多种形式水土保持责任制,解决了谁治理谁受益的问题,把治理与管理养护真正结合起来了,使黄土高原地区水土保持工作进入了一个新的发展阶段。

人民治黄以来,改造黄土高原的斗争尽管几起几伏,道路曲折,但在党和政府的正确领导和大力支持下,经过水土流失区广大干部群众、科学技术工作者艰苦奋斗,努力进取,使黄土高原的治理,从小到大,由单项措施到综合治理,不断有所发展,取得了显著的成绩。据不完全统计,30 多年来共建大中型水库 100 多座,建成水平梯田、条田近 5000 万亩,沟壑打坝淤地 300 万亩,营造水土保持林 7000 多万亩,种草 1700 多万亩,治理水土流失面积 10 万多平方公里。还广泛开展了引洪漫地、推广了水土保持耕作法和保土轮作、间作、套种等农业技术改良措施。各项水土保持措施的实施,初步改善了水土流失区农业生产的基本条件,有效地拦截了泥沙,为黄土高原地区经济建设的发展及黄河治理做出了贡献。

记得 1957 年朱德副主席在总结水土保持工作时曾经指出:“中华人民共和国成立以来,党和政府领导广大人民开展水土保持工作,获得了很大成绩,是不应该低估的。”我认为,这一评价今天用来总结黄河流域的水土保持工作仍然是符合实际的。

从典型中看到了希望

在广泛的群众性的水土保持活动中，各个不同类型区都涌现出一大批增产拦泥的先进典型。从这些典型中我们不仅可以看到水土保持工作走过的艰难道路，水土保持工作的方向和各种技术措施的作用，而且可以看到黄土高原地区的未来，鼓舞人们信心百倍地投入这场改造自然的伟大斗争。

山西省河曲县曲峪村，是水土保持工作早期的一个先进典型。曲峪位于晋西北黄土丘陵沟壑区，背靠丘陵，面临黄河，总土地面积12.7平方公里，有12架山梁、12条大沟和一片乱石滩。过去这里是荒山秃岭，沟壑纵横，十年九旱，亩产不过二三十公斤，大批群众常年逃荒要饭，一向流传着“河曲保德州，十年九不收。男人走口外（逃荒到内蒙古河套地区），女人挖野菜”的民谣。50年代我们组织的黄河中游水土保持综合考察队曾对这个地方进行过重点查勘，经过科学分析，帮助他们制定了土地利用与水土保持规划。在有关科研单位协助下，他们依靠自己的力量，对山、梁、沟、滩全面治理，综合治理，艰苦奋斗10多年，在山梁营造水土保持林5700亩，在沟坡种植苹果等果树3500亩，村旁绿化植树28万株，在12条大沟和70多条支毛沟里打了370多座坝，有效地控制了水土流失。还在乱石滩上引洪压沙造成4000亩旱涝保收田，修了二级提水站，把700多亩梁地变成了水浇田，发展了农、林、牧、副业生产。到20世纪70年代初粮食亩产已经过了“长江”，总产达到150多万公斤，比合作化初期提高了六七倍。大牲畜由原来的30多头发展到400多头，养猪由原来的100多头发展到2000多头，工副业生产发展了20多项，总收入80多万元，成了远近闻名的富裕村。

曲峪是由引洪淤地治理滩地建立粮食基地开始，逐步开展治山、治沟工程的，而陕西绥德王茂沟则是从治沟开始。王茂沟是韭园沟中的一条支沟，流域面积5.79平方公里，主沟长3.73公里。从1953年修建第一座土坝起，从支沟到干沟，小、多、成群，共打了42座坝，淤地355.3亩，同时修堰窝地95亩，修水平梯田1010亩，造林种草3000亩，基本上做到了洪水泥沙不出沟。1977年8月大暴雨，干沟一号坝安然无恙，支沟坝系虽有个别坝拉开缺口和部分坝地庄稼受淹，但当年还收粮5万公斤，新增坝地30多亩，拦泥13.61万吨。随着水土保持的开展，粮食产量逐年增加，平均亩产由20世纪60年代初的20公斤达到20世纪80年代初的90公斤。他们还在沟道里采取上坝蓄水，下坝种地或轮蓄轮种的方法，充分发挥了淤地坝蓄水拦泥和增产增地的作用。

甘肃庆阳的南小河沟，是黄土高原沟壑区的一条支沟，位于泾河支流蒲河左岸,主沟长 11.7 公里,流域面积 36.3 平方公里,其中塬面占 57%,沟壑面积占 43%。流域内共有支毛沟 183 条。治理前这里每年流失的泥土平均每平方公里 4300 多吨,最高达 1 万吨。由于塬面雨水侵蚀,沟蚀剧烈,一些较大的沟壑沟头一直侵蚀到塬心,将塬面切割得支离破碎。1947 年的一次暴雨,该流域的马家拐沟就向塬心伸进 23 米,塌方达 8000 多立方米。

1951 年我会西峰水土保持站在这里建立了试验基地,采取"固沟保塬"和利用沟壑造林种草、建设山地果园的方针,塬面以修水平条田为主,进行田、林、渠、路建设,初步形成林网和梯田化,使塬面降水就地拦蓄入渗。在沟头修建防护工程,种植林带、草带。在陡坡种草植树,缓坡修水平梯田,蓄水保土。在避风向阳、土层肥厚的坡上定植果树,建设山地果园。在主沟道合理布设坝系,"上坝蓄水,下坝种地",并在两坝之间填谷造田,抬高侵蚀基点,实现沟底川台化。在支毛沟修建谷坊,沟床两岸栽植杨柳等速生树种,整个流域组成塬、坡、沟防护体系,就地和分段拦蓄雨水,有效地防止了水土流失。经过治理,基本达到了水不下塬,泥不出沟,农、林、牧全面发展的要求。这里的苹果质地优良,香甜可口,远销香港等地。这个地方,我 20 世纪 50 年代初来考察时,还是一片荒沟秃岭,穷山恶水。到 20 世纪 50 年代后期治理工作已初具规模。虽然经历了十年动乱的干扰,但在广大职工和当地群众的努力坚持下,不断发展。现在这个流域已建成水平梯田 730 亩,水平条田 1500 多亩,沟坝地 120 亩,植树种草 15000 多亩,生产条件有了很大改善。主沟中的十八亩台土坝,多年来拦泥 133 万多吨,淤地 100 多亩。在 20 世纪 60 年代的一次大暴雨中拦洪 46.6%,削减洪峰 93.3%,拦沙效益高达 93.2%。1985 年 7 月我 78 岁时重到此地,看到的已是坡上林草郁郁葱葱,沟底坝库相连,山地果园果实累累,一派生机。看到这种巨大变化,我的心情非常兴奋,当即写了两首小诗予以赞扬。

第一首:

七八老人忆旧游,满目荒凉一山沟。
三十年来众努力,山上山下披锦绣。
女娲补天我造地,何时推广到九州?
三中全会增活力,火炬引导出幽谷。
一往无前齐奋进,小康目标要追求。

第二首:

水是一条龙,常偕土同行。
巧用水和土,生产必兴盛。

这两首诗,前者表达了对水土保持工作开展前后山乡巨变的感受,后者反映了把黄土高原上的水和土看作一种资源,立足于用,寓治于用的思想。

陕西省安塞县王家沟、甘肃省定西官兴岔流域,是近年新涌现的典型。王家沟位于安塞县北部边缘,与榆林地区的靖边县相邻,是大理河的一级支流,属丘陵沟壑区第一副区,总土地面积 51.73 平方公里,主沟道长 13 公里,年侵蚀模数达 15000 吨/平方公里。流域内共有 1800 多人,人均耕地 43 亩,但 1979 年全流域粮食人均仅 64 公斤,农业总收入只有10.93万元,人均60.32元。1980 年以来这里荒山荒坡造林种草1.7万亩,新修梯田 1284 亩,累计达到 2769.5 亩,沟道累计打坝 37 座,淤出沟坝地 742.5 亩,开展治理的面积共 30 平方公里,初步控制了水土流失。粮食总产增长了 77.5%,人均产粮增加了 63%,达到431.5公斤,人均收入提高到 140 元,生态环境也由恶性循环向良性循环转变,而且燃料、饲料、肥料缺乏的问题,也较好地得到了解决,初步改变了多灾低产的面貌。

官兴岔流域是祖厉河四级支流,属黄土丘陵沟壑区第五副区,流域面积 20.7平方公里,共有支毛沟 55 条,侵蚀模数 6000 吨/平方公里,据 1986 年 6 月一场暴雨调查,裸露的 13 度坡耕地每亩冲刷土壤 8 立方米。1963 至 1982 年支沟杨顺岔沟的沟头延伸 75 米,沟壁扩张 32 米,沟底下切 15 米,共流失土壤 3.6 万吨。从 1983 年开始,这个流域按照“因地制宜,因害设防”的原则和工程措施与生物措施结合、治沟与治坡结合的方法,将单项治理措施进行综合配置,梁峁修软埂水平阶地和反坡梯田,营造梁峁防护林 3416 亩;坡面上部修反坡梯田,营造护坡林 2260 亩;护坡林以上为紫花苜蓿为主的退耕种草地及带状间作的牧草防护带,下部是成片的连台梯田,并对村庄、道路、水窖、涝池、房前屋后进行绿化,组成坡面防护林;对沟壑,在支毛沟里根据不同地形修谷坊、沟台地,挖鱼鳞坑,营造护坡固沟林,在主沟道里堵沟打坝淤地造田,整个流域初步形成了梁峁防护林体系、坡面防护体系和沟道治理体系。1986 年 6 月 25 日,官兴岔流域一次降雨 68 毫米,暴雨最大强度 30 分钟达 27.5 毫米,全流域拦蓄径流 61.4%,拦泥 80.8%。粮食亩产 1971 至 1982 年平均只有 45 公斤,1985 年提高到 109 公斤,在农业用地减少 15% 的情况下,同期总产增长 109%,而且促进了林、牧副业的发展,全流域总产值比 1982 年增长 147%,人均收入增长 399%。

各地不仅涌现了大批小流域综合治理典型,还出现了大面积治理的先进区域。地处长城脚下的右玉县,中华人民共和国成立前森林覆盖率只有 0.3%,植被稀少,生态失调,水土流失和风沙干旱十分严重。中华人民共和国成立后造林 135 万亩,种草 8 万亩,占总土地面积的 46%,人均 15 亩,大大减少了风沙和水土流失危害,改变了生产条件。粮食总产已达到4500多万公斤,人均550多公斤,大牲畜户均1.2头,平均每户养羊5.8只。陕西榆林地区位于毛乌素沙漠的南缘,90%是丘陵区和风沙区。境内有无定河、窟野河、佳芦河、秃尾河等支流汇入黄河,每年向黄河输送泥沙5亿多吨。中华人民共和国成立后经过坚持不懈的努力,共修各种水利水保工程3万多处,梯田、坝地、水地300多万亩,建水库300多座,造林种草800万亩,农业生产条件发生了重大变化,粮食产量由1949年的1.75亿公斤达到6.5亿公斤,比中华人民共和国成立初期增长了2.8倍,结束了吃粮靠国家救济的历史。

第三节 几点基本认识

水土保持是有效的也是长期的

随着工作的开展,人们对水土保持的认识也有发展。开始突出的是畏难情绪,典型的说法是"水土保持是老虎吃天,没处下爪"。20世纪50年代后期"速效论"占上风,认为水土保持的减沙效益可以在三五十年里显现出来。三门峡工程问题出现以后,又有一种观点,认为水土保持对增产是有效的,对减沙则没有效果。这种观点可以称为"无效论"。我们说,这都是片面的。我始终认为水土保持的减沙效益是肯定的,减沙和发展生产是一致的。只要认真贯彻中央的农村工作政策,坚持长期治理,努力发展当地农、林、牧业生产,生产越发展,水沙利用的程度越高,减沙也就在其中了。同时生产发展了,也才会有更多的人力、物力投入到水土保持工作中来,加快水土保持的进度。经过长期努力,减沙效益终将显示出来。

事实上,现在的减沙效益也是显而易见的。30多年来,黄土高原不仅有了一大批几平方公里和十几平方公里显著减沙的典型,还有几百、几千平方公里和几万平方公里的大中流域取得显著减沙成效的实例。无定河和汾河流域面积都是3万平方公里以上,水土保持措施和大中型水库相配合,减沙效益已达到50%左右。而且广大水土流失区已建成几千万亩梯田、条田和坝地,按现有300万亩坝地,每亩平均拦泥3000吨计算,已拦泥90亿吨。另据我会熊贵枢、胡汝南工程师采取多种方法分析,减沙效益也都是肯定的。熊贵枢通过对黄河支流1950至1984年35年的泥沙径流资料分析得出结论，后15年较前20年的年沙量减少33.3%，其中由于降雨的影响来沙减少16%，因水利水土保持的作用减沙17.3%，平均每年减沙2.97亿吨。胡汝南进行了历史上降雨系列近似的产沙量对比，同一时期山陕区间治理程度不同地区的产沙量对比，和一次相似暴雨治理程度不同的流域产沙量对比等三种方法的分析，蓄水减沙效益都是显著的。例如山陕区间的头道拐至吴堡、吴堡至龙门，两个区域面积相近，20世纪50年代水土保持工作刚开始，二者降雨量相似，产沙量也很接近。而1981至1985年由于治理程度不同，在近似降雨的情况下，产沙量却大不相同。1981至1985年的5年间，头道拐至吴堡区间平均汛期降雨260.8毫米，同期吴堡至龙门区间汛期平均降雨335.6毫米，由于吴堡以下几条主要产沙支流无定河、清涧河、延河等治理速度较快，吴堡以下地区虽然降雨量比上段大，但产沙量却少了一半。

尽管对以上几种分析计算目前还有一些不同的看法，而且由于水土保持减沙效益受多种因素影响一时还很难算清，但其减沙趋势基本上是肯定的。至于当前黄河输沙量的变化还不能明显看出来，主要是开荒和其他工程建设造成的新的水土流失，抵销了水土保持产生的减沙效益。据统计，甘肃省庆阳地区靠近子午岭林区的华池、合水等县，20世纪50年代初期共有林地3500平方公里，由于盲目开荒，到1980年已减少1480平方公里，占原有林地面积的42%。宁夏固原20世纪50年代初期有天然林72万亩，现在只剩10万亩。

陕西省延安仅1977至1979年两年中就开荒180万亩，而同期的水土保持治理面积只有60万亩，开荒面积远大于治理面积。泾河支流马莲河流域面积为1.9万平方公里，水土保持措施的减沙效益为15%。但由于严重的毁林开荒、采矿、基建弃土等原因而增加的泥沙却为14%，两者相抵，减沙效益只有1%。据西峰水土保持试验站分析，林地破坏后，每平方公里约增加泥沙1900吨。其他如修路、开矿时大量弃土，堆积于沟道、河床内，随暴雨增加的土壤流失也是严重的。因此，可以肯定地说，如果没有水土保持，黄河下游河道淤积比现在还要严重得多。从这里我们也可以看到水土保持的长期性和艰巨性。一方面是治理任务十分艰巨，黄土高原地区仅有2000万个劳动力，每平方公里平均47个，按治理用工定额，大体上每平方公里约需6万工日，按每年抽10%的劳力进行水土保持计算，还需50年才能治完。而且有些地区人口密度很稀，其中11万平方公里的粗沙区每平方公里仅有16个劳动力，治理的年限需要更长。这还仅是治理，今后随着治理面积的增加，养护用工所占比重越来越重。此外，这里自然条件差，生产水平低，群众底子薄，也必然影响治理的速度；由于是群众性的水土保持工作，工程标准不可能很高，质量也不一致，在暴雨情况下难免要破坏一些；从治理到显著生效，还需要一个较长的过程。另一方面，造成水土流失的因素也十分复杂。据最近一些专家的研究，由于自然力破坏的因素，如滑坡、崩塌等重力侵蚀而造成的入黄泥沙每年约10亿吨，这是人力难以完全治理的。因此，我们说黄土高原的治理必然是长期的，没有几代人坚持不懈的努力是不可能取得显著效益的。

重点是十万平方公里

黄河的泥沙绝大部分集中来自河口镇至潼关区间，水土流失最严重的有10～11万平方公里，其中河口镇至龙门区间年输沙量约9亿吨，占黄河总输沙量的56%以上。这一地区的来沙中，粒径大于0.05毫米的粗沙有5.9亿吨，约占全河粗沙总量的80%。1963年国务院就决定以这个地区为治理的重点。

在黄河下游河道的泥沙中，粒径大于0.025毫米的称为床沙质，粒径小于0.025毫米的称为冲泻质。由于冲泻质颗粒细，在河道中不易停留，绝大部分能排泄入海，对主槽淤积危害不大，造成下游河道强烈堆积的主要是床沙质。从下游河道断面勘探资料看，河床的泥沙组成，绝大多数是大于0.05毫米的粗颗粒，在床沙质的来量中，大于0.05毫米的颗粒占44%。由于这部分泥沙比较粗，主要是淤积在河道的主槽中，因此对下游的危害最大。

粗颗粒泥沙的主要来源集中在两个地区：一是河口镇至无定河口的右岸支流，其中黄甫川至秃尾河的中下游地区，粗泥沙输沙模数达到每平方公里1万吨以上，无定河中下游的粗泥沙输沙模数每平方公里6000～8000吨。二是广义的白于山河源区，其中红柳河、芦河、北洛河及马莲河等河源区输沙模数都在每平方公里6000吨以上。集中控制粗沙来源区的水土流失，可以有效地减少黄河下游河道的淤积。同时把多沙粗沙区作为重点集中力量进行治理，也是经济建设发展的需要。这里大都是老革命根据地，当地人民在战争年代里，为建设根据地，支援全国解放做出了巨大贡献。可是由于水土流失严重危害农业生产，多年来未能摆脱贫困境地。集中力量搞好这个地区的水土保持，对实现地区性粮食自给，促进农、林、牧业综合发展，改善人民群众生产和生活条件，具有很重要的社会意义和经济意义。

按照国务院的决定，1963年以来在这个地区做了大量工作。1982年全国第四次水土保持工作会议上，又决定从1983年开始，选择无定河、黄甫川、三川河和甘肃省定西作为黄河流域水土保持的治理重点。1983年3月，全国水土保持协调小组召开第一次重点治理会议，制定了《关于加强水土流失重点地区治理工作暂行规定》，布置了任务，安排了经费，并要求实行地、县领导责任制，普遍加强了领导。截至1985年，黄河流域第一批4个治理重点区域内的354条小流域，共完成初步治理面积5000多平方公里。按照“两三年理顺关系，打好基础，五年初见成效，十年基本治理”的近期目标，这些地区已迈出可喜的步伐，只要坚持下去，定会取得预期的成效。

继续抓紧多沙支流治理

黄河支流众多，主要的多沙支流就有20多条，它们是向黄河输送洪水泥沙的通道，也是当地的重要水源。治理这些支流，无论是对黄河减沙还是发展当地生产都是十分必要的。

清水河是黄河在宁夏回族自治区境内的一条最大支流，发源于六盘山东北麓固原黑刺沟，在中宁县泉眼山附近入黄河。干流长320公里，流域面积14481平方公里。流域内黄土丘陵区面积占82%，山梁山沟相对高差一般为60～200米，黄土覆盖层30～100米，植被很差，其干流天然来沙量达4889万吨。中华人民共和国成立以来，这里进行了积极治理。20世纪50年代末，在干流长山头、张家湾、沈家河及支流石峡口、寺口子、苋麻河等处修建了6座大中型水库。由于泥沙淤积，库容减少，20世纪70年代又在西河、东至河、杨达子沟等支流上修建6座中型水库，到1980年，清水河流域共建成大中小型水库近90座，控制流域面积98%，总库容8.55亿立方米，是黄河流域水库密度最大的支流之一。此外还修水平梯田4.5万多亩，坝地11万亩，洪漫地20万亩，造林种草40多万亩。这些措施为促进农业增产和减少入黄泥沙起了很好的作用。据1955至1978年实测资料分析，经过已建水库群的拦蓄，清水河入黄泥沙已减少58%。尤其是1960年建成的长山头水库，控制流域面积98%，不仅解除了洪水对卫宁灌区七星渠的威胁，还在库内淤出坝地4万多亩，变荒滩为耕地，为多沙支流治理创造了经验。现在这里建成了长山头国有农场，对库区土地进行有计划的引洪漫灌，坝地和洪漫地水丰肥足，庄稼生长条件很好，平均亩产达150多公斤。

发源于陕西吴旗县白于山北麓的红柳河，是无定河的上源，芦河为其支河。流域内有3个侵蚀类型区，其中河源区水土流失最为严重，沟道重力侵蚀十分强烈，是多沙粗沙产区，产沙模数每平方公里达16000吨。1958年以来，该流域建成大中型坝库22座，总库容11.37亿立方米，加上小型坝库，形成库库相连，沟沟有水、节节拦蓄的坝库群，基本控制了径流泥沙。多年来发展有效灌溉面积10.5万亩,修水电站4座,发电装机6810千瓦,并利用库区发展了养鱼。其中新桥、旧城两库运用23年,前15年灌溉,后8年拦泥淤地耕作生产。仅粮食一项总产即达2700多万公斤,产值800多万元,除收回工程全部投资外,还收益95万元。据无定河干流赵石窑水文站实测,1960至1979年水量减少仅6.7%,而泥沙减少却达62.5%,其中主要是坝库群的拦泥作用。这种在一个流域内结合面上水土保持,修建坝库群进行联合运用的治理方法,是控制洪水泥沙的有效措施,也是开发利用黄土高原水沙资源的重要途径。

关于多沙支流治理,1983年确定了无定河、黄甫川、三川河3条河为治理重点。窟野河、孤山川、秃尾河流域是我国大型煤炭基地——神府、东胜煤田所在地,计划2000年煤炭产量达到3000万吨,现已进入第一期开发阶段。为了加速多沙、粗沙支流治理,开发利用当地水资源,配合煤炭基地开发,目前正在制定窟野河、孤山川、秃尾河3条支流的治理规划。以上6条多沙支流年输沙量共4亿多吨,其中大部分是粗颗粒泥沙。这些支流的相继治理,将会发挥更大的减沙效益。

对于蒙陕晋接壤地区的开发建设,必须十分重视水土保持,防治水土流失,实行"谁开发谁保护"、"谁造成水土流失谁治理"的原则。这一地区的支流治理和水土保持工作,应当与当地工矿企业的生产建设相结合,促进支流治理、水土保持和生产建设事业共同发展。

总之,积40年经验,我认为水土保持工作是黄土高原地区改善生态环境和生产条件的必然途径,也是黄河治理与开发的重要组成部分。水土保持要牢牢树立为当地农、林、牧业生产服务的指导思想,要与当地群众的利益密切结合,这样就能充分调动群众的积极性,群众就会把水土保持工作真正当成自己的事情来办,变成自觉的行动,这样,为黄河减沙的效益也就自在其中了。

在1985年6月召开的黄河中上游地区水土保持工作座谈会上,钱正英同志指出:"黄河流域水土保持工作正面临着中华人民共和国成立以来的最好形势,我们已经开始找到了路子,开始做出一个能够指导实践的规划。虽然国家财力有限,还不可能拿出很多资金进行这项工作。但是应当看到,我们的潜力在黄土高原地区千家万户,希望在千沟万壑。只要思想明确,政策对头,技术先进,我们是能够在现有条件下加快治理和开发速度的。我们这一代为黄河中上游水土保持开创一个新局面,以后再经过几代人的努力,使黄土高原面貌有一个根本改变,这是一项极其伟大的事业。"周总理生前也曾说过:"水土保持要从实、从严、从难出发。从难并不是悲观,不是右倾,难不是不能克服。水土保持我们这一代完不成,还有下一代会完成的。"这些话也是我的心声,对此我是富有信心的。

第七章

开发利用水资源

黄河流域以农田灌溉为代表的水资源利用,具有悠久的历史。但是,真正大规模的开发和有效的利用,还是在中华人民共和国成立以后。30多年来,黄河流域水利水电建设取得巨大成就,积累了宝贵的经验,闻名于世的害河,开始为人民造福。黄河水资源虽然不算丰富,但在我国国民经济发展中所处的地位十分重要。黄河洪水、泥沙实际上也是一种资源,我们完全可以趋利避害,变害为利。进一步开发利用黄河水资源,是今后治黄的一项重要任务。

第一节　黄河水资源的重要地位

西北、华北地区的重要水源

按1919至1974年56年水文系列统计,黄河干流花园口站实测年径流量为470亿立方米,加上各年工农业用水量和水库调蓄水量等,经还原后,花园口站天然年径流量为560亿立方米。花园口以下黄河河道为"地上河",仅有汶河等支流汇入,加水很少,天然来水量约14亿立方米,只占全河水量的2.4%,所以习惯上都以花园口站的统计资料代表黄河水资源的情况。按花园口站560亿立方米水量来说,黄河的年径流量只及长江的1/20,小于珠江、松花江,在全国七大江河中居第四位,占全国河川径流总量的2.2%。在花园口以上黄河流域内,平均每人占有水量约800立方米,每亩耕地占有水量约300立方米,分别为全国平均占有水平的29%和18%。由此可见,黄河流域地表水资源并不丰富。但是,黄河在西北、华北地区却是最大和最重要的水源,所处的地位很重要,如何使有限的黄河水资源,发挥最大的综合效益,这是我国国土经济规划的一项十分重要的任务。

西北黄土高原区,属于干旱和半干旱地区,气候干燥,降雨稀少。陇中、宁蒙河套地区、鄂尔多斯高原等地,年平均降雨量仅150~300毫米,年蒸发量却达1400~3000毫米,是我国严重干旱带的一部分。如宁夏回族自治区全区地表径流仅8.5亿立方米,居全国倒数第一。少量的降水,分配又不均匀,60%~70%集中在七、八、九三个月,且多以暴雨出现,有的一次大暴雨甚至等于全年的降雨量,致使大部分降雨不能有效地利用。对作物播种和生长起决定作用的1~6月,降水量则不足全年的20%,对农业生产十分不利,因此经常出现旱灾,平均十年一次大旱，小旱几乎年年都有。在这里植树的成活率很低，即使成活，生长也很缓慢，大都长成“小老头”树，经济价值不大。甘肃省中部皋兰、白银、靖远一带的干旱草原，平均15～30亩草地才能养活一只羊。一遇干旱，连人畜用水都十分困难。中华人民共和国成立前，这里的人民生活极端困苦。中华人民共和国成立后在很长一段时间内，仍连年靠国家发放救济款、救济粮过日子。

由于河流的切割作用，黄土高原地区形成水低田高的形势，兰州以下两岸台塬高出黄河水面400～500米。许多地区地下水埋深都在200～300米，出水量很小，一遇干旱，井水也大都枯竭。

西北黄土高原地区矿产资源丰富，煤、铁、铅、铝、铜，以及稀土资源等储量都很大。随着矿产资源的开发，能源基地和若干新兴城镇的建立，工业和城市供水量迅速增长。如准格尔、东胜、神府等大型煤炭基地的开发，都迫切需要提供可靠的水源。总之，黄土高原地区土层厚，土质肥，光热充足，资源丰富，发展生产的基本条件很好，关键问题就是干旱少雨，当地缺少水源。因此水资源的问题已成为这一地区经济发展的严重制约条件。我们甚至可以这样说，这里没有水源就没有农业，就没有工业和城镇的大发展，连贫困面貌都无法改变，更谈不上经济腾飞了。因此，我认为要解决西北黄土高原地区严重干旱缺水问题，在充分利用当地水源的基础上，引用黄河水是必不可少的。

奔流不息的黄河，蜿蜒曲折，流经上中游干旱高原，从兰州以上带来了300多亿立方米含沙量很少的清水。自古以来，生活在这里的劳动人民就引用黄河水，灌溉土地，发展生产，繁荣经济。宁蒙河套地区年平均降水量仅200毫米左右，是我国最干旱的地区之一，但是，据历史记载，从汉代开始就在这里发展引黄灌溉，渠水所到之处，使荒漠泽卤皆成良田。中华人民共和国成立后，黄河水资源得到进一步开发利用，如甘肃省中部严重干旱的16个县，由于积极发展高扬程抽引黄河水灌溉干旱高原，促进了社会经济的全面发展，许多灌区已变成林茂粮丰、繁荣兴旺的社会主义新农村。在大河两岸，依托黄河提供水源，中华人民共和国成立后已建立起白银、石咀山、乌达、海渤湾、包头等一批新兴的城市和众多的工矿企业，它们在改变本地区面貌和经济起飞中发挥着重要作用，黄河为西北严重干旱地区经济发展做出重要的贡献。当然，要完全满足本地区迅速增长的工、农、林、牧业用水要求，黄河现有水量是不够的，因此将来还要从长江上游调水。

西北黄土高原地区是中华民族的摇篮、革命的老根据地，从国家经济发展战略来说，建设的重点也正逐步向这一地区转移，同时也是我国从沿海地带向大西北发展的具有重要作用的过渡地带。因此在全流域统筹规划下，要使目前有限的黄河水资源，在这一地区发挥最大的综合效益，积极为国家经济发展的战略转移做贡献。将来从长江上游引水到黄河上游的西线南水北调方案实现后，将为开发大西北发挥更大作用。

黄河不仅是西北地区的重要水源，而且也是我国华北地区重要的补给水源。黄河下游河道是“地上河”，它如同一条输水总干渠，高踞于黄淮海大平原的脊部，可以向北岸的海河流域和南岸的淮河流域自流供水和补给地下水。

众所周知，海河流域是我国严重缺水地区之一。每年平均降雨量400~600毫米，全流域地表水资源仅294亿立方米，只占全国地表水资源总量的1.1%，而流域内耕地面积却占全国耕地总面积的11%。流域内人均占有地表水不足300立方米，相当于全国人均占有量的1/9。降雨的年内和年际分配又不均匀，一年之内，70%~80%的雨量集中在七、八两个月，多雨年和少雨年的降雨量可以相差数倍到10倍，这种变化很大的天然降水过程，与作物生长的需水过程极不适应。据河南省新乡地区人民胜利渠灌区多年测验，农作物对降水的有效利用，仅能满足需水量的27~37%。加之流域内许多河流源短流少，雨季一过即成干河，平原地区也无法把降雨径流全部拦蓄起来。因此经常发生旱灾，特别是20世纪70年代以来，长期连续干旱，不仅农业生产受到严重威胁，北京、天津等城市也闹起了水荒。由于地表水资源严重缺乏，从20世纪70年代初期开始，大量开采地下水，目前华北平原浅层地下水开采量已占地下水补给量的90%，许多地区出现过量开采，井水位迅速下降，形成大面积地下水下降漏斗，地面下沉。华北平原地表水和地下水进一步开发利用的潜力已经不大。

随着经济建设的发展和城市人口的增加，工业和城市供水的需求量却迅速增长，京津地区特别是天津市已出现供水危机，1972、1973、1975、1981和1982年先后五次引黄济津，共调水19.1亿立方米，缓解了天津市用水的燃眉之急。1983年引滦入津工程建成后，天津市缺水问题有所缓和，在保证率75%的情况下，可供水约10亿立方米，但是缺水问题并未根本解决，保证率仍然偏低。据历史资料分析，滦河与海河存在同丰同枯的不利情况，即海河如遇到枯水年，滦河水量一般也相对较枯，供水的可靠性较低。当保证率为95%时，滦河潘家口水库的调节水量仅9.5亿立方米，天津市能分配到的水量更少。因此今后仍需引黄河水或长江水以补充水源，其中以引黄河水最为现实可行。

华北平原仅靠天然降水和浅层地下水是远远不能满足工农业用水和城市供水迅速增长要求的。水源缺乏,已成为制约本地区经济发展的一个重要因素。目前从长江调水的东线南水北调可行性报告已经通过,第一期工程先由长江抽引100立方米每秒水过黄河,天津市和输水干渠沿线地区水源可以得到补充。但是,我认为随着生产的发展和人民生活水平的提高,从黄河引水仍然是不可缺少的补充水源。中华人民共和国成立后,在黄河北岸先后修建了近40座引黄涵闸,开挖了众多的渠道,从20世纪50年代开始就引黄河水灌溉海河流域南部沿黄地区,特别是已经有了多次从人民胜利渠以及位山、潘庄等引黄涵闸引黄济津的成功经验。因此,不论在东线南水北调工程建成前还是建成后,如遇旱情严重,一旦需要黄河供水都可以开闸引水,接济天津和河北省部分城市。如果北京缺水,还可以通过卫运河、通惠河(需整修)提水约50米,送水到首都。从黄河引水,不仅当前可以收效,远期亦可与东线南水北调工程密切配合,互为补充,而且引水成本比从长江调水低得多,经济上合算。

黄河是否有水可调呢?我认为不仅有水,而且是比较可靠的。因为黄河源远流长,据较长时期的历史资料分析,黄河水量丰枯与海河并不同步,就是说海河枯水年,黄河一般不是枯水年,水源比较有保证。如20世纪80年代以来,华北地区连年干旱,而黄河水量却偏丰,1981至1985年花园口站平均每年实测径流量508亿立方米,每年入海水量达395亿立方米。就目前来说,在工农业用水及城市供水迅速增长和缺乏足够水库调节径流的情况下,黄河下游两岸每年引黄水量已达100亿立方米左右,每年仍有约300亿立方米的水量入海,其中11月至翌年6月的非汛期,平均入海水量达120亿立方米,每年冬季(11月至翌年2月)花园口站平均来水量约六七十亿立方米。现在龙羊峡水库已经下闸蓄水,今后冬季来水会更加稳定,甚至还有所增加。将来小浪底水库建成后,黄河水资源得到进一步调节,加之冬季正值黄河下游用水的淡季,引水不会发生什么矛盾,因此每年冬春季节向华北平原特别是京津地区稳定地输送一定量的黄河水是完全可能的。

向北调水的泥沙问题也是可以妥善处理的。据测定,每年11日至翌年2月,黄河水平均含沙量每立方米不到10公斤。目前调水初步按10亿立方米计算,每年引沙量不到1000万吨,折合600多万立方米。黄河北岸有许多洼地和盐碱沙荒可供沉沙,譬如人民胜利渠东五千以下有100平方公里的大沙河黄河故道可供沉沙,其容积达3亿立方米,50年左右方能淤满。通过长期沉沙,还可将这一片沙荒地改造成良田,变害为利,一举两得。况且,小浪底水库建成后的一二十年内，黄河大部分泥沙淤在库内，下游含沙量将显著减少，沉沙任务亦随之大大减轻。即使此后进入“蓄清排浑”运用期，含沙量也不会超过10公斤每立方米。中华人民共和国成立30多年来，通过下游引黄灌溉的长期实践，我们对处理和利用泥沙已积累了丰富的经验，完全有办法解决引水的泥沙问题。

前几年引黄济津，平均每立方米水的成本曾高达一元多钱，有人怀疑引黄是否合算，我认为这是明显的误解。因为前几年引黄济津都是临时紧急供水，事先没有做好各方面的准备，要在较短时间内完成挖通河道、集中清淤等项工作，工程量很大，花钱较多。今后引黄如纳入正常供水轨道，事先有统一规划，长远安排，特别是沉沙结合淤地改土，加固堤防，变害为利，搞好计划用水，实行科学管理，向华北平原调水的成本定会大大降低，这是毋庸置疑的。

黄河南岸的淮河流域水资源也不算丰富，年平均径流量454亿立方米，平均每人占有水量和每亩耕地占有水量均不到全国平均占有水平的1/5。以降水比较多的淮北平原为例，中华人民共和国成立30年来平均每年因干旱累计成灾面积达365万亩。流域内河南、山东两省黄河南岸地区干旱严重，主要依靠引黄灌溉。地下水比较丰富的河南商丘地区，地下水资源只能满足灌溉用水的70%，仍需引黄补水。每年淮河流域引黄水量约30多亿立方米，1978年淮河流域大旱，引黄水量达50亿立方米。

据统计，一般干旱年份，黄河下游两岸引黄水量达100亿立方米，约占黄淮海平原地区总引用水量的14.5%，可见黄河水已成为该地区干旱年份重要的灌溉补给水源。

随着国民经济的发展，工业和城市供水任务越来越重，目前郑州、开封、济南、东营等沿黄大中城市和中原、胜利油田等许多重要工矿企业，均依靠黄河为主要水源，其中被称为我国第二个“大庆”的胜利油田的油层压力注水和新兴石油城东营市的城市用水，全部依靠黄河供水，引黄济青工程已经开工修建，青岛市供水的紧张状况将得到基本解决。

黄河水资源虽然不丰富，但只要统筹安排，上中下游用水的矛盾是可以解决的。上中游是水低田高，下游是水高田低，在下游发展灌溉、供水，要比上中游容易得多，见效也快。国家的经济发展战略是由东向西发展的，估计上中游用水增加的速度不会很快，所以水资源的分配要符合国家经济发展这个总安排。

综上所述，黄河是我国西北、华北地区的重要水源，黄河水资源已由过去主要为农业生产服务,转变为整个社会经济发展和人民生活服务,在我国国土经济规划中处于十分重要的地位。

关于黄河水资源的评价和开发利用,我会已做了大量工作,取得了许多有价值的成果,为进行宏观决策提供了科学依据。

黄河究竟有多少水可以利用?现在已经用了多少水?预估将来用水会增加到多少?供需如何平衡?等,这些都是非常复杂的工作,有些很难弄清,或做出比较准确的估算。例如黄河上游已经发展了几千万亩灌溉面积,按理说应该用掉很多水,但实际上上游水量并未见有多大减少。根据水量平衡计算,流到最下游山东省的水是很少的,灌溉面积不能再增加了,可是这几年山东引黄灌溉每年仍抗旱浇地2000多万亩,保证了粮、棉连年丰收。

从长期看,随着经济的发展,黄河水量应该是减少的趋势,黄河水肯定不够用。但是,并不等于说,上面用去一方水,下面就得减少一方水,是简单的加减法,事实上这中间关系十分复杂。如回归水究竟是多少?这个问题一时就很难说清楚。因此我认为,目前黄河水资源的开发利用潜力还很大,关键是缺乏调节能力。例如,1981至1985年花园口站实测年平均水量达508亿立方米,较常年偏大6%,除河南、山东两省用水以外,平均每年入海水量仍有395亿立方米。而来沙量却偏少,平均每年仅8.13亿吨,是比较理想的情况。如果这几年花园口以上有水库每年能存上100~200亿立方米的水,那么向京、津和华北平原供水就好办多了。由此可见,黄河现有水量只要经过比较充分的调节,肯定还会发挥更大的综合效益。

居全国第二位的水电资源

根据1978年全国统一普查和重新核算的资料,黄河流域可能开发的水电装机容量为2800万千瓦(按大于500千瓦水电站统计),年发电量1170亿度,占全国可开发电量的6.1%。在全国七大江河中仅次于长江,居第二位。约占青、甘、宁、蒙、晋、陕、豫、鲁、冀九省(自治区)可开发水电资源的2/3。因此黄河流域水电资源在全国能源构成中占有重要地位,是黄河除害兴利的一大优势。

黄河流域水电资源分配比较集中,可以兴建大于10000千瓦的水电站共100座,其中42座集中于黄河干流上,可开发装机容量2514万千瓦,年发电量1037亿度,约占全流域可开发水电资源的89%。其余48座分布在主要支流上,可开发装机容量214万千瓦,年发电量100亿度,这些水电站多位于灌溉任务较小的洮河、大通河、沁河、伊洛河的上中游。

黄河干流水电资源主要集中在玛曲至龙羊峡、龙羊峡至青铜峡、河口镇至龙门和潼关至桃花峪四个河段。其中以龙羊峡至青铜峡最为集中，规划修建15座水电站，可装机1200多万千瓦，年发电量约500亿度，占黄河干流可开发水电资源的48%左右，被称为我国水电资源的“富矿”。

能源的开发利用，是实现我国社会主义现代化建设和2000年工农业总产值翻两番的重要前提条件。中华人民共和国成立以来，我国水电建设取得巨大成就，到1985年底，全国水电装机容量已达2641.5万千瓦，年发电量923.8亿度，与1949年相比，分别增长了164倍和131倍。水电装机容量和年发电量，已从中华人民共和国成立初期分别占世界的第25位和第23位，提高到第8位和第7位。但是我国水电开发利用程度仍远低于世界平均水平，目前只开发利用了5%，潜力还很大。1982年12月国务院主要领导同志在五届人大四次会议上作的政府工作报告中明确指出：“电的生产和建设，要因地制宜地发展火电和水电，逐步把重点放在水电上。”水电是一种再生能源，又不消耗燃料，不污染环境，有很多优点，因此今后应该采取切实有效的措施，加快水电的开发。

开发黄河水电，对于西北、华北地区“四化”建设的发展具有重要意义，根据全国经济开拓重点逐步西移的战略安排，要开发大西北，电力必须先行。青海、甘肃等省煤炭资源不丰富，以甘肃为例，目前全省约1/4的煤炭用于火力发电，这个比例已大于全国火力发电用煤的平均数，其中几乎一半是从外省调进的煤，因此发展火电的条件不理想。但是，黄河上游水电资源蕴藏量却很大，青铜峡以上黄河干流可开发水电装机容量1860多万千瓦，年发电量770多亿度，占黄河干流水电资源总量的74.4%，其中青海省境内黄河干流河段可开发装机容量达1300多万千瓦，占青海全省水电资源的63%。因此解决开发大西北的能源问题，首先应该大力开发可以再生的廉价的干净的黄河水电资源。黄河上游地区有色金属如铅、铝、铜等藏量丰富，要发展这些耗电大的有色金属工业，将有赖于大量开发黄河廉价的水电资源。黄土高原地区水低田高，气候干旱，发展农业，改变面貌，也需要大量开发黄河水电资源，以提供足够廉价的电能来发展高扬程提水灌溉。

华北地区煤炭资源丰富，发展火电的条件较好，但也迫切需要增加水电比重，以担任调峰、调频和事故备用任务。黄河中游河段地理位置临近华北，华北地区绝大部分水电资源分布在黄河流域，其中河口镇至桃花峪干流河段可开发装机容量就达630万千瓦，因此加速开发黄河水电资源，有利于就近解决华北电网水电比重很小的矛盾。根据我国水电资源分布西多东少的特点,还可以将黄河上游丰富的水电送至华北,实现西电东送,使西北和华北电网相连,水火电调剂,进一步提高电网的经济效益和供电质量。

黄河干流已建水电站和在建的龙羊峡水电站建成后,装机容量370万千瓦,占干流可开发水电装机容量的15%,还有大量水电资源等待开发利用,加速建设黄河上游水电基地和开发黄河中游水电资源,是我国能源建设的一项迫切任务。

第二节　黄河流域灌溉事业的发展

悠久的农田灌溉史

黄河流域的农田灌溉事业起源很早,春秋战国以前已有一定规模,但还处于较低水平。到了春秋战国时期,流域内开始出现大型农田灌溉工程。魏文侯二十五年(公元前442年),西门豹为邺令(邺,今河北省磁县、临漳一带),在当时的黄河支流漳河上"发民凿十二渠,引河水灌农田,田皆溉",使邺地"成为膏腴,则亩收一钟",农业产量大大提高。从此以后,邺地成为富庶地区,对魏国的经济发展起了重要作用。

自创修引漳十二渠以后,黄河流域灌溉事业蓬勃发展。秦始皇元年(公元前246年),秦国采纳了韩国水工郑国的建议,凿泾水修建郑国渠,开渠300余里,灌溉渭河北岸、洛河以西土地四万余顷,使昔日"泽卤之地"皆为沃壤,"于是关中为沃野,无凶年,秦以富强,卒并诸侯"。对于后来秦朝统一中国发挥了重要作用。

到了汉代,黄河上中游的灌溉事业已有了相当规模。从现在内蒙古自治区五原县沿黄河上溯到湟水流域,是两汉政权北部和西北部的边防线,进行了大规模的移民实边,修筑城防,屯军戍守。开始时,边防士卒所需的给养都从内地长途输送,耗费很大。为了减轻对内地的压力,后来决定采用就地开发的办法,开渠引黄河水,大力从事垦种。自汉武帝建朔方郡后,从甘肃中部到内蒙古五原,沿黄河广泛建起农田灌溉工程。据传说,宁夏境内的秦渠、汉渠、汉延渠、唐徕渠等均为西汉时期所开,后经历代整修发展,原来的沙荒变成了连片的绿洲,兴灌溉之利，无旱涝之虞，宜麦宜稻，年种年收，边陲要塞面貌大为改观，赢得了“天下黄河富宁夏”和“塞上江南”的盛誉，成为我国历史上著名的“河套”经济区。

陕西省关中地区地处黄河中游，气候温和，土壤肥沃，适宜于农业生产。秦汉时期，十分重视农田水利事业，出现了“用事者争言水利”的局面。以泾、渭河为中心，在距离京都长安不太远的范围内，修建了长安漕渠，兼灌渠下农田；继北洛河龙首渠之后，在郑国渠以南又修建了引泾河水的白渠；在渭河上建有成国渠、灵轵渠、沛渠及蒙茏渠等。从曹魏至隋唐时期，关中水利事业得到进一步发展。

汾河流域灌溉历史亦很久远。春秋时期智伯开渠灌晋阳；汉武帝首创了引黄导汾的宏业。后来李渊、李世民父子在太原起兵反隋建立唐朝后，太原被称为北都，从此汾河流域农田水利事业有了更大的发展。贞观中期，“长史李勣架汾引晋水入东城”，即建跨汾河的渡槽，修晋渠向太原东城供水。特别是唐德宗时期（公元780年至805年），凿汾河引水，建成一处大型灌溉工程，“灌田万三千余顷”，大大促进了汾河流域农业生产的发展。唐朝所需漕粮除主要仰赖江淮之外，也常漕汾晋之粟，原因就在这里。

沁河下游广利渠也是我国的古老灌区之一。据传说早在秦代就在今河南省济源五龙口筑有枋口堰引沁河水灌溉右岸的大片农田。引水口选择在河道坚固的凹岸稍偏下游的位置，符合弯道环流原理，比较稳定，至今无大变化。

农田灌溉事业的兴盛，促进了生产的发展和社会经济的繁荣，为使黄河流域成为我国开发最早的经济区，发挥了重要作用。

古老灌区焕新颜

黄河流域灌溉历史悠久，但在漫长的封建社会里，随着历代王朝的兴衰和国家的治乱，灌溉事业也时兴时废。到中华人民共和国成立前夕，全流域灌溉面积仅有1200万亩左右，而且设施简陋，工程不配套，盐碱化严重。中华人民共和国成立以后，在党和政府的领导下，对古老灌区进行了整修和改造，修建了灌溉枢纽工程，经过各族人民的艰苦奋斗，使古老灌区获得了新生。

宁蒙河套引黄灌区，中华人民共和国成立前由于是无坝引水，不能进行控制和调节，因此枯水时引水很少，甚至断流，而洪水时又只能让大水漫灌。因渠道失修，渠系紊乱，有灌无排，以致灌区内到处积水成湖，星罗棋布，仅宁夏境内较大的积水湖泊就有数十个，被称为“七十二连湖”，使大片肥沃的耕地变成沼泽和盐碱荒滩。加之风沙侵袭，灌区日益缩小，著名的“塞上江南”逐渐衰败，到中华人民共和国成立前夕，宁夏引黄灌溉面积仅剩下100多万亩，黄河“一套”之利也变得微乎其微了。

中华人民共和国成立以后，对宁蒙古老灌区进行了整修、配套和扩建，特别加强了排水系统的建设，其中宁夏回族自治区引黄灌区共建成自流排水干沟32条，总长789公里，修建电力排水站171座，排水机井4500余眼，全灌区形成比较完备的排水系统，排除了“七十二连湖”的洼地积水，改造成阡陌相连的高产稳产田。青铜峡、三盛公两座水利枢纽建成后，结束了无坝引水的历史，使灌溉引水有了保证。刘家峡水库建成后，每年为宁蒙灌区调蓄8亿多立方米的水量，大大提高了灌溉用水保证率。灌溉面积已由中华人民共和国成立前的500万亩，增加到1200多万亩。1983年宁夏引黄灌区粮食总产量达11亿公斤，比1949年增加6倍多，其中青铜峡水稻平均亩产达619公斤。内蒙古自治区河套灌区的粮食产量，从中华人民共和国成立初期的1.4亿公斤，增加到1982年的6亿公斤，其中巴彦淖尔盟1983年农业总产值较1978年翻了一番。目前，宁蒙灌区粮食商品率已达20%，成为我国重要的商品粮基地之一。

古老的汾河灌区到中华人民共和国成立前夕只剩下几处泉水灌区。中华人民共和国成立后修建了太原一坝、清徐二坝和水文三坝等5万亩以上灌区20余处，修建了汾河水库、文峪河水库等大中型水库十几座。使水源得以有效地调节，灌溉事业迅速发展，目前汾河盆地灌溉面积已发展到700多万亩，成为山西省的商品粮基地。

在陕西省关中平原，历史上曾经有许多古老灌渠，发挥过很大的灌溉效益。到中华人民共和国成立前夕，实际只有泾惠渠、渭惠渠二渠生效，其中最大的泾惠渠也只能灌溉50万亩。中华人民共和国成立后对泾惠渠的渠首和渠系进行了改造和扩建，又在灌区打井1400多眼，实行井渠双灌，科学管理，使灌溉面积扩大到135万亩，灌溉水利用系数提高到0.6。从1979年开始，灌区粮食平均亩产就突破千斤关，近几年每年为国家提供商品粮1.35亿公斤，占全省商品粮的10%以上，成为全国的先进灌区之一。为了进一步扩大灌溉面积，又先后新建了宝鸡峡引渭和东方红抽灌等大型灌区，引水上了渭北旱塬，使关中地区灌溉面积发展到1300多万亩。如今八百里秦川已基本实现了水利化，农、林、牧、副业全面发展，呈现一派欣欣向荣的景象。

古老灌区位于黄河中上游，过去我都亲自考察过。经过长期实践，他们的经验很丰富，问题也很清楚。我认为老灌区今后的主要任务是巩固、提高，充分发挥现有工程效益的问题，而不是进一步扩大灌溉面积。根据国家经济发展总的战略部署，有限的黄河水要统筹规划，兼顾到上中下游的需要，使之最大限度地发挥综合效益。

下游引黄灌溉效益大

黄河下游由于洪水威胁严重，历史上很少有人敢在黄河大堤上开闸引水灌溉。中华人民共和国成立前虽然曾在济南、开封、郑州等地修过几处引黄虹吸管，也没有发挥多大效益就废弃了。中华人民共和国成立后，我们于1950年在河南省新乡地区开始修建第一座引黄灌溉济卫工程——人民胜利渠。这是当时平原省政府晁哲甫主席给这个工程起的名字。1952年胜利建成，在黄河下游开创了除害兴利的先例。同年10月，毛主席来到这里视察，他健步登上渠首闸，十分高兴地说“一个县有一个就好了”。如今毛主席的愿望已经完全实现，目前黄河下游已修建引黄涵闸72座，虹吸55处，扬水站68座，遍及沿黄河的各个县、市，引黄灌溉和抗旱浇地面积达2000多万亩，70多个县、市用上了黄河水，已成为我国最大的自流灌区之一。

黄河下游引黄灌溉事业的发展，经历了曲折的道路，经验是丰富的，教训也很深刻。1958年以前，是试办与慎重发展阶段。1952年4月，人民胜利渠建成放水，当年就灌溉36万亩，1953年遇到严重干旱，由于保证了适时灌溉，粮棉产量仍大大超过灌溉前的最好年景，引黄灌溉第一次显示了增产的效益，开始改变人们对害河的看法，增强了“变害河为利河”的信心。此后相继修建了山东打渔张、河南花园口、黑岗口等引黄灌区。坚持按科学办事，均收到很好的效果，成为典型示范灌区。

1958到1961年，在“左”的思想指导下，不尊重科学，违背平原地区发展水利的客观规律，盲目号召“大引、大灌、大蓄”，要求“一块地对一块天”，在短短一两年内，黄河下游建起百万亩以上的大型灌区10处，设计引水流量3500立方米每秒，设计灌溉面积7000多万亩。在灌区内建平原水库31座，蓄水能力32.5亿立方米。还随意堵截排水河道，大引大灌，有灌无排，年引水量高达160多亿立方米，引进泥沙6亿多吨，许多大型灌区每年引水长达300天以上，结果地下水位急剧上升，造成大面积次生盐碱，盐碱地面积增加1200多万亩，灌区粮食产量显著下降，使沿黄地区农业生产的发展遭到严重挫折。

到了1962年，已经认识到问题的严重性。中央七千人大会后，在范县召开会议认真总结了引黄灌溉的经验教训，谭震林副总理出席了会议。会上决定除人民胜利渠灌区继续保留引黄灌溉 24 万亩外，其余各灌区一律关闸停灌，全力以赴转向除涝治碱，主要是开挖排水沟，打通骨干排水河道，建立、健全排水系统，并由国家资助发展机井抽取地下水灌溉。经过几年艰苦努力，地下水位迅速下降，次生盐碱化面积逐年减少，农业生产得到较快的恢复和发展。

引黄灌溉引起的严重盐碱化问题，并不是引黄灌溉本身造成的，根本原因是没有按照科学办事、盲目蛮干。决定全力以赴转向除涝治碱是完全正确的，但对于有的同志因引黄灌溉出现一些问题，就说一辈子不引黄，我有不同看法，似乎有些过于绝对了。

黄河下游两岸平原的降雨和地下水源均满足不了作物生长的需要，随着农业生产的发展，干旱的矛盾又突出起来。因此从 1965 年以后，在认真总结经验教训的基础上，黄河下游又逐步恢复了引黄灌溉，并在积极慎重、加强管理的方针指导下，得到了稳步发展。20 世纪 70 年代以来，黄河下游几乎连年干旱，黄河成为沿黄地区唯一可靠的水源，平均每年引水近 100 亿立方米，灌溉和抗旱浇地面积 2000 多万亩，在大旱之年仍能获得粮棉丰收，为改变沿黄地区贫穷落后的面貌发挥了重要作用。1983 年全国有 6 个地区（市、盟）农业总产值比 1978 年翻了一番，其中就有位于黄河下游引黄灌区的山东省聊城和德州两个地区。聊城一年交售商品棉 500 多万担，比 1978 年增长 6 倍多，人均收入增加 5 倍多。人民胜利渠灌区自 1952 年开灌以来，经过 30 多年实践，创造了井渠结合、灌排配套、计划用水、利用泥沙等一整套宝贵经验，建成了 50 多万亩稳产高产农田。从 1978 年开始，粮、棉平均亩产已分别超过千斤和百斤，30 年粮棉增产总值达 4.4 亿元，为灌区总投资的 18 倍。灌区内的刘庄，从 1983 年开始，实现每年每人平均收入超过千元，3 年翻了一番，我国第一家农民买飞机的新鲜事就发生在这里。

1984 年春天，我到山东聊城、菏泽沿黄地区进行调查研究，亲眼看见了黄河两岸的巨大变化。中华人民共和国成立初期，黄河两岸还是沙碱遍地，每到春天，天空风沙弥漫，地上白花花的一片（指盐碱）。30 多年后的今天，昔日的景象不见了，展现在眼前的却是一块块绿油油的麦田和一排排新瓦房。中华人民共和国成立前，一到春天，连黑窝窝头都吃不上，现在春天，许多农民家里吃的却是大米饭和白面馍。历史上多灾低产的黄河两岸，如今已成为豫鲁两省粮、棉、油的生产基地，开始呈现一派繁荣兴旺的景象。

实践表明，要尽快改变下游沿黄地区贫穷落后的面貌，除了靠落实党的各项政策和实行科学种田以外，搞好引黄灌溉是一条重要的基本措施。但我认为黄河下游引黄灌溉与黄河中上游的引黄灌溉在指导方针上应有所区别。因为下游两岸毕竟还有五六百毫米的降雨量，所以下游引黄灌溉应该是“补水”的方针。也就是说主要是抗旱浇地，天不旱就不引或少引。因此不要过分强调灌区要“四级”配套（即干、支、斗、农渠四级配套）。一是投资太多。一亩地平均按100元计算，2000万亩就要花20亿元，国家和群众很难筹集到这么一大笔资金。我们喊了二三十年灌区工程配套，现在真正按“四级”配套的大概只有300多万亩，问题就是投资不落实，一时办不到。二是群众等不及。如果我们坚持等到配套搞好了再引黄灌溉，那么黄河下游两岸的经济发展就跟不上“四化”建设的步伐，群众不愿意，也不现实，所以我们不能坐等。山东按“四级”配套的面积仅100多万亩，可是这几年每年抗旱浇地面积都能达到2000多万亩，就是最好的说明。我不主张都搞灌区配套，我的主张主要是先搞好干、支渠，能把黄河水引出来，到天旱时群众会想尽一切办法把水浇到地里的。生产发展了，群众富裕了，再因地制宜搞灌区建设。另外还要搞好节约用水，实行科学引黄，把引黄灌溉和泥沙的利用进一步结合起来，多把泥沙引到田间，减轻渠道淤积的压力，为改变沿黄地区的面貌做出更大贡献。

高扬程提水上旱塬

黄河在上中游地区流经世界著名的黄土高原，因河流的切割作用，造成水低田高的形势，加之这些地区降雨稀少，干旱严重，有的连人畜用水都难以满足，形成“水从塬下流，塬上渴死牛”的局面。中华人民共和国成立后，随着电力工业的发展，特别是黄河水电资源的开发，能源有了保证，因而使黄土高原地区高扬程电力提水灌溉工程（简称“高灌”）得以迅速发展。甘、宁、陕、晋等省、自治区沿黄河及其主要支流，已建成5万亩以上的电力提水灌区37处，设计灌溉面积1200多万亩，最高扬程700余米，最大灌区灌溉面积达120多万亩，灌区主要集中在兰州至青铜峡河段和禹门口至三门峡河段，为解决干旱高原和沿黄各地的农田灌溉及人畜用水问题发挥了重要作用，使许多地方的经济状况和生态环境发生了根本性的变化。

甘肃省中部地区是全省最干旱的地方，素有“陇中苦，甲天下”之说。中华人民共和国成立以后，在陇中严重干旱缺水的16个县中，修建了一批高扬程提灌站，其中灌溉面积大于1万亩、扬程大于100米，主要以黄河为水源的大型电力提水灌溉工程共19处，设计灌溉面积130多万亩，装机容量28.5万千瓦。其中景泰川“高灌”工程净扬程达445米，装机容量6.4万千瓦，提水流量10立方米每秒，设计灌溉面积30万亩，1972年开始上水浇地，1982年实际灌溉面积达29.3万亩。

陇中地区的实践结果表明，“高灌”已经发挥了明显的综合效益。首先是促进了农业生产的迅速发展，改变了靠天吃饭的历史。据统计，高原上水后，一般水地比旱地每亩增产粮食150公斤以上。景泰川灌区上水后与上水前相比，粮食增长近10倍，农业产值增长12.5倍。过去这里吃粮靠返销，生活靠救济，每年平均返销粮达2.85亿公斤。景泰县过去到了春天青黄不接时，每天都有4000多人轮流外出背粮。上水后这一地区粮食大幅度增产，基本上解决了群众的温饱问题。有的灌区还为国家提供一些商品粮，这样一来每年可减少国家救济款和粮食倒挂款2000多万元，节省运粮劳力200多万个。干旱高原有了水以后，林、牧、副业多种经营等都有了发展的可能，农业结构开始有所变化。景泰川灌区已植树1200多万株，营造护田林带1400多公里，生态环境有了明显改善。皋兰县西岔“高灌”区上水后，畜牧业得到大发展，产值增长2倍多。有了水源，也为解决人畜用水问题创造了条件。据陇中19处“高灌”区统计，共解决了60多万人和70多万头牲畜的用水问题，可节省运水补贴费近400万元。过去这里人烟稀少，现在有了水源，许多干旱山区的群众纷纷迁来安家落户。生产的发展，带来了市场的兴旺和社会经济的繁荣，地方财政收入显著增加，使干旱高原的面貌发生了巨大变化。景泰川灌区过去是“黄风不断头，遍地是沙丘。滴水贵如油，十种九不收”的苦地方，上水10多年来，这里已建成条田连片、林带成荫、渠系成网、道路通畅的新农村。人均收入较上水前提高了3倍，达到甘肃省农村的中上等生活水平。

“高灌”投资大，耗能多，灌溉成本高，有人怀疑经济上是否合算？我认为经济账是要算的，但一定要从整个社会着眼来算账，不能只算某个部门的经济效益。水是万物生存和发展的基本条件，一个地区如果严重缺水，那么这个地区的农、林、牧业就很难得到发展，甚至人类活动都极为困难。而一旦水源有了保证，这个地区就会带来生机，农、林、牧、副业和工交、文教、商业等各项事业就会得到迅速发展，从根本上改变这一地区的社会经济状况和生态环境。所以说国家投资修建“高灌”工程，决不能只看着是为了增产粮食，实质上它是为了这一地区整个社会经济发展而投的资，是为了发展这一地区的物质文明和精神文明而投的资，因此要计算整个社会的经济效益。如果是这样算账，那么发展“高灌"的经济效益肯定是十分显著的。上述陇中16个严重干旱缺水的县,通过发展"高灌",解决水源问题,迅速改变面貌的事实就是最好的证明。

此外,这片干旱高原上居住着1000多万各族群众,其中宁夏回族自治区的100多万回族同胞,就有80多万居住在这一地区。由于自然条件很差,生产发展缓慢,群众生活水平很低,长期以来,是国家重点扶持的地区。如果通过发展"高灌",使水源得到保证,能较快地改变贫穷落后的面貌,从而加强了民族团结,其政治影响是无法估量的。

黄河上中游水电资源丰富,是发展"高灌"的有利条件。目前甘肃省和宁夏回族自治区水电装机容量已分别占全省总装机容量的76%和50%。根据"西电东调"的规划,黄河上游的水电已开始输送到陕西省关中地区。发展"高灌"比较集中的陇中地区,目前大中型电力提水灌溉工程年耗电量仅3亿多度,不到全省年发电量的3%,可见电源还是比较充足的。由于对"高灌"实行优惠电价,一般为每度3分钱,扬程愈高愈便宜,所以电费比较低廉。随着黄河上游水电基地的开发,将为发展"高灌"提供更多的廉价电能。加之黄河水源也比较可靠,因此,我认为在充分利用当地水资源的基础上,有条件的地区发展"高灌"是可行的。

第三节 利用洪水和泥沙

要立足于用浑水

黄河多年平均天然径流量为560亿立方米,其中汛期(7~10月)水量332亿立方米,约占60%,非汛期(11~翌年6月)228亿立方米,约占40%。目前流域内工业、农业用水及城镇生活、农村人畜用水等,总共耗水约270多亿立方米,水资源利用率达48.4%高于全国水资源平均利用率15.9%约两倍。与全国七大江河比较,利用率也不算低。黄河汛期含沙量很高,多年平均输沙量16亿吨的80%集中在这个期间,通常称为"浑水",汛期水量利用的难度较大。目前已经利用的270多亿立方米水量绝大部分都是非汛期含沙量较少的清水。

随着社会主义现代化建设的迅速发展,国民经济各部门对黄河水资源的需求量将相应增加。但是,非汛期的可用水量已经不多,潜力不大,今后进一步提高黄河水资源利用率的途径，除了继续修建干支流水库，提高水量的调节程度以外，我认为主要应当依靠多利用汛期含沙量较高的浑水。这样不仅可以缓和供水的紧张状况，而且可以达到用洪用沙、变害为利的目的。如果我们不能很好利用占黄河水量60%的浑水，那么我们黄河就没有多少“戏”可唱了。

对于黄河洪水泥沙我们也要转变观念，要一分为二，它既有为害的一面，又有可以利用的一面，从某种意义上说，它也是一种宝贵的资源，我们完全可以趋利避害、变害为利。在这方面，我国古代劳动人民就有很多用洪用沙的办法，中华人民共和国成立以后经过群众广泛实践，又有了很大的发展和提高。例如在引洪漫地、坝系、坝库群用洪用沙，高含沙量浑水淤灌，放淤改土，淤背固堤等方面，均取得了许多新的成就。发挥了淤地改土、增加土壤肥力，缓和灌区伏旱缺水矛盾，提高作物产量，减少入黄泥沙等综合效益，具有强大的生命力和广阔的发展前景，成为治理黄河和进一步开发利用黄河水沙资源的有效途径。

引洪漫地

在黄河上中游地区，引洪漫地是一种开展范围很广的群众性用洪用沙的办法，具有简单易行，增产效果显著的特点。根据不同条件，有的在村口或道路上导引雨洪入田，有的在山坡上开沟截留坡面雨洪漫地，有的在水库下游结合水库排沙减淤，引洪淤灌，规模较大的是在峪口或河道两岸开渠引山洪漫淤农田。

陕西省富平县赵老峪洪灌区，早在20世纪50年代初我就去考察过，它是黄河流域引洪漫地历史最久的典型之一。相传赵老峪引洪漫地始于战国时期的秦国，迄今已有两千多年的历史，洪灌区是当时关中地区著名的粮仓。赵老峪本来是顺阳河上游位于山区的河段，长约20公里，集流面积近200平方公里，在峪口出山后，流经渭北阶地平原，最后注入石川河（渭河的支流）。赵老峪的洪水，是由峪口以上山区暴雨形成的，一般发生在每年的7月中旬至8月上旬，年洪水总量约200万立方米，输沙量30万～60万吨。中华人民共和国成立前，实际引洪漫地面积仅6000～8000亩。中华人民共和国成立后，对古老洪灌区进行了改造，形成了多渠口、短渠线的渠系。制定了科学的用水制度，提高了洪水利用率，引洪漫地面积增加到3万多亩，主要是漫淤麦收后的夏闲地和秋田玉米、谷子、棉花等作物。当地群众在长期的实践中，创造了“多口引”、“大口吞”、“大比降”、“燕窝田”等适应洪水暴涨暴落特点的用洪用沙经验。漫淤后改善了原来的土质，增加保墒抗旱能力，提高了土壤肥力，据现场测定，引洪漫地以后,养分可增加20%~60%,因此发挥了显著的增产、减沙效益。据调查,小麦一般可增产200多公斤,玉米、谷子可增产150公斤左右。由于长期引洪漫地,全部吃掉了洪水泥沙,已使原来顺阳河下游近40公里的河床基本消失,全部淤成平地,变为良田,成为第一条不给黄河输送泥沙的三级支流。

陕西省定边县的八里河,峪口以上流域面积584平方公里,以下为荒滩坰地,200多年前当地群众就利用上游的洪水泥沙,淤灌下游的荒滩,现已发展到7万多亩,粮食平均亩产100多公斤,成为荒漠中的绿洲,当地的粮食基地。

内蒙古自治区的大黑河,流域面积17673平方公里,上中游是石山区和黄土丘陵区,占全流域面积的48%,下游是广阔的平川地,就是有名的土默特川,平均年径流量2亿多立方米,年平均输沙量700多万吨。300年前当地人民就开始引洪漫地,目前淤灌面积已从中华人民共和国成立前夕的11万亩增加到110多万亩,引洪能力达1600多立方米每秒,淤灌后粮食增产40~50%,使土默特川成了内蒙古自治区的粮仓。由于引洪能力很大,一般可以将水沙全部引走,自1968年以后,洪水已不再输入黄河。

结合水库排沙减淤,引洪淤灌,也是一种用洪用沙的好办法。如陕西省淳化县冶峪河上的黑松林水库,开始是实行"拦浑排清"的运用方式,用清水灌溉,结果水库淤积严重。1962年以后改为"蓄清排浑,引洪淤灌"的运用方式,利用汛期水库排沙的时机,引洪淤灌坝下游11万亩耕地,使粮食平均亩产由原来的100公斤左右增加到300多公斤,水库寿命由原来的16年变为长期运用。内蒙古自治区水磨沟上的红领巾水库也采用了类似的办法,即汛前排出库内泥沙,淤地改土;汛期滞洪排沙,引洪漫地;汛后蓄水,保证灌溉。这样不仅延长了水库寿命,而且用浑水灌溉了下游8万多亩耕地,改造了荒滩,效果很好。

黄河中上游具有引洪漫地条件的地方很多,面积很大。如果发动群众,长期坚持引洪漫地,即可就地"吃掉"一部分泥沙,既有利于当地发展生产,又可以减少进入黄河的泥沙,一举两得。

坝系和坝库群用洪用沙

随着水土保持工作广泛持久、深入地开展,在黄河中上游地区群众闸沟打坝的基础上,坝系用洪用沙逐步发展起来了。所谓坝系用洪用沙,就是在一条沟道中根据统筹规划修建一系列小型土坝,组成坝系,其中有淤地耕种的生产坝,有滞洪落淤的拦泥坝,有发展灌溉的蓄水坝等。并在这一条件下,使防洪、拦泥、淤地、生产、灌溉等任务相互轮换,坝与坝之间密切结合,充分利用洪水、泥沙,发挥综合效益。

王茂沟流域30多年坝系用洪用沙的发展,为我们提供了宝贵经验。王茂沟是陕北韭园沟的一条支沟,流域面积近6平方公里,主沟长3.8公里。从1953年在沟口修建第一座沟壑土坝开始,30多年来进行了以建立坝系为主要内容的综合治理,曾经修建淤地坝42座,后经改建、扩建和调整,现已形成比较合理的坝系布局。20世纪60年代到70年代,主要采用"轮蓄轮种"的运用方式,即上坝拦蓄洪水泥沙,下坝生产种地,当上坝淤满后,就变蓄水拦泥为生产种地,同时加高下坝,变生产种地为蓄水拦泥,做到交替加高,轮蓄轮种。经过1977年大暴雨洪水考验后,对坝系布局又进行了调整,合并成20座坝,平均坝高15.1米,实行"骨干控制,小坝合并"、"滞洪排清,全部利用"的方针,即对骨干坝采用加高坝身,增大库容的办法,达到50年一遇的防洪标准,更好地承担滞洪拦泥任务;对用于生产的小坝则合并为大坝,扩大坝地面积,提高坝地利用率,做到防洪、拦泥、生产等任务相互紧密结合。经过艰苦努力,目前已基本实现了洪水泥沙不出沟,坝地粮食产量占总产量的30%以上,平均亩产267公斤,为坡地和梯田平均亩产的5倍。

不仅在小沟里通过建立坝系可以达到用洪用沙的目的,而且在多沙支流上通过修建坝库群,也可以达到拦蓄洪水、泥沙,发展灌溉,提高水土资源的综合利用效益。无定河上游红柳河、芦河流域的坝库群就是突出的例证。该地区在红柳河巴图湾水库以上和芦河横山水文站以上有流域面积7167平方公里,自1958年以来共建大、中、小型水库140余座,总库容12.7亿立方米,其中新桥水库为大型水库,库容2.0亿立方米,中型水库21座,总库容9.36亿立方米。截至1981年共淤积泥沙4.1亿立方米,占总库容的32.5%,其中新桥、旧城两座水库淤积最多,分别占原有库容的78%和84%,其余坝库淤积量平均占原有总库容的20%左右,保留80%的有效库容可供较长期运用,即使新桥水库,目前仍有4400万立方米库容,可起防洪控制作用。

通过坝库群的控制和调节,为用洪用沙,充分利用水沙资源创造了条件。该地区水量不丰,年内径流分配又不均,汛期洪水量约占年径流量的50%~60%,因此不拦蓄汛期洪水,就不能充分利用水资源。现在通过坝库群的调蓄,使其下游的洪水量大大减少,枯水流量明显增加,改善了径流的年内分配,大大提高了水资源的利用率。目前,这一地区灌溉设施面积已达14.3万亩,有效灌溉面积10.5万亩,水地的增产效益在干旱地区来说是十分显著的。如1980年靖边县水地面积只占粮食作物播种面积的15.9%,而水地产粮则占粮食总产量的50.2%。再如新桥水库，1961至1974年（以后的灌溉效益为其他水库所代替），14年累计灌溉面积22.9万亩，每亩增产粮食1365公斤，共增产1486万公斤，价值357万元（按每公斤0.24元计算）。1974年后，上游相继建成一批水库，拦截了径流，使新桥水库无水可蓄，不能再发挥灌溉效益，但库区却淤出坝地1.5万亩，每年耕种5000亩左右，截至1981年共增产粮食500万公斤，产值120万元，仅灌溉和坝地种植两项，产值就达477万元，已超过新桥水库的工程总投资425.3万元。由于有新桥水库的存在，使其下游的五座水库可以充分发挥效益，其中以巴图湾水库效益最大，发电装机2800千瓦，平均年发电量364万度，被誉为“沙漠明珠”；有效灌溉面积6万亩，已成为内蒙古自治区乌审旗的粮仓；还利用水库养鱼，年产鱼5万多公斤；水库蓄水，抬高了库周围地下水位5～20米，有利于发展井灌和解决人畜用水问题。另外，该地区沟道很深，交通十分不便，坝库群形成后，许多大坝坝顶成了过河、过沟的桥梁，畅行无阻。坝库相连，沟沟有水，当地气候条件和生态环境将逐步得到改善。

拦洪必拦沙。无定河上游红柳河和芦河流域的泥沙基本上都拦在坝库群内，新桥、旧城、河口庙等水库建成以来，泥沙基本不出库，大大减少了下游的输沙量。赵石窑是无定河上游的水文控制站，根据水文系列对比分析，坝库群形成后的水沙情况与天然情况相比，水量减少13.5%，沙量减少63%，沙量减少的幅度，远大于水量的减少幅度，从而大大降低了水流含沙浓度，有利于开发利用多泥沙支流的水资源。

无定河上游河源区坝库群的成功经验，给了我们十分有益的启示，就是说如果在多泥沙支流上只修建一两座水库，依靠孤军作战，库区淤积就发展很快。与此相反，如果在统一规划指导下，修建若干座大中小型水库，形成坝库群，多库联合运用，实行分而治之的办法，就能控制洪水泥沙，比较充分地开发利用水沙资源，长期发挥综合效益，在多泥沙支流上修水库“好景不长”的问题就不那么突出了。因为坝库群的总库容较大，如新桥水库与河口庙水库以上，流域内平均每平方公里面积有库容32.6万立方米，为当地产沙模数[吨/(平方公里·年)]的30倍，至少可以运用30年。实际上由于修建若干水库后，普遍抬高了沟道的侵蚀基准面，减少了沟道的侵蚀量，加上面上水土保持工作的开展，入库沙量将逐渐减少，因此坝库群是能够长期运用的。

从这里还可以看出一个问题，就是在黄土高原地区搞水土保持，修淤地坝，不能只是把泥沙拦住，而把水都放走。因为黄土高原本来就是严重缺水的地区，要改变这里的面貌，发展工农业生产，例如增加水地面积以及准格尔、神木、府谷等地煤炭资源的开发，没有大量的水是根本不行的。所以搞水土保持工作，首先就要保住当地的水，要尽量保住汛期的洪水，因为一年之中60%～70%的水是来自汛期。保住水才能保住土，保住水、土，才能用水、用土，才能发展农、林、牧业，发展工业，使黄土高原繁荣富裕起来。上述坝系用洪用沙和坝库群用洪用沙，就是保水、保土，提高水资源利用率的有效措施，也是治理黄河的一条有效途径。

高含沙量浑水淤灌

黄河流域大型灌区过去一般均按输送清水规划设计的，因此都担心引用含沙量较高的浑水会严重淤积渠道。1932年泾惠渠建成受益以来，通过实践，明确规定汛期当河水含沙量超过15%时（相当于每立方米含沙量166公斤）即停止引水。此后相继建成的渭惠渠、洛惠渠等灌区，也都沿用这一规定。

随着灌区的扩大和农业生产的发展，特别是当汛期出现“伏旱”天气时，因含沙量超限不能引水，陕西省关中地区水量供需矛盾十分突出，严重影响抗旱灌溉。为了缓和供水矛盾，20世纪70年代初期，洛惠渠灌区在总结过去群众引洪放淤改造盐碱地经验的基础上，首先比较系统地进行了引用高含沙量浑水淤灌的观测和试验，突破了引水含沙量不能超过15%的陈规，后来泾惠渠、渭惠渠和宝鸡峡等灌区也先后开展了这方面的工作，推动了全省灌区用洪用沙的发展。

经过实践和室内外的试验研究，到了20世纪70年代末和80年代初，已经基本解决了高含沙量浑水远距离输送及大面积淤灌的技术问题。通过采取适当加大渠道比降和超高，搞好渠道衬砌，设置拉沙闸，集中用洪，加强科学管理等一系列措施后，原来按照输送清水规划设计的渠系，仍然可以输送浑水。目前关中几个大型灌区汛期引水的含沙量一般可达30%～40%（相当于370～540公斤/立方米），洛惠渠最高达60%（相当于965公斤/立方米）。长距离输送可达几十公里，宝鸡峡灌区最远可输送200公里，渠道基本不淤，或通过冲淤、排淤措施，使年内冲淤基本达到平衡。据统计，1976至1980年5年中，关中几个大型灌区平均每年引用高含沙量浑水近5000万立方米，约占夏灌用水量的11%以上。六七八三个月，关中地区经常出现“伏旱”，此时正是玉米拔节抽穗，棉花开花结桃的关键时刻，灌与不灌，对产量影响很大，因此汛期引用高含沙量浑水淤灌，增加了抗旱用水，对解决“卡脖子”旱情有很大作用。5年内共消纳泥沙7600万吨，从而减少了入黄泥沙。淤灌农田223万亩次，放淤改造盐碱地5万亩次,肥地增产的效益显著。据1977年在洛惠渠杨家庄放淤地测定,20厘米厚的淤积土层内,平均增加含氮71.4%,含磷19.7%,有机质40.3%。许多灌区尽管不缺水,群众也欢迎淤灌。宝鸡峡灌区对比试验表明,淤灌比未淤灌的农田,一般可增产21%~39%。据统计,关中地区泾惠渠、洛惠渠、渭惠渠三大灌区5年来共增产5500万公斤,一般每亩地可增产100~150公斤。

高含沙量浑水淤灌试验成功并推广运用,为黄河中上游地区大规模开展用洪用沙,综合利用水沙资源闯出了新路子。

放淤改土

黄河下游由于历史上多次决口改道,留下许多潭坑和大片盐碱沙荒。据调查,沿黄河县、市共有沙碱地近1000万亩,占总耕地面积的40%,长期以来粮食每亩产量不超过50公斤,有的甚至颗粒无收,群众生活十分贫困。中华人民共和国成立后,为了改变下游两岸农业生产面貌,从20世纪50年代起就开始引黄放淤改土,截至目前豫、鲁两省淤地改土面积已达300多万亩,增产效果显著,深受群众欢迎。

盐碱地放淤,有洗碱脱盐作用。放淤时间每年一般20多天,动水放淤,淤区水深1米左右,沉淀后的清水及时排出,洗碱脱盐效果显著,无论是滨海老盐碱地,还是灌区次生盐碱地,都能当年放淤,当年恢复生产,具有见效快的特点。对于低洼易涝地区,通过引黄放淤可以逐渐抬高地面,改善排涝条件。结合引黄灌溉,利用堤背的潭坑、洼地进行沉沙放淤,既为处理泥沙找到了出路,又可以淤出好地,轮淤轮种。由于汛期黄河洪水中小于0.01毫米的极细颗粒泥沙约占40%~50%,因此放淤后可将沙地改造为良田,耕性较好,适于作物生长,提高了保墒抗旱能力。汛期黄河洪水特别是头两场洪水的泥沙,绝大部分来自黄土高原的表土层,肥分很高,开封市郊放淤区实际化验资料表明,落淤厚度0.1米,每亩地可增加氮5.8~8.2公斤、磷3.2~4.1公斤、钾40公斤,增加的有机质相当于一吨草肥的肥效,所以放淤后不用上肥料,每亩可收200来公斤粮食。

山东省东明县过去风沙、盐碱、涝灾非常严重,是黄河下游有名的穷县,平均亩产仅几十斤,1957至1977年的20年中,共吃国家统销粮3.25亿公斤。后来通过放淤改土,面貌迅速改观,目前已完成放淤改土面积30万亩,占全县耕地面积的20%以上,平均亩产提高一二百公斤,结束了长期吃国家统销粮的历史,群众生活有了明显的改善。1981年国务院主要领导同志在视察三春集乡贾村时总结说:“责任制加放淤等于农业翻身之道”。

河南省兰考县过去也是全国有名的穷县。我国著名水利专家张含英,1932年在视察黄河的日记中曾有这样一段记载:“至考城(即今兰考县),沿途极为荒凉,飞沙遍地,草木不生,殆如沙漠”。可见当时的砂碱灾害十分严重。中华人民共和国成立后,在党的领导下,兰考人民发扬党的好干部焦裕禄同志艰苦创业的精神,开展以引黄放淤改土为中心的综合治理,淤地改土20多万亩,全县种泡桐树700万株,实现农桐间作60多万亩,成为全国闻名的“泡桐之乡”。如今兰考大地稻麦飘香,绿树成行,到处呈现一派兴旺景象,1983年夏粮总产1.35亿公斤,成为全国五年夏粮增长一亿斤的先进县,兰考终于起飞了。

郑州花园口是1938年国民党政府扒开花园口黄河大堤后受害最惨重的地方,经过引黄放淤改造,如今花园口乡已全部变成稻麦丰产田,1983年平均亩产达到780公斤,当年黄河泛滥成灾的痕迹再也看不到了。

在盐碱洼地上引黄河水改种水稻,也是一种改土增产的有效措施。据调查,引黄种稻当年,1米厚的土层内脱盐率在40% ~60%以上,将汛期含肥分很高的浑水引入田间,也增加了地力。过去产量很低的盐碱洼地,改种水稻后,平均亩产可达200~300公斤。经过连续多年种稻后,地面高程逐渐抬高,土壤结构得到改善,返盐受到抑制,然后改种旱作物,同样能获得稳产高产。河南省原阳县是历史上黄河故道流经的地方,盐碱地严重,后来采用边淤地边种稻的办法,在沿黄低洼盐碱地改种水稻25万亩,粮食由过去每亩几十斤增加到400多公斤,1982年粮食总产达2.38亿公斤,为1949年的4.5倍。昔日的盐碱窝,如今已成了鱼米之乡。

种稻耗水量一般是旱作灌溉的4倍,泡田、插秧大量用水的时候,正值五六月份黄河枯水季节,水源有限,用水矛盾突出,因此,我认为目前还不宜大量发展,加之用工较多,一般在郑州、开封、济南等人多地少的城市郊区大面积种植较为合适。

淤背固堤

根据黄河水含沙量大的特点,从20世纪50年代就开展了淤背固堤工作。开始是结合引黄灌溉,利用历史上决口后在大堤背后留下的潭坑洼地作沉沙地,通过涵闸、虹吸引黄河水自流沉沙,潭坑淤平,洼地淤高,起到加固大堤的作用。随着背河地面逐渐淤高,有些堤段已经不能自流沉沙,20世纪60年代开始在部分涵闸、虹吸出口处修建扬水站,结合灌溉,提水至背河淤区内沉沙固堤。

为了加快淤背固堤的速度,20 世纪 70 年代初期黄河修防职工创造了简易吸泥船,即在船上用高压水枪冲搅河底泥沙,再用泥浆泵抽吸,通过管道输送到堤背淤区内,经过沉淀,清水灌溉,沉沙固堤。据调查,历年汛期背河地区发生渗透变形的位置,多数分布在背河距堤脚 50 ~ 100 米范围内,因此淤背固堤的宽度一般定为 50 ~ 100 米,在普遍淤高的基础上,重点堤段可以淤到与设计洪水位相平。目前黄河下游已建引黄涵闸 70 多座,扬水站 60 多座,发展简易吸泥船 200 多只,三种淤背固堤方法都在因地制宜地发挥作用,大大加快了速度。在上述规定范围内放淤土方现在已达 2 亿多立方米,使 600 多公里长的大堤得到不同程度的加固,效果显著。

1947 年堵复了花园口口门,黄河回归故道,花园口大堤背后则留下一个大潭坑,积水面积 36 万平方米,最深处达 13 米,每到汛期,经常出现堤身滑塌、管涌等严重险情。1956 年花园口淤灌闸建成后,首先向潭坑引洪放淤,1958 年即基本淤平,后又用扬水站、简易吸泥船提水沉沙,淤高 5 ~ 7 米。现在花园口险工不仅消除了临背悬差,而且使背河地面高程淤高到 1958 年洪水位以上 1 ~ 2.5米,大大增加了大堤的抗洪能力。据统计,类似的潭坑已淤平 40 多个。其他如济南牛角峪、齐河南坦、东阿牛屯等堤段,过去每年汛期,险情丛生,采用多种措施加固,效果均不大。后来经过淤背固堤,达到了规定标准,经多年洪水、凌汛考验,均不再发生险情。目前淤背固堤已成为黄河下游堤防加固的重要措施,群众把这种利用黄河自身的泥沙来治理黄河的办法称为“以黄治黄”。

我国河工史上,早在明代万历年间万恭、潘季驯就提出堤外滩地落淤和固堤放淤的办法,当时主要是在格堤之间落淤,或用来淤高缕堤背后洼地,或用淤滩的办法来代替修筑缕堤等,试图利用黄河泥沙淤积的规律来达到治河的目的。清代康熙后期到道光前期(18 世纪初到 19 世纪初),固堤放淤在治黄史上曾形成一个高潮,主要用于险工埽后放淤,决口坑塘放淤及月堤内放淤等,当时有人把它看作是黄河下游“以水治水”的上策。这种用战略眼光来看待放淤固堤的观点,直到现在仍有很好的参考价值。但是由于官僚治河,决口频繁,效果极微。

总之,黄河泥沙被带到下游以后,仍然是一种资源,可以变害为利,即使排到河口地区,填海造陆,也是一种很好的利用。通过长期实践,一定还会开辟更多的利用领域,取得更大的成绩。用洪用沙不仅可以造福人民,而且也是治理黄河的一条重要途径。

第四节　黄河水电资源的开发

从几百千瓦到几百万千瓦

“黄河之水天上来”,蕴藏着巨大的水能资源。在中华人民共和国成立之前,这些宝贵的资源几乎没有得到开发利用,直到中华人民共和国成立前夕,只在青海西宁、甘肃天水和山西太原等地附近的小支流上修过几座小型水电站,装机容量总共仅几百千瓦。

中华人民共和国成立以后,在“根治黄河水害,开发黄河水利”总方针指引下,黄河流域水利水电事业得到迅速发展。记得20世纪50年代我亲自参加查勘和选定的刘家峡水库坝址,如今已是“高峡平湖”,建成了目前黄河上最大的水电站。黄河干流现已建成刘家峡、盐锅峡、八盘峡、青铜峡、三盛公、天桥、三门峡等7座大型水利水电枢纽,总库容230亿立方米,总装机容量241万千瓦,年发电量117亿度,约占全国水电装机容量的10%,年发电量的13%,截至1985年,累计发电1350多亿度,产值约88亿元,相当于上述干流7座工程总投资的3.7倍。其中刘家峡水电站是目前黄河上最大的水电站,总库容57亿立方米,装机容量116万千瓦,年发电量55.8亿度,到1985年共发电652亿度,产值达42.4亿元,相当于工程总投资的6.7倍,等于节约煤炭3600多万吨。现在刘家峡水电站一年的发电量,比1949年全国的发电量还要多。正在建设中的龙羊峡水电站,是黄河干流上唯一具有多年调节性能的大水库,装机容量128万千瓦,年发电量60亿度,1986年10月已下闸蓄水,1987年计划两台机组发电,综合效益十分显著。

黄河支流上目前已建成大中型水库160多座,总库容80多亿立方米,大于500千瓦的水电站70多座,总装机容量13.6万千瓦,年发电量达3.4亿度,为当地工农业生产的发展和人民生活的改善,发挥了重要作用。

主要由于黄河干流水电资源的开发,目前甘肃省和宁夏回族自治区电网的水电装机容量已分别占76%和50%,就陕甘青宁大电网来说,刘家峡、盐锅峡、八盘峡、青铜峡4座水电站装机容量约占1985年大电网总装机的37%,成为全网的骨干电站,为安全、经济运行做出了贡献。由于电网中水电占有较大比重,水电的成本很低，从而使整个电网的成本大大降低，因此甘肃等省才有可能对冶炼工业、高扬程电力提水灌溉等大宗用户实行优惠电价。这对于西北地区石油化工、金属冶炼等工业基地的形成和黄河两岸高扬程提水灌溉的发展，以及促进社会经济繁荣和人民生活水平的提高，都起了巨大作用。

刘家峡、三门峡等枢纽工程在发出巨大电能的同时，还发挥了防洪、灌溉、供水等综合效益。以刘家峡水库为例，它承担了兰州市的防洪任务，能使兰州市百年一遇洪水的洪峰流量由 8080 立方米每秒，削减为 6500 立方米每秒。1981 年 9 月，黄河上游发生了中华人民共和国成立以来最大的洪水，由于正在施工的龙羊峡水电站上游围堰拦洪和刘家峡水库的调蓄作用，使兰州的洪峰流量由 6800 立方米每秒，削减为 5600 立方米每秒，大大减轻了兰州及宁蒙地区的洪水威胁。通过与青铜峡水库联合调节，还可大大减轻宁蒙河段的凌汛威胁。刘家峡水库还承担了宁蒙引黄灌区 1500 多万亩农田灌溉任务，平均每年五六月间可为春灌补水 8 亿立方米，使灌溉用水增加 1/3，提高了灌溉保证率。结合发电，同时满足了兰州、包头等沿河城镇和工矿企业的供水要求。

在泥沙最多、开发难度很大的黄河中游河段，目前已成功地建成了三门峡、天桥两座水电站。泥沙对水轮机的严重磨蚀问题，通过试验研究，取得了许多可喜的成果。如用环氧树脂金刚砂、复合尼龙等非金属材料涂在水轮机的表面，保护母机，能起到很好的抗泥沙磨损作用，延长了水轮机的使用寿命。

中华人民共和国成立以来，黄河水电资源开发利用的巨大成就，解除了黄河水不能发电的疑虑。实践证明，不仅含沙量小的黄河上游的水电资源可以开发利用，而且含沙量大的黄河中游的水电资源同样可以得到开发利用，害河完全可以变利河。随着社会主义现代化建设的发展，黄河流域丰富的水电资源将进一步得到开发利用。

建设黄河上游水电基地

黄河上游龙羊峡至青铜峡河段全长 1023 公里，落差 1465 米，河道蜿蜒曲折，一束一放，川峡相间，穿过 15 段峡谷，最窄处仅 30 ~ 40 米，谷深坡陡，水流湍急，水电资源十分丰富，是我国正在建设的水电基地之一。1955 年黄河规划确定本河段的主要任务是开发水电，当时共规划了 17 座梯级水电站，现已修建了刘家峡、盐锅峡、八盘峡、青铜峡 4 座水电站，龙羊峡水电站正在施工，即将发电。1985 年我虽然年近八旬，退居三线，仍兴致勃勃到龙羊峡工地进行了考察。龙羊峡工程是黄河的“龙头”水库，所处的地位很重要。目前上游已建和在建水电站共装机324万千瓦,占本河段可开发装机容量的27%,黄河上游水电基地已初具规模。原规划为充分利用水头,布置梯级方案时,要淹没大量川地,后来在总结经验的基础上,对1955年规划进行了修订和调整,将坝址尽可能选在峡谷下口,并采取峡谷高坝的办法,扩大库容,少淹农田,由17座梯级水电站调整为15座,今后尚待开发的仍有10座。在15座水电站中,大于100万千瓦的骨干水电站有:龙羊峡(在建)、拉西瓦、李家峡、公伯峡、刘家峡(已建)和黑山峡(大柳树或小观音)等6座,总装机容量960万千瓦,占本河段可开发水电资源的75%左右。其中龙羊峡、刘家峡、黑山峡3座大水库是调节径流的控制性工程,总库容456亿立方米,淤积后的有效库容仍有240多亿立方米,约占青铜峡断面年径流的82%,可以对本河段的水量进行有效的调节。龙羊峡水库雄踞本河段的最上端,总库容247亿立方米,有效库容193.5亿立方米,不仅自身水电站能发出巨大电能,而且通过水库对径流进行调节,可增加其下游刘家峡、盐锅峡、八盘峡、青铜峡4座水电站的保证出力约25万千瓦,年发电量10余亿度,同时还可以发挥防洪、灌溉、供水等综合效益。位于本河段下端的黑山峡水库(以大柳树方案为例),总库容110亿立方米,淤积后仍有50多亿立方米有效库容,是具有承上启下作用的反调节水库,既可以提高上游梯级水电站的出力,又能解决其下游宁蒙河段的工农业用水和防洪、防凌问题,同时可保证河口镇以下准格尔、神府等煤炭基地和山西能源重化工基地等工农业用水。主要通过龙羊峡、刘家峡、黑山峡3座大型水库联合运用,可以大大提高本河段15座梯级水电站的保证出力。甚至还可以利用这些库容进行跨流域径流电力补偿调节,发挥更大的综合效益。本河段有如此巨大的水库蓄能和高质量的水电资源,这在全国来说,确属少见。

除此之外,本河段在开发条件方面还有以下许多优势。首先是淹没损失小。本河段地广人稀,加之规划时已注意尽量避开大的川地,因此修建水库一般不淹没大的城镇和工矿企业,淹没耕地不多,迁移人口很少,如龙羊峡、刘家峡两座大水库总库容304亿立方米,平均每万千瓦仅淹地670亩,移民250人。今后待建的10座水电站每万千瓦装机容量仅淹没耕地105亩,移民不到100人,与国内已建和在建大型水电站平均每万千瓦淹地、移民数相比仅占10%左右,其中位于青海省境内的拉西瓦水电站,装机容量300多万千瓦,只淹地300亩,移民150人,加之西北地区土地资源丰富,库区移民也比较容易安置。其次,是本河段短期内还不通航,建库后不利环境影响较小。第三,投资省。已建的4座水电站平均每千瓦投资600元,与修建火电厂单位千瓦投资差不多。其中刘家峡、盐锅峡单位千瓦投资仅为520元和440元,比火电投资还省。由于地形、地质条件优越,工程量小,施工洪水小,对外交通尚便利,因此已建工程工期均较短,如盐锅峡水电站装机容量35.2万千瓦,第一台机组发电仅用了3年多,与火电相比,建设工期也不算长。因有建设本河段五座水电站的成功经验,又可实行梯级水电站流水施工,加上可利用龙羊峡、刘家峡两大水库调节洪水,削减洪峰,今后继续修建本河段其他水电站的导流、截流和永久泄洪建筑物的布置等也将大为简便。所以建设工期将进一步有所缩短,单位千瓦投资仍要比全国其他水电站便宜。

资金严重不足,是加速开发黄河上游水电基地的主要矛盾。为解决建设资金来源问题,许多同志曾提出很多办法,如成立水电开发公司、进行铝电联合开发等,我认为都是很好的设想。目前我国现行的水电基本建设与电力生产、经营分开的管理体制,不利于加快水电建设速度,亟待改革。有不少同志建议今后可由设计、施工、运行和经营管理等单位联合成立黄河上游水电开发公司,使之成为一个统一的经济实体。有人估算,只要国家在"七五"期间再投资10亿多元修建新的水电站(包括龙羊峡水电站),这些电站建成后(或第一台机组发电后)的全部发电收益暂不上交国家和地方,而作为投资再建设新的水电站,实行"以水电发展水电"的滚雪球的办法,这样国家就不需要再投资或少投资,即可全部建成黄河上游水电基地。另一方面,由于开发公司与经济效益直接挂起钩来了,它就必然会精心设计,精心施工,加强企业管理,千方百计采取措施缩短建设周期,降低工程造价,不断提高经济效益,从而加速黄河上游水电基地的开发。

我国是世界上极少数铝、电资源兼富的国家之一,长期以来,由于电力不足,使铝成了我国国民经济发展中的短线产品,不得不耗费大量外汇进口铝,为了尽快开发西北地区丰富的铝资源,许多同志提出应该充分利用黄河上游廉价的水电资源,实行铝电联合开发。如果2000年前要生产60万吨铝,据初步估算需要保证出力110万千瓦,这与待建的李家峡、公伯峡、积石峡3座水电站的保证出力相当,建设这三座水电站的投资约需38亿元,可由西北铝电联合开发公司负责筹集。

总之,黄河上游水电资源丰富,开发条件优越,综合效益显著,前期工作已有较好基础,施工队伍也有经验,因此我认为黄河上游水电基地应加速开发,为到2000年我国工农业总产值翻两番做出更大贡献,为2000年以后我国经济建设的重点转向大西北,积极当好"先行"。

第五节　保护黄河水源

水是人类赖以生存,社会得以发展的重要物质基础,对水资源不仅有数量的要求,而且对水质也有一定要求。没有质量就没有数量。即便是水量丰沛的地区,如果水质恶化,也会出现水源危机。黄河水资源本来就不算丰富,随着流域内工农业生产的发展和城市人口的增加,大量废污水排入河道,黄河干支流许多河段,水源污染已很严重,加剧了水资源的供需矛盾。

据流域内八省、自治区(未包括四川省)160 个城镇的不完全统计,1980 年每日排放废污水 496 万吨,全年总量达 18 亿立方米,其中工业废水(不包括电厂冷却水和矿井废水)每日排放 407 万吨,占废污水总量的 82%。流域内日排废污水量大于 5 万吨的城市有 18 座,日排废污水量占废污水总量的 70.8%。其中兰州、太原、西安三座大城市日排废污水 182.1 万吨,占全流域日排废污水总量的 36.8%。由此可见,废污水主要来自人口集中、工业发达的大中城市。

流域内工矿企业有 1 万多个,日排废污水量大于 0.5 万吨的企业共 200 多个,主要是化工、冶金、炼焦、石油、毛纺、造纸、印染等行业,它们排放的废污水,一般未经处理即排入黄河水系,是主要的污染源。目前城镇街道工业和农村乡镇企业发展很快,它们的生产条件较差,排放的废污水均未处理,严重污染了附近的水源。

农业生产中广泛使用农药及未经处理的城市污水灌溉农田,也是污染水源的一个原因。流域内 1980 年耕地施用有机磷、有机氯等农药约 3.7 万吨,这些农药化学性质稳定,毒性大,残留期长加之目前施在地里的农药利用率又很低,80% ~90% 损失在土壤和空气中,且不易分解,可随地表径流和农田灌溉退水进入黄河水系而污染水源。污水灌溉在超过土壤的净化能力后,大量渗入地下,造成地下水污染。西安市郊污水灌区群众反映,现在井水已由甜变涩,食用后常出现肠胃消化道异常,有的井水已达到人畜厌用的程度。

由于废污水中含有多种有毒、有害物质,部分河段水源被严重污染后,已直接影响到人民群众的生产、生活,破坏了生态平衡。1980 年洛阳市某药厂排放三氯丁醛废水,使郊区及孟津、偃师等县 1600 亩小麦绝收,6000 亩减产,损失粮食 110 万公斤,并使 200 多亩油菜减产 2 万公斤。甘肃省兰州某工厂将含油量很高的8万吨废水直接排入黄河,使附近养鱼场水面形成厚达5厘米的油层,招致火灾,造成数10万元的损失。兰州市自来水公司原有4个水厂以黄河为源,由于兰州河段污染严重,现已有两个水厂停止从黄河取水。以地下水为主要水源的包头、西安、太原、呼和浩特、银川、洛阳等大中城市,目前浅层地下水普遍受到污染,部分地区深层地下水也发现有毒有害物质,许多井水已不能饮用。

水源污染,也影响到黄河水域的生态平衡。如兰州河段原有18个鱼种群,其中8个已绝迹。包头河段原是盛产鱼苗的基地,由于水质污染和其他原因,1979年仅捕获鱼苗20万尾,相当于往年捕获量的1/30~1/20。河南省境内的洛河鲤鱼和伊河鲂鱼,过去曾有"洛鲤伊鲂,贵似牛羊"的美称,现在这种名贵鱼种已基本绝迹。

根据1980年黄河干流及主要支流149个河段,8016.5公里河长的水质监测资料分析,符合生活饮用水标准的河段仅69个,占评价河段总数的46.3%,占评价河段总长的59.2%。有32个河段,总长1325.1公里,因污染特别严重,已不符合农田灌溉水质标准。污染比较严重的河段,主要分布在干流兰州河段、包头河段和潼关等河段。支流主要分布在湟水西宁段、汾河太原段、渭河宝鸡段、西安段及伊洛河段的洛阳段等。上述情况表明,控制污染,保护水源,已成为治黄工作刻不容缓的重要任务。

西方资本主义国家,由于工业发展很快,,城市人口急剧增加,开始时对环境保护问题重视不够,致使大多数水源均遭污染,造成了严重后果。如美国有30多万个用水的工厂,排出的污水每年近500亿立方米(不包括冷却水),尽管花了数十亿美元修建了一些污水处理厂,但是到1971年全国河道和海岸线受污染的长度仍达总长度的29%,其中俄亥俄河高达82.8%,安大略湖、伊利湖只经过20~30年便成为"死湖"。鱼是对河水污染最敏感的动物,1957年曾有人对流经英国首都伦敦的泰晤士河下游河段进行了实地调查,发现除泥鳅外,再也见不到鱼类,干燥的夏天,几公里长的河道上连续几个月散发着恶臭,泰晤士河已变成"死河"。日本由于水源严重污染,曾发出震惊世界的"水俣病"事件等。严酷的事实教育了人们,防止水源污染已成为目前世界各国普遍关注的重大问题,投入了大量财力、物力,制定了严格的法律,采取了多种有效措施来消除污染,保护水源,有的已经取得显著成效。如英国泰晤士河经过10年的持久努力,已开始获得新生,约90种鱼类又在河中畅游了。有人估算,美国为了制止水质继续受到污染,起码要花900多亿美元才能使水质基本达到保护环境所规定的标准。由于增加投资和管理费用，约有几百家工厂要关闭，失业率将增加。由于地下水循环周期比地表水慢得多，一旦地下水被污染，即使切断污染源，在很长时间内也难以完全消除污染，国外有的水井污染后，洗井10余年才略见好转。目前我国社会主义现代化建设正在迅速发展，我们一定要认真吸取别人的教训，再也不能走西方资本主义国家先污染后治理的老路了。

黄河的水源保护工作，在国务院的关怀下，1975年成立了黄河水源保护办公室，与流域内各省、自治区环境保护部门密切协作，开展黄河水源保护工作。后又相继成立黄河水质监测中心和水源保护科学研究所，在水质监测和评价、污染源调查、污染防治、水源管理等方面，已经取得一批成果，积累了一定经验。水质监测是开展水源保护的基础工作，是了解和掌握水质状况，污染规律和发展趋势的重要手段。目前黄河水系水质监测网络已初步建成，能够对黄河干流及湟水、汾河、渭河、伊洛河、大汶河等62条支流的149个河段约8000公里河道长度进行水质的单项和综合评价。通过调查研究，在基本摸清污染现状和污染源的基础上，编制了黄河水系污染治理规划。规划确定黄河干流污染治理的重点是甘肃省的兰州河段和内蒙古自治区的包头河段；重点治理的五条支流是湟水、渭河、汾河、伊洛河和大汶河；重点治理的城市是兰州市和包头市；重点治理的工厂有94家。根据黄河多泥沙的特点，本着全面规划，分工协作，集中力量，重点突出的原则，开展了科研工作，已为水源保护规划，污染防治和水质管理等提供了一批科研成果。由于水源保护工作是一项新的工作，加之起步又较晚，因此当前的工作状况，距离保护水源，改善环境，使黄河水资源更好地为社会主义现代化建设服务的要求仍相差很远，今后的任务还十分艰巨。

提高认识，加强领导，是做好黄河水源保护工作的基本条件。今后要进一步持久、深入地广泛宣传保护黄河水源的重要意义，运用典型污染事故所造成的重大经济损失及危害群众健康的严重恶果，进行具体、生动的宣传，提高广大群众特别是各级领导干部对搞好水源保护工作重要性的认识，使大家都自觉地关心和积极支持这项工作。

黄河水系是一个有机的整体，干支流、左右岸之间有着密切的联系。黄河水源保护工作涉及面广、战线又长、问题很复杂，需要有一个切实可行的规划，做到黄河流域内的经济建设，水资源开发利用和水源保护同步规划、同步实施、同步发展，以求得经济效益、社会效益和环境效益的统一。工业废水未经处理就直接排放,是造成黄河水系污染的主要原因,根据“谁污染,谁治理”的原则,首先要分期分批搞好现有企业的“三废”处理,严格控制排放标准。对于污染严重,危害很大的企业要限期治理,过期不治的要坚决停产、转产。根据“以防为主,防治结合”的方针,今后要严格防止新的污染源产生,新建企业一律要做到防治污染的措施与主体工程同时设计、同时施工、同时投产。

加强法制,是搞好黄河水源保护工作的重要保证。《中华人民共和国环境保护法》已经颁布试行,必须坚决做到有法必依,执法必严。黄河流域各省、自治区根据《中华人民共和国环境保护法》,都相继制定了排污收费暂行规定或办法,这是用经济的办法,把环境管理同排污单位的经营效果、职工利益结合起来,有利于调动企业开展综合利用和治理污染的积极性。实践证明,这是一项有效的措施,促进了环境保护工作的开展。

黄河还具有其他一般河流所没有的特点,许多问题都有待于探索。如泥沙与污染物之间的关系,就需要很好地研究。因此,要进一步加强科学研究和水质监测工作,摸清黄河污染规律,为搞好黄河水源保护工作提供科学依据。

黄河水源保护工作是一项跨部门、多学科、综合性很强、涉及范围很广的工作,虽然情况复杂,困难不少,但的确是非常光荣、非常重要的工作,只要坚定信心,经过长期不懈的努力,到20世纪末一定能基本解决黄河水源污染问题,使宝贵的黄河水资源为加速社会主义现代化建设和改善人民生活做出更大贡献。

第八章

黄河源头与南水北调

黄河上游多石峡以上,习惯称为河源区,这里是黄河的发源地,有我国最大的高原淡水湖——扎陵湖和鄂陵湖,将来西线南水北调,从通天河引来的长江水也要从这一地区入黄河。中华人民共和国成立以后,我们组织力量对河源区进行了多次考察、研究,积累了大量宝贵资料,为今后进一步开展工作奠定了良好基础。河源区在整个黄河的治理与开发中,将越来越显现它的重要作用。

第一节 黄河源头

"树有根,水有源",黄河的源头在哪里？这件事一直为世人所关注。早在2000多年前的战国时期,《尚书·禹贡》就有"导河积石"的记载。大约到了晋朝,已有了黄河"源出星宿"的初步认识。自唐代以来,去河源的人日益频繁,关于这方面的记载和论述也随之增多。唐贞观九年(公元635年),侯君集、李道宗奉命出征吐谷浑而转战星宿海,"望积石山,观览河源"。贞观十五年(公元641年),文成公主进藏,吐蕃王松赞干布"率部迎亲于河源"。元代至元十七年(公元1280年),都实奉命探河源,他只到达星宿海,故把星宿海当成了河源。后来元人潘昂霄根据都实的考察成果写成了《河源志》一书,成为我国第一部有关黄河源的专著。明洪武十三年(公元1380年),僧人宗泐去西藏求经,返回时曾途经河源,写有"望河源"诗一首,并在短序中记述了有关河源的简单情况。指出:"河源出自抹必力赤巴山……"文中"抹"指抹楚即黄河,"必力"指必力楚即通天河,"赤巴"即分界的意思。"抹必力赤巴山"意思是黄河与通天河分界的山,即指巴颜喀喇山。可见对河源的认识又前进了一步。到了清代,朝廷曾多次派专人考察河源,"屡遣使臣,往穷河源,测量地度,绘入舆图"。康熙派拉锡、舒兰探河源,乾隆又派阿弥达去河源等。《水道提纲》、《河源纪略》等书和《皇舆全览图》中都汇集了有关河源的丰富史料。清代关于黄河河源区有三条分支,中间一条为黄河正源的记载以及星宿海、扎陵湖和鄂陵湖的记述,都基本符合实际。到了近代,一些外国探险者曾先后到过河源地区,但并无新的发现。抗日战争期间,我国一些学者也曾赴河源地区考察,他们只限于两湖(扎陵湖、鄂陵湖)地区,并未到达黄河源。

中华人民共和国成立后,古老黄河获得新生。我们一方面在下游开展大规模的修防工作,确保防洪安全。另一方面又积极组织力量开展流域大查勘,其中包括黄河源的查勘,为全面治理、综合开发黄河做准备。1952 年 8 月,我会与有关部门共同组成了 60 余人的黄河河源查勘队,在河源区考察了四个多月,行程 5000 公里,搜集了大量第一手资料,确定约古宗列渠(玛曲)为黄河正源。黄河源头是一个东西长 20 多公里,南北宽约 12 公里,海拔 4500 米左右的盆状滩地,当地的藏胞称为"约古宗列",意思就是"炒青稞的锅"。在盆地的西南山坡前有众多的泉眼,涌出的泉水合成三股泉流流入盆地,串联许多大小水泊,逐渐形成一条 6 ~ 9 米宽的小河,蜿蜒曲折流向盆地的东北边缘,黄河就是从这里的涓涓细流,开始了它的万里行程。后来 1978 年、1980 年我会又组织力量考察河源区。1978 年青海省也组织有关单位对黄河源及扎陵湖、鄂陵湖进行考察。

对于河源区的开发利用,我是一直很关心的。1985 年我虽已 78 岁,退居三线了,但为了研究河源区的开发利用,争取使西线南水北调的前期工作列入国家"七五"专题研究项目,推动治黄事业前进,我决心亲自到河源区考察一趟,曾赋诗一首表达了这一心情:"三线不偷闲,七八上河源。借来长江水,建设半边天"。6 月中旬,查勘队到达西宁市,青海省委和省政府的领导同志对我们此行很重视,也很关心,首先由医院为我们进行了仔细的体格检查,检查结果不同意我去,经再三争取,医生还是下了结论:"王化云同志有心脏病,不能到 3000 米以上的地区工作和生活",真是"心雄力不足,高山不可攀,医院坚叮嘱,不准过三千"。这样一来只好"分兵日月山"了,其他 10 位同志继续西征,到河源区考察,我等 6 人就东行"走访青甘陕"。

1952 年确定约古宗列渠(玛曲)为黄河正源以后,我国出版的图籍和有关资料大都采用了这个结论,但由于学术界对确定一条河流的河源尚无统一标准,因此从那时到现在一直有争论,归纳起来大致有三种意见:一是认为黄河的正源是玛曲(约古宗列渠);二是认为黄河的正源应当是卡日曲;第三种意见认为黄河应为多源(二源或三源)。

黄河河源问题是个学术问题,各家在争论时都列举了一些论据。诸如:河流长度、流量、流域面积、河谷发育史、史料考证等。由于观点不同,对这些资料的理解和引用就不一样,因而导致认识上的分歧。我认为根本原因还是至今没有一个为大家所接受的统一标准,在这种情况下,争论不休,实在意义不大。就以"唯远为源"这个观点来说,大家固然可以列举国内外许多河流就是按河道最长来确定河源的。但是,不按这个原则来确定河源的河流也不乏其例,可以列出许多,因此这一条标准也没有权威性。事实上河源的几条小河长度仅相差一二十公里,对于5400多公里长的黄河来说并无多大实际意义。再从当地习惯来说,中华人民共和国成立后我们几次到河源查勘,做向导的藏胞都是把查勘队带到玛曲曲果(黄河源头),可见当地群众早已把玛曲看为黄河正源。黄河流域是中华民族的摇篮,黄河是我国第二大河,在国内外也是一条影响很大的河流。因此,我认为黄河河源问题作为学术问题可以继续争论下去,但在没有取得一致意见的情况下,大家应持慎重态度,不要随意更改河源。

黄河河源区,流域面积2.09万平方公里,主要包括大片草滩、沼泽和扎陵湖、鄂陵湖地区。平均海拔4000米以上,年平均气温-4℃,无霜期仅一二十天,常年无夏。年平均降水量约300毫米。这里虽然没有绿树成荫,却有别具风格的高原风光。水源丰富,牧草繁茂,是发展畜牧业的好地方。星宿海并不是海,而是东西长30多公里,南北宽10多公里的草滩和沼泽,这里密布着大小不一、形状各异的水泊,在夕阳照耀下灿若群星,故取名为“星宿海”。黄河在这里变得纵横交错,与大小水泊相连,已分不清哪是河道,所以历史上曾有一段误认为星宿海就是黄河源。扎陵湖、鄂陵湖是由断陷盆地形成的两座高原大淡水湖,1978年我会河源查勘队与江苏省地理研究所协作,对两湖进行了综合考察,第一次测量了水下地形,收集了两湖水质、水文地质、水深、水温、水生物及湖底物质等资料。扎陵湖面积526平方公里,平均水深8.9米,最大水深13.1米,鄂陵湖面积610平方公里,平均水深17.6米,最大水深30.7米,两湖共有水量154亿立方米,是两座大型天然调节水库。由于两湖平均水面高程分别高达4293.16米和4268.74米,又位于河源区,因此也是条件得天独厚的两座黄河“龙头”水库,对全河径流调节具有重要影响。将来还可以发展成为我国西北地区重要的水产基地和旅游区。目前两湖补给水源虽然比较贫乏,年平均径流量约5亿立方米,如果能在两湖出口处筑坝控制,在丰水年将径流全部拦蓄起来,加上原来存蓄的水量,可达200多亿立方米。等到干旱年份,再给黄河补水,同时可以发电,这种“以丰补枯”的调节方式,不仅能缓解流域内干旱缺水的燃眉之急,而且能提高干流梯级水电站的保证出力,经济效益显著。设想将来从通天河调水100亿立方米到河源区,两湖就真正成为大型“龙头”水库了,可以发挥更大的综合效益。我认为在整个黄河的治理、开发过程中,河源区的开发、利用将越来越显现它的重要作用。

第二节　南水北调

我国水资源的主要特点是分布不平衡，简单说来就是南方水多，北方水少。长江多年平均径流量近 1 万亿立方米，是黄河的 20 倍。黄、淮、海三大流域平均每人占有水量和每亩耕地占有水量仅占长江流域的 20% 和 10%。西北、华北地区严重干旱缺水，从长远看，解决问题的根本途径只能是南水北调。

黄河源头与长江上游只有一岭之隔，为了解决西北、华北水源不足的问题，早在 1949 年 11 月水利部召开的各解放区水利联席会议上，朱德副主席就提出长江与黄河沟通的问题。1952 年我会组织查勘队查勘黄河源时，我们特地增加了一项任务，就是要考察从长江上游通天河引水入黄河的线路。同年 10 月，毛泽东同志第一次视察黄河时，我向他报告了查勘队正在通天河查勘的情况和南水北调的设想，他指出：南方水多，北方水少，如有可能，借点水来也是可以的。1953 年 2 月毛泽东同志路过郑州，我在火车上又一次向他汇报治黄工作，他又问从通天河引水怎样？我说据查勘资料，引水 100 亿立方米是可能的，不过需打 100 多公里长的隧洞，同时要在通天河筑一高坝（200 多米），水就可以经色吾渠穿过分水岭到卡日曲入黄河。毛泽东同志还说引水 100 亿太少了，能由长江多引些水就好了。

1958 年在“大跃进”的形势下，许多部门和地区缺水问题又尖锐地提出来了。1958 年 3 月，毛泽东同志在成都会议上听取长江流域规划办公室工作汇报时，再次提出引江、引汉济黄和引黄济卫问题。同年八月，党中央在北戴河召开中央政治局扩大会议上，做出了“关于水利工作的指示”，明确指出：“除了各地区进行的规划工作外，全国范围的较长远的水利规划，首先是以南水（主要是长江水系）北调为主要目的的，即将江、淮、河、汉、海河各流域联系为统一的水利系统的规划，和将松、辽各流域联系为统一的水利系统的规划，应加速制定”，大规模的南水北调工作从此就迅速展开了。

根据上级指示，我会从 1957 年就筹备引江查勘，1958 年 3 月，南水北调查勘队从郑州出发，历时 5 个月，行程 16000 公里基本弄清了从长江三峡以上引水的四条线路情况。为了弄清引来的长江水是否能够输送到西北广大干旱缺水地区，根据李葆华副部长的指示，我会于 1958 年 10 月底，又组织了以我为主的6人查勘小组,到西北地区实地查勘和征求地方意见。我们首先到内蒙古自治区呼和浩特市参加了全国治沙会议。会议期间征求了西北和华北各省的意见,大体弄清了输水的可能性。治沙会议结束后,我们即由内蒙古出发,经宁夏查勘了巴音浩特以北地区,然后到兰州、西宁,再西行查勘了柴达木盆地,越祁连山进塔里木盆地,又穿天山至乌鲁木齐,而后沿河西走廊折回,历时40天,行程约1万公里,途经蒙、宁、甘、青、新、陕六省(自治区)。一路上边查勘,边向当地党政领导汇报和共同研究问题。从初步收集的资料来看,我们认为南水北调规划是完全可能实现的。为了给1959年2月召开的"西部地区南水北调考察规划会议"做准备,我查勘回郑后,于年底给李葆华副部长去信,谈了我会对南水北调的初步看法和今后工作的意见。

为了避免高坝长洞,当时选择引水线路一般都采用盘山开渠的方式。这种方案不仅引水线路长,工程量很大,而且沿线没有巨型水库调节,枯水期引水就有困难。云南省副省长张冲也是南水北调的积极分子,这时他提出在金沙江峡谷河段用大爆破的办法筑高坝,形成巨大人工湖,然后寻找金沙江与雅砻江互相邻近的支流,凿洞开渠使之沟通。在雅砻江、大渡河上采用同样办法筑坝成湖,再凿洞开渠引水北上。我认为这个建议很有价值,因此就到昆明找张冲一起组成查勘小组,到滇川边境进行了查勘,并在此基础上提出了新的引水线路方案。1958至1960年这三年中,我会组织了3个勘测设计队,共400余人,投入南水北调工作。在这期间,中央先后召开了4次全国性的南水北调会议,所以说这一段是南水北调工作的全盛时期。后来由于种种原因,曾一度陷于停顿状态,直到20世纪70年代中期,南水北调工作才又被提上议事日程,重新开展起来。

对于南水北调这个问题,我是提得比较早的。1958年党中央做出加速制定南水北调规划的指示,我会组织了很大力量投入这项工作。我自己也做了不少调查研究,并先后在《科学通报》(1959年第8期)和《红旗》(1959年第17期)等刊物上发表文章,谈了自己的看法。当时我认为南水北调的目的是:充分利用我国丰富的水利水电资源,促进政治、经济、文化的高速发展。方针应当是蓄调兼施,综合利用,统筹兼顾,南北两利,以有济无,以多补少,使水尽其用,地尽其利,把长江余水调到北方,从根本上改变西北的干旱面貌,并解决华北缺水问题。我国缺水问题之所以发生,不是水少,而是不平衡。一是季节上不平衡,二是地区间不平衡。用蓄水的办法可以解决季节上的不平衡,用调水的办法可以解决地区的不平衡。那么南水北调是否可能呢?从当时初步掌握的资料来看,答案是肯定的。特别是当时甘肃省的引洮工程对我启发很大,甘肃省的英雄人民,能够用他们的双手,用不长的时间,在崇山峻岭的黄土高原上开凿一条山上长河,那么六亿人民在党的领导下,发挥他们无穷的力量和智慧,南水北调的伟大工程也是一定能够实现的。不过当时我也明确指出:南水北调是一件巨大的改造自然的工作,问题是十分复杂的,工作是十分艰巨的,决非短时间内所能实现。目前应当充分利用当地水源来解决各地当前的需要。当然,在"大跃进"的形势下,我们当时头脑也有些发热,曾提出"开河十万里,调水五千亿"等不切实际的口号。不过在那几年中,同志们确实付出了大量辛劳,收集了许多宝贵的资料,把南水北调工作大大向前推进了一步,为后来继续工作打下了良好的基础。现在看来,当时只注意到南水北调可以解决北方干旱缺水问题,还没有认识到南水北调也是根治黄河的重要措施之一,是我们治黄的最后一手。因为从长江上游调来的水通过黄河干流一系列大水库调节,就可以解决黄河水少沙多、水沙不平衡的问题,黄河的问题就解决了。

1978 年,我会根据水电部指示,恢复了西部地区南水北调的考察工作,以我会为主,中国科学院地理研究所、陕西省地质局、青海省水电局各派一人参加,共 25 人组成查勘队,主要对通天河至黄河源地区的 3 条引水线路,以及通天河干支流上 17 个坝址进行了地形、地貌、水文、地质、社会经济情况等综合考察和测量。

1980 年我会南水北调查勘队一行 18 人,又对通天河、雅砻江、大渡河至黄河上游地区引水线路进行了重点查勘,在历次查勘的线路之间,填补了约 10 万平方公里的空白地带,主要研究了由以上三条河分别单独向黄河引水和两条、三条河联合向黄河引水的多种方案选择,包括抽水和自流两种方案的比较。

1985 年我会再一次对西线调水地区和黄河河源进行了考察,考察结束后,向国家计委报送了"关于请求把南水北调西线工程列入国家'七五'科研项目的报告"。

经过多次查勘和反复比较,目前认为引水规模定为 200 亿立方米较为适宜,以下三条引水线路比较好:

1. 从长江上游通天河的联叶筑坝引水。沿通天河支流德曲逐级提水,开隧洞穿越分水岭至多曲入黄河,引水量 100 亿立方米。

2. 在雅砻江仁青岭筑坝引水。沿支流俄木其曲逐级提水,以隧洞穿越分水岭至达日河入黄河,引水量 50 亿立方米。

3. 在大渡河斜尔尕筑坝引水。沿支流阿柯河(阿曲)逐级提水,以隧洞穿越分水岭至贾曲入黄河,引水量50亿立方米。

第一期工程可以先搞通天河引水100亿立方米的方案。

上述三条线路中最大坝高约300米左右,最长隧洞不超过20公里,抽水总扬程不超过500米,利用目前的科学技术都是能够办到的。

除了以上抽水方案外,还有自流引水方案,即在通天河联叶筑坝,从库区引水至雅砻江上游杂曲,然后在雅砻江仁青岭筑坝,从库区引水穿过分水岭经章安河入黄河。年引水量150亿立方米,引水线路全长约400公里,最长隧洞不超过30公里,最大坝高410米。

长江水量丰富,从通天河引水100亿立方米只占年径流量的1/4(金沙江石鼓站),从雅砻江引水50亿立方米,只占年径流量的1/10(小得石站),从大渡河引水50亿立方米只占年径流量的1/10(铜街子站),从三条河引水200亿立方米约占长江宜昌站年径流量的5%,仅占全江总水量的2%,可见影响很小。但是,调水200亿立方米入黄河,效果是很大的,它可以使黄河年水量增加40%,使全河可利用水量增加约50%,经过干流一系列大水库联合调节,充分发挥灌溉、供水、发电等巨大的综合效益。黄河的根本问题是水少沙多,水沙不平衡。利用泥沙,输沙入海,都得依靠水才能实现,所以黄河增水是必要的。将来调水200亿立方米,经过干流一系列大水库调水调沙,对于黄河输沙入海,河道减淤的效果也一定很显著,将成为治黄的一条重要措施,更增强我们根治黄河的信心。调水200亿立方米以后,长江水系的发电量当然要有减少,但是黄河梯级水电站增加的发电量比长江减少的要多。由于长江水量大,干流水库调节库容小,汛期都有大量弃水。而黄河的情况正好相反,水量少,干流水库调节库容大,库容在地区分布上也比较均匀,可使年径流得到充分的调节。因此,若将属于长江弃泄的洪水调一部分入黄河,也能发挥巨大综合效益。就全局来看,从长江调水是“有余”济“不足”,显然是合理的。

南水北调筑坝建库和引水线路都是经过地广人稀的地区,据初步调查移民仅一二千人,对当地社会和生态环境的影响都很小,这也是一个有利条件。由于受自然条件的限制,地球上水资源的分布一般都不均衡,因此世界上许多国家都在进行跨流域调水,已有许多成功的先例可供我们借鉴。当然,不利因素也很多,主要是高寒冻土地带、施工艰难、地质构造复杂、工程量大、交通不便等。但是,这些问题经过艰苦努力,我认为都是可以解决的。

从1952年我们提出南水北调问题到现在已经35年了,最近据说国家计委已决定将西线南水北调工程列入“七五”专题研究项目，投资有了保证，许多前期工作和科研项目即可逐步展开了。根据预估，黄河目前的水量可以基本满足2000年供水量的要求，2000年以后随着社会主义现代化建设的进一步发展和国家经济建设重点逐步西移，黄河水量的供需矛盾将十分突出。如果现在抓紧做工作，到那时我们即可为国家进行西线南水北调工程的决策提供可靠的依据。我坚信，宏伟的西线南水北调工程，在社会主义的中国国土上一定能实现。

经过多年研究，从长江调水除上面所说的西线方案以外，还有从丹江口水库和三峡水库引水的中线方案，以及从江苏省江都境内提水的东线方案等。1958年我会曾对中线调水线路进行过查勘。1973年水电部决定由黄委、淮委、十三工程局组成东线南水北调规划组，我任领导小组组长，并亲自查勘了引水线路。后来根据水电部分工，中线南水北调工程由长江流域规划办公室负责，东线南水北调工程由淮河水利委员会和天津勘测设计院负责。我认为东线、中线调水工程的实现，将对解决华北和京、津地区干旱缺水发挥重大作用，也可以为黄河下游输沙入海、河道减淤做贡献。

第九章

河口治理

河口地区是滚滚黄河奔泻入海之地，众多的泥沙在此淤积沉淀，年复一年形成了大块陆地，塑造了一个富饶的三角洲。中华人民共和国成立后随着工农业生产迅速发展，有计划地进行了河口治理，对这一地区的资源开发和经济建设发挥了重要作用。

第一节　河口概况

历史上黄河是一条迁徙无常的河流，时而北流入渤海。时而南流夺淮入黄海，黄淮海大平原上到处都有其行河的痕迹。

目前黄河河口位于渤海湾与莱州湾之间，属弱潮多沙摆动频繁的陆相河口，为1855年黄河在铜瓦厢决口改道夺大清河入渤海形成的。其特点是水少沙多，海洋动力较弱，潮差小；冬季常因泳凌拥塞形成凌汛。多年平均输入河口地区的沙量近11亿吨，为长江口的50倍，钱塘江口的150倍。由于黄河大量泥沙在河口一带不断淤积、延伸和尾闾河段的不断摆动、改道，形成了河口三角洲。近代三角洲以利津县宁海为顶点，包括北起徒骇河口，南至支脉沟口的扇形地带，面积约5454平方公里。中华人民共和国成立后，由于人工控制，三角洲顶点下移20多公里，至渔洼附近，缩小了改道、摆动范围。现在的小三角洲北起洮河，南至宋春荣沟，面积2200多平方公里。黄河进入河口地区的泥沙，多年平均约11亿吨，其中2/3淤积在利津以下滨海区，1/3输往深海。由于泥沙的不断堆积，海岸线逐渐向外延伸。河道出口处的沙咀延伸速度更快，一般每年达2公里左右，最快时每年能延伸七八公里。从1855至1953年，扣除决口改道年份，实际走河64年，造陆面积达1510平方公里，平均每年造陆23.6平方公里，海岸线平均每年外延0.15公里；1954至1982年共造陆1100平方公里，平均每年造陆面积38平方公里，海岸线平均每年外延0.47公里。受三角洲顶点下移，摆动范围缩小的影响，填海造陆和海岸线延伸的速度显著加快。

黄河水流的高含沙量，就下游河道淤积来说，是有害的。但在河口地区填海造陆，却创造了辽阔肥沃的土地。这里的土质一般是沙壤土，含有丰富的氮、磷、钾等有机质，团粒结构良好，适宜于小麦、大豆、稻谷等农作物和牧草的生长，是发展农牧业的好地方。

黄河入海区的浅海区，由黄河水带来了丰富的饵料，加上海底坡度比较平缓,很适于海洋鱼类栖息和繁殖。这里盛产鲮鱼、鲈鱼、带鱼、黄花鱼、毛虾等水产品。有一种奇特的"倒鱼",以沿黄河逆流洄游而得名。河口出产的对虾,是我国著名海产,经济价值、营养价值很高,被誉为"东方对虾"。

河口浅海区的大陆架下,蕴藏着丰富的石油资源。大陆架环境有利于石油的生成和保存,而黄河泥沙的淤积,使海域变成陆地,对于石油的勘探和开发,提供了极为有利的条件。在多油浅海区造陆,扩大了可采油田的范围,变海上开采为陆上开采,能够节省巨大的费用。据研究,20世纪70年代淤填起来的孤东油田,所需建设和采油费用,比在海上开采约节省30亿元以上。

中华人民共和国成立后,河口地区的丰富资源得到了开发和利用,特别是20世纪60年代以来胜利油田的建成,大大推动了河口地区工农业生产和交通运输事业的发展,现在这里已成为我国重要的石油基地之一。

第二节　流路变迁及河口治理

黄河自1855年由利津入海以来,山东下游河段经历了两个不同演变阶段。铜瓦厢决口初期,由于缺乏堤防约束,洪水漫流,流路任意变迁,泥沙绝大部分淤积在两岸大平原上,河口基本深阔稳定。随着堤防的修筑,泥沙淤积逐步下移,输往河口的泥沙渐次增多,河口进入淤积、延伸、摆动、改道、侵蚀基面相对升高的发展过程。从1855至1938年,发生在三角洲顶点附近的大改道共有7次,各条流路的行水年限最长的19年,最短的只有2年多。历史上由于政治、经济等条件的限制,河口地区基本上没有得到治理和开发,放任黄河在三角洲上自由迁徙。当时曾流传着"大孤岛,人烟少,年年洪水赶着跑,人过不停步,鸟过不搭巢"的民谣。

中华人民共和国成立后,随着河口地区经济建设和治黄事业的迅速发展,河口治理问题日益得到重视。在下游大规模开展防洪工程建设,确保黄河防洪安全的同时,对河口治理也进行了查勘、测验、调查研究等基本工作,积极探索治理措施。20世纪50年代初我会即设立了前左实验站和罗家屋子、生产屋子水位站,开始进行水文、气象、潮水位、溜势、风向及入海尾闾各流路的变迁、滨海泥沙沉积密度等多项测验。从1952年开始到1979年,我会及山东黄河河务局多次组织查勘队,对河口和三角洲进行全面查勘。为加强滨海区的测验工作,1964 年专门成立了浅海测验队,配置测船三艘,定期进行测验。这些基本工作,为制定河口治理规划提供了宝贵的资料。

根据河口地区生产发展的情况,河口治理大体上可分为两个阶段。中华人民共和国成立初期到 20 世纪 60 年代,河口问题主要集中在麻湾到王庄窄河段的凌洪威胁。1951 年和 1955 年仅有的两次凌汛决口即发生在这一河段的上下两端。为此,1952 年以后修建了小街子溢水堰,加固延伸了堤防,石化了险工。20 世纪 50 年代道旭以下临黄大堤平均加高了 1.25 米,并下延到四段、渔洼。此后三角洲内开始兴办农场,三角洲的防洪、防凌问题也随之出现。为了增强防洪的主动性,避免自然改道的危害,我们适时地进行了河口尾闾人工改道。1953 年甜水沟改走神仙沟时开挖了引河,实施了第一次人工改道,改道后河长缩短了 11 公里,比降变陡,改道点以上水位下降,河道产生了自下而上的溯源冲刷,防洪条件有了明显的改善。1964 年从神仙沟改走钓口河,进行了第二次人工改道,对于缓和河口地区洪水、凌汛威胁也发挥了很好的作用。标志着河口从自由摆动发展到有计划地人工改道的新阶段。在此期间,还修建了打渔张和韩家墩大型引黄灌溉工程,张肖堂、路庄等多处小型虹吸工程,为河口地区引黄淤灌提供了经验。

20 世纪 60 年代中期以来,随着河口三角洲上石油的大规模开采,对河口治理不断提出了新的课题和新的要求。主要是石油开采要求河口尾闾相对稳定;麻湾到王庄一段是“窄胡同”,弯道多,堤防薄弱,最窄处仅 400 多米,容易阻水卡冰,威胁以东营为中心的石油基地的安全;河口地区土地盐碱,产量低,农业生产发展缓慢。

针对这些问题,我们先后 3 次加高了河口地区临黄大堤,20 世纪 70 年代初开始,相继修建了一千二[1]分洪口门,东大堤,北大堤等工程。1971 年开始兴建窄河段南岸展宽工程,通过展宽,窄河道堤距增加 3.5 公里,形成面积为 123.3 平方公里的展宽区。近期滞洪库容 3.27 亿立方米,建有分洪、分凌闸及泄水闸。主要解决凌汛分水问题,并结合防洪、灌溉、放淤,有利于发展生产。

为了充分利用黄河水沙资源,这一时期还新修了十八户放淤工程,先后进行了 4 次放淤,总引水量 12.7 亿立方米,落淤 0.544 亿立方米,淤厚 0.5 ~ 1.0 米,改造盐碱地 8 万亩。另外又兴建了王庄、五七等引黄闸。目前河口地区已修建引黄灌溉工程 20 多处,总设计引水流量 800 立方米每秒,为河口地区农

---

[1] 一千二,为地名。

田灌溉、工业和人畜用水、放淤改土提供了条件。30多年来,河口治理共完成土方5163万立方米,石方10万立方米,混凝土4.5万立方米,为进一步开展河口治理奠定了良好的物质基础。

黄河是胜利油田唯一的淡水水源,每产1吨油,就要灌注三四吨水。整个油田和东营市每年要用一两亿吨黄河水,黄河为油田的开发做出了贡献。

从1964年到20世纪70年代中期,钓口河流路经历了10多年的演变过程,已处于晚期。1975年10月利津站流量6500立方米每秒,在分流1000立方米每秒流量的情况下,西河口水位仍接近10米高程,超过了1958年最高水位0.57米。当时动员了河口地区近万人上堤防守,才保证了油田安全。为了缓解河口地区的洪水威胁,1976年5月实施了第三次人工改道,改走清水沟流路入海。这是中华人民共和国成立后最大的一次人工改道,流程缩短37公里,对改善河道排洪能力,保护油田安全,起到了显著作用。同时还增加了孤东等油田新的勘探和开采面积,为合理安排黄河入海流路,解决与三角洲工农业生产之间的矛盾,提供了成功的经验。

第三节　治理河口的意见

过去一般认为洪水一出利津,就算洪水安全入海了,河口治理不治理问题不大。随着对黄河认识的逐步深化,和这一地区经济建设特别是石油工业的迅速发展,河口治理已越来越被人们所瞩目。许多同志从不同角度提出自己的治理主张,其中有些建议对我们是很有启发的。

中华人民共和国成立后,通过深入研究,对河口演变规律有了比较清楚的认识。但在河口淤积延伸与下游河床淤积抬高之间的关系这个问题上,目前仍有不同看法。一种认为:黄河河口段处于淤积——延伸——改道的循环演变过程之中,当完成一次横扫三角洲的大循环之后,河口将在海岸线普遍外移的基础上向外延伸,河道长度增加,比降变缓,从而产生溯源淤积,河口以上河段的水位出现稳定性抬高,其影响范围将持续向上传播,结合自上而下的淤积发展,使下游河床纵剖面平行抬高。从长期宏观角度来看,河口淤积延伸是造成黄河下游河床淤积抬高的直接原因,是起控制性作用的因素。因此,河口治理是治黄的关键。另一种认为:中下游来水来沙条件是造成黄河下游河道沿程淤积的主要因素。第三种观点认为:下游河道沿程淤积与上述两个因素都有关系,但来水来沙条件是主要因素。我认为第三种观点比较符合黄河的实际情况。因为30多年的实测资料表明,河口淤积延伸所引起的溯源淤积,一般只影响到洛口,最远不超过艾山。以上不同看法虽然是学术上的争论,但我认为它对于确定治黄的指导思想和战略部署是有一定影响的,应该继续深入研究下去。

据实测资料统计,平均每年进入河口地区的沙量约11亿吨,其中2/3淤积在河口三角洲及其滨海前沿区,仅有1/3输往深海。因此有的同志提出从下游两岸大堤的末端继续向前修导流堤,伸入15米深的海域,集流输沙,让强烈的海流将泥沙挟往深海。有的同志经过研究,发现神仙沟口外的海域条件较好,有一个潮波节点,即无潮点,潮速最大可达1.5米/秒以上,有利于将黄河入海泥沙输往深海,建议今后入海流路选在神仙沟、钓口一带,并指向无潮点。有的同志建议在河口开展拖淤,疏通拦门沙,增加输往深海的泥沙。为了解除洪水、凌汛对河口地区东营市和胜利油田的威胁,采取放淤改土,抬高地面高程,改善生态环境,延长河口流路行河时间,减轻下游河道的溯源淤积。有的同志提出在河口地区实行有计划的分洪放淤,建成"油洲加绿洲"。

1983年10月山东省东营市正式建立,在研究制定城市总体规划的过程中,山东海洋学院侯国本教授提出了"挖沙降河"的治黄方案,引起了大家的兴趣。据侯教授估算,如果每年把3亿立方米的泥沙挖出来,可延长河口流路走河时间;如果每年挖出4亿立方米的泥沙,可控制河口不改道(即长期维持一条稳定的流路);如果每年挖出5~7亿立方米的泥沙,根据"反馈冲刷"(即溯源冲刷)的理论,可迫使千里黄河由"天河"降为"地下河"。同时挖出的土可以抬高地面高程,吸出的淡水可以满足胜利油田和东营市的供水要求。还有其他一些治理设想,就不一一列举了。这些从不同角度提出的治理意见,对于开阔我们的思路是很有启发的,应该认真研究,并在制定河口治理规划时,予以统筹考虑。

对于侯教授的"挖沙降河"方案,我认为是一个大胆的设想,但其中许多问题还很不落实。首先是挖沙数量特大,按每年挖5亿立方米计算,就需要建立一个庞大的船队,不停顿地挖泥,耗资巨大。挖出的河槽因回淤迅速,不会维持长久,特别是汛期一场洪水即可能淤平。即使挖沙后产生溯源冲刷,其冲刷距离也不会很长。因此,打算在河口地区用挖沙的办法来使黄河下游变成"地下河"的设想,是难以让人信服的。

河口治理是整个黄河治理的一部分,在洪水泥沙没有得到有效的控制以前，我认为排洪排沙入海仍然是长期的主要的出路。因此，保持入海流路畅通，尽可能减轻河口淤积延伸造成的溯源淤积影响，以利于下游防洪安全，是河口治理的主要任务。按目前对河口演变规律的认识，黄河入海流路还需要考虑有计划的人工改道，保持必要的摆动范围，以便充分发挥海洋容蓄和调节泥沙的能力，减缓河口淤积延伸速度，减轻由此而带来的不利影响，保证河口地区防洪、防凌安全。

河口地区已成立东营市，胜利油田将成为我国“第二个大庆”，所以河口治理还必须与油田建设和整个三角洲的开发利用紧密结合起来。按照统筹兼顾的原则，更好地协调它们之间的关系，从国家的整体利益出发，求得最好的综合经济效益。

我相信，未来的黄河三角洲将是全国最大的三角洲。

第十章

治黄方略评述

为了根治黄河，消除河患，历代治黄专家和著名代表人物，都曾提出过多种治黄方略。随着近代科学技术传入我国，一些西方国家的专家、教授也提出过一些治黄建议。中华人民共和国成立后，黄河的治理与开发获得飞跃发展，治黄工作更加得到全国人民的关注，除了有关的专家、教授、工程师提出了大量的治黄方案和建议以外，我们每年还收到各阶层人民的大量来信，主动提出他们的治黄设想和具体意见。从古到今，众多的治黄方略不断发展和创新，推动治黄事业前进。为了总结历史经验，为今后治黄工作提供借鉴，现对主要治黄方略做简要的介绍和评述。

第一节 改 道

为了消除黄河下游洪水灾害，历史上早就有人建议黄河来个大改道，避开水土流失严重的黄土高原，从内蒙古改道东流入海。汉武帝太始年间（公元前96至93年），齐人延年上书，要“开大河上领，出之胡中，东注之海”（《汉书·沟洫志》）。就是将黄河裁弯取直，从内蒙古后套地区改道东流注入渤海。直到中华人民共和国成立后，我们仍然常常收到这类大改道的建议信。对此，可以用这样一句俗话来评述，就是“好心办了坏事”，因为他们对黄河没有全面的了解。内蒙古河口镇以上是黄河的主要清水来源区，多年平均水量占黄河下游花园口站年水量的53.4%，而多年平均输沙量只占8.7%，这一部分清水对于输送黄河中游下来的大量泥沙入海发挥了重大作用。如果黄河从内蒙古改道东流入海，大部分清水被截走，新改道的黄河泥沙问题虽然可以大为减轻，但是，河口镇以下黄河流域的水沙仍要汇流入海。由于清水减得多，泥沙减得少，结果势必造成很少的水量挟带大量泥沙进入下游的不利情况，肯定会有更多的泥沙淤积在黄河下游河道里，洪水灾害将更加严重。何况在崇山峻岭之间开一条大河谈何容易。因此，这种违背黄河自然规律的大改道方案是万万不可取的。

从古至今，主张在黄河下游改道的人很多。汉武帝鸿嘉四年（公元前17年），黄河下游洪水泛滥，河堤都尉孙禁经过实地察看，提出黄河从平原境内改道笃马河（与今马颊河位置相近）入海。因为从这里入海流程近，水流顺畅，泛区洪水可很快消落。

汉成帝绥和二年（公元前7年），贾让在《治河策》中所提出的上策，也是一种人工改道的设想。他主张“决黎阳遮害亭,放河使北入海”,认为“此功一立,河定民安,千载无患”,遮害亭在今淇县东南,贾让想在此掘堤,使河水改道北流,然后入海。由于黄河下游河床不断变迁,使地面高程逐步抬高,昔日的故道,若干年后又相对低下,可重新走河。贾让建议改道的流路,本为古大河故道,地形上已经比当时的河床低洼,因此贾让主张黄河从遮害亭一带改道北流,从地形上看是有可能的。但汉王朝并未采纳他的主张。

到了明朝后期,黄河入淮河道逐渐淤塞,河患更为严重。嘉靖六年(公元1527年)讨论治河时,主张黄河下游大改道的舆论再起,当以黄绾为代表。他分析了地形,认为黄河下游“地势西南高,东北下,水性趋下,河下之地皆易垫没,故自昔溃决必在东北而不在西南也。”“今欲治之,非顺其性不可。川渎有常流,地形有定体,非得其自然不足以顺其性。必于兖、冀之间,寻自然两高中低之形,即中条、北条交合之处,于此浚导使返北流,至直沽入海,而水由地中行。如此治河,则可永免河下诸路生民垫没之患。”(《明经世文编》引《黄宗伯文集》)。

为了减少进入黄河下游的洪水,明代万恭则提出了支流改道的建议,主张将右岸的支流伊、洛、瀍、涧等改道南流归于淮,将左岸支流沁、丹等改道北流归于卫,“黄河经由秦晋本来之面目,何患哉?”这一区间正是黄河第二个清水来源区,距离下游最近,输沙作用更显著,截走一部分清水,将使下游河道淤积更为严重。

清朝基本维持明末的河道,使黄淮并流入海,下游决溢灾害甚为频繁。从清初的胡渭、孙星衍,到乾隆年间的陈法,直到清末的魏源等,都力主黄河改道北流由大清河入海。魏源的《筹河篇》写于清道光二十二年(公元1842年)。他说:“人力预改之者上也。否则,待天意自改之。”魏源认为人工改道为上策,否则,黄河也要自然改道。果然魏源不幸言中,13年之后,清咸丰五年(公元1855年)黄河决于河南铜瓦厢,改道东北流,经大清河入渤海了。

清乾隆年间,赵翼在治河方面曾提出两河轮换行水的新设想。一条是“北流故道,合漳、沁之水入会通河,由清、沧出海”;另一条“就现在南河(即明、清故道)大加疏浚,别开新路出海。”“虽有两河,而行走只用一河,每五十年一换。如行北河五十年,则预先浚南河”,“及南河将五十年,亦预浚北河”。他认为经过这样安排,即可“使汹涌之水,常有深通之河使其行走,则无溃决之患”(《蠡勺篇》)。赵翼设想通过不停顿的疏浚来维持两条“深通之河”,而黄河下游河道每年淤积泥沙达数亿吨之巨,要投入大量劳力才能挖除,这不仅在古代是一项沉重负担,即使在科技发达的今天,用机械清淤,也是一项耗资巨大的工程,因此事实上是很难行得通的。

中华人民共和国成立后，仍然有不少人提出在黄河下游改道的各种方案。如有的专家提出“废弃悬河，重建新黄河”的改道方案，主张从左岸秦厂到河口按防御46000立方米每秒标准新修一道大堤作为左堤，利用目前左岸黄河大堤作为新黄河的右堤，新河主槽宽约3公里，两岸滩地宽3公里，当时估计需迁移人口100万人，投资40亿元。为了控制新黄河不再淤高，需每年从丹江口水库、长江三峡水库引水刷黄。还有的专家提出“清浊分流”的改道方案，主张从沁河口或小浪底开始到徒骇河口，修一道新的左岸大堤，与现在黄河下游左岸大堤组成一条新河道，作为水库下泄清水通过的运河，同时发展航运，并与海运衔接。而现行黄河河道只作为泄洪排沙之用。有人提出“大裁弯”的方案，即黄河从兰州改道入渭河，裁弯取直。有的人认为黄河的规律就是改道，叫作走南闯北，从河北的静海到苏北的云梯关，南北来回走，现在又走到中间了，与其让黄河自然改道，不如让其人工改道更主动。有的人则认为黄河年年淤高，总有一天要改道。

在黄河下游有计划的人为改道，一般说来比自然改道主动些，损失也要小些，在一定条件下，它不失为一种治河的对策，因此从古到今不断有人提出改道的建议。但是，在治河的历史上却没有采纳过此类改道主张。1900多年前的贾让，主张黄河从冀州改道，首当其冲的魏郡、清河郡等地，当时平均每平方公里还不到40人，而且这一带多是“民则病湿气，木皆立枯，卤不生谷”的荒芜地带，即使如此，当时的汉王朝也不肯轻易让黄河在这个地区左右游波。到了清乾隆年间，黄淮交会处的清口日渐淤高，“蓄清刷黄”的作用已不明显。为了摆脱困境，当时议论改河北流，由大清河入海的人颇多，也符合当时地形、河道的实际情况。即使如此，乾隆皇帝仍坚持认为改道北流“其事难行”，坚决主张维持南河。直到咸丰五年（公元1855年），也就是铜瓦厢决口改道前13年，魏源“人力预改”的建议仍未被采纳，只得听其自然改道。分析其原因，我认为主要是舍弃原道，改走新道要占用大片土地，迁移众多的人口，还要影响到漕运等各个方面，这在地方割据、土地私有、派别倾轧、意见纷争的封建社会，是万万不可能被采纳的。

中华人民共和国成立后，有人认为现行河道已走河100多年，快到晚期了，应尽早考虑有计划的人工改道。事实上黄河下游河道现状并非如此，潜力还很大。据徐福龄高级工程师研究分析，现行河道的淤积发展状况，还没有达到明清故道那样严重的程度，主要表现在明清故道长度比现行河道还长

80多公里，临背高差大3～4米，纵比降也比现行河道缓。随着科学技术的进步和黄河下游防洪工程体系的建立以及全河综合治理的发展，现行河道维持更长的时间是完全可能的。

黄河下游地处我国经济发展的重要地区和交通的枢纽地带，经过30多年的建设，两岸经济有了很大发展，无论向南、向北改道，大量淹没、迁人都不好办。原有的交通、灌溉、排水系统将被打乱。新河道走河初期，河势未能控制，新堤的防守也比较紧张，难以确保防洪安全。改道方案其影响遍及各方，牵动全局，代价是巨大的，并非治河良策。

再说，黄河在历史上虽然曾经给下游两岸人民带来深重灾难，但是现在名声好了，开始成为一条造福人民的利河。山东把黄河水看成是本省的战略资源，泥沙也可以充分利用。下游两岸的经济发展和人民生活已经与黄河紧紧联系在一起，已经离不开黄河了。所以现在要让黄河改道，豫、鲁两省就坚决反对。

从根本上说，改道的方案只是一种缓解的办法，并不能使黄河长期安流，更不会改变黄河善淤的特性。在中国共产党领导下的社会主义中华人民共和国，在科学技术高度发展的今天，经过总结两千多年治黄实践经验，我们应该也完全能够采取更为有效的综合措施，“把黄河粘在这里”，治好这条大河，达到变害河为利河的目的。

第二节　分　流

黄河下游治理，究竟是“分流”，还是坚筑堤防，纳水于一槽，实行“合流”？这是治河史上争论不休的问题。汉成帝初年，清河郡都尉冯逡为了避免在本郡内出现河患，建议疏浚屯氏河，为大河分流，“以助大河泄暴水，备非常”（《汉书·沟洫志》）。后来贾让在《治河策》中提出的中策，主张在冀州穿渠，一则“使民得以灌田”，二则“分杀水怒”，主要还是为了分洪，与冯逡的建议相似，只是贾让设有水门控制而已。王莽时的御史冯牧也主张分流，他建议重开九河，“纵不能为九，但为四、五，宜有益。”

明代主张分流，以杀水势的观点一直占优势。从明初的宋濂开始，直到后来治河比较有名的徐有贞、白昂、刘大夏、刘天和等都是分流论的主张者，并进行过相当规模的实践。为了保漕运,他们都力主“北岸筑堤,南岸分流”的方策,把黄河分为两支或多支下泄。嘉靖年间,向南分流的各支河淤塞已很严重,总河戴时宗、朱裳等,仍竭力提倡疏浚支河,以杀水势,但效果均不明显。潘季驯反对分流最力,但处理异常洪水,他也主张在堤身修减水坝以分洪。到了清代,筑堤束水的治河方略占主导地位,但主张分流的也不少。如乾隆十八年(公元1753年),吏部尚书孙嘉淦根据当时黄河频繁决口的情况,就提出开减河引水入大清河以缩小灾害的主张,他认为“即有漫溢,不过偏灾,忍四、五州县之偏灾,可减两江二、三十州县之积水,并解淮、扬两府之急难,此其利害轻重,不待智者而后知也”(《清史稿·河渠志》)。孙嘉淦的这个建议,实质上是想为黄河下游开辟一条分洪道,以防御异常洪水。靳辅、陈潢在治河实践中认识到“上流河身至宽至深,而下流河身不敌其半”,即黄河下游河道上宽下窄,有碍排洪,因此在砀山以下至睢宁间的窄河段内,沿用潘季驯修减水坝的办法,有计划地修建了许多减水闸坝,作为异常洪水分洪之用,也是一种分流措施。

中华人民共和国成立后,比较有代表性的分流主张是“三堤两河”分洪方案。为了解决黄河下游河道上宽下窄,排洪能力上大下小的矛盾,20世纪60年代初,山东河务局刘传朋等同志曾提出将山东窄河道改建成“三堤两河”的设想。1975年8月,淮河发生特大洪水,经过推算,发现三门峡至花园口区间有发生特大洪水的可能,经三门峡水库拦蓄,花园口洪峰流量仍达46000立方米每秒,这样一来,山东窄河道的防洪任务就更为紧张,黄河下游将会出现洪水“既吞不掉,又排不走”的被动局面。对此,1975年12月豫、鲁两省和水电部联合向国务院报送了《关于防御黄河下游特大洪水意见的报告》。报告中提出拟采取“上拦下排,两岸分滞”的方针,建议采取重大工程措施之一是:加大下游河道泄量,增辟分洪道,排洪入海。即在左岸陶城埠附近开始到河口另筑一道新堤,新堤与现行河道左岸大堤之间作为分洪道,一般洪水时,利用现行河道排洪,新堤作为二道防线,遇特大洪水时,利用分洪道排泄一部分洪水,以减轻现行河道的防洪负担,将来必要时,再将分洪道改为主河道,即“三堤两河”。1975年5月国务院批复,原则同意上述两省一部的报告,要求抓紧规划设计,因此1976至1977年对山东分洪道进行了具体规划。

山东分洪道按排洪15000立方米每秒设计,河道宽5公里,新堤长395.2公里,分洪闸拟设在东阿牛屯附近,分洪道内要迁移人口87.5万人和北镇、济阳、利津三座县城,淹没耕地154.7万亩,土方工程量5.35亿立方米,石方工程量

208 万立方米，总投资 18.1 亿元(以上均为 1977 年规划数字)。规划完成后，组织了有关专家进行现场查勘和讨论，大家一致认为分洪道工程巨大，牵涉的问题很多，也比较复杂，又无现实经验可以借鉴，因此建议进一步把工作做深做细，分洪道方案从此也就挂起来了。

对于分洪道方案，从一开始我就不积极，除了因为它淹没、迁移多，投资大，没有根本解决问题，难以下决心以外，更主要的是我担心这个方案不仅没有减轻下游防洪负担，甚至可能会增加下游的防洪负担，带来更多的新问题。它的安全、可靠性没有把握，一旦分洪运用，主流将在 5 公里宽的新河道内任意游荡，顶冲大堤的位置难以预估，抢险任务肯定十分繁重。加上近 400 公里新修的大堤，很难不出乱子。中间一道大堤虽然是老堤，当两面临水时也很难防守。换句话说，到那个时候，下游将由一条黄河变成两条黄河，由防守两道大堤变成防守 3 道大堤，防洪任务显然大大加重，可能更不安全了。我们费了那么大的劲，花了那么多的钱，结果不但没有卸下包袱，而是又背上新的包袱。因此分洪道方案并不是保证下游防洪安全的好办法。

“分流排沙”治黄方略是清华大学黄万里教授于 70 年代提出来的，“十年动乱”期间，在十分困难的条件下，黄教授仍潜心研究治黄问题，写出了《论治理黄河的方略》一文。1977 年 10 月，在黄河中下游治理规划学术讨论会上，他将“分流排沙”治黄方略做了全面介绍。

黄万里教授认为：“孟津以下北至天津，南至淮阴，是一个向上隆突的圆锥体形大三角洲，面积约 25 万平方公里。在没有人类活动以前，这个三角洲上的水沙本来是向北、向东和向南分散开来的，现在我们就应该因势利导地继续有秩序地把水沙送到这个三角洲上，‘且灌且粪，长我禾黍’。分流排沙的具体办法是在黄河两岸开二十几个口门，各连通原有排水河道，口门在限制宽度下全部打开到底，固定好各分流河道复式断面的两岸，使水沙能保持淤滩刷槽。每条分流河道又可分出若干水道，皆设口门控制，淤灌两岸耕地，务使全面普及。分流排沙，其利如下：(1)配合了排水，下游两岸 2 亿半亩耕地得以淤灌改土，有利于防止旱碱。(2)其时泥沙淤灌只嫌不够，不嫌太多，不再仰求于上中游水土保持。(3)不再需要整治河道、河口。(4)分流后，由于溯源冲刷，使黄河下游干流河道拉槽排沙，排洪能力大增。且汛期各口门全开，槽蓄大增，洪峰削低，再毋需加高堤身。”黄教授最后认为：“分流彻底消除了上拦下排之必要，既增益于两片，复减费于一线，河治指日可待。”

中华人民共和国成立后,提出如此全面的分流排沙治黄方略,尚属少见。因此在1979年的学术讨论会上进行了热烈讨论,展开了争鸣。大家认为黄教授的分流排沙方略,以充分利用黄河水沙资源,使其有利于下游两岸的农业生产作为出发点是正确的,愿望也是好的,但对这一方略的技术可能性和经济合理性则分歧意见很大。至于我个人的评论,可用三个字来概括,就是"不现实"。因为如今的华北大平原(即黄教授所说的"大三角洲")与没有人类活动以前大不一样了,现在它已成为我国经济发达,人口稠密的重要地区,全国交通的枢纽地带。如果通过两岸几十个口门将黄河水沙分送到大平原之上,势必要打乱海河、淮河流域原来的水系、渠系、路系等,黄河下游两岸大平原将要重新安排和建设,这就要牵动全局。再说,黄河水沙在时间的分配上极不均匀,要求通过若干口门控制,经常保持"淤滩刷槽"的最佳状态,在技术上能否做得到?! 也令人怀疑。总之,我认为"分流排沙"方略在许多方面都没有把握,很不现实,因此也就难以实现了。

分流还是合流? 自古以来就有争论。分流论者只强调"分则势小,合则势大",认为只要分流就能解决下游防洪问题。殊不知黄河不同于世界上一般的清水河流。正如潘季驯所指出的那样:"分流诚能杀势,然可行于清水之河,非所行于黄河也。黄河斗水,沙居其六。以四升之水,载六升之沙,非极迅溜湍急,则必淤阻。分则势缓,势缓沙停,沙停则河饱,饱则夺河。"用现代科学语言来表达,就是在一定的河床边界条件下,输沙率与流量的高次方成正比,即流量大,河道输沙量也大。分流虽然能杀水势,但黄河汛期一般有"涨冲落淤"的特点,涨水时(即大流量时)河床处于冲刷状态,如分水不当,则可能变冲为淤反而使河道严重淤积。因此,在明朝前200年中实行分流的结果,不仅没有减轻河患,反而造成了此冲彼淤、"靡有定向"的局面,加重了黄河的灾害。

为了保护全局,在异常洪水情况下,有时不得不牺牲局部利益,适当分洪、滞洪,也是一项防洪的有效措施,但损失很大。譬如黄河下游北金堤滞洪区,运用一次,直接经济损失就达十多亿元(不包括中原油田的损失),还要临时迁移、安置100多万人。如果修建了小浪底水库,利用水库控制洪水,不仅增加了下游防洪的主动性、可靠性,而且北金堤滞洪区的使用机会也大大减少。由此可见,分洪、滞洪也只能作为一种应急措施,不能轻易启用。总之,长期的治河实践证明,分流并不能从根本上解决黄河为患的问题。

第三节　束水攻沙

古代的治黄方略，一般都是从排泄洪水着眼的，而主张从解决泥沙淤积入手来治理黄河，则为时较晚。西汉末年王莽时期的大司马张戎，最早发现河水具有冲刷的特性，他指出："水性就下，行疾，则自刮除，成空而稍深。"意思是说水从高处往低处流是水流的本性，流速大，就能冲刷河床，使河槽逐渐刷深。于是张戎提出了水力冲沙的方略，建议停止中上游的灌溉用水，以保证下游有足够的水量来冲沙。自那以后很长一段时期内，人们对于下游河道淤积抬高所带来的危害虽有所认识，但对于如何解决这一问题，则很少进行具体的探索，直到1500多年后的明朝中期，才有人提出"束水攻沙"之说，并进行了规模较大的实践。

明代隆庆末年，河南虞城县一名生员，首先向当时的河官万恭提出了"以人治河，不若以河治河"的主张。他指出："如欲深北，则南其堤，而北自深。如欲深南，则北其堤，而南自深。如欲深中，则南北堤两束之，冲中坚焉而中自深。"万恭曾试用此法于治河实践，结果"无弗效者"，取得显著效果。万恭也因此对水沙运行规律有所认识，他指出："专则急，分则缓。""急则通，缓则淤。""欲河专而深，莫若束水急而骤。束水急而骤，使由地中，舍堤无别策。"显然，这里已有束水攻沙的意思了。

潘季驯是明末著名的治河专家，从嘉靖四十四年（公元1565年）到万历二十年（公元1592年），他曾四次主持治河，前后共10年之久。在总结前人经验的基础上，潘季驯比较系统地提出了"以堤束水，以水攻沙"、"借水攻沙，以水治水"的治河方略。他指出："水分则势缓，势缓则沙停，沙停则河饱。""水合则势猛，势猛则沙刷，沙刷则河深。""筑堤束水，以水攻沙，水不奔溢于两旁则必直刷乎河底。一定之理，必然之势。""借水攻沙，以水治水，但当防水之溃，毋虑沙之塞也。"

为了达到束水攻沙的目的，潘季驯十分重视堤防的作用，他曾把堤防比作边防。在总结以往修堤经验的基础上，他从单纯用缕堤束水，创造性地发展到用遥堤、缕堤、格堤、月堤四种堤防，因地制宜，周密布置，配合运用的新阶段。潘季驯在第三次治河后，经过整治的河道十余年间未发生大的决溢，行水较畅。

在他第四次治河时，又大筑三省长堤，把黄河两岸的大堤全部连接起来了，河道基本趋于稳定，河患显著减轻，扭转了嘉靖、隆庆年间河道“忽东忽西，靡有定向”的混乱局面。潘季驯不仅是“束水攻沙”方略的倡导者，而且也是坚持不懈的实践者，他把治河思想大大向前推进了一步，给后人治河以深远的影响。

清代靳辅、陈潢基本上奉行潘季驯的治河方略，并有所发展。陈潢认为："治河者，必以堤防为先务。”“堤成则水合，水合则流迅，流迅则势猛，水猛则新沙不停，旧沙尽刷，而河底愈深。”靳辅在主持治河的11年中，非常注意“坚筑堤防”，曾在黄、淮、运河两岸大力整修了千里长堤，并创筑了从云梯关外到海口束水堤一万八千余丈，“凡出关散淌之水，咸逼束于中”，以期“冲沙有力，海口之壅积，不浚而自辟矣”。

到了20世纪初，西方治河专家开始运用现代科学技术比较系统地研究黄河问题，并提出一些治河建议。其中以美国的费礼门为最早，他于1917年和1920年两次受聘来华，从事改善运河工程，同时兼顾黄河下游治理的研究。经过实地考察，他认为黄河下游堤距过宽，并发现黄河在洪水期有显著的自行刷深河床的功能，主张“此等伟大的自然力量宜善加利用”。在《中国洪水问题》一文中，费礼门提出如下治河方案：在河床内再修筑两道直线新堤，堤距不超过半英里（约800米），堤身用丁坝保护，以约束此窄而直的新河槽。每一段直河槽长约50英里（约80公里），两段直河槽之间用半径不超过河宽2～3倍的弯道相接。在窄而直的河槽内，洪水的天然冲刷力即可自行刷深河槽。同时在新堤身设有水门，控制洪水，淤高新、老堤之间的两岸滩地，逐渐形成坚固的河岸，于是河水皆由岸中行。

德国恩格思教授，以首创河道模型试验而闻名于世，为近代河工界权威之一，对黄河颇有研究。1924年在《制驭黄河论》一文中比较系统地提出了他的治河主张。他指出：“黄河之治理，首先制驭下游”，黄河上中游固然要加紧治理，“但黄河挟沙量岂短期内所能减少？目前下游河势危岌若此，补救已不容再缓，故先治下游，导一切来自黄土区域之洪水量与泥沙量，使之畅流入海而不为患，实系要着。”他认为“黄河之病不在堤距之过大，而在缺乏固定之中水位河岸。”因此他的治河方法是：“宜于现有内堤之间，就此过于弯曲之河槽，缓和其弯度，堵塞其支叉，并施以适宜之护岸工程，以谋中水位河槽之固定。”依此方法治理的结果：“其一，中水位河道将保持一‘之’字形之中泓。而往日河水向左右两旁啮岸之现象，将一变而为向深处冲刷，于是河床之垫高亦可阻止。其二，深水河槽将不复迫近堤身，由是可保有辽阔之滩地。当洪水时，水溢出槽，水去沙停，而滩日高……河槽日深而且固定，其冲刷力亦将因之增加。”在恩氏主持下，还于1932年、1934年先后两次进行了黄河下游河道大模型试验，试验结果表明，从定性上来看，“大堤距(即宽大之洪水河槽)对于河流之迅速冲深，较之小堤距(即狭小之河槽)为有利”，用现代的治河理论来解释，就是宽河道“淤滩刷槽”作用显著。

1928年成立导淮委员会，聘请恩格思为顾问，恩氏因病辞谢，后改聘恩格思的高足方修斯来华。他除起草《导淮计划》以外，还从事黄河研究，回德国后于1931年发表了《黄河及其治理》一文。他的治河主张与费礼门的主张大同小异，而对其老师恩格思的治河主张则持批评态度，并展开了激烈争论。方修斯认为治河的主要目标，应尽可能在短时间内改善洪水河床，使洪水位有显著降低。降低洪水位的唯一方法，是利用含沙量不多的寻常洪水，利用其自然力，自行刷深河底。具体说就是在河床内再修两道新堤，平均堤距650米，堤身多设滚水坝，将过剩的洪水，导入新、老堤之间，淤高两岸滩地，以期获得永久性的洪水河岸。

费礼门、恩格思、方修斯三人治河主张的实质都是“以水治水”，均为“藉河水自然之力，以刷深河床，由此达到降低洪水位之目的”，都未超过我国古代治河专家潘季驯“筑堤束水，以水攻沙”的方略范围，而潘氏则早出他们360多年就系统地提出这种治河主张，并大力付诸实践，取得了一些成效。

在众说纷纭之中，我国著名水利专家李仪祉则倾向于恩格思的治河主张。1933年黄河大水之后，李仪祉在给恩格思的信中说：“关于黄河下游之治理，余之见解殊与先生所主张者相近。除固定中水河床外，鄙意只需无碍洪水之通过，两岸滩地亦应保固……若不先将河床固定，以及滩地保固，而欲先修窄堤，事属难能。”他在《黄河治本的探讨》一文中又指出：“因为有了固定中水河床以后，才能设法控制洪水的流向，不然便如野马无缰，莫如之何，只有斤斤防守而已。”

中华人民共和国成立后，张瑞瑾、钱宁等泥沙专家对于下游治理都主张实行“宽滩窄槽”的方策。宽滩主要发挥滞洪、削峰和淤滩刷槽作用；窄槽主要指固定中水河槽，提高相应于造床流量的水流挟沙能力，更好地发挥泄洪、输沙作用。

综上所述，我国早在1900多年前就有了“水力冲沙”主张。在400多年前就系统地提出了“筑堤束水，以水攻沙”的治河方略。而美国直到1717年才开始用“筑堤束水”的方法整治密西西比河，这是中华民族古代文明高度发达的又一例证。

“以水治水”的指导思想,是一种符合黄河特点的科学的治河思想,实践后均取得一定成效,它标志治河思想已经发展到一个新的阶段。今后我们仍要继承和发展这种治河思想。但是,上述治河方略仍不够全面,因为它只局限在下游“束水攻沙”,只是单纯的“排”,不能根本解决黄河为害的问题,更不能利用黄河水沙资源兴利。黄河水沙丰枯悬殊,即使束窄了中水河槽,在出现小水大沙的情况下,河槽仍要严重淤积。潘季驯治河时期,河槽事实上仍在逐渐淤积抬高。再如20世纪60年代后期到70年代初期,由于三门峡水库的滞洪作用和下游滩区生产堤的约束,黄河下游出现了“淤槽不淤滩”的不利情况,部分河段形成“悬河中的悬河”。黄河滩区一般都是沙性土,用这种土筑成的土堤抗冲性能很差,名为“筑堤束水”,实际上达不到“束水”的目的,土堤即可能溃决。如果用丁坝等河工建筑物强行束窄河槽,则耗资巨大,抢护不及时,坝身也难以稳定。潘季驯经过实践,最后他自己也把用以束水的缕堤给否定了,认为缕堤可以不筑,说它束水太急,必至伤堤。

中华人民共和国成立后,从20世纪50年代开始,我们就在黄河下游开展了河道整治工作,目的是控导河势,有利于排洪、排沙,而不是束水攻沙。在充分利用原有险工坝岸控导溜势的基础上,于滩区依附滩岸修建了一系列护滩控导工程,两者相互配合,形成控导河势的工程体系。目前共有险工、护滩控导工程300多处,各种坝、垛、护岸8000多道,工程长度500多公里。陶城埠以下340多公里河道已经得到控制,河势稳定;高村至陶城埠160多公里河道基本得到控制;东坝头至高村70多公里河道,两岸工程布点已基本完成,河势正向规顺方向发展;孟津至东坝头220多公里河道,也已经修建了一批布点工程。经过多年洪水考验,表明河道整治工程在控导主流、稳定河势、护滩保堤、争取防洪主动方面,在有利于排洪、排沙,涵闸引水、航远、滩区群众生产、生活等方面,都发挥了重要作用,对于大洪水淤滩刷槽也无不良影响。它标志着我们在吸收前人治河经验的基础上,已把黄河下游的治理向前推进了一步。

第四节　疏浚河道

黄河下游坡降陡,流速大,水流挟带泥沙的能力很强,因此历史上有不少人提出用浚淤工具搅动河底泥沙，提高水流含沙浓度，由水流输沙入海的办法，以达到解决黄河下游泥沙淤积的目的，试图为治理黄河开辟一条新途径。

宋神宗熙宁六年（公元1073年），在王安石主持下成立了专门疏浚河道的“疏浚黄河司”。李公义首先“献铁龙爪扬泥车法以浚河”，后来嫌重量太轻，由黄怀信与李公义一起研究改进，又制出了浚川耙，这是治黄史上用机械疏浚河道的开始。其后明、清两代均有人用多种拖具在黄河上进行疏浚。如明朝吴桂芳用“混江龙”于桃、伏、秋汛期间，在淤浅河段拖淤。清代靳辅创造了“浚船铁扫帚”，在引河下游及徐州至海口河段拖淤。乾隆年间，总河白钟山曾组织浚船190只，每船配浚兵8名，在河中来回浚扒。道光年间河臣张井曾调集若干船只，配备翻泥车，铁扫帚等器具，自上午9月至下年元月，逐日上下拉扒，据说均有一定效果。

清咸丰五年（公元1855年）铜瓦厢决口后，黄河夺大清河入海，山东河段及海口的淤积日趋严重，除沿用前人方法开展拖淤外，还曾利用大小火轮长龙舢板拖淤。后来张曜创平头圆船挖淤，并经张曜、赵尔巽、李鸿章等订购德国挖泥船在黄河试挖。拖淤一般有两种方式，一种是将铁扫帚、混江龙等浚淤工具用绳系于船尾，沉入河底，然后行船来回拖曳，松动河底的淤积物，使沙随水去，河道日益深通。另一种是将船固定于需要疏浚河段的两端，以船上的滑车来回绞拖河底浚淤工具，达到搅动河底淤沙的目的。

20世纪初，外国治河专家也有人建议用拖淤的办法解决下游淤积问题。如1931年方修斯曾提出用“泥犁”疏浚下游河道的方案。他主张每20公里备一具泥犁，借水流之力自行推进，亦可在轮船上装“泥犁”来回拖曳，由下而上，逐段进行。

中华人民共和国成立后，我会仍不时收到类似古代拖淤的治黄建议，有的同志还提出“水蝴蝶”、“水风筝”等利用水流作动力，自行拖淤的新颖设想。20世纪70年代末到80年代初，我会曾经在黄河入海口和三门峡库区潼关河段进行过拖淤试验，发现效果不明显，问题很多。首先是黄河泥沙量大，来水来沙集中，淤积时段也集中，有时一场洪水可使局部河段堆积千百万方，使河口沙嘴延伸数公里，淤积面积达10余平方公里，即使拖出一道河槽，很快又回淤起来。单靠拖淤的办法来解决河道泥沙淤积问题，显然拖不胜拖。黄河河口段流路散乱，水浅流缓，风浪较大，大型拖轮进不来，小型拖轮作用不大，自身安全亦难保障，问题也很多。

再从泥沙粒径来看，黄河河床质泥沙颗粒较粗，利津站河床质中值粒径达

0.08 毫米,沉降速度为每秒 0.4 厘米,泥沙扬起后二三百米即重新沉降下来。而天津海河口河床中值粒径仅 0.005 ~0.008 毫米,沉降速度为每秒 0.003 厘米,两者相差悬殊。黄河下游河道长约 800 公里,主槽宽度 0.4 ~3 公里,加之来水、来沙情况变幅很大,如果要采用"接力"的办法将泥沙送出海口,则需要维持一个庞大的拖船队伍,在河道中长期地、不停顿地来回拖曳,方能见效,其所需经费将甚巨。至于借水流作动力,自行拖淤的种种设想,还很不具体,更无实践经验。总之,我认为机械拖淤的办法,在含沙量小,淤积物颗粒细的小河上容易见效,在疏浚中小河流入海口和库区河流拦门沙方面也可能有一定效果,如果想用此法来解决黄河下游河道泥沙淤积问题,则恐难奏效。

第五节 放 淤

据历史资料记载,我国很早就有人提出放淤改土的主张。但是,系统地提出用放淤的办法来解决治黄问题,还是在中华人民共和国成立以后,其中以林一山同志的大放淤方案最有代表性。20 世纪 60 年代初期,三门峡工程问题出现之后,当时长江流域规划办公室主任林一山到黄河中游考察了一圈,对于如何治理黄河,他有一套想法。林一山同志认为,黄河规划必须是水沙统一利用的计划,黄河的治理必须立足于"用"。他主张从河源到河口,干支流沿程都应引黄放淤灌溉农田。首先应积极试办下游引黄淤灌工程。他曾形象地提出将黄河的水和泥沙吃"干"喝"净"的设想,广种水稻,让华北变江南。他根据中游引洪淤灌的经验判断,通过放淤,下游河岸上升的速度,可以超过河床上升的速度。如果黄河两岸都有数十公里的淤灌地带,经常保持高于河床,那么黄河就可以达到地下河的安全标准了。

1975 年修定黄河规划时,考虑到近期内黄河泥沙量不可能明显减少,为了研究减少泥沙淤积的有效措施,当时曾提出滩岸放淤的方案。如禹门口至潼关河段滩地面积达 600 平方公里,可放淤泥沙 80 亿立方米;河南省孟州至沁河口的温孟滩滩地面积达 388 平方公里,可放淤泥沙 57 亿立方米;小浪底、龙门水库建成后再兴建上述放淤区,估计可分别减轻下游河道淤积量 50 亿吨和 33 亿吨以上。黄河下游两岸(如原阳、封丘、台前、东明等县)有大片盐碱洼地,也可以实行有计划、有控制地放淤,清水尽量退回黄河,这样也能达到减少下游河道淤积的目的。

1979 年 10 月，在黄河中下游治理规划学术讨论会上，有人提出利用涵闸引黄河水沿大堤背后自流放淤，淤高两岸大堤背河地面，使两岸在一定宽度内的地面与河道淤高竞赛，用不断淤高两岸地面的办法，来保持河道呈相对“地下河”，认为这是以河治沙，以沙防洪，是对付河道不断淤高的有效措施。

对于林一山的“大放淤”方案，早在 1964 年周总理就有评述。周总理说：林一山的方案是浪漫主义。吃白馍也很好，何必变江南呢？

我和林一山同志都是从事江河治理多年的老战友了，友谊很深，但我们在治黄方略的争论上，却总是各有己见。过去我认为林一山同志的“大放淤”方案是不现实的，现在我仍然是这样认为。

人民治黄以来，黄河下游引黄放淤改土的实践表明，滩岸放淤是在下游处理和利用泥沙的有效途径之一，在下游也能够治本。小浪底、龙门水库建成后，上述滩岸放淤的设想，应有计划地逐步实施。

用淤高两岸一定宽度内的地面来与河道淤高赛跑的办法，同我们目前实行的一套淤背固堤办法很相似，只是淤区的宽度宽些。这种“以黄治黄”的办法，是用来加固堤防和下游利用泥沙的一种好办法，今后可选择有条件的河段，先搞试点，然后总结经验，逐步推开。

第六节　水土保持

在长期的治河实践中，人们逐渐认识到，从中上游地区冲刷下来的泥沙淤积在下游河床和“雨多水暴”是造成黄河为患的原因，因此许多有识之士便提出了通过水土保持根治黄河的方略。

北宋杰出的自然科学家沈括，经过实地考察后指出，黄河挟带大量泥沙，是由于黄土高原地区的“水凿”现象（即水力侵蚀）造成的。到了明代，已有人认识到治河仅限于下游是不能解决问题的，必须从中上游着手才是“正本清源”之策，并试图开辟一条治河新路。嘉靖二十二年（公元 1543 年），周用奉命总理河道，他在《治河事宜疏》中首先提出了开沟洫的主张。他说：“治河垦田，事实相因，水不治则田不治，田治则水当益治，事相表里。若欲为之，莫如所谓沟洫者尔。”“天下有沟洫，天下皆容水之地，黄河何所不容？天下皆修沟洫，天下皆治水之人，黄河何所不治？水无不治，则荒田何所不垦？一举而兴天下之大利，平天下之大患。”早在440多年前，周用就阐述了治河与开沟洫，群众性的水土保持与治河的辩证关系，确属难能可贵。

明万历年间，徐贞明也竭力主张用沟洫治河。他的治河指导思想是“集之则害，而散乏则利；弃之则害，而用之则利。”不使水汇聚成泛滥成灾的洪水。因此他认为“河之无患，沟洫其本也。”在《潞水客谈》中，他还明确提出“治水先治源”的主张，指出：“源则流微易御，田渐成则水渐杀，水无汛溢之虞，田无冲激之患。”“得水利成田，而河流渐杀，河患可弥。”

主张沟洫治河者，其主导思想是通过大面积的沟洫治理，把洪水分散到田间，以达到保水保土，有利于农业生产，又解除黄河洪水为患的目的。但是，单纯依靠沟洫治河也是不可能的，因为洪水是由暴雨形成的，降雨的分布也不均匀，这个自然规律是无法改变的。再说沟洫减水减沙作用毕竟有限，达不到根除河患的目的。

清乾隆年间，御史胡定曾奏《河防事宜十条》，其中有一条提出了“沟涧筑坝，汰沙澄源”的建议。他说：“黄河之沙多出自三门以上及山西中条山一带破涧中，请令地方官于涧口筑坝堰，水发沙滞涧中，渐为平壤，可种秋麦。”这时的胡定已经认识到黄河泥沙是由于中游黄土高原水土流失造成的。他的建议，与我们目前在黄土丘陵沟壑区打坝淤地、拦泥增产的水土保持措施相同，是很有创见的。

由于自然因素和不合理的垦殖，土壤侵蚀对农业的危害日益严重，因此20世纪初一些欧美国家对水土流失问题开始引起重视，并采取了一些水土保持措施，取得初步成效。后来西方有些治河专家对我国黄河的治理，曾提出在中上游实行森林治水的计划，设想通过改变土壤结构、增加地面覆盖和涵蓄雨水的办法，来消除下游水患。

20世纪20年代初，我国著名水利专家李仪祉把治黄思想大大向前推进了一步。他认为：“去河之患在防洪，更须防沙”，“河患不除，则河恐终无治理之一日”。并且当时李仪祉已经注意到泥沙的粗细及其来源，他说：“汾、洛、泾、渭带入河中的沙较细，而龙门以上山峡两岸的水带入河中的沙较粗。”关于防沙、治沙之法，他先是主张“植畔柳，开沟洫，修道路”。继而又综合提出两项措施：(1)防止冲刷，以减少其来源。如严防两岸之冲塌，及另选避沙新道；再则为培植森林，平治阶田，开挟沟洫。(2)设置谷坊，以堵截其去路(山谷之间设坊横堵)，既可节洪流，且可淀淤沙，平丘壑。应相度本支流地形，其小者指导人民设置之,大者官力为之。李仪祉认为:“造林工作在上游可以防止冲刷,平缓径流,在下游可以巩固堤岸,充裕埽料,于治河有甚深之关系。”同时他考虑西北干旱,“森林之效颇不易获”,又提出在西北广植苜蓿以保持水土的主张。

中华人民共和国成立前夕,成甫隆在《黄河治本论》中提出在黄土高原地区“筑坝淤田”的主张。他认为在下游修筑堤防和疏浚海口等,都是“防范自然,抗御自然之事也”。所以“工程繁而收效微”,在“上游山沟筑坝淤田”则是“控制自然,利用自然之事也”,所以“工程易而获利巨”。

中华人民共和国成立后,国家对黄河流域水土保持工作十分重视,列入了治黄的重要议事日程。30多年来,经历了重点示范、全面推广、巩固提高和恢复发展等阶段,尽管道路曲折、起伏,受到过干扰,但仍然取得了巨大成绩,积累了丰富经验。主张水土保持治河论者,认为黄河的根本问题是泥沙问题,泥沙不治,黄河不治,黄河要根治,只有寄希望于水土保持,水土保持是治黄的基础,是黄河正本清源的根本措施,必须把它放在重要的战略地位。

通过总结三门峡工程的经验,进一步发现下游淤积主要是粗泥沙来源区的来沙造成的。因此我会水利科学研究所、清华大学等提出首先集中治理粗沙区的建议。分析不同粒径泥沙进入黄河下游的淤积情况,可以清楚地看出,粒径大于0.10毫米的泥沙几乎全部淤积在下游河道里,粒径为0.05~0.10毫米的泥沙,近50%淤积在下游河道里。主槽表层淤积物,80%以上是粒径大于0.05毫米的粗泥沙。多年平均进入下游的16亿吨泥沙中,粗泥沙达7亿多吨,其来源区主要分布在河口镇至无定河口的两岸支流和广义的白于山河源区,总面积约10~11万平方公里。如果集中力量首先治理粗沙来源区,控制其水土流失,即可有效地减少黄河下游河道的淤积。我认为这是对黄河泥沙规律认识上的一个重要发展,对于指导今后治黄工作具有重要意义。

20世纪60年代初期,三门峡工程出了点问题以后,有些同志对水土保持效益产生了怀疑。20世纪70年代后期,围绕水土保持问题又有过一段争论,其中以水电部政策研究室研究员李雨普同志的观点比较有代表性。他在“文化大革命”期间,曾下放到山西省兴县地区,参加过柳叶沟等小流域治理,进行过一些实地调查。李雨普认为:黄河治理“至今方向不明”,“黄河的病根是中游水土流失”,但“多年来人财物力都集中于下游防治,对中游的根治一直没有放在应有的地位”。他的具体意见是:黄河中游水土流失面积43万平方公里,70%的泥沙和80%以上的粗沙来自晋陕峡谷和泾、渭河流域10万平方公里的严重流失区。如以平均每年1万平方公里的速度集中治理粗沙区,10年即可见效。采取民办公助的办法,每治好1平方公里约需国家补助投资2万元,每年2亿元,10年共需投资20亿元。到那时,人均粮食可达400公斤,人均收入100元,入黄泥沙减少40%,粗沙可减少60%,黄河淤积状况可得到初步改善。再用10年时间,巩固提高原有10万平方公里的治理成果,再行治理甘、宁、蒙、青20万平方公里的严重水土流失区。到20世纪末,即可使治理面积达到60%,减少入黄泥沙60%,基本控制粗沙来源,把黄土高原建成我国重要的林、牧业生产基地。

关于水土保持工作,第六章已做了全面介绍。中华人民共和国成立伊始,我们就把水土保持工作列入治黄的重要议事日程。1955年制定黄河规划,水土保持是其重要内容之一。党中央、国务院采取了一系列有效措施,大力开展水土保持工作。就我个人来说,1950年我第一次外出考察,就是到陕北无定河流域考察水土流失和水土保持情况。1955年3月中共中央将我写的"关于进一步开展水土保持工作的报告"批转全国各省省委。黄河规划通过之后,我于1955年八九月间又总结了大泉山、贾家塬、韭园沟等水土保持典型经验,对于水土保持效果我是充满信心的。有的同志说,过去治黄工作只重视下游防洪,忽视中游水土保持,"一直没有放在应有的地位",我认为这种说法既不符合事实,也缺乏具体分析。

经过30多年实践,特别是三门峡工程出现失误以后,我和许多同志一样,对于水土保持的认识也有所发展。总的说来,我认为水土保持工作是改变黄土高原面貌和治理黄河的一项重要措施,是有效的,必须大力开展。但是,水土保持要全面达到为当地兴利,为黄河减沙的显著效果,需要一个长期艰苦奋斗的过程。黄河下游防洪安全是事关大局的当务之急,大洪水的威胁每年都有可能出现,我们只能在加强防洪工程建设,确保下游防洪安全的同时,加强中游水土保持工作,而万万不能采取削弱下游防洪的办法去加强中游水土保持工作。那样做,将会造成治黄工作的重大战略失误。水土保持必须转到为当地城乡工业和农、林、牧业生产服务的方向上来,不要光强调如何"为黄河减沙"。只有这样才能更好地动员群众,调动千家万户治理千沟万壑的积极性和创造性。群众的生产发展了,生活改善了,为黄河减沙的效益就自在其中了。对于治理速度,我认为不能估计过快,因为黄土高原地广、人稀、山高、坡陡、地形破碎、干旱缺雨,根据过去开展水土保持工作的实际情况来分析,平均每年治理速度只有1%左右。集中力量首先治理10万平方公里粗沙来源区的建议是完全正确的。但是要求每年治理1万平方公里，即每年治理速度高达10%，显然是不现实的。另一方面，对水土保持的减沙效果也应切忌估计过高。治理1%的水土流失面积，并非就能减少1%的入黄泥沙，而是需要经过较长时间才能发挥保持水土的作用，即治理率远远小于减沙率。例如汾河流域经过20多年治理，减少入黄泥沙约50%，其中40%是属于大中型水库的拦沙效果，10%属于面上的水土保持措施。特别是在大暴雨的情况下，水土保持措施的减沙作用会大大降低。实践表明，水土保持措施减沙效益是有一定限度的，即使将来全面生效以后，仍然会有相当数量的泥沙进入黄河。因此，解决黄河泥沙问题，不能单纯依靠水土保持，必须通过多种途径，采取综合措施。总之，水土保持的增产、减沙作用是肯定的，但是，希望用少量的投资，在一二十年内就能取得治理水土流失面积60%的高速度，就能取得减沙60%的显著效果，显然是不现实的。这种用小面积典型推算大面积效果的方法，早就证明是不行的，是难以使人相信的，因为它代表不了大面积水土保持效益。

第七节　调水调沙

调水调沙治黄方略，主要是在总结三门峡水库运用经验和泥沙科学研究深入开展的基础上逐步发展起来的。

人们从研究下游河道输沙特性中发现，在一定的河床边界条件下，水流挟沙能力近似与流量的平方成正比，同时还与来水的含沙量有关。即在河床边界条件和水流条件不变的情况下，如果来水的含沙量大，则在单位时间内通过某一断面的输沙量（称输沙率）也大，如果来水的含沙量小，则在单位时间内通过某一断面的输沙量也小，说明下游河道具有"多来沙多排沙"、"少来沙少排沙"的特点。在一般少沙河流上修建水库，主要任务是调节径流，而黄河的显著特点是水少沙多，水沙不平衡，泥沙的地区和时间分配都不平衡。因此在黄河上修建水库，不仅要调节径流，还要调节泥沙，使水沙关系更加适应，以达到更好的排沙、减淤效果。这就是调水调沙的科学依据。

目前调水调沙方案主要有以下几种：

1. 人造洪峰。黄河下游河道水流挟沙能力近似与流量的平方成正比，如果能通过水库调节天然径流，以较大的流量集中下泄，形成人造洪峰，即可加大水流对河床的冲刷能力。据钱宁教授分析,三门峡水库非汛期壅水发电,下泄清水,流量经常维持在600~800立方米每秒,如能利用小浪底水库的调节能力,将其集中起来,以4000~5000立方米每秒流量下泄(相当于下游河道的平滩流量),下游河道的挟沙能力就能增加4~5倍,冲刷可以遍及下游,对减轻河道淤积将起很大作用。1963年12月4日至12月15日,1964年3月29日至4月2日,曾利用三门峡水库进行过两次人造洪峰试验,最大洪峰流量3000立方米每秒左右,对于提高冲刷能力确有一定效果。第一次冲刷泥沙1900万吨,第二次冲刷泥沙1500万吨。由于洪峰流量较小,历时又短,冲刷河段只达到山东艾山断面。

2. 拦粗排细。黄河下游粒径小于0.025毫米的泥沙,一般都能输送入海,对河道淤积影响不大,如果把这一部分泥沙拦在水库里,则徒然损失库容,对下游河道并无裨益。钱宁教授等认为,如果能够通过水库合理运用,只拦危害下游的粗泥沙(粒径大于0.05毫米),则在同样拦沙库容条件下,黄河下游河道减淤效果可以增大50%以上。

3. 滞洪调沙。滞洪调沙水库与一般水库的不同点,主要在于它汛期存在两个水位(分别取决于淤积平衡比降和冲刷比降),其间有一个调沙库容。它的理论基础是多沙河流上修建水库只要有一定的泄流规模并采用滞洪运用方式,水库的库容即可长期保持。具体的调沙方案,就是把非汛期的泥沙调整到汛期来排,把多沙不利年的泥沙调整到少沙有利年来排。汛期水库实行控制运用,使汛期的泥沙集中在大洪水期间和9~10月的有利时期排出。根据水文分析并考虑不利组合,大体需要10~20亿立方米的调沙库容。如果由将来的小浪底、龙门两座水库承担上述滞洪调沙任务,估计可以使黄河下游的淤积减少到2亿吨以下。由于滞洪调沙水库是利用天然洪峰排沙,不搞人造洪峰冲沙,所以与兴利矛盾很少。

4. 蓄清排浑。水库实行非汛期蓄水拦沙,汛期降低水位泄洪排沙的控制运用方式。汛期使洪水“穿堂过”,尽量不滞洪,这是与滞洪调沙方案的主要不同点。三门峡水库目前就是实行的这种运用方式。

5. 高浓度调沙。实践证明,不仅清水能够冲刷河道,高含沙水流也能冲刷河道。高含沙水流(如大于600公斤/立方米),在充分紊流条件下还可以长距离输送,关键是要掺混一定比例的极细沙(粒径小于0.01毫米)。泥沙专家方宗岱提出利用小浪底水库高浓度调沙放淤方案。具体做法是:用两根进口低、出口高,直径约7米,能通过500立方米每秒流量的管子,由坝下游直通坝前库底，坝前可形成一个深 100 米，容积约 2 亿立方米的浓缩漏斗，用以调节泥沙。还可辅以库区陡坎爆破的办法，来增加含沙量和细颗粒泥沙的含量。调成的高含沙水流引到两岸放淤，现行河道只通过含沙量很少的清水，可逐渐刷深，进而成为地下河。根据试验，当高含沙水流中值粒径 $D_{50}=0.01\sim0.02$ 毫米，流速大于 2.3 米/秒时，可以保持不淤，如用管道输送，比降 2/10000，则输送距离可远达 1000 公里。上述高浓度调沙的关键问题，是如何才能使水库内已经分选的泥沙，重新按一定比例调配成理想的高浓度含沙水流。

与以往各种治黄方略相比，我认为调水调沙有几个显著的特点：一是更加符合黄河泥沙的自然规律，具有高度的科学性。二是由于通过水库进行水沙调节，措施更加主动、可靠。三是把减轻下游河道淤积（简称减淤）作为水库综合利用的内容之一，与灌溉、供水、发电等统一考虑，使水库运用更加符合黄河的特点。虽然调水调沙是一种新的治河思想，问题比较复杂，还处于发展过程之中，实践经验也不完全，但我仍然坚信，它是一种具有广阔发展前途的治河思想，如果能把调水调沙与泥沙利用更好地结合起来，则未来黄河的治理与开发，很可能由此而有所突破。

第八节　增水冲沙

黄河的根本问题是水少沙多，水沙不平衡。依靠水土保持发挥显著减沙作用，需要很长时间。通过水库拦沙，靠滩岸放淤减沙，其作用都只能维持一段时间。利用水库调水调沙，因水量不足，与兴利矛盾日益突出。随着国民经济的发展，对黄河水资源的需求大量增加，由于清水用得多，浑水用得少，将来黄河水少沙多矛盾将更为突出，黄河下游淤积可能更为严重等。根据以上分析，有人认为南水北调、增水冲沙势在必行，是解决黄河泥沙的根本途径。

关于南水北调问题，早在 1952 年我会就组织力量进行了查勘，研究调水线路。后来又进行过几次查勘。到目前为止，可以归纳为东、中、西三条引水线路。东线调水方案是从江苏省江都境内抽引长江水北上，扬程 60 多米，目前已确定第一期工程引水 100 立方米每秒过黄河，主要解决河北省和天津市的缺水问题。由于耗电多，成本高，目前未考虑黄河冲沙要求。中线调水方案是从长江三峡水库调水，经丹江口水库调节，自流到郑州附近入黄河。有人估算，如果中线从长江调水100多亿立方米,使黄河年水量达到600多亿立方米,或汛期水量达到400多亿立方米,黄河下游即可不淤或微淤,下游可实现长治久安的局面。西线调水方案拟从长江上游通天河及长江支流雅砻江、大渡河的上端引水。西线所调水量,通过黄河干流各梯级水电站时,可以增加较多的发电量,最后才用于冲沙。从整个黄河流域水资源平衡考虑,西线调水是解决黄河水资源不足的根本措施之一。

对于南水北调,我从中华人民共和国成立初期开始,就以很大兴趣研究这个问题。水少沙多是黄河复杂难治的根源。要解决这个矛盾,从水量丰沛的长江调少量水到黄河来,我认为方案是可行的。不仅可以兴利,而且可以冲沙,世界各国进行跨流域调水的实例也不少见。现在问题是我们国家底子薄,要办的事情很多,目前还没有条件举办像西线、中线调水这样的宏伟工程,但它也绝不是很遥远的事情。随着国民经济的发展、国力的增强和科学技术水平的提高,南水北调的目标一定能分期实现。依靠增水冲沙和其他治理措施,黄河定能长治久安。

第九节　全面治理综合开发

我国历史上的治黄方略,大都局限于下游,多侧重于某一个方面。直到20世纪20年代初,我国近代著名水利专家李仪祉在总结历代治河经验和吸收西方先进科学技术的基础上,才打破传统的治河观念,提出了比较全面的治河方略。1922年,李仪祉创造性地提出了上中下游并治的治河思想,他指出:“今后之言治河者,不仅当注意孟津—天津—淮阴三角形之内,而应移其目光于上游”,“历代治河皆注重下游,而中上游曾无人过问者。实则洪水之源,源于中上游,泥沙之源,源于中上游”。1935年李仪祉主持治黄工作以后,又拟定了八项治黄任务和加强治黄基本工作计划,进一步发展了综合治理黄河的思想。

李仪祉的治河方略中,仍以下游防洪为治黄的首要任务。他主张修“固滩坝”以固定河槽,使“河滩长高,河槽刷深”。通过整治河口,“使河所挟之沙,得藉海水之力,攫之而去”。主张辟减河“以减暴涨”。通过以上措施,使黄河下游洪水“安全泄泻入海”。他已经认识到“非常洪水莫有节制,则下游仍需泛滥”,

主张“在上中游黄河支流山谷设水库,停蓄过分之洪水量”,“或议在壶口及孟津各作一蓄洪水库以代之”,“使上有所蓄,下有所泄,过分之水有所分”。

李仪祉分析黄河为害的原因,认为“黄河之弊……由于善淤、善决、善徙”,“故去河之患在防洪,更须防沙”,“河患不除,则河恐终无治理之一日”,对于防沙、治沙之法,他先主张“植畔柳,开沟洫,修道路”,继而又综合提出“防止冲刷,以减少其来源”、“设置谷坊以堵截其去路”等防沙治河办法。

灌溉、放淤、水力发电等均列入李仪祉治河计划之中。对于甘肃、宁夏、绥远等地的灌溉,提出了按照科学方法“改良或推进,以求尽利”的意见。对于放淤,他指出:“豫、冀、鲁近河低地,泄水无路,渐成碱地”,建议按照山东放淤改良碱地的办法,统筹办理。他认为“黄河干支流水电之利源极富”,建议“先于壶口、孟津及渭河宝鸡峡各建水电厂”。

李仪祉对整理黄河航道,发展航运问题十分重视。他认为“黄河之航道,为国家经济计,为人民生活计,亦是必须整理的”,并对黄河通航方案提出了具体设想。

由于社会制度等条件的限制,李仪祉的治黄方略当时未能实践,但是他作为我国运用近代科学技术主张全面治河的开路人,将永远载入治黄的史册。

张含英是继李仪祉之后我国著名的水利专家,曾任黄河水利委员会委员、秘书长、委员长、总工程师、顾问等职,对黄河进行过多次实地考察,发表过许多治河论文。1947 年拟定《治理黄河纲要》(简称《纲要》)80 条,是他的治河思想的概括和总结。

对于治黄的目的,张含英在《纲要》中指出:“治理黄河应防制其祸患,并开发其资源,借以安定社会,增加农产,便利交通,促进工业,由是而改善人民生活,并提高其知识水准”。他主张“防患与兴利并办”,达到“以河养河”,“以河裕国”的目的。他认为“治理黄河之方策与计划,应上、中、下三游统筹,本流与支流兼顾,以整个流域为对象”,进行综合治理。“治理黄河之各项工事,凡能做多目标(开发)计划者,应尽量兼顾。”“治黄不宜视为单纯之水利问题,尤不能存为治黄而治黄之狭隘心理,必抱有开发整个流域全部经济之宏大志愿。”张含英的上述远见卓识,至今仍有现实意义。

《纲要》的具体内容,除论及基本资料亟需普遍充实,加速调查观测以外,还分别就泥沙冲淤的控制、水资源的开发利用、水患的防范与洪水的拦蓄等提出了建议。所涉及的工程项目,包括青海贵德至宁夏中卫、内蒙古托克托至河南孟津间的大型水利枢纽的拟议,以及农田灌溉与畜牧用水、发展航运、整治黄土高原,加强堤岸防护的设想等等。至于工程性质,有的为治本,有的为过渡,有的为应急,均分别有所论述。

由于条件的限制和基本资料的缺乏,李仪祉、张含英所提的治黄方略并非都完全符合黄河的客观规律、并非都很全面。但是,他们打破传统的治河观念,主张上中下游全面治理,综合开发,除害兴利等治河思想,对后人治河均有指导意义。

关于“宽河固堤”、“蓄水拦沙”、“上拦下排”以及“河口治理”等治河方略已在有关章节做了介绍,这里不再赘述。

第十一章

今后治黄意见

40年来,我在治理黄河的道路上,实践、认识、再实践、再认识,在成功与失误中不断深化对黄河基本情况和客观规律的认识,特别在退出一线后的几年中,回顾40年的经验,对今后黄河如何治理?应当本着一个什么方针?前景如何?等,有了一些更为明确的设想。

第一节 继续执行"根治黄河水害,开发黄河水利"的方针

历史上,黄河被称为"中国之忧患"、"黄河百害,唯富一套",过去人们是把它当作一条害河看待的。所以历代治河,除害是最主要的任务。中华人民共和国成立以后,党中央、国务院总结了历史上治河的经验教训,制订了"根治黄河水害,开发黄河水利"的方针。在这个方针指引下,编制了黄河规划,1955年全国一届人大二次会议通过这个规划,从此,黄河进入了除害兴利,综合开发的历史新阶段。

几千年来黄河频繁决口、改道,给广大地区人民生命财产造成惨重灾难,"根治黄河水害"就是不再叫黄河决口、改道,不再让过去的灾难重演。中华人民共和国成立以来,我们已连续取得38年伏秋大汛不决口的伟大胜利,保障了黄、淮、海大平原的安全和社会主义现代化建设的顺利进行。在这同时,"开发黄河水利"的工作也取得很大成绩,发挥了灌溉、供水、发电等巨大综合效益。黄河水资源已成为我国西北、华北地区的重要水源。

对于黄河洪水和泥沙,当没有加以控制、加以利用的时候,它们都是害,而一旦被利用,被控制了,它们又都会由害变为利,成为一种宝贵的资源。因此从治黄指导思想上来说,一定要立足于除害兴利。由于我们积极贯彻执行党中央制订的治黄总方针,把除害和兴利很好地统一起来,黄河有了历史性的转折,已经初步走上害河变利河的征途。实践表明,尽管40年治黄道路有些曲折,但"根治黄河水害,开发黄河水利"这个治黄总方针是完全正确的。

到2000年,我们国家将达到小康水平,再经过四五十年的努力,将达到中等发达国家的水平。今后我们就是要紧紧围绕这个总目标开展治黄工作,努力服务于这个总目标。黄河防洪是一项长期任务,应该始终放在今后治黄工作的首位。随着社会主义现代化建设的迅速发展,国民经济各部门对黄河的要求将

越来越高,越来越迫切,这方面的任务将更为繁重。因此"根治黄河水害,开发黄河水利"仍应是今后治黄的总方针,为社会主义现代化建设提供安全的环境,为实现国家的总目标做出积极贡献。

第二节　黄河的症结是水沙不平衡

过去都说黄河的根本问题是泥沙,我们这样说,大家也都这样说。这个说法也对,但不全面。难道泥沙少的河流就没有洪水灾害么?! 世界上有许多大江大河,并没有黄河这么多泥沙,但洪水灾害也很频繁。通过 40 年治河实践,现在我们认识到黄河的关键是水少沙多,水沙不平衡。水和泥沙,水是主要的。这个观念的转变很重要,它对确定整个治黄战略有重要的指导意义。

黄河流域自然地理条件差别很大,水、沙来源地区的不平衡性十分明显。含沙量较少的"清水",主要来自黄河上下两头,即河口镇以上和三门峡至花园口两个区间,其多年平均水量占全河总水量的 67%,沙量却只占总沙量的 11%。河口镇至三门峡这中间一段,为含沙量很多的"浑水",是黄河泥沙的主要来源区,水量只占全河总水量的 33%,沙量却占全河总沙量的 89%,其中河口镇至龙门区间来水量仅 70 亿立方米,来沙量竟达 9 亿多吨。如果洪水来自"浑水"地区,下游将产生严重淤积。如果洪水来自"清水"来源区,则下游河道淤积很少,甚至造成冲刷。"两清一浑"是黄河水、沙来源的重要特性,如何利用"两清"来解决"一浑"的问题,就成为今后治黄的主要任务了。

据多年平均,黄河汛期来水量占全年水量的 60% 以上,来沙量却占全年沙量的 85% 左右,这种来水来沙的不平衡性,决定了黄河下游河道泥沙淤积主要发生在汛期,汛期又主要集中在几场高含沙量洪水。据 1950 年 7 月 ~ 1983 年 6 月 11 次高含沙量洪水统计(三门峡站含沙量均超过 400 公斤/立方米),其来水、来沙量分别只占这些年来水、来沙总量的 2% 和 14%,而在下游河道却造成 37.7 亿吨的泥沙淤积,占这些年总淤积量的 54%。黄河下游河道比降陡,又有"大水带大沙"的特性,排洪排沙能力大,在天然情况下,平均每年约有 3/4 的泥沙可排入河口地区及深海。根据三门峡工程提供的实践经验,如果通过修建水库,对水、沙进行调节,变水沙不平衡为水沙相适应,进一步提高水流输沙能力,那么下游河道泥沙淤积将可大大减少。这就是利用黄河自身的力量来治理黄河即“以黄治黄”的一条重要途径。

在水和沙这一对矛盾中，我认为水是主要的。如果不降暴雨，没有水，黄土高原的泥沙也不会冲下来。十几亿吨泥沙到了下游，还得靠水才能把它送到海里。据分析，在汛期大约25亿立方米的水可送1亿吨泥沙入海，在非汛期则要100亿立方米的水才能送1亿吨泥沙入海。黄河水不仅可以冲沙入海，更重要的是它能发挥巨大的综合效益，为社会主义现代化建设和人民生活服务，今后只有把500多亿立方米的黄河水充分利用起来，治黄的全局才能真正“活”起来。

由于我们认识到水是主要的，所以在水土保持工作中才强调首先要保水，保水才能保土。在用洪用沙方面提倡多用“浑水”。在干流开发中主张“峡谷、高坝、大库”，以争取大库容，更有利于调水调沙等。总之，由于观念的转变，才带来了治黄指导思想上的一系列变化和发展。这也是今后治黄工作需要十分注意的一个重要方面。

第三节　黄河下游防洪是长期任务

黄河下游洪水主要是由花园口以上流域内的暴雨产生的，而暴雨是由大气环流形势所决定的，在一个相当长的时期内，人类对此还无法驾驭。国内外大江大河治理的实践表明，利用水库控制洪水是防洪的有效措施。但在花园口以上可以修建水库的地点又是有限的，控制洪水的程度也有一定限度。经过多年研究比较，三门峡至花园口之间的干支流上只能修建三门峡、小浪底、故县、陆浑和河口村等干支流水库。依靠这些水库进行联合运用，在千年一遇洪水情况下，花园口站的洪峰流量还将有22000多立方米每秒，如遇特大洪水时，还将有26000多立方米每秒，对下游仍然是一个严重威胁。再考虑到下游河道的泥沙淤积问题还需要一个相当长的时间才能缓和和解决，排洪、排沙入海仍然是今后黄河洪水、泥沙的主要出路，黄河下游河道将长期是排洪、排沙入海的通道，长期是一条悬河。因此下游防洪是一项长期任务。今后要进一步充实、完善下游防洪工程体系，继续搞好修防和工程管理工作，更好地发挥人民防汛的优良传统，始终把确保下游防洪安全放在治黄工作的首位。

第四节　黄河下游不需要改道

总的说来，现在治理黄河主要有两大派：一派是改道派，一派是我们黄委会这一派，主张利用现行河道进行综合治理，不需要改道。实际上黄河改道的主张不是现在才有的，它已经是几千年的思想了，经历过长期的争论。这方面的情况我在第十章已有所论述，这里我想再谈些看法。

历史上黄河下游大的改道约有26次，平均百年一改道，但不能因此就说改道是黄河的规律。频繁改道的原因，我认为除了社会制度、历史和科学技术条件的限制以及人为因素以外，洪水没有得到有效的控制和堤防不坚固则是一条重要原因。中华人民共和国成立以后，经过30多年的建设，由水库、堤防、河道整治工程和滞洪区等组成的黄河下游防洪工程体系已初具规模，情况有了很大变化。

我认为现在黄河下游仍有决口的危险，但不会改道了。即使现在就来46000立方米每秒特大洪水，假设决了口，水退下去后，我们及时关上三门峡、陆浑、故县等水库的闸门，基本截断口门以上干支流的来水，堵口是很容易的事，不可能让黄河改道。

黄河下游是高出两岸地面的悬河，过去我们对悬河总是谈虎色变，这是因为它一遇大洪水就决口，甚至改道，造成巨大灾难，这是历史事实。但从我们40年的治河实践看，悬河也有悬河的好处。

由于是悬河，在下游几乎没有水进入黄河，洪水都是从花园口以上的流域来的，加之洪水峰高量小，因此只要在中上游，特别是三门峡至花园口区间的干支流修建水库，就能有效地控制洪水，与其他江河相比，防洪问题比较容易解决。

悬河河道比降陡，排洪、排沙能力大，在自然情况下，平均每年约有3/4的来沙量排入海。将来通过修建水库，调水调沙，整治河道和治理河口，排沙入海的比例还会提高。

下游两岸污水不能入河。虽然上中游有些污水进入黄河，但经过万里长河的稀释和自净作用，到了下游水质还是比较好的。

悬河高出两岸地面，黄河水能自流供给工业、农田和城市用水，还能向两岸补给地下水。

悬河能输送泥沙，改良两岸沙碱荒地。目前，黄河下游已淤改了 300 多万亩。由于大量泥沙输送到黄河河口地区，还能不断扩大黄河三角洲，将来总有一天会使黄河三角洲成为全国最大的三角洲，而且是"金"三角洲。

所以对悬河也要一分为二。

有人想把黄河下游治理成"地下河"，我看不一定符合黄河的实际情况，在现有河道基础上，如果能做到微淤或冲淤平衡，黄河的问题就解决了。

历史上黄河下游河道变迁的规律是由北向南，再由南向北，现在正走到中间，是"三条大路走中间"。我认为现行河道比历史上的南河、北河都理想。因为现行河道位于黄淮海大平原的中部，位置适中，如果向南将打乱淮河水系，向北将打乱海河水系。大平原上有我国重要城市、交通枢纽、油田、大批工矿企业和粮、棉基地，向两岸城市、油田、工、农业自流供水都比较有利。

不久前有家香港报纸报道说，黄河"已面临溃决边缘"，必须"废弃旧河道，另辟新河道"。我看这种说法未免有些言过其实了，我们天天与黄河打交道，心里最清楚。事实上现行河道才走河 100 多年，许多情况尚未达到 1855 年铜瓦厢决口改道前，明清故道那种严重程度，甚至大堤高度和承受的水头尚未达到长江荆江大堤的水平，可见现行河道还有很强的生命力。

有人说黄河下游平均每年淤高 10 厘米，10 年就是 1 米，100 年就是 10 米，黄河总有一天要改道。我看账不能这么算，因为它并不是简单的加法或乘法。首先，平均每年淤高 10 厘米这个数字就应该重新计算。这个数字原来是根据 1950 至 1960 年这 10 年的资料算出来的，如果按 1973 至 1983 年这 10 年资料计算，高村以上和洛口以下都是冲刷的，高村至洛口之间淤得最多的断面平均每年也只有 3 厘米左右。如果按 1950 至 1983 年共 33 年资料计算，平均每年只淤高 5～6 厘米。究竟按哪个数字比较合理，还需要全面考虑，认真研究，但平均每年淤高 10 厘米这个数字显然是偏大的。

另一方面，为了解决黄河下游河道淤积问题，我们正采取多种途径和措施来减缓淤积速度。根据三门峡水库的实践经验，修建小浪底水库后，通过死库容拦沙和利用有效库容调水调沙，包括人造洪峰冲刷下游河道，可以使黄河下游河道在二三十年内不淤积抬高。由于这些水库的建成，控制了洪水，抬高了水位，就可能有计划地将大量泥沙分别送到龙门以下和小浪底以下的河道滩地上，可以进一步减缓下游河道淤积抬高。在这同时，上中游地区水土保持工作大力进行，各种用洪用沙的经验全面推广，进一步发挥"为当地兴利，为黄河减沙”的作用；在下游继续整治河道，治理河口，加大排沙入海能力。从长远看，南水北调工程建成后，还可以在黄河水少沙多时引水冲刷下游河道，输沙入海。总之，通过综合途径和措施，解决黄河下游河道泥沙淤积是有办法的，黄河并不是非要改道不可。

从经济上来说，改道的代价太大了，不仅要大量迁人、占地，还将打乱横跨黄河的铁路、公路系统和原有的灌溉、排水系统，无论向南、向北改道，都将影响国家建设的全局。随着经济的发展，这种代价将不断增大，改道将愈来愈行不通了。

从根本上说，改道只是一种缓解的办法，并不能使黄河长期安流。由于新河道走河初期，流势未能得到有效控制，新修大堤很容易出险，改道后下游防洪形势仍然很紧张，其安全、可靠性并无多大把握。历史上黄河改走新河道的初期，一般决口泛滥都比较频繁。总之，从各个方面综合考虑，我认为今后黄河下游不需要改道，也可能做到黄河不改道。在现行河道基础上，黄河一定能治好，害河完全可以变利河。我们应该有这样的信心。

第五节　使黄河水沙资源在上中下游都有利于生产

过去对黄河洪水、泥沙，只是看到它为害的一面，所以自古以来总有人希望黄河有一天能变清。现在看来，洪水、泥沙既有为害的一面，又有可以利用的一面，从某种意义上说，它也是一种宝贵的资源，用得好，就能变害为利，成为治黄的一条有效途径。所以黄河不需要变清，这也是我们认识上的一个重要发展。

在这方面，周恩来总理不愧是一位伟大的战略家，他早在20世纪60年代初期就明确指出：要让黄河水沙资源在上、中、下游都有利于生产。为治黄指出了一条正确道路。今后一定要继续坚持这个方针，使黄河真正成为一条有利于生产的河流，成为造福人民的利河。

黄河能不能变清呢？治黄的长期实践使我们认识到黄河不可能变清，也不需要变清。过去我们把发展黄土高原的生产力和解决黄河泥沙问题寄托在水土保持上面，现在看来依靠水土保持减沙是缓慢的，也是有一定限度的。除人类活动造成黄土高原水土流失以外，还有自然力量破坏的因素，滑坡、崩塌等重力侵蚀现象十分普遍和严重。据一些专家研究,由于自然力量的破坏而造成的入黄泥沙平均每年约有10亿吨,这是人力难以完全制止的。假设经过长期努力取得减沙50%的显著效益,到那时每年进入黄河下游的泥沙仍有8亿吨,黄河仍是“黄”河,仍是世界上输沙量最多的河流之一。事实上黄河下游河道比降陡,排洪排沙能力很大。以1981至1985年为例,进入黄河下游的年水量为400至500多亿立方米,来沙量6~11亿吨,下游河道并没有发生淤积抬高,再说,洪水、泥沙也是一种资源,用得好可以变害为利。从处理和利用泥沙的角度来说,黄河也不需要变清。黄河的治理与开发,应该建立在黄河不清的基础之上。

在用洪用沙方面,中华人民共和国成立以后已经有了很大发展,今后应该有更大的发展。首先要继续解决观念的转变问题,就是从害怕洪水、泥沙转变为充分利用洪水和泥沙。目前,黄河水量利用率已达48%,其中主要用的是清水,清水的潜力已经不大,今后要立足于用浑水,想方设法把泥沙送到田间。不仅在上中游要强调用洪用沙,在下游也要大搞用洪用沙,同样也是治本。由于三门峡水库和将来小浪底水库的自然削峰作用,今后下游洪水漫滩的机会大大减少了,滩面淤积变缓,主槽淤积加快,对防洪不利。因此要在加强河道整治、缩窄河槽,输沙入海的同时,有计划地搞好人工淤滩,清水回槽,争取滩槽同步升高。不少专家都注重温孟滩放淤,我看下游滩区治理和利用泥沙的潜力就很大。下游两岸有1000多万亩盐碱沙荒地,还有历史上黄河故道留下的许多“沙河”。今后要在调查研究的基础上,进一步扩大引黄放淤改土的范围,这方面用洪用沙的潜力也很大。用不完的泥沙最后送到河口地区填海造陆,扩大三角洲,或者分洪放淤,抬高三角洲的地面高程,发展农牧业。总之,用洪用沙是群众的需要,生产的需要,也是治河的需要,有广阔的发展前景,将成为治理黄河的一条重要途径。

第六节　长期坚持不懈地搞好水土保持工作

水土保持是治黄的一项重要工作,中华人民共和国成立以来取得很大成绩,也积累了丰富的正反两方面的经验。通过实践,使我们对水土保持工作的认识也有了很大发展。首先必须肯定,水土保持是有效的,可以使黄土高原的生产条件和生态环境得到改善,能为当地兴利,可以减少一部分进入黄河的泥沙。但另一方面也必须看到,由于自然条件的限制和社会经济条件的制约,水土保持进度不可能很快,发挥减沙效益是有限度的。根据以上分析和中华人民共和国成立以来的治黄实践,我认为通过水土保持减沙是一条重要的有效途径,但不是唯一的途径,需要采取多种途径和措施来解决。因此,治黄工作不能完全依靠水土保持。

今后水土保持工作应该怎么搞?我认为现在各种类型区的治理典型基本上都有了,今后的主要任务就是发动群众扎扎实实地长期干下去。

第一,必须把水土保持的经济效益放在第一位,而且必须首先满足群众的当前利益。水土保持工作主要是依靠群众去办的,如果不能使群众得到实惠,就不可能调动起他们的积极性,既不可能收到实效,也不可能有长远的效益。以前我们曾一度过分强调了水土保持为黄河拦泥,结果事与愿违,后来强调了为当地增产,水土保持工作得到切实的发展,减沙效益也就在其中了。

第二,在水土保持工作中,目前以小流域为单元进行综合治理,但也需要发展,原有范围也可以扩大。并且首先要强调保水,保住了水才能保住土。林草的生长,农作物的生长,人民的生活以及各项建设都离不了水,只有保住水,才能收到综合治理的效果。由于当地的水资源主要是汛期的洪水,必须千方百计利用洪水,同时利用泥沙。目前以户承包小流域治理的责任制,调动了千家万户治理千沟万壑的积极性。但是一家一户的力量毕竟是有限的,今后还要继续总结提高,不断发展。

第三,水土保持工作必须与多沙、粗沙区的支流治理紧密结合起来,有条件的地方还是要修拦泥水库。这样才能充分利用当地的水土资源,促进各项事业的发展和面貌的改变。

第四,在地区上水土保持工作要突出重点。经过多年的调查研究和科学分析,现已查明陕北、晋西北以及内蒙古东南部约10万平方公里的黄土丘陵沟壑区是黄河泥沙,特别是粗泥沙的集中来源区。从这一地区产生的泥沙约占黄河泥沙总量的3/4。黄河下游河道泥沙淤积总量有一半是粗泥沙。这一地区正是准格尔、东胜、神府三大煤炭基地的所在地。为了适应煤田的开发需要,为了改变长期贫困落后的面貌,也为了黄河的治理,应该把这一地区作为治理的重点区。近期除继续进行黄甫川、无定河、三川河流域的治理外,还要加强对煤田所在地的窟野河、孤山川、秃尾河的治理。在治理中首先要从开发利用这些河流的水沙资源着手,建设粮、油及副食品基地,支持煤田的建设。同时要加强流域内的水土保持工作,特别要防止和减少由于煤田建设而可能引起的人为的水土流失现象。总之要结合煤炭基地建设,把粗沙区的治理切实搞好。

第五,水土保持的生物措施和工程措施都是必要的,但是实践表明,主要起减沙作用的还是那些坝库工程。现在大家对这一点的认识已经基本统一起来了,所以今后水土保持措施要在因地制宜的前提下,侧重工程措施的建设。大量的工作是群众性的打坝淤地,同时要修建必要的骨干工程,国家给予适当补助。面上还是依靠千家万户开展植树种草、修梯田和推广农业技术措施。国家的投资应主要用在粗沙区的治理。我们自己的任务主要是搞好科学研究和示范工作,把水土保持技术交给群众,把科研成果尽快转化为生产力;同时要深入实际,调查研究,及时总结,推广先进经验。

第七节　治理与开发黄河主要依靠干流

与国内外大江大河相比,黄河有其独特的特点,因此,考虑治黄问题时,一定要从黄河的实际出发。经过40年的实践,我认为今后黄河的治理与开发主要还得依靠干流,这也是我整个治黄指导思想的重要组成部分。

在黄河干流上修建水库,控制下游洪水,有其得天独厚的有利条件,因为黄河下游是地上河,花园口以下除汶河以外基本上没有大的支流汇入。三门峡水利枢纽工程控制黄河流域面积的92%,控制来水量的89%,来沙量的98%。花园口站控制流域面积达98%,所以在三门峡至花园口干流区间修建水库,可集中控制洪水。加之黄河洪水有峰高量小的特点,用较小的库容即可取得较大的拦洪削峰效果。小浪底水库建成后,与三门峡、陆浑、故县等干支流水库联合运用,即可将下游防洪标准由不到百年一遇,提高到千年一遇。根据三门峡工程提供的实践经验,能修"峡谷、高坝、大库"的坝址,几乎都在黄河干流上。支流上修水库能争取较大库容的地方,基本上都是好的川台地,是当地的粮仓和城镇所在地,淹没损失太大。再从黄河流域水电资源的分布情况来看,也是以干流为主,黄河干流可开发的水电资源就占全流域的89%。而长江的情况与黄河就不一样,三峡水库坝址仅控制长江流域面积的56%,控制多年平均径流量的46%,三峡坝址以下还有湘水、资水、沅水、澧水、汉江、赣江等大支流汇入。长江流域可开发的水电资源近2亿千瓦,支流就占1.07亿千瓦。长江三峡工程为什么问题越讨论越多?!除了因为三峡工程规模大,问题复杂以外,三峡以下大的支流较多,防洪问题仍然不小,在支流上修水电站可替代干流三峡工程发电等也是重要原因。当然,我对长江没有什么研究,没有发言权。美国密西西比河在干流上也没有修建水库的条件,已建的水库主要分布在密苏里河、田纳西河等大支流上。由此可见,我们提出治理黄河主要依靠干流的指导思想是符合黄河客观实际的。

根据修订的规划,今后在黄河干流龙羊峡至桃花峪河段布置29个梯级,其中对水沙调节有重要作用的骨干工程是:龙羊峡、刘家峡、大柳树、碛口、龙门、三门峡、小浪底七大水库。三门峡、刘家峡两座水库已经建成投入运用。龙羊峡水库已经下闸蓄水,即将发电。小浪底水库也可望在近期开工修建。其他三座水库要扎扎实实地做好前期工作,争取早日修建。在规划设计工作中,一定要继续坚持"峡谷、高坝、大库"这个原则。大柳树位于黑山峡的出口,是黄河上游最后一个能修建高坝大库的理想坝址,将是一座承上启下进行反调节的重要水库,综合效益显著。对于大柳树、小观音两个比较坝址,我主张修大柳树,因为它比小观音坝址多40多亿立方米的库容,这是不可多得的条件。又是蓄的"清水",对于全河调水调沙,保证蒙、晋、陕能源基地供水都有很重要的作用。尽管地质条件差些,但利用现有科学技术总是可以处理的。小浪底水库建成后,是先修龙门水库还是先修碛口水库?我主张先修碛口水库,因为它控制了全河50%的粗沙来源,对减缓下游河道淤积效果显著,对将来龙门水库的运用也有利。龙门还是要修高坝大库。黄河干流就这么几个修高坝的坝址,争取大库容很重要,因为有了库容才能拦沙,调水调沙,发挥综合效益。从治黄的全局考虑,在干流工程安排上,应首先修建托克托以下的干流控制性工程,就是小浪底、碛口、龙门这个顺序。其中小浪底工程很重要,不仅防洪、防凌、减淤效益显著,同时还为研究更有效的调水调沙运用方式和探索新的治黄途径提供实践基地,必将进一步推动治黄的进程。黄河干流七大水库全部建成后,沿河各省、自治区就可以根据自己的需要,按照规划要求,比较容易地修建若干座径流电站,实行谁投资,谁收益的政策,调动各方的积极性,黄河干流开发的速度将大大加快。

今后黄河干流修建工程还要考虑通航的要求,修建过船设施,或者预留通航建筑物的位置,近期北干流通航要求比较迫切,如果北干流能全线通航,陕北丰富的煤炭就能够通过黄河运到陇海铁路,再转运到沿海港口和南方缺煤的省份，将形成我国又一条北煤南运的通道。

从治黄的总体来看，通过水土保持、用洪用沙和支流治理等措施可以减少一部分进入黄河干流的洪水、泥沙，但是仍然有相当一部分要进入黄河干流。这以后除了引黄灌溉、滩岸放淤再利用一些，大部分洪水、泥沙将被排入海，一部分泥沙则淤积在下游河道内。通过下游河道整治和河口治理将有利于排洪、排沙入海，但是，由于黄河水沙不平衡的问题十分突出，主要还得依靠干流七大水库联合运用，调水调沙，才能解决问题。

黄河干流七大水库和三门峡以下伊、洛、沁河上的陆浑、故县、河口村三座水库全部建成后，总库容近900亿立方米。经过泥沙淤积，长期有效库容约450亿立方米，相当于黄河多年平均天然年径流量的80%，而且库容在地区分布上比较均匀，可使黄河的径流、泥沙得到较好的调节利用。黄河有“两清一浑”的特点，其中60%多的“清水”是黄河的优势，30%多的“浑水”是黄河的劣势。若设想利用上述900亿立方米的库容，按照防洪、减淤和综合兴利的要求，统一调度，调水调沙，就是充分利用黄河的优势，努力克服黄河的劣势，依靠黄河自身的力量来治理黄河，即通常称为“以黄治黄”的办法，变水沙不平衡为水沙相适应，更有利于排洪排沙，再配合其他综合减淤措施，使下游河道达到微淤或冲淤平衡状态，同时发挥防洪、灌溉、供水、发电等最大综合效益。相对平衡论是我们治河的理论基础，现在三门峡水库冲淤已经相对平衡了，支流上许多拦泥库和天然聚湫也相对平衡了，我看通过调水调沙和其他综合措施，黄河下游河道也能够达到相对平衡，即使有点淤积也很少。到那时，黄河的问题就解决了。

总起来说，我的治黄设想可以概括为：“拦”（拦水拦沙）、“用”（用洪用沙）、“调”（调水调沙）、“排”（排洪排沙），其中哪一项也离不开干流七大水库的重要作用。所以搞好干流的治理与开发，是整个治黄的关键，干流七大水库都上去了，全河形成比较完整的综合利用的工程体系，治黄的全局也就活了。过去都认为黄河是一条复杂难治的河流，现在我认为只要坚持“实践—认识—再实践—再认识”这一马克思主义的认识论，按照黄河自身的规律办事，黄河并不难治，是有办法治好的。经过长期努力，黄河的治理甚至有可能走到淮河、长江的前头。

在搞好干流开发的同时，支流治理也不要放松。今后应着重抓住两个重点：一个是三门峡以下的伊、洛、沁河。伊河上的陆浑水库早已修建，洛河上的故县水库也即将建成，接着要按原定规划修建沁河河口村水库。这三个支流水库不仅对下游防洪有重大影响，而且由于控制了三门峡以下近2万平方公里的

"清水"来源区,所以它们也是全河调水调沙的重要组成部分。另一个重点是多沙、粗沙区的支流治理,要和当地的经济建设,特别是煤炭基地的开发紧密结合起来进行。过去由于强调"先清后浑",所以含沙量少的"清水"支流开发很快,目前潜力已经不大。实际上"浑水"也是一种宝贵的资源,它可以就近解决当地的缺水矛盾。黄河中上游地区"河低田高",充分利用当地水资源,总比从黄河提水几百米再长距离输送要合算得多。因此今后应当立足于多用当地的"浑水",加速多沙支流的开发。

第八节　全河水资源统一调度发挥最大综合效益

目前黄河干流已建成七座水利水电枢纽工程,特别是黄河干流上库容最大的"龙头"工程——龙羊峡水库已经下闸蓄水,总库容达247亿立方米。龙羊峡水库的建成,将对黄河水资源的调节产生重大影响,因此全河水资源统一调度问题,已经到了必须解决的时候了。

实践表明,20世纪50年代提出的上游发电、中游灌溉和水土保持、下游防洪为主的治黄指导思想是不全面的,人为地将黄河分为三段来治理,也不符合黄河的实际情况。我认为黄河上游水量的调节,不仅要满足发电的要求,也要保证灌溉并考虑下游防洪、防凌和减淤的需要。中游不仅要搞好水土保持和灌溉,也要发电,特别是利用水库调水调沙的任务更重要。下游除了防洪以外,灌溉、供水的任务也很繁重,不仅供给黄河两岸工农业、油田和城市生活用水,还要引黄济津、济京、济青(岛)、济淀(白洋淀)等,还要有足够的水量输沙入海。所以我们必须把黄河当作一个整体、一个大系统来看待,运用系统工程的方法,并根据国家经济发展由东向西的战略安排,全河统筹考虑,实行统一调度,才能发挥最大的综合效益。

水资源的调度和防洪调度实际上是一致的,两者完全可以结合在一起进行。当前,首先要积极筹建全河统一调度的职能机构,将现有干流工程的调度权集中起来,实行统一调度。要大力培养人才,广泛收集资料,积极采用先进技术手段,不断积累调度经验。

全河按照防洪、减淤,综合兴利的要求,实行统一调度,可能要在防洪、减淤与发电、灌溉之间产生一些矛盾,但我认为对于像黄河这样泥沙特多,对国民经济发展的全局影响极大的河流来说,全河都应该服从防洪、减淤这个大局,在这个前提下实行优化调度,发挥最大的综合效益,这是今后应该坚持的正确方针。

第九节　搞好治黄战略研究

根据从事多年治黄的亲身体会,我认为搞好治黄战略研究十分重要。20 世纪 50 年代初期,在总结历代治河经验教训的基础上,并根据当时对黄河的认识,及时提出了“除害兴利”、“蓄水拦沙”的治黄方略。按照这个指导思想,很快于 1955 年制定并通过了黄河规划,接着修建了三门峡、刘家峡等第一期工程,为全面治理与开发黄河积累了宝贵的实践经验。尽管规划本身有失误之处,但仍然极大地推动了治黄的进程,成为治黄史上光辉的里程碑。经过认真总结三门峡的经验教训,后来又相继提出了“上拦下排”、“调水调沙”、“水沙平衡”等一系列治黄设想,并认为修建小浪底水库是实现上述设想的关键性工程,为此,我们组织力量,坚持不懈奋斗了 20 多年,终于获得通过,被正式列入国家建设计划。

治黄战略研究是在实践的基础上从宏观角度对整个黄河进行全面的研究,具有指导性和超前性。它不同于通常的规划,但又高于规划、指导规划。也就是说从治黄战略研究中提出任务,制定规划,然后通过实践又推动治黄战略研究,进而使治黄事业不断向前发展。为了做好这项具有重要意义的工作,从现在起就要特别注意培养和发现这方面的人才。这些人应该在党的领导下,执行党的方针、政策,具有开拓精神和强烈的治黄事业心,思想开阔,善于吸收新事物,了解黄河全面情况,有一定实践经验和概括、分析、总结、写作能力,把这些人组织在一起,形成治黄的参谋部和智囊团,并充分发挥他们的作用,今后黄河的事情一定会办得更好。

当前和今后一个时期治黄战略研究应该抓什么?我认为首先要研究小浪底水库修建后治黄应该怎么办?龙羊峡水库投入运用后,对黄河治理应该起多大作用?要研究 2000 年全国人民达到小康水平时黄河将是一种什么情况?再过四五十年接近中等发达国家水平时,黄河又是一种什么情况?黄河干流七大水库全部建成后,统一实行调水调沙,加上其他多种减沙途径和措施,黄河能为社会主义现代化建设做出多大贡献？下游能否达到冲淤平衡或微淤状态？等等。这些问题的研究搞好了，对今后的治黄工作将有重要的指导意义。

从治黄和国家的长远发展考虑，黄河水量是不足的，解决这个矛盾的有效途径只能是南水北调，所以这个问题也是今后治黄战略研究的一项重要内容。中华人民共和国成立以来经过多年工作，现已基本选定通过东线、中线、西线三条引水线路从长江调水的方案。西线调水虽然工程比较艰巨，但由于引水线路通过地广人稀地区，对生态环境也无多大影响，相对说来问题又比较简单。根据我国国民经济由东向西发展的总安排，西线南水北调也并非遥远的事情。只要把前期工作扎扎实实地做好，我看甚至有可能走在中线南水北调的前面。

在治黄战略研究中，我认为要特别强调治黄的统一性，牢固树立全局观点，我国宪法明确规定："矿藏、水流、森林、山岭、草原、荒地、滩涂等自然资源，都属于国家所有，即全民所有"，所以黄河是国家的黄河，属于全国人民所有。治理与开发黄河，绝不是为某一局部地区除害兴利，而是要除全河的害，兴全河的利，为国家的繁荣富强做贡献。国家成立流域机构，就是为了加强对黄河的统一治理，使治黄工作在宏观上达到经济效益、社会效益和环境效益的高度统一。对于这些，一切从事治黄工作的同志都必须十分明确，要在行动中坚决贯彻执行。

黄河治理部门和铁路系统垂直领导的情况又有些不一样，除了坚定地贯彻中央的各项方针政策外，还要尊重地方各级党委和政府的领导。所以在搞好治黄战略研究的同时，我会的领导同志要主动向中央有关部门和领导同志汇报治黄设想和意见，更要与地方各级领导，特别是沿黄各省、自治区的领导同志多多接触，经常汇报和宣传我们的治黄主张，征求他们对治黄工作的意见和要求。只要取得地方各级领导的支持和帮助，调动了地方的积极性，治黄工作就好办多了。当然，还要注意研究各家各派和广大群众的治黄建议，积极开展学术探讨，不断丰富和发展我们的治河思想。1983 年我曾提出研究"黄学"的建议，后来得到许多专家的赞同，我相信经过众人浇灌，在我国科学技术百花园中，"黄学"这株幼苗一定会开出绚丽的鲜花，结出丰硕的果实。

第十节　美好的远景

按照上述设想，经过长期治理与开发，黄河将完全改变原来的面貌。我理

想中的黄河可以这样来描述:

由于在干流上修建了若干座拦河枢纽工程,黄河将变成梯级化的河流,也就是由一座座大小水库相连,像泰山的石级一样,从青海巴颜喀拉山脚下,逐级下降到渤海之滨。除了在枢纽泄洪建筑物的出口和壶口瀑布能看到急流排空、白浪翻滚、涛声震耳的壮观场景以外,昔日奔腾咆哮的黄河将变得十分平静。黄河上唯一的壶口瀑布,我建议永久保留下来,作为将来黄河旅游线上的一个重要景点,供后人观赏游览。

流域内所有支流特别是多沙粗沙区的支流都得到了治理,形成各自的坝库体系。面上的各项水土保持措施显见成效,植被覆盖率大大提高,洪水泥沙在当地得到充分利用。沟道侵蚀基准面普遍抬高,坝库体系基本处于相对平衡状态,进入黄河干流的泥沙大量减少。黄土高原的生态环境得到根本改善。

通过西、中、东三条线路南水北调和干流七大水库的充分调节,黄河水沙基本实现平衡。进入干流的泥沙,除再被利用一部分以外,剩余的部分都可以输送到河口地区填海造陆和淤高滨海地面。黄河下游河道不再淤积抬高,防洪问题得到根本解决,黄河两岸不再有洪水、凌汛的威胁。

黄河水资源得到充分利用,满足工农业和人民生活的用水需要。

可能开发的水电资源全部得到开发利用,黄河将成为我国重要的能源基地。

由于黄河成为一条平静的阶梯式的河流,航运事业可以有很大发展,将成为我国东部和西部地区交通运输的重要通道。

未来的黄河肯定将是我国又一条旅游热线,可以饱览中华民族灿烂文化的遗迹,沿河两岸美丽的风光和治理、开发黄河的宏伟工程。

大大小小的水库也是发展渔业的好地方,黄河将成为我国北方重要的水产基地……

这就是我理想中的黄河,虽然是理想,但绝不是幻想。我相信在中国共产党的领导下,有优越的社会主义制度,经过一代又一代人坚持不懈的努力,黄河美好的远景一定会变成现实。

再版后记

2018年1月7日，是人民治黄事业的开拓者、黄河水利委员会第一任主任王化云先生诞辰110周年。为纪念这位一代治黄先驱，黄河水利委员会决定再版王化云专著《我的治河实践》，充分体现了黄河人“不忘初心，牢记使命”，继往开来，再创辉煌的事业发展理念。

此时此刻，作为曾在王化云主任身边工作的我，回忆起当年参加编写《我的治河实践》的日子，一腔深深的缅怀与敬仰之情，又涌上心头。

一、从《人民治黄四十年》到《我的治河实践》

记得还是在上小学时，我曾在一本课本读物里读到一篇题为《毛主席视察黄河记》的文章。文中，作者对党的领袖的敬重情感、对根治黄河的强烈事业心以及朴实流畅的文风，给我年幼心灵里留下了难以忘怀的烙印。及至1982年我大学毕业来到黄河水利委员会机关工作，才知道原来该文作者王化云就是这个流域机构的创始人。

不久，我在黄委大礼堂聆听王化云主任传达党的十二大会议精神。他神采饱满，胸怀激情，特别是那天他阐述的“正确处理黄河问题的十大关系”，富含哲理，观点新颖，深入浅出，深深地鼓舞着我们在场的每个听众。

1984年，退居二线、担任黄委顾问的王化云，决计在自己人生的最后驿站，撰写一本反映人民治黄40年辉煌历程的著作。黄委党组高度重视，专门印发文件成立《人民治黄四十年》编写组，要求大河上下全力支持这项工作。编写组由王化云任组长，3位成员中，老中青相结合，一位是参加治黄工作早、文笔功力深厚的仝琳琅，一位是年富力强、专业技术全面的任德存，而另一青年人选，王化云要求选一位学水利专业、文笔较好的大学毕业生。我当时正在创刊不久的黄河报担任记者，于是有缘入选《人民治黄四十年》编写组。

那是一个阳光灿烂的日子，王化云主持召开第一次编写组会议，我怀着惴惴不安的心情去报到。这里原来是黄委的一个会议室，单层建筑，宽畅明亮，靠里边，一张褪色的黄色办公桌，一把藤椅，四周摆着一排旧沙发，十分简朴。这就是王化云办公的地方。

这是我第一次走近王化云。此前我曾想，一位经历丰富的高级领导干部、著名的治黄专家，会不会是那种仪态威严、令人敬畏的领导风格呢？一接触，便感到王化云竟是一位非常谦和慈祥的长者。谈话中，他以对年轻人特有的关怀，勉励我奋发向上，努力进取，走好自己的发展道路。亲切的话语，深情的嘱咐，打消了我原先的忐忑心情，更加深了对这位治河领导人的崇敬之情。

王化云办公室里另放着几张桌子，就是我们的办公场所。于是，历时四年的著书立说任务就这样拉开了序幕。

接着，王化云开始谈编写《人民治黄四十年》的重要意义和酝酿过程。几个月前，他反复思考此事，心里已有一个基本框架。此时，一经打开话题，敏捷的治黄思路，波澜壮阔的历程，历历在目，犹如这条大河一般奔腾涌动。

王化云强调指出："从解放战争中人民治黄初创时期提出'确保临黄，固守金堤，不准决口'，到中华人民共和国成立后采取的宽河固堤、蓄水拦沙、上拦下排等治黄方略，反映了整个人民治黄思想的发展过程。其中一部分实践过了，一部分还没有实践。我们写这本书，要通过总结当代和古代的经验教训，体现'人民治黄为人民'的思想，提出今后的治黄方策。该书要客观全面反映人民治黄斗争史，但不是史料；要体现科技在治黄中的发展历程，但不是纯科技性专著。"

他说："长江是灰色的河，黄河是黄色的河，长江推移质多，黄河悬移质多。要认识黄河的特点，研究黄河的治理方法。因此，书中要有自己的思想、观点，写出融治黄战略思想与治黄实践为一体的特点。一是要以精取胜，不求多，求有用；二是要通俗易懂，使黄河职工和关心黄河的人们一看就明白；三是书中各个章节根据内容可长可短，不求一律。整个思想体系，要紧密相连，前后呼应。体例上，采用第一人称，夹叙夹议，文字要流畅，写得就像且听下回分解那样引人入胜。同时，还要结合治黄科研进一步深化我们的治黄观点。譬如，下游淤滩刷槽的作用及其采取什么方式？河口治理怎样才能最有利于排沙？小北干流与下游温孟滩、长垣东平滩河道整治的排沙作用如何？水土保持怎样才能取得最佳减沙效益？如何优化水库拦粗排细的运用方式？等等。"

"写作中，我们当然不能回避缺点和失误，不能把人写成高、大、全，神机妙算，一贯正确。譬如，战争年代治黄一开始，我们提出'少花钱，少决口'的目标，就因为缺乏高度，改成了'固守金堤，确保临黄，不准决口'；还有三门峡工程出现问题，炸掉位山拦河大坝，都有考虑不周、出现失误的地方。关于写作的具体安排，先研究确定大纲，制订计划，进行分工，而后搜集资料，着手编写，力争用两至三年时间完成。"

这次谈话的最后，王化云用充满信任的目光望着我们，意味深长地说："在写作中，我们都要解放思想，不要带框框。要从实践出真知出发，写出一部忠于人民治黄历史的经验总结，提出值得后人借鉴的治黄指导思想。"

这天，77 岁高龄的王化云一连讲了三个多小时。听着他如数家珍的治黄往事讲述，我们都陷入了沉思。特别是对我来说，更是既兴奋又有压力。是的，作为步入治黄之门不久的青年人，有缘直接就请教治黄权威老前辈，这是一件多么令人感到荣幸的事情啊！但同时，面对如此重要而艰巨的任务，一下子接触到这么多前所未闻的新鲜事儿，心里又觉得沉甸甸的。

此后，王化云数十次主持编写会，给我们讲述几十年间治黄的风雨沧桑。其间既有成就经验的总结分析，也有对一些失误挫折的深刻反思，有诫勉后人的叮嘱，也有对未来黄河的愿景展望……这些宝贵的精神财富，深邃的思想精华，都在这部黄河专著里汇聚。四载同室办公，时时耳提面命，使我深受教益。王化云老主任志存高远的治黄战略思想、奋斗不止的坚韧毅力、严谨求实的治学精神，极大地激发了我们奋笔耕耘、研究治黄的工作热情。

经过 4 年努力写作，一部治黄鸿篇专著完成，1989 年初由河南科学技术出版社出版，这就是后来改名为《我的治河实践》一书。

记得写作任务完成后，我们如释重负，深深地松了一口气。王化云老主任也格外高兴，专门从外地发给我们一封信，写道："我仔细阅读了一遍全书，认为能够把我们人民治黄 40 年的治河经验，系统全面地表达出来，符合写这本书的初衷。我祝贺在同志们的共同努力下，完成这一工程！"

的确，这部著作面世，不仅成为黄河职工的必备读物，也得到社会各界广泛好评，被称为反映中华人民共和国黄河治理开发的一部文献性专著。

二、我写《一代河官王化云》

在王化云身边工作的几年间，通过系统聆听他对人生道路和治黄往事的回顾，深入查阅有关文献以及到各地与老同志座谈调研，在研究王化云治河思想、感受其风雨人生的过程中，一个“立体的王化云形象”渐渐呈现在我的面前。

早年岁月，王化云从一位出身优裕家庭、初具叛逆性格的少年学生，到悉心攻读法律、立志治国救民的北大学子，从一位收编绿林武装的国军少校，到投身抗日救国、历经战火洗礼的共产党员，政治上逐步成熟，人生道路的取向趋于定型。

人到中年，王化云临危受命担任中国共产党首席河官，在解放战争中开创人民治黄事业。参加国共两党围绕黄河归故的谈判斗争，为了保护解放区人民生命财产的安全，发动沿河群众和治河员工，冒着枪林弹雨，抢修下游故道堤防，组织指挥防洪抢险，在极其艰苦的战争环境中，完成了黄河回归故道后不决口的艰巨任务。

中华人民共和国成立后，王化云长期担任黄河水利委员会主任，为了寻求根治黄河的道路，他多次组织大规模全流域查勘，广泛搜集地形、地质、水文、气象、植被、水土流失和社会经济等资料。同时率先垂范，走遍大河上下，深入调查研究，注重向专家学习，向实践学习，研究总结古今治黄经验，先后提出“除害兴利，综合利用”、“宽河固堤”、“蓄水拦沙”、“上拦下排”、“调水调沙”等治黄方略。组织推动黄河防洪工程体系建设，指挥历年黄河防汛抢险，确保黄河安澜。1958 年在黄河发生 22300 立方米每秒大洪水的紧急关头，果断提出“不分洪”方案建议，为夺取黄河防洪全面胜利奠定了基础。1960 年三门峡水库出现严重淤积，他不回避，不推诿，勇敢面对挫折和矛盾，经过深刻反思调整完善治黄思想，推动治黄不断向前发展。在长期实践中，逐步成为一位卓有建树的著名治黄专家。

桑榆晚年，王化云依然矢志不渝地寻求防御黄河大洪水方策，让黄河水资源更好地为国家四个现代化建设服务。为此，他积极主张兴建小浪底工程，多方奔走呼吁，实地考察研究，推动科技攻关，反复优化方案，全力推动小浪底工程上马，直到生命垂危，依然牵挂于心。

王化云奋斗的一生，充满了波澜起伏的传奇色彩，贯穿着坚定信念，忠于党的事业，追求理想，献身黄河的一腔情怀……

因此，写一部王化云传记的念头，遂在我心中萌生。

后来，王化云因患脑血栓久卧病榻。1988 年春，我和黄河水利委员会副主任仝琳琅去北京探望，见他形体消瘦，进食言语都极为不便。一见我们，他伤感地落下了眼泪。我们强忍泪水，帮他转侧擦洗身体，简单汇报一些黄委的近况，祝愿老人家早日康复。谁知,这次相见竟成了最后诀别。

1992 年 2 月 18 日王化云在北京逝世。噩耗传来,黄河职工无不哀思绵绵,悲伤至极。也正是在这时,我决意加快创作王化云传记的进程,书名就定为《一代河官王化云》。

然而,一旦动笔,才感到写好一部传记竟是如此不易!王化云长达 80 多年的人生历程,既充满传奇色彩而又布满荆棘坎坷。传记既要真实反映主人公的人生经历,又要着力刻画他的情感世界;既要全面记述他的成功与业绩,又要客观表达所受的局限与不足。尤其是涉及的一些重大历史事件,其观点论述与涉及人物评价,更需准确把握。

这使我常常感到力不从心。从酝酿构思、消化原料,到走访座谈、求证史实,我利用大量休息时间,度过了无数不眠之夜……尽管写作路上布满了难关,但每想到王化云一生坚忍不拔、矢志不渝的奋斗精神,便为我增添了极大的信心与无穷的动力。

长篇传记《一代河官王化云》创作过程中,黄河档案馆、许多治黄老同志、老前辈提供了不少素材,为完成这部传记给予了热情的支持。书稿完成后,黄河报做了长达一年多的连载,引起了广大读者的热烈反响。1997 年 12 月,该书由黄河水利出版社出版。至此,承载着本人对一代治黄先贤敬仰的心愿,终然了却。

三、踵事增华,继往开来

作为中国共产党领导下的一代治黄领导人、著名治理黄河专家,王化云为人民治黄事业奋斗了一生,他的治河业绩与卓越贡献,已深深融化在历史长河之中。许多年来,人们利用各个历史节点,以不同方式缅怀纪念王化云,传承他的治黄战略思想,推动人民治黄事业向前发展。

1996 年纪念人民治理黄河 50 年之际,人民日报发表原中顾委常委段君毅、上海市委原副书记韩哲一、山东省原省长赵建民、北京市原副市长王笑一的联名文章"忆人民治理黄河事业的开拓者王化云",回顾人民治黄初创时期他们与王化云在烽火硝烟中并肩战斗结下的深厚情谊,细数中华人民共和国成立后在防御黄河大洪水、开发利用黄河水资源中与王化云的工作交往,高度评价了王化云为人民治黄事业立下的不朽业绩。

1997 年,王化云逝世 5 周年,黄河水利委员会组织编印出版《王化云治河文集》一书，收集王化云1946年至1989年43年间发表的文稿、讲话、书信、回忆录等共79篇，再现了王化云各个历史阶段的主要治黄活动、对黄河自然规律的认识。全国政协副主席、原水利电力部部长钱正英为该书作序，黄河水利委员会原主任龚时旸撰写题为"人民治黄的先驱和探索者"一文，作为该书前言，全面阐释了王化云为治理黄河不懈探索的实践及其治黄战略思想演变。

世纪之交，面对黄河水资源供需矛盾尖锐、黄河断流频繁、水生态环境恶化等新的重大问题，为弘扬"无私奉献，顽强拼搏，开拓进取"的黄河精神，启发人们深入开展黄河重大问题研究，1999年6月，黄河水利委员会组织编写了《黄河的儿子——回忆王化云》，时任黄河水利委员会主任鄂竟平为该书作序，书中选载黄河水利委员会原主任袁隆的"人民治黄的功臣王化云"等70余篇感人肺腑的文章，从不同侧面回忆了王化云矢志不渝、不懈奋斗的治河生涯，集中反映了王化云心系黄河的强烈事业心、求真务实的探索精神、密切联系群众的工作作风以及品德高尚的人格魅力。

2002年1月7日王化云诞辰95年之际，为寄托人们对人民治黄事业开拓者的怀念之情，激励新一代黄河人承前启后，再创辉煌，把黄河治理开发与管理事业持续推向前进，黄河水利委员会在机关大院为王化云塑立铜像，编辑出版了图文并茂的《王化云画册》，举办了王化云治黄思想研讨会。研讨会上，时任黄河水利委员会主任李国英及200多名水利专家、治黄科研工作者和各界代表，结合新时期"堤防不决口，河道不断流，河床不抬高，水质不超标"的要求，从调水调沙思想、蓄水拦沙方略实践、黄河水资源利用与管理、继承发展王化云治黄思想等方面，深入解读王化云治黄思想，研究解决黄河重大问题的对策。据此，汇集为《王化云纪念文集》，由黄河水利出版社出版。

2008年年初，黄河水利委员会举行纪念王化云诞辰100周年暨王化云治河思想研讨会，黄河水利委员会领导、治黄专家、青年科技工作者等300余名代表，围绕维持黄河健康生命、黄河调水调沙运行实践、加快黄河标准化堤防建设、黄河水资源开发利用与保护、构建完善的黄河水沙调控体系、加强治黄队伍精神文明建设等，饱含深情，热烈发言，彰显出黄河人薪火传承的神圣使命感与创新活力。

当前，黄委党组正在组织全河职工深入学习贯彻党的十九大精神，以习近平新时代中国特色社会主义思想为统领，按照中央"五位一体"总体布局、"五大发展理念"和新时期治水新思路，践行"维持黄河健康生命，促进流域人水和谐"

的治黄发展思路,励精图治,凝神聚力,把新时期治黄事业持续推向前进。

在此新形势下,我认为,纪念王化云先生主要应从以下几个方面学习传承。

(1)学习王化云先生坚定的政治信念,牢固树立正确的人生观、价值观。王化云早年追求进步,积极投身革命,经历了艰难困苦的复杂斗争环境。但不管处境多么险恶,斗争多么复杂,道路多么曲折,他对党的事业始终充满坚定的信念,不畏艰难,负重开拓,为革命事业和黄河事业贡献自己的一切。纪念王化云,要学习他矢志不渝的坚定政治信念,不怕艰难困苦,牢固树立为党和国家的事业、为人民利益而奋斗的人生观和价值观。

(2)学习王化云先生不懈探索的求真精神,努力提高对黄河客观规律的认知能力。面对复杂难治的黄河,王化云为了寻求治河道路,走遍大河上下,深入调查研究,注重向实践学习,不断总结经验,先后提出一系列治河方略,推动了各个时期治黄事业的发展。纪念王化云先生,要学习他注重实践,深入研究的探索精神,致力增强对黄河客观规律的认知能力,不断研究新问题,解决新矛盾,谋求新发展。

(3)学习王化云先生的责任担当意识,致力增强新时代治黄事业的使命感。在历次黄河抗洪抢险斗争的严峻形势面前,王化云以对黄河水情、工情、群防等因素的综合研判为基础,以人民利益为最高原则,敢于担当、敢于负责,果断提出防洪决策建议,为确保黄河安澜、夺取防洪斗争全面胜利发挥了重要作用。纪念王化云先生,要学习他为了人民利益敢于担当的责任意识与科学决策能力,增强治黄责任感、使命感,牢固树立民生思想,努力增强应急反应能力,确保人民生命财产安全,确保黄河安全。

(4)学习王化云先生献身治黄的敬业精神,不断为治黄事业做出新贡献。王化云先生的一生,为黄河事业献出了全部智慧和毕生精力。直到晚年退出领导岗位,为了推动小浪底工程尽快上马,仍多方奔走呼吁,实地考察研究,组织科技攻关,反复优化方案,直至生命垂危之际,依然对小浪底工程牵挂于怀。纪念王化云先生,要传承他不忘初心,始终如一、挚爱黄河、无私奉献的敬业精神,不断为治黄事业做出新的贡献。

(5)学习王化云先生密切联系群众的工作作风,努力完善自我品德修养。几十年间,王化云先生无论是在黄河水利委员会主要领导岗位上,还是担任水利部副部长、河南省政协主席等重要职务期间,他一以贯之,顾全大局,团结同志,严于律己,谦和待人,关心职工生活,密切联系群众。他的品德修养与高尚风范,被人们由衷地称颂。纪念王化云先生,要学习他优良的工作作风和高贵品质，不断完善人格修养，干干净净做人，踏踏实实做事，走好人生的每一段道路。

展望未来，任重道远，踵事增华，再展宏图。我们坚信，在以习近平同志为核心的党中央坚强领导下，通过广大人民群众的努力奋斗，一定能把黄河的事情办得更好。让中华民族的母亲河，为决胜全面实现小康、实现中华民族伟大复兴的中国梦做出更大贡献！

侯全亮

2017 年 12 月